パリティ物理教科書シリーズ

家　泰弘・小野 嘉之・土岐　博
西森 秀稔・細谷 暁夫　　編

量子力学 I

江藤 幹雄 著

丸善出版

シリーズ　発刊にあたって

　物理学は，この世界の森羅万象を理解したいという人類の知的営みを象徴するとともに現代文明の基礎をなす学問である．太古から人類は，天体の運行や季節のくり返しに秩序の存在を垣間見る一方，投射された石の軌跡を考え，南北を指す鉱石に首をひねり，虹を愛で，雷におののいたことであろう．物理学の源流は古代ギリシアの哲学者たちにあるが，そこでは形而上学的思弁がもっぱらであった．それらを集大成したアリストテレスの自然哲学体系はアラブやペルシアに受け継がれ，十字軍とイスラムの接触を機にルネッサンス期のヨーロッパに伝えられた．実験・観測に基づく研究という近代物理学の方法論が芽吹いたのはガリレオの時代である．ニュートンによって力学が，ファラデーやマクスウェルによって電磁気学が体系化され，数学的形式も整えられて19世紀後半のケルビン卿の時代に物理学は完成の域に達したかに思われた．しかし19世紀から20世紀への変わり目に一大変革が起こった．それを象徴するのが，アインシュタインの奇跡の年と称される1905年である．この年にアインシュタインは後の量子力学，相対性理論，統計力学へとつながる論文を立て続けに発表した．そこから目覚しい発展を遂げた現代物理学は，人類の自然観・世界観を根本的に変革するものであった．

　一般的な感覚として，「日常的世界の記述には古典物理学で十分であって，量子力学はミクロの世界，相対論は宇宙というように，ごく特殊な条件でのみ必要となる特殊な学問体系である」という印象があるかもしれない．しかしそれはまったく正しくない．コンピュータや携帯電話など現代文明の粋といえる電子機器の動作原理は量子力学によって初めて理解できるものであるし，GPS（ナビゲーション・システム）が精度よく機能するのは相対論的効果をとり入れているがゆえである．また，実験・観測によるデータ収集とその解析，理論モデルの構築，実験と理論の比較による検証というプロセスで進む物理学の研究スタイルは，科学研究における方法論の規範を提示するものであり，その意味に

おいても物理学は現代科学を牽引する役割を果している．

　物理学を学ぶのは「敷居が高い」とよく言われる．たしかにそういう面はある．そもそも大学・大学院で物理学を一通り学ぶために履修すべき科目はたいへん多い．古典物理学の体系だけでも，力学（質点，剛体，弾性体，流体），電磁気学，熱力学，光学などがあり，その先に，量子力学，統計力学，相対論，……と，習得すべき科目が多岐にわたり，しかも研究の最前線はどんどん拡大している．これではいつまで経っても最前線にたどり着けないのではないかという焦燥感に駆られても不思議でない．

　物理学に限らず，学問の習得はつづら折りの山道を登るようなものである．一歩一歩登っているときには見えにくかったものが，峠を越えると視界が開けて全体の景色を俯瞰することができる．そのような俯瞰を経験して，同じ道を再度歩くと以前には気づかなかったものが見えてくる．また別のルートから登ることによって山の地形や道のつながりが把握できてくる．本シリーズはそのような物理の山道の案内書である．物理学の各科目にはすでに多くの教科書が出版されている．その中には名著古典の誉れ高いものも多い．しかし，物理のランドスケープ自体も変化しているし，樹木や道端の草花も変化している．その意味で，比較的最近に山道を登った先達による案内は有用なはずである．本シリーズでは，高校で物理を履修せずに理系学部に入学してくる学生も少なくないという最近の事情や，天文学，地球惑星科学，化学，工学，生命科学，医学，環境科学，情報学，経済学，……などさまざまな分野を専攻する学生にとっての物理の学習という観点も考慮して執筆をお願いした．本シリーズが，初学者には科学の基礎としての物理の理解とともに物理のおもしろさを発見する機会として，すでに物理を学んだ人には別ルートからの散策へのいざないとして役立つことを願っている．

2010 年 3 月

編集委員長　　家　泰弘

はじめに

　パリティ物理教科書シリーズの量子力学のテキストは「量子力学入門」,「量子力学I」,「量子力学II」の3冊から構成されています．まず「量子力学入門」で量子力学の基本的な考え方や定式化を説明しますので[1]，本書「量子力学I」ではシュレーディンガー方程式の具体的な解き方を中心に解説します．本書の続編である「量子力学II」では多体問題と相対論的量子力学を扱います[2]．本書は大学の2，3年生で学ぶ量子力学のテキストですが内容は盛り沢山です．大学の標準的なカリキュラムでは半年の授業の2回分に相当すると思います．

　私は物性物理学の理論が専門で，研究では量子力学のユーザーです．大学の授業では「力学」や「量子力学」などを教えています．本書ではその経験を生かして「使える量子力学」の解説に努めました．量子力学はとてもパワフルな学問です．原子の周期表や分子の構造を説明できます．原子の集まりである金属，半導体，絶縁体などの性質の違いが理解できますし，構成する原子と原子の間隔がどのくらいの大きさかもわかります．なぜ鉄は磁石になるのか，なぜ電子レンジで食品を加熱できるのか，なぜ大気中の二酸化炭素が地球温暖化の原因になるのか，これらはすべて量子力学の知識で答えられます．波動関数を用いた記述には慣れるまで時間がかかりますが，本書で量子力学のおもしろさを少しでも感じていただければ嬉しい限りです．

　本書の構成は，7章までが第1部，8章以降が第2部と考えるとわかりやすいでしょう．第1章には「量子力学入門」で学んだことをまとめました．第2章から7章までのテーマは，どのようにしてシュレーディンガー方程式を解いて波動関数を求めるか，そのゴールは水素原子の波動関数を求めることです．第2部ではシュレーディンガー方程式を解くことは行列の対角化と同じであることを学びます．ディラックの表記に慣れて，さらにシュレーディンガー方程式の近似解法を勉強します．少し進んだ内容で最初は飛ばしてよい箇所には＊の印をつけました．

本書の内容と構成は，一般的な量子力学のテキストとほぼ同じです．少し工夫したのは，偏微分方程式の解き方を初歩から説明したことです．3次元のシュレーディンガー方程式は変数分離形を仮定すれば常微分方程式に帰着しますので，初等的なテキストでは偏微分の説明をあえてしないことが多いようです．しかし偏微分方程式は難しいものではないし（1.1節），その扱い方の基礎がわかってしまえば応用が利きます．2.6節で変数分離形を仮定してよい理由を述べる一方，5章の中心力場の問題は変数分離形を仮定せずに解いてみました．問題5.3(a)は，授業中に学生から受けた質問です．また5章では，3次元の前に2次元の問題を解説しました．半導体ヘテロ構造やナノスケールの微細加工によって2次元系，1次元系が実現している現在（p.115のコラム），低次元を考えることは3次元の理解を助ける以上の意味があります．各章の最後にコラムを設けて量子力学の周辺の話をしました．量子ドット，量子コンピューター，など私の研究に関連する最近の話題も取り入れました．

　私の授業では，量子力学の参考書として文献[3-5]を挙げています．特に文献[3]は講義ノートを作るときにしばしば参考にしたので，その影響が本書でも随所に現れています．その他，ランダウ–リフシッツ[6]，シッフ[7]，メシア[8]など，著名な教科書が多いので，量子力学をより深く理解するには，大著の教科書のどれか1冊，自分に合ったものを見つけて通して読むことをお薦めします．

　本書が世に出ることになったのは，丸善出版 企画・編集部の佐久間弘子さんのお蔭です．最初執筆に躊躇していた私の背中を押して下さり，また原稿の大幅な遅れに辛抱強く対応していただきました．パリティ物理教科書シリーズの編集委員の先生方には拙文を査読していただき，貴重なご意見を賜りました．最後に妻 多詠子の精神的な支えと毎日の内助の功に心より感謝します．

2013 年 8 月

江 藤 幹 雄

目　次

1 **はじめに** ——————————————————————————— 1
　1.1　量子力学の原理　　　　　　　　　　　　　　　　　　　　　 1
　1.2　波動関数の振幅と位相　　　　　　　　　　　　　　　　　　10
　1.3　フーリエ変換とデルタ関数　　　　　　　　　　　　　　　　12
　　　　問　　題　　　　　　　　　　　　　　　　　　　　　　　　17

2 **箱の中の粒子** ——————————————————————— 21
　2.1　1次元の井戸型ポテンシャル (1)　　　　　　　　　　　　　　21
　2.2　波動関数の時間発展　　　　　　　　　　　　　　　　　　　23
　2.3　1次元の井戸型ポテンシャル (2)　　　　　　　　　　　　　　25
　2.4　1次元の井戸型ポテンシャル (3)　　　　　　　　　　　　　　28
　2.5　1次元系の束縛状態の性質*　　　　　　　　　　　　　　　　29
　2.6　3次元の箱の中の粒子　　　　　　　　　　　　　　　　　　 30
　　　　問　　題　　　　　　　　　　　　　　　　　　　　　　　　33

3 **伝播する粒子** ——————————————————————— 37
　3.1　1次元の自由粒子　　　　　　　　　　　　　　　　　　　　 37
　3.2　3次元の自由粒子　　　　　　　　　　　　　　　　　　　　 38
　3.3　粒子の反射と透過　　　　　　　　　　　　　　　　　　　　39
　3.4　トンネル効果　　　　　　　　　　　　　　　　　　　　　　42
　3.5　平面波の規格化　　　　　　　　　　　　　　　　　　　　　43
　3.6　1次元問題のまとめ　　　　　　　　　　　　　　　　　　　 46
　3.7　1次元散乱問題のS行列*　　　　　　　　　　　　　　　　　 47
　　　　問　　題　　　　　　　　　　　　　　　　　　　　　　　　49

4 調和振動子 — 53
- 4.1 シュレーディンガー方程式の級数解 — 54
- 4.2 エルミート多項式 — 56
- 4.3 演算子法 — 57
- 4.4 不確定性関係を用いた考察 — 60
- 4.5 ビリアル定理* — 60
- 問題 — 61

5 中心力場 — 65
- 5.1 角運動量 — 65
- 5.2 2次元中心力場 — 66
- 5.3 3次元中心力場 — 69
- 5.4 本章のまとめ — 75
- 問題 — 76

6 水素原子 — 79
- 6.1 二体問題の扱い方 — 79
- 6.2 水素原子のエネルギー準位 — 80
- 6.3 ラゲール陪多項式 — 83
- 6.4 不確定性関係を用いた考察 — 85
- 6.5 周期表 — 85
- 6.6 水素分子* — 87
- 6.7 2次元，3次元の井戸型ポテンシャル* — 89
- 問題 — 92

7 磁場中の荷電粒子，対称性と保存則 — 97
- 7.1 古典電磁気学 — 97
- 7.2 シュレーディンガー方程式 — 98
- 7.3 アハラノフ–ボーム効果 — 102
- 7.4 保存量 — 104
- 7.5 時間発展演算子 — 105
- 7.6 対称性と保存法則 — 107
- 問題 — 112

8 角運動量の一般化とスピン ——————————— 117
- 8.1 角運動量の代数　117
- 8.2 演算子の行列表示　119
- 8.3 ディラックの表記 (1)　120
- 8.4 スピン　122
- 8.5 スピノル空間とパウリ行列　124
- 8.6 スピンの回転操作*　127
- 問　題　130

9 角運動量の合成 ——————————————— 133
- 9.1 角運動量の合成則　133
- 9.2 二つのスピン $s=1/2$ の合成　137
- 9.3 スピン軌道相互作用　138
- 9.4 軌道角運動量とスピンの合成　140
- 問　題　143

10 ケットベクトルとブラベクトル ————————— 147
- 10.1 8.3 節の補足説明　147
- 10.2 ディラックの表記 (2)　149
- 10.3 ディラックの表記 (3)　154
- 10.4 ハイゼンベルク表示　157
- 問　題　159

11 摂動論 I ————————————————————— 165
- 11.1 時間に依存しない摂動論 (1)　165
- 11.2 水素原子の分極率（2次のシュタルク効果）　169
- 11.3 時間に依存しない摂動論 (2)　171
- 11.4 2準位系　174
- 11.5 変分法　176
- 問　題　179

12 摂動論 II — 183

- 12.1 時間に依存する摂動論　183
- 12.2 時間によらない V での遷移確率　186
- 12.3 調和摂動での遷移確率　188
- 12.4 電磁場中の原子　189
- 12.5 光学遷移の選択則　193
- 12.6 ラビ振動*　194
- 12.7 時間に依存する摂動論の補足*　196
- 問題　200

13 散乱理論 — 203

- 13.1 散乱断面積　203
- 13.2 古典力学での散乱問題　205
- 13.3 量子力学での散乱問題　207
- 13.4 ボルン近似　210
- 13.5 部分波展開の方法　212
- 13.6 部分波展開の方法の応用　216
- 13.7 リップマン–シュウィンガー方程式*　217
- 13.8 光学定理*　220
- 問題　222

付録A　ガウス積分，Γ 関数，デルタ関数 — 227

- A.1 ガウス積分　227
- A.2 Γ 関数　228
- A.3 デルタ関数　228

付録B　微分方程式の級数解法 — 230

- B.1 ベッセル関数　230
- B.2 ルジャンドル方程式　231

付録C　特殊関数 — 233

- C.1 エルミート多項式　233
- C.2 ルジャンドル多項式と陪関数　234

C.3　ラゲール陪多項式	235

付録D　曲線直交座標でのラプラシアン ——————237

章末問題解答 ——————————————————239

参　考　書 ——————————————————255

索　　引 ——————————————————257

1 はじめに

まず 1.1 節に，波動関数やシュレーディンガー方程式などの「量子力学の原理」をまとめた．これが完全に理解できなくても心配はいらない．先に進むにつれて，原理の理解が深まっていけばよい．その意味で 1.1 節は本書の出発点であり，到達点でもある．続く二つの節で，数学的な準備として複素関数とフーリエ変換の説明をする．本章を読むのは退屈なので，最初は飛ばして第 2 章から読み始め，必要に応じて参照してもよい．ただし，偏微分方程式の解法（1.1.4項の二つの例題）は押さえておいてほしい．

1.1 量子力学の原理

1.1.1 波動関数とシュレーディンガー方程式

質量 m の 1 個の粒子を考えよう．その状態は波動関数 $\Psi(\boldsymbol{r}, t)$ で記述される[*1]．Ψ は座標 $\boldsymbol{r}$ と時間 t の関数で，複素数の値をとる．

その粒子がポテンシャル $V(\boldsymbol{r})$ 中にあるとき，波動関数は次のシュレーディンガー（Schrödinger）方程式に従って時間発展をする．

$$i\hbar\frac{\partial}{\partial t}\Psi(\boldsymbol{r}, t) = H\Psi(\boldsymbol{r}, t) = \left[-\frac{\hbar^2}{2m}\Delta + V(\boldsymbol{r})\right]\Psi(\boldsymbol{r}, t) \tag{1.1}$$

ここで H はハミルトニアン（Hamiltonian）でエネルギーの意味をもち，運動エネルギーとポテンシャルの和

$$H = \frac{1}{2m}\boldsymbol{p}^2 + V(\boldsymbol{r}) \tag{1.2}$$

で与えられる．運動量 $\boldsymbol{p} = (p_x, p_y, p_z)$ は演算子

[*1] 波動関数にはギリシャ文字 Ψ, ψ（「プサイ」の大文字と小文字）や Φ, φ（「ファイ」の大文字と小文字）がよく使われる．「ファイ」の小文字には φ と ϕ と二つの字体があり，好みでどちらを使ってもよい．本書ではスカラーポテンシャルや極座標には ϕ を，波動関数には φ を用いる．

$$\bm{p} \to \frac{\hbar}{i}\bm{\nabla} = \frac{\hbar}{i}\left(\frac{\partial}{\partial x}, \frac{\partial}{\partial y}, \frac{\partial}{\partial z}\right)$$

に対応する．h をプランク定数 ($h = 6.63 \times 10^{-34}$ J·s) とするとき，$\hbar = h/(2\pi)$ で「エイチバー」と発音する．式 (1.1) の最右辺で，$\Delta = \bm{\nabla}^2 = \bm{\nabla} \cdot \bm{\nabla} = \partial^2/\partial x^2 + \partial^2/\partial y^2 + \partial^2/\partial z^2$ はラプラシアンを表す．

(1) 物理学では，ベクトルの自乗は自分自身との内積を意味する．例えば $\bm{p}^2 = \bm{p} \cdot \bm{p} = p_x^2 + p_y^2 + p_z^2$ である．

(2) 演算子には ^ (ハット) をつけて座標と区別するべきであるが，ノートに書くには煩わしい．本書では混乱がない場合を除いて ^ はつけない[*2]．

方程式 (1.1) において $\Psi(\bm{r},t) = \psi(\bm{r})e^{-i\omega t}$ ($E = \hbar\omega$) を代入すると

$$H\psi(\bm{r}) = E\psi(\bm{r}). \tag{1.3}$$

これも (時間に依存しない) シュレーディンガー方程式とよばれ，粒子の定常状態を求めるのに用いられる．定常状態と方程式 (1.1) の一般解との関係は 2 章で説明する．方程式 (1.3) の解 $\psi(\bm{r})$ は，H を演算したときに (定数倍を除いて) 変わらない状態である．このような $\psi(\bm{r})$ を H の固有状態，E を固有値とよぶ．特に H の固有値はエネルギー固有値とよばれる．時間に依存しないシュレーディンガー方程式を解くことは，ハミルトニアン H の固有値問題を解くことである．

最後にハミルトニアンの関数形についてコメントする．(i) 電場 $\bm{E}(\bm{r},t)$ や磁場 $\bm{B}(\bm{r},t)$ がある場合は式 (1.2) のようには書けない．$\bm{E}$ や $\bm{B}$ をスカラーポテンシャル $\phi(\bm{r},t)$ とベクトルポテンシャル $\bm{A}(\bm{r},t)$ で表すとき，電荷 q をもつ粒子のハミルトニアンは

$$H = \frac{1}{2m}(\bm{p} - q\bm{A})^2 + V(\bm{r}) + q\phi. \tag{1.4}$$

詳細は 7 章で説明する．(ii) 2 個以上の粒子がある場合は 6.1 節で触れる．(iii) スピンのゼーマン効果やスピン軌道相互作用があるときは，式 (1.2) にそれらの項が加わる (8.4 節，9.3 節)．

[*2] 例えば，$\hat{H} = \hat{\bm{p}}^2/(2m) + \hat{V}$．また $\hat{V}\Psi(\bm{r},t) = V(\bm{r})\Psi(\bm{r},t)$，$\hat{\bm{p}}\Psi(\bm{r},t) = (\hbar/i)\bm{\nabla}\Psi(\bm{r},t)$ で，いずれも右辺は演算した結果である (詳細は 10 章)．なお，$\hat{\bm{p}} = (\hbar/i)\bm{\nabla}$ は座標表示の波動関数 $\Psi(\bm{r},t)$ に演算した場合で，運動量表示の波動関数 $\Psi(\bm{p},t)$ に対しては $\hat{\bm{p}}$ は $\bm{p}$ の掛算になる (1.3 節)．

1.1.2 波動関数の確率解釈

波動関数の物理的意味は次の通り．微小領域 $r \sim r + dr$ ($x \sim x + dx$, $y \sim y + dy$, $z \sim z + dz$) に粒子を見いだす確率は $|\Psi(r,t)|^2 dr$ で与えられる．すなわち $|\Psi(r,t)|^2$ は確率密度を表す[*3]．ただし波動関数は規格化されているものとする．

$$\int |\Psi(r,t)|^2 dr = 1 \tag{1.5}$$

$dr = dxdydz$ は 3 次元積分を表す．波動関数は遠方で十分速くゼロに収束し，式 (1.5) の積分が有限の値をもつこと，すなわち規格化が可能であることを要請する[*4]．

波動関数に位相因子 $e^{i\alpha}$ (α は定数) を掛けても $|e^{i\alpha}\Psi(r,t)|^2 = |\Psi(r,t)|^2$ より確率密度は変わらない．また以下で述べるように，任意の物理量の観測結果も不変であることから，波動関数の全体にかかる定数の位相因子は物理的な意味をもたない．

確率の保存： $|\Psi(r,t)|^2 dr$ を確率として解釈するには，全確率の和が時間によらず保存される必要がある．実際，ある領域 V を考えるとき[*5]

$$\begin{aligned}
\frac{\partial}{\partial t} \int_V |\Psi(r,t)|^2 dr &= \int_V \left(\Psi^* \frac{\partial \Psi}{\partial t} + \frac{\partial \Psi^*}{\partial t} \Psi \right) dr \\
&= \frac{1}{i\hbar} \int_V [\Psi^* H \Psi - (H\Psi)^* \Psi] dr \\
&= -\frac{\hbar}{2mi} \int_V \underbrace{[\Psi^* \Delta \Psi - (\Delta \Psi^*)\Psi]}_{\nabla \cdot [\Psi^* \nabla \Psi - (\nabla \Psi^*)\Psi]} dr \\
&= -\int_V \nabla \cdot j \, dr = -\int_S j \cdot dS.
\end{aligned} \tag{1.6}$$

途中，時間に依存するシュレーディンガー方程式 (1.1)，およびその複素共役の式を使い，$\Delta = \nabla \cdot \nabla$ を用いた．また

$$j(r,t) = \frac{\hbar}{2mi} [\Psi^* \nabla \Psi - (\nabla \Psi^*)\Psi] \tag{1.7}$$

[*3] ある変数 x がとびとびの値 a_i ($i = 1, 2, 3, \cdots$) をとるとき，$x = a_i$ である確率 P_i を考えることができる．しかし x が連続変数 (例として $0 \leq x \leq 1$ のすべての実数) のとき，例えば $x = 0.5$ である確率を定義できない．$x \sim x + dx$ の微小区間を考え，その区間の値をとる確率 $P(x)dx$ を考える．$P(x)$ を確率密度とよぶ．この例では $\int_0^1 P(x)dx = 1$ が成り立つ．
[*4] 無限の領域を伝播する波動関数は遠方でゼロにならない．その規格化は 3.5 節を参照．
[*5] r は時間とは独立な座標なので，$\partial/\partial t$ は d/dt と同じである．

を導入した．式 (1.6) の最右辺の積分は領域 V の表面積分を表し，ガウスの定理を用いて導いた[*6]．十分遠方で $\Psi \to 0$ であるから，領域 V を十分大きくとる極限を考えると j の表面積分はゼロとなる．したがって $|\Psi(\boldsymbol{r},t)|^2$ の全領域での積分は時間変化しないことが証明される．

さて，式 (1.6) は任意の領域について成り立つことから，$P(\boldsymbol{r},t) = |\Psi(\boldsymbol{r},t)|^2$ と書くとき

$$\frac{\partial}{\partial t} P(\boldsymbol{r},t) + \boldsymbol{\nabla} \cdot \boldsymbol{j}(\boldsymbol{r},t) = 0 \tag{1.8}$$

が成り立つ（連続の方程式）[*7]．$\boldsymbol{\nabla} \cdot \boldsymbol{j}$ は div $\boldsymbol{j}$ とも書き，$\boldsymbol{j}$ の単位時間，単位体積あたりの湧き出し量に相当する．それが単位時間，単位体積あたりの確率 $P(\boldsymbol{r},t)$ の減少分に等しいのであるから，$\boldsymbol{j}(\boldsymbol{r},t)$ は確率の流れの密度の意味をもつ．詳細は 3.2 節で議論する．なお，$\boldsymbol{j}(\boldsymbol{r},t)$ の定義はハミルトニアン H の形によって異なることを注意しておく［H が式 (1.4) の場合の $\boldsymbol{j}$ は問題 7.4］．

粒子の観測： 位置 $\boldsymbol{r}_0$ （の近傍）で粒子を観測するかどうかは量子力学では断定することができず，その確率が $|\Psi(\boldsymbol{r}_0,t)|^2 d\boldsymbol{r}$ で与えられるだけである．もし実際に観測したら，その瞬間に波動関数はその点 $\boldsymbol{r}_0$ に局在したもの［後述のデルタ関数 $\delta(\boldsymbol{r} - \boldsymbol{r}_0)$］に変化する．これを波動関数の収縮（または波束の収縮）という．観測によってそれ以前の波動関数の情報は失われる．観測以後の時刻では，波動関数は $\delta(\boldsymbol{r} - \boldsymbol{r}_0)$ を初期条件として，シュレーディンガー方程式 (1.1) に従って時間発展をする．

1.1.3 重ね合わせの原理

シュレーディンガー方程式 (1.1)，(1.3) は線形方程式であるから，次の性質を満たす．$\Psi_1(\boldsymbol{r},t)$，$\Psi_2(\boldsymbol{r},t)$ がその解であるとき，それらの線形結合

$$\Psi(\boldsymbol{r},t) = c_1 \Psi_1(\boldsymbol{r},t) + c_2 \Psi_2(\boldsymbol{r},t) \tag{1.9}$$

[*6] ガウスの定理は電磁気学の教科書を参照．別解として，V を立方体 $(-L/2 < x,y,z < L/2)$ にとり，次のように式変形してもよい．$\boldsymbol{\nabla} \cdot \boldsymbol{j} = \partial j_x/\partial x + \partial j_y/\partial y + \partial j_z/\partial z$ の第 1 項からの寄与は $\int_V (\partial j_x/\partial x) dx dy dz = \int [j_x(L/2,y,z) - j_x(-L/2,y,z)] dy dz$．$j_x(\pm L/2,y,z) \to 0$（または周期的境界条件 $j_x(L/2,y,z) = j_x(-L/2,y,z)$ を課す）など．伝播する波に対しては有限幅の波束を考える（3.5 節）．

[*7] 電磁気学や流体力学の教科書を参照．

もまた解となる．ここで c_1, c_2 は定数，$\Psi(\boldsymbol{r},t)$ は適宜規格化するものとする．このような波動関数を重ね合わせた状態も実現しうることを重ね合わせの原理という．式 (1.9) では c_1 と c_2 の相対的な位相は物理的な意味をもち，波の干渉パターンを決定する（1.2 節）．

1.1.4　物理量はエルミート演算子

運動量 $\boldsymbol{p}$ が微分演算子 $(\hbar/i)\boldsymbol{\nabla}$ に対応することを前述した．エネルギーに対応する演算子はハミルトニアン H である．一般に物理量 A は線形演算子

$$A(c_1\psi_1 + c_2\psi_2) = c_1(A\psi_1) + c_2(A\psi_2)$$

で，かつエルミート演算子で表される．演算子は $\boldsymbol{r}$ の関数に作用するので，以下では波動関数の t 依存性は明記せず $\psi(\boldsymbol{r})$ への演算を考える（量子力学では時間 t は単なるパラメーターにすぎない）．

* 演算子 F に対して，エルミート共役な演算子 $F^\dagger$ は次の関係式を満たすものとして定義される．任意の関数 $f(\boldsymbol{r})$, $g(\boldsymbol{r})$ に対して

$$\int f^*(\boldsymbol{r}) F g(\boldsymbol{r}) \mathrm{d}\boldsymbol{r} = \int [F^\dagger f(\boldsymbol{r})]^* g(\boldsymbol{r}) \mathrm{d}\boldsymbol{r}. \tag{1.10}$$

ここで $*$ は複素共役を表す．$f(\boldsymbol{r})$ と $g(\boldsymbol{r})$ の内積を

$$\langle f, g \rangle = \int f^*(\boldsymbol{r}) g(\boldsymbol{r}) \mathrm{d}\boldsymbol{r}$$

で表すことにすると，式 (1.10) は

$$\langle f, Fg \rangle = \langle F^\dagger f, g \rangle \tag{1.11}$$

と書くことができる．エルミート演算子とは，エルミート共役が自分自身となる演算子である；$A = A^\dagger$．エルミート演算子を行列で表現すると，エルミート行列になることが後にわかる．

例として，(i) ポテンシャル V: V を $\psi(\boldsymbol{r})$ に演算させた結果は積 $V(\boldsymbol{r})\psi(\boldsymbol{r})$，$V(\boldsymbol{r})$ は古典力学でのポテンシャルと同じで実数である．$V(\boldsymbol{r}) = V^*(\boldsymbol{r})$ であるから

$$\langle f, Vg \rangle = \int f^*(\boldsymbol{r})V(\boldsymbol{r})g(\boldsymbol{r})\mathrm{d}\boldsymbol{r} = \int [V(\boldsymbol{r})f(\boldsymbol{r})]^* g(\boldsymbol{r})\mathrm{d}\boldsymbol{r} = \langle Vf, g \rangle$$

よって V はエルミート．(ii) 運動量の x 成分 p_x は

$$\begin{aligned}\langle f, p_x g \rangle &= \int f^*(\boldsymbol{r})\frac{\hbar}{i}\frac{\partial}{\partial x}g(\boldsymbol{r})\mathrm{d}\boldsymbol{r} \\ &= \iint \left[f^*(\boldsymbol{r})\frac{\hbar}{i}g(\boldsymbol{r})\right]_{x=-\infty}^{x=\infty}\mathrm{d}y\mathrm{d}z - \int \frac{\hbar}{i}\frac{\partial f^*(\boldsymbol{r})}{\partial x}g(\boldsymbol{r})\mathrm{d}\boldsymbol{r} \\ &= \int \left[\frac{\hbar}{i}\frac{\partial f(\boldsymbol{r})}{\partial x}\right]^* g(\boldsymbol{r})\mathrm{d}\boldsymbol{r} = \langle p_x f, g \rangle.\end{aligned}$$

ゆえに p_x はエルミート．途中部分積分を行い，遠方 ($x \to \pm\infty$) で関数がゼロに収束することを用いた．$\boldsymbol{p}$ の他の成分も同様．(iii) ハミルトニアン $H = \boldsymbol{p}^2/(2m) + V$ はエルミート[*8]．

エルミート演算子 A は次の性質をもつ．A の固有値を a_n，固有状態を $\varphi_n(\boldsymbol{r})$ ($n = 1, 2, 3, \cdots$) とする．

$$A\varphi_n(\boldsymbol{r}) = a_n \varphi_n(\boldsymbol{r}) \tag{1.12}$$

ここで固有状態を区別するラベル n は量子数とよばれる．このとき，(i) 固有値 a_n は実数である．また，(ii) 固有状態 φ_n は互いに直交する（内積がゼロ）．

$$\langle \varphi_m, \varphi_n \rangle = \int \varphi_m^*(\boldsymbol{r})\varphi_n(\boldsymbol{r})\mathrm{d}\boldsymbol{r} = \delta_{m,n} \tag{1.13}$$

ここで $\delta_{m,n}$ はクロネッカーのデルタで $m \neq n$ のとき 0, $m = n$ のときに 1 をとる．固有状態は適当な定数倍をして規格化条件を満たすとした．

証明 (i) については

$$a_n \langle \varphi_n, \varphi_n \rangle = \langle \varphi_n, A\varphi_n \rangle = \langle A\varphi_n, \varphi_n \rangle = a_n^* \langle \varphi_n, \varphi_n \rangle$$

したがって $a_n = a_n^*$．(ii) は，$A\varphi_n = a_n \varphi_n$, $A\varphi_m = a_m \varphi_m$ とすると

$$a_n \langle \varphi_m, \varphi_n \rangle = \langle \varphi_m, A\varphi_n \rangle = \langle A\varphi_m, \varphi_n \rangle = a_m \langle \varphi_m, \varphi_n \rangle$$

よって $(a_n - a_m)\langle \varphi_m, \varphi_n \rangle = 0$. もし $a_n \neq a_m$ ならば $\langle \varphi_m, \varphi_n \rangle = 0$. 同じ固有値 a_n をもつ固有状態が複数存在する場合，固有値が縮退してい

[*8] 問題 1.2(b) より運動エネルギー $K = \boldsymbol{p}^2/(2m) = (p_x^2 + p_y^2 + p_z^2)/(2m)$ はエルミート．エルミート演算子の和 $H = K + V$ もエルミート．

る (degenerate) という. その固有状態を $\varphi_{n,1}, \varphi_{n,2}, \cdots$ で表すと, それらの任意の線形結合も A の固有状態になる.

$$A\left(\sum_k c_k \varphi_{n,k}\right) = \sum_k c_k A\varphi_{n,k} = a_n \left(\sum_k c_k \varphi_{n,k}\right)$$

$\varphi_{n,k}$ が直交していない場合は, 互いに直交するように線形結合をつくり, 式 (1.13) を満たすことができる[*9].

物理量に対応するエルミート演算子 A の固有状態 $\{\varphi_n(\boldsymbol{r}); n=1,2,3,\cdots\}$ をすべて集めると完全系を成す. 完全系とは, 任意の関数 $\psi(\boldsymbol{r})$ がその線形結合で表される（展開できる）ことをいう[*10].

$$\psi(\boldsymbol{r}) = \sum_{n=1}^{\infty} c_n \varphi_n(\boldsymbol{r}) \tag{1.14}$$

例1 運動量の x 成分 p_x の固有状態： 固有値方程式

$$p_x \psi(\boldsymbol{r}) = \frac{\hbar}{i}\frac{\partial}{\partial x}\psi(x,y,z) = \lambda\psi(x,y,z) \tag{1.15}$$

$[\psi(\boldsymbol{r})$ と $\psi(x,y,z)$ は同じ意味] を解いて求めてみよう. 偏微分 $\partial/\partial x$ は y, z を止めて x で微分することである. 変数分離形 $\mathrm{d}\psi/\psi = (i\lambda/\hbar)\mathrm{d}x$ に変形し, 両辺を積分すると $\log|\psi| = (i\lambda/\hbar)x + C(y,z)$. ゆえに $\psi = \pm e^{C(y,z)}e^{i\lambda x/\hbar} = A(y,z)e^{i\lambda x/\hbar}$ $[A(y,z) = \pm e^{C(y,z)}$ とおいた]. y, z を止めて積分するので, 積分定数 C は y, z の任意関数となる. 固有値 $\lambda = \hbar k_x$ と書き, 量子数 k_x で固有状態を指定することにすると[*11]

$$\psi_{k_x}(x,y,z) = A(y,z)e^{ik_x x}. \tag{1.16}$$

[別解] 方程式 (1.15) は線形で係数が定数であるから $\psi = e^{\alpha x}$ を代入する. $(\hbar/i)\alpha e^{\alpha x} = \lambda e^{\alpha x}$ より $\alpha = i\lambda/\hbar \equiv ik_x$. したがって $\psi_{k_x} = A(y,z)e^{ik_x x}$ （y, z を止めて考えているから, 係数 A は y, z の任意関数にとる）.

[*9] $\langle\varphi_{n,1}, \varphi_{n,2}\rangle \neq 0$ のとき, $\tilde{\varphi}_{n,2} = \varphi_{n,2} - \langle\varphi_{n,1}, \varphi_{n,2}\rangle\varphi_{n,1}$ とすれば $\langle\varphi_{n,1}, \tilde{\varphi}_{n,2}\rangle = 0$. あとは $\tilde{\varphi}_{n,2}$ を規格化すればよい. これをグラム–シュミットの直交化という.

[*10] 通常の物理量は観測可能量 (observable) であって, この要請が満たされる. そうでないならば, 一般に $\psi = \sum_n c_n \varphi_n + c\varphi'$ であるが, 粒子の波動関数が $\psi = \varphi'$ のとき, A を観測しても結果が得られないことになってしまう [1.1.5 項を参照].

[*11] この例では y, z の任意関数 $A(y,z)$ が残り, 量子数 k_x を与えても状態が一意に決まらない（固有値 $\hbar k_x$ は無限に縮退している）. 例2 で見るように, p_x と交換する別の演算子をもってきて, それらの量子数の組で状態を指定する必要がある.

例 2 運動量 $\bm{p} = (p_x, p_y, p_z)$ の固有状態： p_x, p_y, p_z の共通の固有状態（同時固有状態）の意味である．

$$\begin{cases} p_x\psi(\bm{r}) = \dfrac{\hbar}{i}\dfrac{\partial}{\partial x}\psi(x,y,z) = \lambda_x \psi(x,y,z) \\ p_y\psi(\bm{r}) = \dfrac{\hbar}{i}\dfrac{\partial}{\partial y}\psi(x,y,z) = \lambda_y \psi(x,y,z) \\ p_z\psi(\bm{r}) = \dfrac{\hbar}{i}\dfrac{\partial}{\partial z}\psi(x,y,z) = \lambda_z \psi(x,y,z) \end{cases} \quad (1.17)$$

最初の式を y, z を止めて x で積分すると $\psi = C(y,z)e^{ik_x x}$, $\lambda_x = \hbar k_x$．これを第 2 式に代入すると $(\hbar/i)(\partial/\partial y)C(y,z) = \lambda_y C(y,z)$．これより $C(y,z) = D(z)e^{ik_y y}$, $\lambda_y = \hbar k_y$．さらに第 3 式に代入して $D(z)$ を求めると $D(z) = Ae^{ik_z z}$, $\lambda_z = \hbar k_z$．$\bm{k} = (k_x, k_y, k_z)$ とすると $\bm{p}$ の固有値は $\hbar\bm{k}$, 対応する固有状態は

$$\psi_{\bm{k}}(\bm{r}) = Ae^{ik_x x}e^{ik_y y}e^{ik_z z} = Ae^{i(k_x x+k_y y+k_z z)} = Ae^{i\bm{k}\cdot\bm{r}}. \quad (1.18)$$

規格化因子 A は 3 章で決定する．この例では量子数 $\bm{k}$ が連続変数である．関数 (1.18) について，異なる $\bm{k}$ の間の直交性，および完全性はフーリエ変換（1.3 節）で証明される．

例 1, 2 のように演算子の固有値，固有状態を求めることをしばしば「対角化する」という．この例のように微分方程式を解くことと，演算子を表現する行列を対角化することが同値であることがそのうちわかる（10 章）．時間によらないシュレーディンガー方程式を解くことは，ハミルトニアン H を対角化することなのである．

1.1.5 物理量の測定

物理量 A を測定すると，その固有値のどれか一つの値が得られる．粒子の状態 ψ が A の固有状態 φ_n であるとき，A を測定すると必ず固有値 a_n が得られる．一般に，波動関数が式 (1.14) で与えられたとき，A の測定結果が a_n となる確率は $|c_n|^2$ である．

状態 $\psi(\bm{r})$ における A の期待値を次式で定義する．

$$\langle A \rangle = \langle \psi, A\psi \rangle \quad (1.19)$$

式 (1.14) を代入し，式 (1.12)，(1.13) を用いると

$$\langle A \rangle = \sum_{m,n} c_m^* c_n \langle \varphi_m, A\varphi_n \rangle = \sum_{m,n} c_m^* c_n a_n \delta_{m,n} = \sum_n a_n |c_n|^2$$

したがって $\langle A \rangle$ は，状態 $\psi(\boldsymbol{r})$ を用意して A の測定を行うことを何度もくり返したときの結果の平均値である．

A の測定をして a_n の値が得られたら，状態 $\psi(\boldsymbol{r})$ は $\varphi_n(\boldsymbol{r})$ に収縮する．ψ が A の固有状態 φ_n である場合に限り，A の測定によって状態は変わらず φ_n のままである．この具体例を 8.3 節で考える．なお，1.1.2 項で述べた粒子の位置 $\boldsymbol{r}_0$ での観測による波動関数の収縮は，一般の物理量 A の測定での波動関数の収縮の特別な場合である．このことがわかれば，量子力学の理解が深まったといってよいだろう．

1.1.6 交換関係と不確定性原理

二つの演算子 A, B を関数 $\psi(\boldsymbol{r})$ に作用させるとき，演算の順番によってその結果は一般には異なる．二つの演算子 A, B の交換子を

$$[A, B] = AB - BA$$

で定義する．例えば A が x，B が p_x の場合，

$$xp_x \psi(\boldsymbol{r}) = x\frac{\hbar}{i}\frac{\partial \psi}{\partial x}, \qquad p_x x \psi(\boldsymbol{r}) = \frac{\hbar}{i}\frac{\partial}{\partial x}(x\psi) = \frac{\hbar}{i}\psi + x\frac{\hbar}{i}\frac{\partial \psi}{\partial x}.$$

これが任意の $\psi(\boldsymbol{r})$ について成立することから $[x, p_x] = i\hbar$．同様にして

$$[x_i, p_j] = i\hbar \delta_{i,j} \tag{1.20}$$

（$x_1 = x$, $x_2 = y$, $x_3 = z$; $p_1 = p_x$, $p_2 = p_y$, $p_3 = p_z$ を意味する）が導かれる．

$[A, B] = 0$ のとき，A と B の固有状態は共通であり，したがって同時に値を確定することができる．これを同時に対角化が可能であるという．

証明 A の固有値 a_n の固有状態を φ_n とする；$A\varphi_n = a_n\varphi_n$．$[A, B] = 0$ のとき

$$A(B\varphi_n) = BA\varphi_n = a_n(B\varphi_n)$$

したがって $B\varphi_n$ は A の固有値 a_n の固有状態.a_n に対応する固有状態が一つのとき（縮退がないとき），$B\varphi_n = \lambda\varphi_n$.ゆえに φ_n は B の固有状態でもある．縮退がある場合については問題 1.4 で扱う．

ここで，A の測定値の揺らぎ ΔA を

$$(\Delta A)^2 = \langle (A - \langle A \rangle)^2 \rangle = \langle A^2 \rangle - \langle A \rangle^2 \tag{1.21}$$

で定義する[*12]．$\psi = \varphi_n$ のとき $\langle A^2 \rangle = \langle \varphi_n, A^2 \varphi_n \rangle = a_n^2$，$\langle A \rangle = a_n$ であるから $\Delta A = 0$, 測定すると必ず同じ値 a_n が得られるので測定値の揺らぎはない．$[A, B] = 0$ ならば，A と B の同時固有状態に対して $\Delta A = \Delta B = 0$ となる．なお一般の場合は，波動関数を式 (1.14) のように A の固有状態で展開すると

$$(\Delta A)^2 = \sum_n |c_n|^2 (a_n - \langle A \rangle)^2.$$

異なる固有値に対する固有状態を二つ以上含むならば，A の測定をくり返すうちに必ず異なる値が得られるので $\Delta A > 0$ となる．

$[A, B] \neq 0$ のときには同時に値が確定する状態が存在するとは限らない．特に $[x, p_x] = i\hbar$ からはどのような波動関数に対しても

$$\Delta x \Delta p_x \geq \frac{\hbar}{2} \tag{1.22}$$

が成り立つことが導かれる（問題 1.5）．これを不確定性関係とよび，座標 x と運動量 p_x が同時に確定した状態が存在しないことを（ハイゼンベルクの）不確定性原理という[*13]．特に x の固有状態に対しては $\Delta x = 0$ であるので，このとき $\Delta p_x = \infty$！

1.2 波動関数の振幅と位相

前節で波動関数 $\Psi(\boldsymbol{r}, t)$ は複素数であることを述べた．ここで複素関数の性質を簡単にまとめておこう．以下では t 依存性を省略し，$\Psi(\boldsymbol{r})$ と表す．

[*12] $\langle (A - \langle A \rangle)^2 \rangle = \langle A^2 - 2\langle A \rangle A + \langle A \rangle^2 \rangle = \langle A^2 \rangle - 2\langle A \rangle\langle A \rangle + \langle A \rangle^2 \langle 1 \rangle = \langle A^2 \rangle - \langle A \rangle^2$.
[*13] $[A, B] \neq 0$ であっても，A と B の共通の固有状態がたまたま存在する場合がある（例として L_x と L_z；5 章参照）．不確定性原理は x と p_x の共通の固有状態が一つも存在しないことを意味する．この強い主張は $[x, p_x]$ が定数 $i\hbar$ になることに起因する．

$\psi(\bm{r})$ の実部 $[\mathrm{Re}\,\psi(\bm{r})]$ を $f(\bm{r})$, 虚部 $[\mathrm{Im}\,\psi(\bm{r})]$ を $g(\bm{r})$ とすると

$$\psi(\bm{r}) = f(\bm{r}) + ig(\bm{r}) = C(\bm{r})e^{i\theta(\bm{r})}$$

と書くことができる．$C = |\psi| = \sqrt{f^2 + g^2} \geq 0$ を「振幅」，θ を「位相」とよぶ．振動と波動で勉強する振幅，位相と共通の意味で使うので，それと混同してかまわない（p.20 のコラム）．この式変形にはオイラーの公式

$$e^{i\theta} = \cos\theta + i\sin\theta \tag{1.23}$$

を用いている．すなわち $f = C\cos\theta$, $g = C\sin\theta$ である．ψ の複素共役は

$$\psi^*(\bm{r}) = f(\bm{r}) - ig(\bm{r}) = C(\bm{r})e^{-i\theta(\bm{r})}$$

であり，ψ とは位相の符号のみが異なる．$|\psi|^2 = C^2 = \psi^*\psi$ が成り立つ．

例として，運動量 $\bm{p}$ の固有状態は式 (1.18) で与えられるが，$A = |A|e^{i\alpha}$ とすると

$$\psi(\bm{r}) = Ae^{i\bm{k}\cdot\bm{r}} = |A|e^{i(\bm{k}\cdot\bm{r}+\alpha)}.$$

この波動関数の等位相面は $\bm{k}\cdot\bm{r} + \alpha = $（一定）の平面[*14]であることから平面波とよばれる．$\bm{k}$ は波数ベクトルである．平面波の振幅はいたるところ $|A|$ で一定である（$\Delta\bm{p} = 0$ だから不確定性原理より $\Delta\bm{r} = \infty$）．

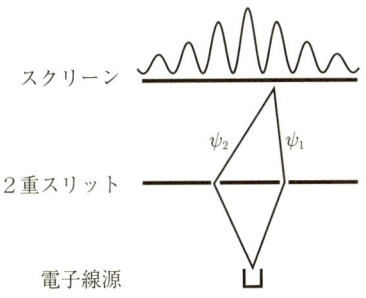

図 1.1 二重スリットの干渉実験の模式図．

[*14] 平面上の 1 点を $\bm{r}_0$ とすると $\bm{k}\cdot(\bm{r}-\bm{r}_0) = 0$, すなわち $\bm{r} - \bm{r}_0$ が $\bm{k}$ に垂直な点の集合を表す．$\bm{k}$ をこの平面の法線ベクトルとよぶ．

次に二重スリットの干渉実験を考えよう（図 1.1）．粒子源から放出された粒子の波動関数は，それぞれのスリットを通った波動関数 ψ_1, ψ_2 の重ね合わせとなり，スクリーン上に干渉縞をつくる．ψ_j $(j=1,2)$ は 1 次元的に距離 x_j を伝播すると仮定すると[*15]

$$\psi = \psi_1 + \psi_2, \qquad \psi_j = A_j e^{ikx_j} = |A_j| e^{i(kx_j + \alpha_j)}.$$

ψ_j の位相を $kx_j + \alpha_j = \theta_j$ と略記すると確率密度は

$$|\psi|^2 = \psi^*\psi = (|A_1|e^{-i\theta_1} + |A_2|e^{-i\theta_2})(|A_1|e^{i\theta_1} + |A_2|e^{i\theta_2})$$
$$= |A_1|^2 + |A_2|^2 + 2|A_1||A_2|\cos(\theta_1 - \theta_2).$$

最初の 2 項は振幅の 2 乗の和であり，二つの波の確率密度の古典的な足し合わせを表している．最後の項が干渉項であって，二つの波の位相差が重要な役割を果たす．$\theta_1 - \theta_2 = k(x_1 - x_2) + \alpha_1 - \alpha_2$ なので，二つの波の行路差によって干渉項は正にも負にもなり，干渉縞が現れる．

このように，量子力学では波動関数が複素数の値をとることが粒子の波としての性質を記述するのに本質的に重要である．一方，観測量は確率密度 $|\psi(\boldsymbol{r})|^2$ やエルミート演算子の固有値のように必ず実数値になり，自然現象を説明する理論体系になっている．

1.3　フーリエ変換とデルタ関数

1.3.1　フーリエ級数展開

まず 1 次元でのフーリエ級数展開の復習から始めよう．周期 L の関数 $f(x)$ は

$$f(x) = \frac{A_0}{2} + \sum_{n=1}^{\infty} \left[A_n \cos \frac{2\pi nx}{L} + B_n \sin \frac{2\pi nx}{L} \right] \tag{1.24}$$

の無限級数で表される．すなわち，周期関数 $f(x)$ は波長が L/n の波の重ね合わせで表現することができる．これと等価であるが，平面波の重ね合わせ

[*15] エネルギー $E = \hbar^2 k^2/(2m)$（3 章）が与えられて，k は ψ_1, ψ_2 で共通であると仮定した．正確には 3 次元的に球面波 Ce^{ikr}/r 等で伝播するため（6.7.2 項），A_j は x_j $(j=1,2)$ のゆるやかな関数になる．

$$f(x) = \sum_{n=-\infty}^{\infty} C_n e^{i2\pi nx/L} \tag{1.25}$$

の複素フーリエ級数の方が実際の計算には都合がよい[*16].

式 (1.25) は, 関数 $\{e^{i2\pi nx/L}; n=0,\pm1,\pm2,\cdots\}$ が完全系を成すことを示す (任意の関数 $f(x)$ がその線形結合で表される). $e^{i2\pi nx/L}$ は互いに直交する.

$$\langle e^{i2\pi mx/L}, e^{i2\pi nx/L}\rangle \equiv \int_{-L/2}^{L/2} (e^{i2\pi mx/L})^* e^{i2\pi nx/L} dx = L\delta_{m,n}$$

式 (1.25) の両辺に $e^{i2\pi nx/L}$ を掛けて積分すると, 直交関係から

$$C_n = \frac{1}{L}\int_{-L/2}^{L/2} f(x) e^{-i2\pi nx/L} dx \tag{1.26}$$

が得られる.

例として, 図 1.2(a) の関数

$$f(x) = \begin{cases} 1/D & (x_0 - D/2 < x < x_0 + D/2) \\ 0 & (\text{otherwise}) \end{cases} \tag{1.27}$$

のフーリエ級数を求めてみよう (問題 1.6). $|n|\leq 5, 10$ の波を重ねた結果をそれぞれ図 1.2(b), (c) に示す. 最小の波長 $L/5, L/10$ くらいの精度で元の関数が再現できることがわかる.

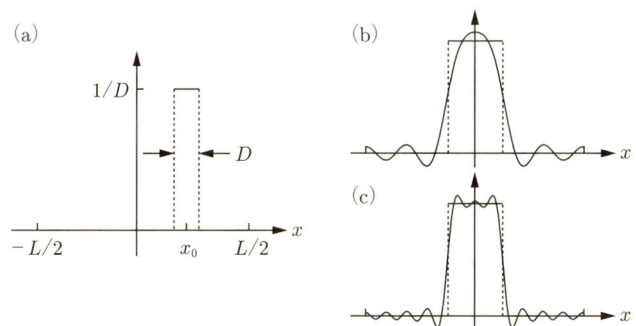

図 **1.2** (a) 式 (1.27) の関数. $D=L/4$, $x_0=0$ の場合, その関数を波数が $2\pi n/L$ ($n=5, 10$) 以下の波の重ね合わせで表した結果をそれぞれ (b), (c) に示す.

[*16] 式 (1.24) と (1.25) は $C_{\pm n}=(A_n \mp iB_n)/2$ ($n\geq 1$), $C_0=A_0/2$ で互いに移り合う.

式 (1.27) で $D \to 0$ の極限をとると，（周期 L の）デルタ関数 $\delta(x-x_0)$ になる $[x \neq x_0$ で 0，$x = x_0$ で大きな値をもち，面積（$x = x_0$ を含む領域で積分した結果）が 1$]$．デルタ関数の定義は，任意の関数 $F(x)$ に対して

$$\int_{-L/2}^{L/2} \delta(x-x_0) F(x) \mathrm{d}x = F(x_0) \tag{1.28}$$

となる関数である．式 (1.27) のフーリエ級数より

$$\delta(x-x_0) = \frac{1}{L} \sum_{n=-\infty}^{\infty} e^{i2\pi n(x-x_0)/L} = \sum_{n=-\infty}^{\infty} \frac{e^{i2\pi nx/L}}{\sqrt{L}} \left(\frac{e^{i2\pi nx_0/L}}{\sqrt{L}}\right)^* \tag{1.29}$$

となる（問題 1.6）．最右辺は $\{e^{i2\pi nx/L}/\sqrt{L}\}$ が正規完全系であることを表す（10 章）[*17]．

1.3.2 フーリエ変換

次に無限の 1 次元空間を考えたい．式 (1.25)，(1.26) において，$L \to \infty$ の極限をとる．$k = 2\pi n/L$，$\tilde{f}(k) = LC_n$ と表記すると[*18]

$$\sum_n \to \int \mathrm{d}n = \frac{L}{2\pi} \int \mathrm{d}k$$

より

$$f(x) = \frac{1}{2\pi} \int_{-\infty}^{\infty} \tilde{f}(k) e^{ikx} \mathrm{d}k, \qquad \tilde{f}(k) = \int_{-\infty}^{\infty} f(x) e^{-ikx} \mathrm{d}x. \tag{1.30}$$

これをフーリエ変換とよぶ[*19]．$\tilde{f}(k)$ は 1 次元 k 空間（$-\infty < k < \infty$）の関数である．$\tilde{f}(k)$ の ~ は混乱のない限り省略することが多い．$f(x)$ と $f(k)$ は数学的には異なる関数であるが，同じ物理量を示すためである．

(i) 積分で書かれているが，前項のフーリエ級数展開と同様，$f(x)$ を波 e^{ikx} の重ね合わせで表したときの係数が $f(k)$ ということである．

[*17] 完全系を成す関数がそれぞれ規格化されているとき正規完全系という．$\{e^{i2\pi nx/L}/\sqrt{L}\}$ は互いに直交しているので正規完全直交系である．

[*18] ~ は「チルダ」と読む．「にょろ」でもたいてい通じるが．

[*19] 一つ目の式がフーリエ逆変換，二つ目がフーリエ変換である．前者は $f(x)$ を波の重ね合わせで表すことを示し，後者はその係数を与えることから，この順番で書いた．

(ii) 一方，前項と違って，$f(x)$ と $f(k)$ の関係は（定数倍を除いて）対称的である．k 空間での関数 $f(k)$ のフーリエ変換が x 空間の関数 $f(x)$ であると考えることもできる．

例として，物理学でしばしばお目にかかるガウス関数 $f(x) = Ae^{-x^2/(2\sigma^2)}$（$A, \sigma$ は正の実数）を取り上げる．図 1.3(a) に示したように，そのグラフは中心が $x = 0$，幅が σ のピークを示す．このフーリエ変換 $f(k)$ もガウス関数となって，幅は $1/\sigma$ となる．この計算（問題 1.7）は重要なので，自分で手を動かして解いてほしい．

無限系でのデルタ関数は，式 (1.29) の極限をとって

$$\delta(x - x_0) = \frac{1}{2\pi} \int_{-\infty}^{\infty} e^{ik(x-x_0)} dk$$

$x - x_0$ をあらたに x に書くと

$$\delta(x) = \frac{1}{2\pi} \int_{-\infty}^{\infty} e^{ikx} dk \tag{1.31}$$

デルタ関数は，すべての k（$-\infty < k < \infty$）を同じ重み 1 で重ね合わせた関数である．式 (1.31) は，規格化されたガウス関数で $\sigma \to 0$ の極限をとって得ることもできる（問題 1.7）．無限系でのデルタ関数の性質を付録 A.3 にまとめておく．

3 次元空間の関数 $f(\boldsymbol{r})$ のフーリエ変換，デルタ関数も同様に定義されて，

$$f(\boldsymbol{r}) = \frac{1}{(2\pi)^3} \int f(\boldsymbol{k}) e^{i\boldsymbol{k}\cdot\boldsymbol{r}} d\boldsymbol{k}, \qquad f(\boldsymbol{k}) = \int f(\boldsymbol{r}) e^{-i\boldsymbol{k}\cdot\boldsymbol{r}} d\boldsymbol{r} \tag{1.32}$$

$$\delta(\boldsymbol{r}) = \frac{1}{(2\pi)^3} \int e^{i\boldsymbol{k}\cdot\boldsymbol{r}} d\boldsymbol{r} \tag{1.33}$$

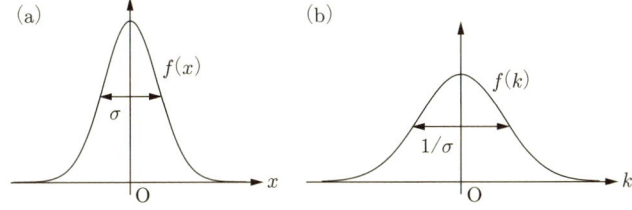

図 1.3 (a) ガウス関数 $f(x) = Ae^{-x^2/(2\sigma^2)}$，および (b) そのフーリエ変換 $f(k)$ のグラフ．

ここで $\bm{r}=(x,y,z)$ は 3 次元実空間のベクトル，$\bm{k}=(k_x,k_y,k_z)$ は 3 次元 k 空間のベクトルであり，積分はそれぞれの全空間に対して行う．$\delta(\bm{r})=\delta(x)\delta(y)\delta(z)$ である．

1.3.3　波動関数の座標表示と運動量表示

最後に，3 次元空間で波動関数 $\psi(\bm{r})$ のフーリエ変換を考えよう．

$$\psi(\bm{r}) = \frac{1}{(2\pi\hbar)^{3/2}} \int \psi(\bm{p}) e^{i\bm{p}\cdot\bm{r}/\hbar} d\bm{p} \tag{1.34}$$

$$\psi(\bm{p}) = \frac{1}{(2\pi\hbar)^{3/2}} \int \psi(\bm{r}) e^{-i\bm{p}\cdot\bm{r}/\hbar} d\bm{r} \tag{1.35}$$

式 (1.32) で $\bm{p}=\hbar\bm{k}$ と変数変換し，また $\psi(\bm{r})$ と $\psi(\bm{p})$ が対等になるよう適当に定数倍をした．$\bm{p}$ は演算子でなく，運動量空間の座標である．

以下では，演算子と座標を区別するため，演算子に $\hat{\ }$ をつける．演算子は波動関数 $\psi(\bm{r})$, $\psi(\bm{p})$ に作用することに注意して，式 (1.35) の両辺に $\hat{\bm{p}}$ を演算すると

$$\begin{aligned}\hat{\bm{p}}\psi(\bm{p}) &= \frac{1}{(2\pi\hbar)^{3/2}} \int \underbrace{[\hat{\bm{p}}\psi(\bm{r})]}_{(\hbar/i)\bm{\nabla}\psi(\bm{r})} e^{-i\bm{p}\cdot\bm{r}/\hbar} d\bm{r} \\ &= -\frac{1}{(2\pi\hbar)^{3/2}} \int \psi(\bm{r}) \frac{\hbar}{i} \bm{\nabla} e^{-i\bm{p}\cdot\bm{r}/\hbar} d\bm{r} = \bm{p}\psi(\bm{p}).\end{aligned}$$

2 行目に移るときに部分積分を行った[*20]．同様に $\hat{\bm{r}}$ を演算すると

$$\begin{aligned}\hat{\bm{r}}\psi(\bm{p}) &= \frac{1}{(2\pi\hbar)^{3/2}} \int \underbrace{[\hat{\bm{r}}\psi(\bm{r})]}_{\bm{r}\psi(\bm{r})} e^{-i\bm{p}\cdot\bm{r}/\hbar} d\bm{r} \\ &= \frac{1}{(2\pi\hbar)^{3/2}} i\hbar \bm{\nabla}_{\bm{p}} \int \psi(\bm{r}) e^{-i\bm{p}\cdot\bm{r}/\hbar} d\bm{r} = i\hbar \bm{\nabla}_{\bm{p}} \psi(\bm{p}).\end{aligned}$$

ここで

$$\bm{\nabla}_{\bm{p}} = \left(\frac{\partial}{\partial p_x}, \frac{\partial}{\partial p_y}, \frac{\partial}{\partial p_z}\right).$$

$\psi(\bm{r})$ を波動関数の座標表示，$\psi(\bm{p})$ をその運動量表示という（10 章まで進むと，両者は状態 $|\psi\rangle$ の異なる表現であることがわかる）．$\psi(\bm{r})$ は実空間の関数で

[*20] $\psi(\bm{r})$ は $|\bm{r}|\to\infty$ のときに十分早くゼロに収束することを仮定している．このとき積分が絶対収束となるので，次の式では微分と積分の順序を入れ替えている．

$$\hat{\boldsymbol{r}}\psi(\boldsymbol{r}) = \boldsymbol{r}\psi(\boldsymbol{r}), \qquad \hat{\boldsymbol{p}}\psi(\boldsymbol{r}) = \frac{\hbar}{i}\boldsymbol{\nabla}\psi(\boldsymbol{r})$$

$\psi(\boldsymbol{p})$ は運動量空間の関数で

$$\hat{\boldsymbol{p}}\psi(\boldsymbol{p}) = \boldsymbol{p}\psi(\boldsymbol{p}), \qquad \hat{\boldsymbol{r}}\psi(\boldsymbol{p}) = i\hbar\boldsymbol{\nabla}_{\boldsymbol{p}}\psi(\boldsymbol{p})$$

が成り立つ．$e^{i\boldsymbol{p}\cdot\boldsymbol{r}/\hbar}/(2\pi\hbar)^{3/2}$ は $\hat{\boldsymbol{p}}$ の固有状態である（1.1 節; 規格化因子の導出は 3.5 節）．式 (1.34) は $\psi(\boldsymbol{r})$ のその展開係数が $\psi(\boldsymbol{p})$ であることを示すので，$|\psi(\boldsymbol{p})|^2 \mathrm{d}\boldsymbol{p}$ は粒子の運動量が $\boldsymbol{p} \sim \boldsymbol{p} + \mathrm{d}\boldsymbol{p}$ の間にある確率を表す[*21]．

有限の広がりをもった波を波束という．1 次元での波動関数

$$\psi(x) = C\exp\left(i\frac{p_0}{\hbar}x - \frac{x^2}{4\sigma^2}\right) \qquad (p_0, \sigma \text{ は実数の定数}, \sigma > 0) \quad (1.36)$$

はガウス波束とよばれる．$|\psi(x)|^2$ は幅 $\Delta x = \sigma$ のガウス関数である．この運動量表示 $\psi(p)$ を求めると（問題 1.8），$|\psi(p)|^2$ もガウス関数で幅が $\Delta p = \hbar/(2\sigma)$ となる．したがって $\Delta x \Delta p = \hbar/2$，一般の波束では

$$\Delta x \Delta p \geq \frac{\hbar}{2}$$

が成り立ち，これは不確定性関係を表す．等号はガウス波束のときに成り立つことから［問題 1.5(b)］，ガウス波束を最小波束とよぶ．

本書では波動関数の運動量表示は 10 章まで使わないので，しばらく忘れてよい．

問　題

1.1　（古典力学）ハミルトニアン $H = H(\boldsymbol{r}, \boldsymbol{p}, t)$ が与えられたとき，粒子の運動は正準方程式

$$\frac{\mathrm{d}x}{\mathrm{d}t} = \frac{\partial H}{\partial p_x}, \qquad \frac{\mathrm{d}y}{\mathrm{d}t} = \frac{\partial H}{\partial p_y}, \qquad \frac{\mathrm{d}z}{\mathrm{d}t} = \frac{\partial H}{\partial p_z} \quad (1.37\mathrm{a})$$

$$\frac{\mathrm{d}p_x}{\mathrm{d}t} = -\frac{\partial H}{\partial x}, \qquad \frac{\mathrm{d}p_y}{\mathrm{d}t} = -\frac{\partial H}{\partial y}, \qquad \frac{\mathrm{d}p_z}{\mathrm{d}t} = -\frac{\partial H}{\partial z} \quad (1.37\mathrm{b})$$

で記述される．式 (1.2) の H に対してニュートン方程式を導出しなさい．

[*21] 運動量空間で $\hat{\boldsymbol{r}}$ の固有状態は $\hat{\boldsymbol{r}}\psi(\boldsymbol{p}) = i\hbar\boldsymbol{\nabla}_{\boldsymbol{p}}\psi(\boldsymbol{p}) = \boldsymbol{\lambda}\psi(\boldsymbol{p})$ より $\psi(\boldsymbol{p}) = Ce^{-i\boldsymbol{p}\cdot\boldsymbol{r}/\hbar}$，$\boldsymbol{\lambda} = \boldsymbol{r}$．3.5 節より $C = 1/(2\pi\hbar)^{3/2}$．したがって式 (1.35) は，運動量空間において $\psi(\boldsymbol{p})$ を $\hat{\boldsymbol{r}}$ の固有状態で展開したときの係数が $\psi(\boldsymbol{r})$ であることを示す．

1.2 (a) A, B を演算子, c を複素数とするとき次式を示しなさい.

$$(cA)^\dagger = c^* A^\dagger, \qquad (AB)^\dagger = B^\dagger A^\dagger, \qquad (A^\dagger)^\dagger = A$$

(b) F, G をエルミート演算子とする. F^2 がエルミート演算子であること, $X = [F, G] \neq 0$ のとき $X^\dagger = -X$ （反エルミート演算子）を示しなさい.

1.3 $f(\boldsymbol{r})$ を $\boldsymbol{r}$ の関数とするとき, 次の関係式を示しなさい.

$$[p_x, f(\boldsymbol{r})] = \frac{\hbar}{i} \frac{\partial}{\partial x} f(\boldsymbol{r}) \tag{1.38}$$

p_y, p_z についても同様な式が成り立つので, まとめると $[\boldsymbol{p}, f(\boldsymbol{r})] = (\hbar/i)\boldsymbol{\nabla} f(\boldsymbol{r})$.

1.4 $[A, B] = 0$ のときに A と B は同時対角化が可能であることを, 1.1.6 項では A の固有値が縮退していない場合について証明した. ここでは固有値が縮退している場合に証明を拡張する. A の固有値 a_n が二重に縮退しているとしよう. 固有状態を $\psi_{n,1}, \psi_{n,2}$ とすると $A\psi_{n,1} = a_n \psi_{n,1}, A\psi_{n,2} = a_n \psi_{n,2}$ である（以下の議論は, 縮退度が 2 より大きいときも同様）.

(a) $[A, B] = 0$ のとき, $B\psi_{n,1}, B\psi_{n,2}$ がいずれも $\psi_{n,1}, \psi_{n,2}$ の線形結合になることを示しなさい.

(b) (a) の結果より

$$B(\psi_{n,1}\ \psi_{n,2}) = (\psi_{n,1}\ \psi_{n,2}) \begin{pmatrix} C_{11} & C_{12} \\ C_{21} & C_{22} \end{pmatrix}$$

と書くことができる. B がエルミート演算子であることから, 右辺の行列がエルミート行列であることを示しなさい.

(c) エルミート行列はユニタリー行列 U で対角化ができるから

$$B(\psi_{n,1}\ \psi_{n,2}) = (\psi_{n,1}\ \psi_{n,2}) U \begin{pmatrix} b_1 & 0 \\ 0 & b_2 \end{pmatrix} U^\dagger, \quad U = \begin{pmatrix} u_{11} & u_{12} \\ u_{21} & u_{22} \end{pmatrix}.$$

このとき $\psi_{n,1}, \psi_{n,2}$ の線形結合で A と B の同時固有状態をつくりなさい.

1.5 エルミート演算子 A, B の間の交換関係を $[A, B] = iC$ とする. 問題 1.2(b) より C はエルミート演算子である. 以下では, 1 次元で波動関数 $\psi(x)$ が与えられたとして $\langle A \rangle = \langle \psi, A\psi \rangle$ と表記する. $\tilde{A} = A - \langle A \rangle, \tilde{B} = B - \langle B \rangle$ とすると $[\tilde{A}, \tilde{B}] = iC$ である.

(a) 実数のパラメーター λ を含む次の期待値を考える.

$$I(\lambda) = \langle \psi, (\lambda\tilde{A} - i\tilde{B})(\lambda\tilde{A} + i\tilde{B})\psi \rangle$$

任意の λ に対して

$$I(\lambda) = \langle (\lambda\tilde{A} + i\tilde{B})\psi, (\lambda\tilde{A} + i\tilde{B})\psi \rangle = \int |(\lambda\tilde{A} + i\tilde{B})\psi(x)|^2 \mathrm{d}x \geq 0$$

このことから次式を導きなさい.

$$\Delta A \cdot \Delta B = \sqrt{\langle \tilde{A}^2 \rangle}\sqrt{\langle \tilde{B}^2 \rangle} \geq \frac{1}{2}\langle C \rangle^2 \qquad (\text{シュバルツの不等式})$$

(b) 1次元では p_x を単に p と表記する。$A = x, B = p$ とすると $C = \hbar$、したがって式 (1.22) が導かれる。この等号が成り立つとき

$$\psi(x) = A \exp\left[-\frac{1}{4(\Delta x)^2}(x - \langle x \rangle)^2 + i\frac{\langle p \rangle x}{\hbar}\right]$$

になることを示しなさい。ここで、$\Delta x = \sqrt{\langle \tilde{x}^2 \rangle} = \sqrt{\langle x^2 \rangle - \langle x \rangle^2}$ である。
ヒント: $I(\lambda)$ の最小値が 0 であることから、$\lambda = \hbar/[2(\Delta x)^2]$ のときに

$$(\lambda \tilde{x} + i\tilde{p})\psi(x) = \left[\lambda(x - \langle x \rangle) + \hbar \frac{\mathrm{d}}{\mathrm{d}x} - i\langle p \rangle\right]\psi(x) = 0$$

この微分方程式を解く。

1.6 式 (1.27) の $f(x)$ を式 (1.25) の複素フーリエ級数で表し、次式を確かめなさい。なお、$-L/2 < x_0 - D/2, x_0 + D/2 < L/2$ とする。

$$f(x) = \frac{1}{L} + \sum_{n \neq 0} \frac{1}{\pi n D} \sin \frac{\pi n D}{L} e^{-i 2\pi n x_0/L} e^{i 2\pi n x/L}$$

次に $D \to 0$ の極限をとり、式 (1.29) を導きなさい。

1.7 ガウス関数 $f(x) = A e^{-x^2/(2\sigma^2)}$ の確率分布を考える (A, σ は正の実数)。ガウス積分の計算は付録 A.1 にまとめてあるので適宜参照のこと。
(a) $\int_{-\infty}^{\infty} f(x) \mathrm{d}x = 1$ になるように A を求めなさい。
(b) x, x^2 の平均 $\langle x \rangle = \int_{-\infty}^{\infty} x f(x) \mathrm{d}x$, $\langle x^2 \rangle = \int_{-\infty}^{\infty} x^2 f(x) \mathrm{d}x$ をそれぞれ計算しなさい。ピーク幅 Δx を標準偏差で定義する; $\Delta x = \sqrt{\langle x^2 \rangle - \langle x \rangle^2}$. $\Delta x = \sigma$ を確かめなさい。
(c) $f(x)$ のフーリエ変換 $f(k)$ を計算し、そのピーク幅 Δk を求めなさい。
(d) $\sigma \to 0$ のとき $f(x) \to \delta(x)$ であることから、式 (1.31) を導出しなさい。

1.8 1次元空間で、波動関数の座標表示 $\psi(x)$ と運動量表示 $\psi(p)$ は次の関係がある。

$$\psi(x) = \frac{1}{\sqrt{2\pi\hbar}} \int_{-\infty}^{\infty} \psi(p) e^{ipx/\hbar} \mathrm{d}p, \quad \psi(p) = \frac{1}{\sqrt{2\pi\hbar}} \int_{-\infty}^{\infty} \psi(x) e^{-ipx/\hbar} \mathrm{d}x \tag{1.39}$$

以下では式 (1.36) のガウス波束を考える。
(a) $\psi(x)$ の規格化条件から C を求めなさい。
(b) 確率密度 $P(x) = |\psi(x)|^2$ における平均 $\langle x \rangle$ と標準偏差 Δx を求めなさい。$P(x)$ のグラフを図示しなさい。
(c) 運動量表示 $\psi(p)$ を求めなさい。
(d) 運動量が p と $p + \mathrm{d}p$ の間にある確率 $P(p)\mathrm{d}p$ は $|\psi(p)|^2 \mathrm{d}p$ で与えられる。$P(p)$ における平均 $\langle p \rangle$ と標準偏差 Δp を求めなさい。

古典論の方程式 (1)

複素関数は，古典力学のニュートン方程式を解くときに数学のテクニックとして用いられる．その例として単振動を考えよう．

質量 m の質点が，ばね定数 k のばねにつながれ，x 軸上を運動するとき，運動方程式は $m\ddot{x} = F = -kx$（ドットは時間 t についての微分を表す）．$\omega = \sqrt{k/m}$ とすると

$$\ddot{x} + \omega^2 x = 0 \tag{1.40}$$

これは係数が定数の線形方程式なので $x = e^{\lambda t}$ を代入すると $\lambda^2 + \omega^2 = 0$，したがって $\lambda = \pm i\omega$．複素数解として

$$z = Ae^{i\omega t} \quad (A = ae^{i\alpha} \text{ は複素数の定数}) \tag{1.41}$$

を採用する．方程式 (1.40) は係数が実数であるから，z の実部も虚部もその解となる．実部をとると

$$x = \mathrm{Re}\,z = \mathrm{Re}(ae^{i\alpha}e^{i\omega t}) = a\cos(\omega t + \alpha) \tag{1.42}$$

これが実数の一般解（二つの未定定数を含む解）を与える．

複素数 z は，実部 $x = \mathrm{Re}z$ を横軸，虚部 $y = \mathrm{Im}z$ を縦軸とする複素平面上の 1 点で表すことができる．この平面をガウス平面とよぶ．$z = re^{i\theta}$ とするとき，オイラーの公式 (1.23) より r と θ はガウス平面での 2 次元極座標に一致する（$x = r\cos\theta$，$y = r\sin\theta$）．z とその複素共役 z^* は x 軸に関して互いに対称な位置にある．

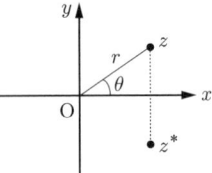

単振動の複素数解 (1.41) は，ガウス平面上で半径 a の等速円運動を表す．その実軸への射影が実数解 (1.42) の示す単振動である（下図）．単振動での本来の位相 $\theta = \omega t + \alpha$ が，複素関数の位相に一致することが理解できると思う．

なお，この問題のポテンシャルは $V(x) = kx^2/2$，ハミルトニアンは $H = p^2/(2m) + V(x) = p^2/(2m) + kx^2/2$ である．この量子力学を第 4 章で考える．

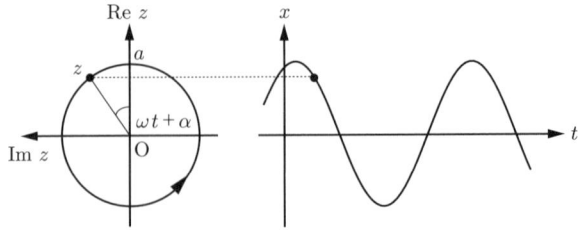

2 箱の中の粒子

量子力学では時間によらないシュレーディンガー方程式 (1.3),すなわちハミルトニアン H の固有値問題を解くことが多い.それはどうしてなのかを具体的な問題を考えながら理解しよう.本章では有限領域に閉じ込められた 1 個の粒子状態を考察する.このときエネルギー固有値はとびとびの値(離散エネルギー準位)となる.2.1〜2.5 節では 1 次元系を,2.6 節では 3 次元系を考える.1 次元では座標を x としたとき,運動量 p_x を単に p と表記する.また時間によらないシュレーディンガー方程式では独立な変数は一つだから $\partial/\partial x \to \mathrm{d}/\mathrm{d}x$ としてよい.

2.1　1 次元の井戸型ポテンシャル (1)

1 次元において,無限に深い井戸型ポテンシャルに閉じ込められた質量 m の粒子を考える.

$$V(x) = \begin{cases} 0 & (0 < x < L) \\ +\infty & (x < 0,\ L < x) \end{cases}$$

井戸の外側の領域 $(x < 0,\ L < x)$ では粒子は存在しえないので $\psi(x) = 0$. $0 < x < L$ での時間によらないシュレーディンガー方程式は

$$-\frac{\hbar^2}{2m}\frac{\mathrm{d}^2}{\mathrm{d}x^2}\psi(x) = E\psi(x). \tag{2.1}$$

これは係数が定数の線形方程式なので,$\psi = e^{\lambda x}$ を代入すると $\lambda = \pm ik$ ($E = \hbar^2 k^2/(2m),\ k > 0$),したがって方程式 (2.1) の一般解は

$$\psi(x) = A e^{ikx} + B e^{-ikx} \tag{2.2}$$

と求められる.$x = 0, L$ での境界条件 $\psi(0) = \psi(L) = 0$ (2.3 節,p.27 の脚注)を課すと,$A + B = 0,\ A e^{ikL} - A e^{-ikL} = 2iA\sin kL = 0$.規格化条件

$$\int_0^L |\psi(x)|^2 \mathrm{d}x = 1$$

を考慮して，方程式 (2.1) の固有値，固有状態を求めると

$$E_n = \frac{\hbar^2 k_n^2}{2m}, \qquad \psi_n(x) = \sqrt{\frac{2}{L}} \sin k_n x \tag{2.3}$$

$k_n = \pi n/L$ $(n = 1, 2, \cdots;$ 問題 2.1)．ここでいくつかコメントを述べる．

(i) 固有値を求めるとき，量子数 n のとりうる値の範囲に注意してほしい．この問題では n は正の整数である．$n = 0$ のときは $\psi_0(x) = 0$ となって不適（粒子は存在できない），$n < 0$ に対しては $\psi_n(x) = -\psi_{-n}(x)$ だから，意味をもたない位相因子を除いて $n > 0$ の固有状態と一致する．

(ii) 固有状態を図 2.1(b) に示した．$x = 0$ と L で節（$\psi_n = 0$ の点）をもつ定在波が現れ，n が増えるにつれて $0 < x < L$ での節の数が 1 ずつ増えることがわかる．定在波の波長は $\lambda_n = 2\pi/k_n = 2L, L, 2L/3, \cdots$，これは物質波のド・ブロイ（de Broglie）波長である．

(iii) $E < 0$ の解は存在しない．$E < 0$ での方程式 (2.1) の一般解は $\psi(x) = Ae^{\kappa x} + Be^{-\kappa x}$ $[E = -\hbar^2 \kappa^2/(2m)]$ [*1]．境界条件 $\psi(0) = \psi(L) = 0$ を課すと $A = B = 0$ となってしまう．

式 (2.3) の固有状態 ψ_n は互いに直交することが確かめられる（問題 2.1）．

$$\langle \psi_m, \psi_n \rangle \equiv \int_0^L \psi_m^*(x) \psi_n(x) \mathrm{d}x = \delta_{n,m} \tag{2.4}$$

また完全系を成し，任意の関数 $f(x)$ $(0 < x < L; f(0) = f(L) = 0)$ は $\{\psi_n(x)\}$ で展開できる[*2]；$f(x) = \sum_n c_n \psi_n(x)$．

以上でハミルトニアン H の固有値，固有状態がすべて求められたのであるが，その意味を考えよう．

(i) H の固有状態は定常状態である．$\psi_n(x)$ の時間依存性を含めると $\Psi_n(x, t) = \psi_n(x) e^{-iE_n t/\hbar}$．確率密度 $|\Psi_n(x, t)|^2 = |\psi_n(x)|^2$，物理量 A の期待

[*1] κ はギリシャ文字の「カッパ」の小文字．
[*2] 境界条件 $f(0) = f(L) = 0$ でのフーリエ展開に一致する．

値 $\langle \Psi_n, A\Psi_n \rangle = \langle \psi_n, A\psi_n \rangle$ 等，観測にかかる量は時間によらず一定となる[*3]．エネルギー固有値が最低の状態（$n=1$）を基底状態，それ以外の状態（$n \geq 2$）を励起状態とよぶ．

(ii) ハミルトニアンの固有値（エネルギー固有値）E_n は定常状態がもつエネルギーである．しばしば図 2.1(a) のように横棒で表され，エネルギー準位（energy level）とよばれる．

(iii) 任意の状態の時間発展がわかる．時刻 $t = 0$ での波動関数が与えられたらそれを $\{\psi_n(x)\}$ で展開する；$\Psi(x, 0) = \sum_n c_n \psi_n(x)$．このとき

$$\Psi(x, t) = \sum_{n=1}^{\infty} c_n \psi_n(x) e^{-iE_n t/\hbar} \tag{2.5}$$

すなわち「H の固有値問題を解くことは，古典力学でニュートン方程式の一般解を求めることに相当する」．波動関数の時間発展の具体例を次節で考察しよう．

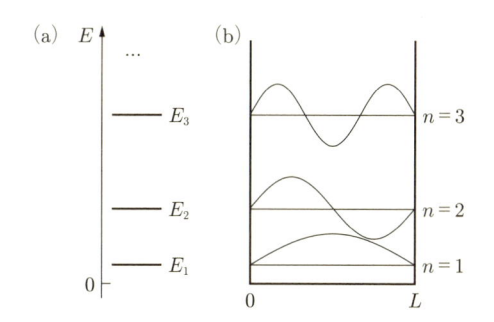

図 **2.1**　1 次元の箱（無限に深い井戸型ポテンシャル）に閉じ込められた粒子の，(a) エネルギー準位（エネルギー固有値 E_n を横棒で表したもの），および (b) ハミルトニアンの固有状態 $\psi_n(x)$．

2.2　波動関数の時間発展

前節と同様の状況を考えるが，話の都合上，ポテンシャルの井戸の範囲を $-L < x < L$ とする（図 2.2 の左図）．2.1 節の結果で $L \to 2L$, $x \to x - L$ の

[*3] 物理量が $A = f(x)\cos\omega t$ のように時間 t に依存する場合は除く．

おき換えをすると $k_n = \pi n/(2L)$, 固有状態は（適宜位相因子を変えると）

$$\psi_1 = \frac{1}{\sqrt{L}}\cos\frac{\pi x}{2L}, \quad \psi_2 = \frac{1}{\sqrt{L}}\sin\frac{\pi x}{L}, \quad \psi_3 = \frac{1}{\sqrt{L}}\cos\frac{3\pi x}{2L}, \quad \cdots.$$

$x = 0$ に対して偶関数（コサイン関数），奇関数（サイン関数）が交互に現れる[*4]。

時刻 $t = 0$ の波動関数が $\psi_1(x)$ と $\psi_2(x)$ の重ね合わせ

$$\Psi(x,0) = C_1\psi_1(x) + C_2\psi_2(x) \qquad (|C_1|^2 + |C_2|^2 = 1)$$

で与えられたとしよう．その時間発展は

$$\Psi(x,t) = e^{-iE_1 t/\hbar}\left[C_1\psi_1(x) + C_2\psi_2(x)e^{-i(E_2-E_1)t/\hbar}\right] \tag{2.6}$$

である．最初の因子 $e^{-iE_1 t/\hbar}$ は測定結果に影響しないから，観測量には角振動数 $\omega_{21} = (E_2 - E_1)/\hbar$ の振動が現れる．

具体的に $C_1 = C_2 = 1/\sqrt{2}$ の場合を考えてみよう．$t = 0$ では $\Psi \propto (\psi_1 + \psi_2)$，$x > 0$ の領域では ψ_1 と ψ_2 が同符合で正の干渉効果が働き，$x < 0$ の領域では両者は異符号で負の干渉効果が働く．その結果，粒子の存在確率は $x > 0$ の領域に片寄る（図 2.2 右図の実線）．$t = \pi/\omega_{21}$ では $\Psi \propto (\psi_1 - \psi_2)$ で粒子は左に

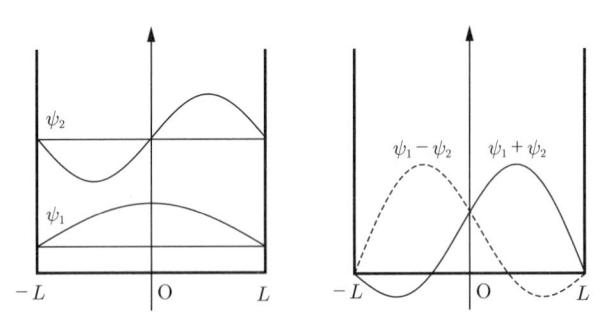

図 2.2 　左図は，1 次元の箱（無限に深い井戸型ポテンシャル；$-L < x < L$）に閉じ込められた粒子に対するハミルトニアンの固有状態 ψ_1, ψ_2. 右図は，波動関数 $\psi_\pm = (\psi_1 \pm \psi_2)/\sqrt{2}$. 時刻 $t = 0$ で波動関数が ψ_+ のとき，$t = \pi/\omega_{21}$ （$\hbar\omega_{21} = E_2 - E_1$）では ψ_- に位相因子を除いて一致する．

[*4] 偶関数は $x = 0$ に対して対称な関数，$\psi(-x) = \psi(x)$. 奇関数は $x = 0$ に対して反対称な関数，$\psi(-x) = -\psi(x)$.

片寄る（同破線）．$t = 2\pi/\omega_{21}$ で $t = 0$ と同じ状態に戻る．実際，$0 < x < L$，$-L < x < 0$ における粒子の存在確率をそれぞれ $P_+(t)$，$P_-(t)$ とすると

$$P_+(t) = \int_0^L |\Psi(x,t)|^2 dx = \frac{1}{2} + \frac{4}{3\pi} \cos\omega_{21} t$$

および $P_-(t) = (1/2) - (4/3\pi)\cos\omega_{21} t$（問題 2.2）．このような波動関数の振動をコヒーレント振動（coherent oscillation）とよぶことがある[*5]．

物理量 A の期待値も同様の振動を示す．

$$\langle C_1 e^{-iE_1 t/\hbar}\psi_1 + C_2 e^{-iE_2 t/\hbar}\psi_2, A(C_1 e^{-iE_1 t/\hbar}\psi_1 + C_2 e^{-iE_2 t/\hbar}\psi_2)\rangle$$
$$= |C_1|^2 \langle\psi_1, A\psi_1\rangle + |C_2|^2 \langle\psi_2, A\psi_2\rangle$$
$$+ 2\left\{\mathrm{Re}\left[C_1^* C_2 \langle\psi_1, A\psi_2\rangle\right] \cos\omega_{21} t\right.$$
$$\left.+\mathrm{Im}\left[C_1^* C_2 \langle\psi_1, A\psi_2\rangle\right] \sin\omega_{21} t\right\}$$

ここで A のエルミート性より $\langle\psi_2, A\psi_1\rangle = \langle A\psi_2, \psi_1\rangle = \langle\psi_1, A\psi_2\rangle^*$ となることを用いた．

初期状態が ψ_1, ψ_2, ψ_3 の重ね合わせであれば，観測量は $\omega_{21}, \omega_{31}, \omega_{32}$ の三つの振動成分をもつ．全体の周期は，それらの最小公倍数を ω とすると $2\pi/\omega$ である．初期状態がより多くの ψ_n を含むほど時間発展は複雑となる．

2.3　1次元の井戸型ポテンシャル (2)

今度は1次元で有限の深さの井戸型ポテンシャル

$$V(x) = \begin{cases} 0 & (-L < x < L) \\ V_0 & (x < -L, \; L < x) \end{cases} \quad (V_0 > 0)$$

に束縛された粒子（エネルギーが $0 < E < V_0$）を考えよう．1次元のシュレーディンガー方程式

$$\left[-\frac{\hbar^2}{2m}\frac{d^2}{dx^2} + V(x)\right]\psi(x) = E\psi(x) \tag{2.7}$$

[*5] コヒーレンス（coherence）とは波の干渉性のことで，波の重ね合わせ状態が保たれていることをコヒーレントという．観測をしたり，ψ_2 の状態が光を放出して ψ_1 に遷移をするとコヒーレンスが失われる．なおコヒーレンスという言葉は別の意味で使われることもあるので注意のこと．

を全区間 $-\infty < x < \infty$ で解く.

まず, $-L < x < L$, $L < x$, $x < -L$ の三つの領域ごとに方程式 (2.7) の一般解を求める. $-L < x < L$ では 2.1 節で求めたように

$$\psi_1(x) = A_1 e^{ikx} + B_1 e^{-ikx}, \qquad \frac{\hbar^2 k^2}{2m} = E \qquad (2.8)$$

$L < x$ では方程式は $-\hbar^2 \psi''/(2m) = (E - V_0)\psi$, この一般解は

$$\psi_2(x) = A_2 e^{\kappa x} + B_2 e^{-\kappa x}, \qquad \frac{\hbar^2 \kappa^2}{2m} = V_0 - E \qquad (2.9)$$

k, κ ともに正にとる. $x \to \infty$ で発散する関数 $e^{\kappa x}$ は, 規格化条件 $\int |\psi|^2 \mathrm{d}x = 1$ が満たされず, 波動関数に適さない. したがって $\psi_2(x) = C_2 e^{-\kappa x}$ である. 同様に $x < -L$ での一般解は $\psi_3(x) = C_3 e^{\kappa x}$ となる.

次に $x = \pm L$ で「波動関数, およびその x についての 1 階微分が連続になるように」それらを接続する. すなわち

$$\psi_1(L) = \psi_2(L), \qquad \frac{\mathrm{d}\psi_1}{\mathrm{d}x}(L) = \frac{\mathrm{d}\psi_2}{\mathrm{d}x}(L) \qquad (2.10\mathrm{a})$$

$$\psi_1(-L) = \psi_3(-L), \qquad \frac{\mathrm{d}\psi_1}{\mathrm{d}x}(-L) = \frac{\mathrm{d}\psi_3}{\mathrm{d}x}(-L) \qquad (2.10\mathrm{b})$$

なぜならば, 方程式 (2.7) は x についての 2 階微分方程式なので, ψ とその 1 階微分の連続性が要求される. ポテンシャル $V(x)$ に不連続点があってもかまわない. 実際, 式 (2.7) の両辺を $x \sim x + \Delta x$ の微小区間で積分すると

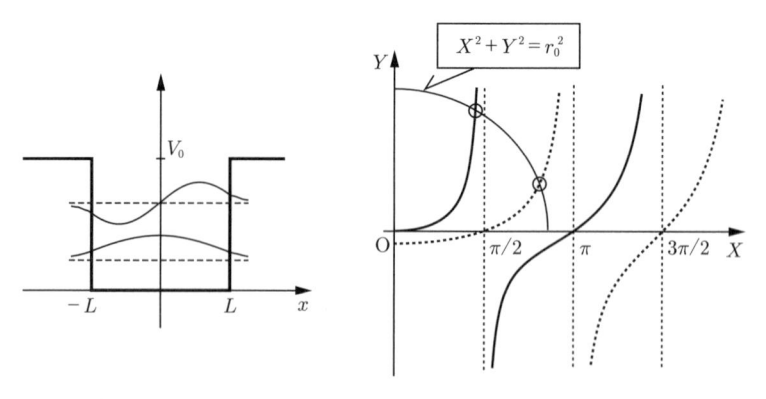

図 **2.3** 左図は, 1 次元における有限の深さの井戸型ポテンシャル中の束縛状態. 右図は, $X = kL, Y = \kappa L$ とし, 式 (2.11) を実線で, 式 (2.12) を破線で表す. 4 分円 $X^2 + Y^2 = 2mL^2 V_0/\hbar^2 \equiv r_0^2$ $(X, Y > 0)$ との交点が束縛状態を決定する.

$$-\frac{\hbar^2}{2m}\frac{\mathrm{d}\psi}{\mathrm{d}x}\bigg|_x^{x+\Delta x} + \int_x^{x+\Delta x} V(x)\psi(x)\mathrm{d}x = E\int_x^{x+\Delta x}\psi(x)\mathrm{d}x$$

$[x, x+\Delta x]$ で $V(x)$ が連続でも不連続でも，$\Delta x \to 0$ で左辺第2項は0，右辺も0，したがって $\psi'(x+\Delta x) - \psi'(x) \to 0$ が導かれる．$V(x)$ がデルタ関数の特異性をもつときは例外で 2.4 節を参照されたい[*6]．

接続条件 (2.10a), (2.10b) から A_1, B_1, C_2, C_3 の比（大きさは規格化条件から決まる），およびエネルギー固有値 E が決定する（問題 2.3）．$x=0$ について偶関数の解が満たす条件は

$$k \tan kL = \kappa \tag{2.11}$$

奇関数の満たす条件は[*7]

$$k \cot kL = -\kappa. \tag{2.12}$$

これからエネルギー固有値 E を解析的に求めることはできないが，固有状態の個数は次のように求められる．無次元量 $X = kL$, $Y = \kappa L$ を導入すると，k, κ の定義から $X^2 + Y^2 = 2mL^2 V_0/\hbar^2 \equiv r_0^2$ $(X, Y > 0)$．この4分円と $Y = X \tan X$ または $Y = -X \cot X$ の交点が固有状態に対応する．図 2.3 より，$0 < r_0 < \pi/2$ のとき解は一つ（偶関数），$\pi/2 < r_0 < \pi$ のとき解は二つ（偶関数，奇関数一つずつ），$\cdots$，$\pi(n-1)/2 < r_0 < \pi n/2$ のとき，すなわち

$$\frac{\hbar^2}{2mL^2}\left[\frac{\pi}{2}(n-1)\right]^2 < V_0 < \frac{\hbar^2}{2mL^2}\left(\frac{\pi}{2}n\right)^2 \tag{2.13}$$

のときに n 個の解が存在することがわかる．

以上は $0 < E < V_0$ の状態のみを求めた．その波動関数は $-L < x < L$ に大きな振幅をもち，$x \to \pm\infty$ で指数関数的にゼロに減衰する「束縛状態」である．エネルギー固有値は (2.11) または (2.12) を満たす値のみが許され，離散エネルギー準位を形成する．$V_0 < E$ では遠方で減衰することなく伝播する状態となり，すべてのエネルギー E が可能な連続エネルギー準位となる（第3章）．両者をすべて合わせると，完全系がつくられる．

[*6] 2.1 節で考察した $V_0 \to \infty$ の場合は，式 (2.10a), (2.10b) においてその極限をとる．例えば $\psi_1(L)/\psi_1'(L) = \psi_2(L)/\psi_2'(L) = -1/\kappa \to 0$ より $\psi_1(L) = 0$.
[*7] $\cot\theta = \cos\theta/\sin\theta = 1/\tan\theta$ で「コタンジェント」と読む．

2.4　1次元の井戸型ポテンシャル (3)

1次元井戸型ポテンシャルの最後の例として，デルタ関数のポテンシャル

$$V(x) = -g\delta(x)$$

による束縛状態（エネルギー $E < 0$）を求めてみよう．

2通りの計算方法がある．一つ目の方法では有限幅のポテンシャル

$$V(x) = \begin{cases} -V_0 & (-L < x < L) \\ 0 & (x < -L,\ L < x) \end{cases}$$

を考え，最後に $L \to 0,\ V_0 \to \infty\ (2LV_0 = g)$ の極限をとる．2.3節の結果で $\hbar^2 k^2/(2m) = -|E| + V_0,\ \hbar^2 \kappa^2/(2m) = |E|$ とすればよい．この極限では偶関数の解が一つのみ存在し，$\kappa = k\tan kL \approx k^2 L \to mg/\hbar^2$ からエネルギー固有値が $|E| = mg^2/(2\hbar^2)$ と求められる [問題 2.4(a)]．

二つ目の方法は，シュレーディンガー方程式

$$\left[-\frac{\hbar^2}{2m}\frac{\mathrm{d}^2}{\mathrm{d}x^2} - g\delta(x) \right]\psi(x) = E\psi(x) \tag{2.14}$$

を直接解くというものである．前節と同様に，まず $x > 0,\ x < 0$ での一般解を求める．それぞれ

$$\psi_1 = C_1 e^{-\kappa x}, \qquad \psi_2 = C_2 e^{\kappa x} \tag{2.15}$$

である．$x = 0$ での接続条件はまず $\psi_1(0) = \psi_2(0)$．1階微分については，式 (2.14) の両辺を微小区間 $[-\varepsilon, \varepsilon]$ で積分すると

$$-\frac{\hbar^2}{2m}\left.\frac{\mathrm{d}\psi}{\mathrm{d}x}\right|_{-\varepsilon}^{\varepsilon} - g\int_{-\varepsilon}^{\varepsilon}\delta(x)\psi(x)\mathrm{d}x = E\int_{-\varepsilon}^{\varepsilon}\psi(x)\mathrm{d}x$$

左辺第2項 $= -g\psi_1(0)\ [= -g\psi_2(0)]$, 右辺は $\to 0\ (\varepsilon \to 0)$ より

$$-\frac{\hbar^2}{2m}[\psi_1'(0) - \psi_2'(0)] - g\psi_1(0) = 0. \tag{2.16}$$

これがデルタ関数のポテンシャルがあるときの接続条件である．波動関数の概略を図 2.4 に示したが，$x = 0$ で1階微分が不連続となっている．これからエネルギー固有値を求めると，最初の方法と同じ結果が得られる [問題 2.4(b)]．

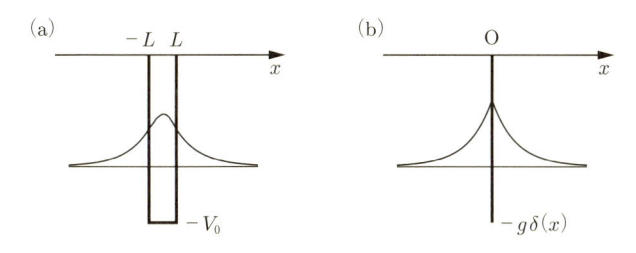

図 **2.4** 1次元デルタ関数のポテンシャルでの束縛状態. (a) 有限幅の井戸型ポテンシャルを考え, $L \to 0$, $V_0 \to \infty$ $(2LV_0 = g)$ の極限をとる. (b) 最初から $V(x) = -g\delta(x)$ を考えると波動関数の接続条件が式 (2.16) となる.

2.5　1次元系の束縛状態の性質 *

これまで1次元での束縛状態 ($x \to \pm\infty$ で $|\psi(x)| \to 0$ となる状態) の具体例をいくつか求めた. ここでその一般的な性質を述べておく.

ポテンシャル $V(x)$ 中に質量 m の粒子があるとき, 時間によらないシュレーディンガー方程式は $V(x) = [\hbar^2/(2m)]U(x)$, $E = [\hbar^2/(2m)]\varepsilon$ とおくと

$$\psi'' + [\varepsilon - U(x)]\psi = 0. \tag{2.17}$$

この束縛状態に対して次の定理が成り立つ.

(i) 一つのエネルギー固有値に対して独立な固有状態はただ一つしか存在しない. すなわち, 1次元の束縛状態では縮退がない.

　証明　エネルギー固有値 ε に対応する固有状態が ψ_1, ψ_2 の二つあったとする. ロンスキアン (Wronskian) とよばれる関数 $W(x)$ を

$$W(x) = \begin{vmatrix} \psi_1(x) & \psi_2(x) \\ \psi_1'(x) & \psi_2'(x) \end{vmatrix} = \psi_1(x)\psi_2'(x) - \psi_2(x)\psi_1'(x)$$

で定義する (| | は行列式を表す). $W(x)$ を x で微分すると

$$\frac{dW}{dx} = \psi_1\psi_2'' - \psi_2\psi_1'' = -\psi_1(\varepsilon - U)\psi_2 + \psi_2(\varepsilon - U)\psi_1 = 0$$

ゆえに $W(x)$ は定数. $x \to \pm\infty$ で $\psi_1, \psi_2 \to 0$ より $W(x) = 0$. したがって $\psi_1'/\psi_1 = \psi_2'/\psi_2$. この両辺を x で積分すると

$$\ln|\psi_1| = \ln|\psi_2| + C, \qquad \text{したがって} \quad \psi_1 = C'\psi_2 \; (C' = \pm e^C).$$

これは ψ_1 と ψ_2 は線形独立でないことを示す．

(ii) ポテンシャルが $x=0$ に対して対称なとき $[V(x) = V(-x)]$，束縛状態 $\psi(x)$ は偶関数か奇関数のいずれかである．

証明 方程式 (2.17) で $x \to -x$ として，$\varphi(x) = \psi(-x)$ とおくと

$$\varphi'' + [\varepsilon - U(x)]\varphi = 0.$$

$\psi(x)$ と $\varphi(x)$ は同じエネルギー固有値 ε をもつから，(i) の性質から $\psi(x) = C\varphi(x)$．$\psi(x) = C\psi(-x) = C^2\psi(x)$．ゆえに $C^2 = 1$，すなわち $C = \pm 1$．したがって $\psi(-x) = \pm\psi(x)$（$+$ が偶関数，$-$ が奇関数）．

$x=0$ に対する偶関数 $[\psi(-x) = \psi(x)]$ をパリティが正，$x=0$ に対する奇関数 $[\psi(-x) = -\psi(x)]$ をパリティが負という[*8]．

以下の性質については証明を省略する．

(iii) エネルギー固有値を $E_1 < E_2 < E_3 < \cdots$ のように小さい順に並べると，n 番目の固有状態 $\psi_n(x)$ は $n-1$ 個の節（0 になる点）をもつ（2.1 節のように境界で $\psi = 0$ になるときは，境界の点は節の数に含めない）．

(iv) $\psi_n(x)$ の $n-1$ 個の節の間に，$\psi_k(x)$ $(k > n)$ はいずれも少なくとも一つの節をもつ．

2.6　3 次元の箱の中の粒子

この章の最後に，3 次元で 1 辺が L の立方体に閉じ込められた粒子の束縛状態を求めよう．無限に深い井戸型ポテンシャル

$$V(x,y,z) = \begin{cases} 0 & (\text{立方体の内側}: 0 < x,y,z < L) \\ +\infty & (\text{立方体の外}) \end{cases}$$

[*8] [別解] パリティ変換を $\pi\psi(x) = \psi(-x)$ で定義すると $[H, \pi] = 0$，したがって $\psi(x)$ は H と π の同時固有状態となる．$\pi\psi(x) = \lambda\psi(x)$ とすると，$\pi^2 = 1$ より $\lambda = \pm 1$．したがって $\pi\psi(x) = \psi(-x) = \pm\psi(x)$．

を仮定して，3次元のシュレーディンガー方程式 (1.3) を解く．立方体の内側では

$$-\frac{\hbar^2}{2m}\left(\frac{\partial^2}{\partial x^2}+\frac{\partial^2}{\partial y^2}+\frac{\partial^2}{\partial z^2}\right)\psi(x,y,z)=E\psi(x,y,z) \quad (2.18)$$

外側では $\psi(x,y,z)=0$．したがって，立方体の表面で $\psi(x,y,z)=0$ という境界条件の下で式 (2.18) を解く．

変数分離形 $\psi(x,y,z)=X(x)Y(y)Z(z)$ （X,Y,Z はそれぞれ x,y,z の関数）を仮定し，方程式 (2.18) に代入すると

$$-\frac{\hbar^2}{2m}(X''YZ+XY''Z+XYZ'')=EXYZ$$

両辺を XYZ で割ると

$$-\frac{\hbar^2}{2m}\left(\underbrace{\frac{X''}{X}}_{x\text{のみ}}+\underbrace{\frac{Y''}{Y}}_{y\text{のみ}}+\underbrace{\frac{Z''}{Z}}_{z\text{のみ}}\right)=E.$$

左辺は x のみの関数，y のみの関数，z のみの関数の和となる．この式が恒等式として成立するには，各項が定数でなければならない．それを E_x, E_y, E_z とおくと

$$\begin{cases} -(\hbar^2/2m)X''(x) &= E_x X(x) \\ -(\hbar^2/2m)Y''(y) &= E_y Y(y) \\ -(\hbar^2/2m)Z''(z) &= E_z Z(z) \end{cases}$$

⋯

$(3,1,1),(1,3,1),(1,1,3)$

$(2,2,1),(2,1,2),(1,2,2)$

$(2,1,1),(1,2,1),(1,1,2)$

$(1,1,1)$

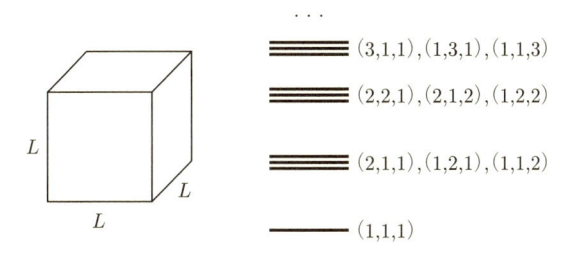

図 **2.5** 粒子を3次元の立方体の箱に閉じ込めたときのエネルギー準位．各準位は量子数の組 (n_1,n_2,n_3) で指定される．

および $E_x + E_y + E_z = E$. このように三つの1次元問題に帰着する. 境界条件はそれぞれ $X(0) = X(L) = 0, Y(0) = Y(L) = 0, Z(0) = Z(L) = 0$. これらの解は 2.1 節で求めた通りで，例えば

$$E_{x,n_1} = \frac{\hbar^2 k_{n_1}^2}{2m}, \qquad X_{n_1}(x) = \sqrt{\frac{2}{L}} \sin k_{n_1} x, \qquad k_{n_1} = \frac{\pi n_1}{L}$$

$$(n_1 = 1, 2, \cdots)$$

結局，元の問題の固有値と固有状態は量子数の組 (n_1, n_2, n_3) で指定されて

$$E_{n_1,n_2,n_3} = \frac{\hbar^2}{2m}(k_{n_1}^2 + k_{n_2}^2 + k_{n_3}^2) \tag{2.19a}$$

$$\psi_{n_1,n_2,n_3}(x,y,z) = \left(\frac{2}{L}\right)^{3/2} \sin k_{n_1} x \sin k_{n_2} y \sin k_{n_3} z \tag{2.19b}$$

$$(k_{n_1}, k_{n_2}, k_{n_3}) = \frac{\pi}{L}(n_1, n_2, n_3) \tag{2.19c}$$

$$(n_1, n_2, n_3 = 1, 2, \cdots)$$

となる．固有状態は x, y, z の三つの方向で定在波が立っている状態である．エネルギー準位を図 2.5 に示す．基底状態の量子数は $(n_1, n_2, n_3) = (1, 1, 1)$. 第1励起状態は $(2, 1, 1), (1, 2, 1), (1, 1, 2)$ の三つがあり，エネルギー固有値は三重に縮退している．

さて，シュレーディンガー方程式 (2.18) に対して変数分離形を仮定して固有状態を求めた．これですべての固有状態が求められたのであろうか．答はイエスであることが，固有状態 (2.19b) が完全系を張ることからいえる．境界条件を満たす任意の波動関数 $f(x,y,z)$ を考えよう．y, z を止めて x の関数と見なすと，$f(x,y,z)$ は上で求めた完全系 $\{X_{n_1}(x)\}$ で展開できる．

$$f(x,y,z) = \sum_{n_1=1}^{\infty} A_{n_1}(y,z) X_{n_1}(x)$$

次に係数 $A_{n_1}(y,z)$ を y の関数と見なすと，同様にして

$$A_{n_1}(y,z) = \sum_{n_2=1}^{\infty} B_{n_1,n_2}(z) Y_{n_2}(y)$$

最後に $B_{n_1,n_2}(z) = \sum_{n_3} C_{n_1,n_2,n_3} Z_{n_3}(z)$ と展開すれば

$$f(x,y,z) = \sum_{n_1=1}^{\infty}\sum_{n_2=1}^{\infty}\sum_{n_3=1}^{\infty} C_{n_1,n_2,n_3} X_{n_1}(x) Y_{n_2}(y) Z_{n_3}(z)$$

したがって，もし変数分離形でない固有状態があったとしても，それは変数分離形の固有状態 $X_{n_1}(x)Y_{n_2}(y)Z_{n_3}(z)$ の線形結合で表されるから，それらと線形独立でない．

次の別解もある．ハミルトニアンは $H = H_x + H_y + H_z$,

$$H_x = \frac{p_x^2}{2m}, \qquad H_y = \frac{p_y^2}{2m}, \qquad H_z = \frac{p_z^2}{2m}.$$

H, H_x, H_y, H_z は互いに可換であるから，これらの同時固有状態が存在する．

$$H\psi(x,y,z) = E\psi(x,y,z) \tag{2.20a}$$

$$H_x\psi(x,y,z) = -\frac{\hbar^2}{2m}\frac{\partial^2}{\partial x^2}\psi(x,y,z) = E_x\psi(x,y,z) \tag{2.20b}$$

$$H_y\psi(x,y,z) = -\frac{\hbar^2}{2m}\frac{\partial^2}{\partial y^2}\psi(x,y,z) = E_y\psi(x,y,z) \tag{2.20c}$$

$$H_z\psi(x,y,z) = -\frac{\hbar^2}{2m}\frac{\partial^2}{\partial z^2}\psi(x,y,z) = E_z\psi(x,y,z) \tag{2.20d}$$

式 (2.20b) の一般解は $\psi = C_1(y,z)e^{ikx} + C_2(y,z)e^{-ikx}$, $E_x = \hbar^2 k^2/(2m)$. 境界条件 $\psi(0,y,z) = \psi(L,y,z) = 0$ より $\psi(x,y,z) = A(y,z)\sin k_n x$ ($k_n = \pi n/L, n = 1, 2, \cdots$). これを式 (2.20c) に代入して，とくり返すと，H の固有状態として式 (2.19b) が求められる．

問　題

2.1 2.1 節の問題で
(a) シュレーディンガー方程式の一般解 [式 (2.2)] の係数 A, B, および k の値を境界条件 $\psi(0) = \psi(L) = 0$ から決定しなさい．次に規格化条件を考慮して式 (2.3) を導きなさい．
(b) 式 (2.3) の $\psi_n(x)$ が互いに直交すること [式 (2.4)] を示しなさい．

2.2 2.2 節の式 (2.6) で $C_1 = C_2 = 1/\sqrt{2}$ の場合を考える．$0 < x < L, -L < x < 0$ における粒子の存在確率 $P_+(t)$, $P_-(t)$ をそれぞれ計算しなさい．

2.3 2.3 節の問題でシュレーディンガー方程式の一般解は，$-L < x < L$ で式 (2.8) で与えられる．$L < x$ では $\psi_2(x) = C_2 e^{-\kappa x}$, $x < -L$ では $\psi_3(x) = C_3 e^{\kappa x}$ である．

(a) 波動関数が x の偶関数 $[\psi(-x) = \psi(x)]$ の場合を考える．式 (2.8) で $A_1 = B_1$ になること，および $C_2 = C_3$ を示しなさい．このとき接続条件 (2.10a) から式 (2.11) を導出しなさい．
(b) x の奇関数 $[\psi(-x) = -\psi(x)]$ の場合を考える．式 (2.8) で $A_1 = -B_1$ になること，および $C_2 = -C_3$ を示しなさい．このとき接続条件 (2.10a) から式 (2.12) を導出しなさい．
(c) 束縛状態の数を V_0 の関数として求めなさい．

2.4 2.4 節の問題を次の 2 通りの方法で解きなさい．
(a) 2.3 節の結果で $\hbar^2 k^2/(2m) = -|E|+V_0$, $\hbar^2 \kappa^2/(2m) = |E|$ とする．$L \to 0$, $V_0 \to \infty$ ($2LV_0 = g$) の極限をとったとき，偶関数解が一つのみ存在することを示しなさい．そのエネルギー固有値を求めなさい．
(b) シュレーディンガー方程式 (2.14) を直接解く．波動関数 (2.15) に対する接続条件 $\psi_1(0) = \psi_2(0)$，および式 (2.16) からエネルギー固有値を求めなさい．

2.5 1 次元の無限に深い井戸型ポテンシャルの中央に，デルタ関数のポテンシャルがある．

$$V(x) = \begin{cases} g\delta(x) & (-L < x < L) \\ +\infty & (x < -L,\ L < x) \end{cases}$$

$0 < x < L$ の波動関数を $\psi_1(x)$, $-L < x < 0$ のそれを $\psi_2(x)$ で表す．エネルギー固有値 $E = (\hbar k)^2/(2m)$ で $k\ (>0)$ を定義する．
(a) 時間によらないシュレーディンガー方程式を立て，$\psi_1(x)$ の一般解を求めなさい．
(b) $x = L$ での境界条件より，$\psi_1(x) = A \sin k(x-L)$ と書けることを示しなさい．
(c) $x = 0$ に対して偶関数の場合を考える．$x = 0$ での関係式を書き，それより k の満たす式を導きなさい．
(d) $x = 0$ に対して奇関数の場合を考える．$x = 0$ での関係式を書き，それよりエネルギー固有値を求めなさい．

── 量子力学の世界の大きさ ──

量子力学で記述される原子・分子の世界はどのくらいの大きさか. 6 章で水素原子の電子状態を計算する. 1s 状態 (主量子数 $n=1$) の広がりはボーア半径

$$a_\mathrm{B} = \frac{4\pi\varepsilon_0\hbar^2}{me^2} = 0.53\,\text{Å}$$

程度, 主量子数が n の状態の広がりは a_B の n 倍程度である. 原子の大きさは数 Å 程度と思ってよい ($1\,\text{Å}=10^{-10}\,\text{m}=0.1\,\text{nm}$). 分子は, 原子の最外殻の電子間の共有結合によってつくられる (6.6 節) ので, 原子の大きさと同程度である. 原子が多数集まると固体の結晶格子が形成される. 原子間の距離 (または, 結晶の単位胞の 1 辺の長さである格子定数) もまた数 Å 程度である.

原子や数個の原子から成る分子は直接目で見ることができない. われわれが物を見るとき, それに光を当てて, その反射光が目に届く. 可視光の波長はだいたい 4000 Å (紫) 〜 7000 Å (赤) である. 光学顕微鏡を使っても, それより小さなものは原理的に見られない. (物の大きさと波長が同程度となると光の波としての干渉効果が顕著に現れる. 固体の結晶構造は, 波長が数 Å 程度の X 線を当てたときの干渉パターンによって調べることができる.)

エネルギースケールはどうであろうか. 水素原子の 1s 状態の束縛エネルギーは

$$\frac{\hbar^2}{2m}\frac{1}{a_\mathrm{B}^2} = \frac{1}{2}\frac{e^2}{4\pi\varepsilon_0}\frac{1}{a_\mathrm{B}} = \frac{1}{2}\frac{me^4}{\hbar^2(4\pi\varepsilon_0)^2} = 13.6\,\text{eV} \equiv 1\,\text{Ry}$$

最初の等号はビリアル定理 (4.5 節) に相当する. Ry は「リュードベルグ」と読む. 主量子数が n の状態の束縛エネルギーはその $1/n^2$ 倍であるから, 一般に原子における電子の束縛エネルギーは数 eV 程度となる. 1 eV は 1 個の電子 (電荷 $-e = -1.6\times 10^{-19}$ C) を 1 V の電位で加速したときのエネルギー, すなわち $1\,\text{eV}=1.6\times 10^{-19}\,\text{J}$. 統計力学を学ぶと, 温度 T のときの熱揺らぎのエネルギーは $k_\mathrm{B}T$ で与えられることがわかる. k_B はボルツマン因子とよばれ, 気体定数 $R = 8.31\,\text{J/K·mol}$ をアボガドロ数 $N_\mathrm{A} = 6.02\times 10^{23}$ で割ったもの, $k_\mathrm{B} = 1.38\times 10^{-23}\,\text{J/K}$. 1 eV は温度 $T = 1.2\times 10^4$ K (10000 K と覚えればよい) の熱揺らぎに相当するから, 室温で原子は安定に存在する.

電子が原子の励起状態から基底状態に遷移するとき, そのエネルギー差 ΔE に対応する光を放出する (12 章). その光の波長を λ, 振動数を ν とすると, $h\nu = hc/\lambda = \Delta E$, ここで $c = 3.0\times 10^8$ m/s は光速. $h\nu$ は電磁波を量子化した光子 (photon) 1 個のエネルギーであり, 可視光のとき 1.8 eV 〜 3.1 eV. 原子では ΔE が 1 eV 程度なので, 放出される光は可視光かその前後 (紫外線, 赤外線) になる. 水素原子の場合, 主量子数 n' から n ($n' > n$) への遷移エネルギーは $\Delta E = (n^{-2} - n'^{-2})$ Ry. 終状態の主量子数が $n=1$ のときに紫外線 (ライマン系列), $n=2$ のときに可視光 (バルマー系列), $n=3$ のときに赤外線のスペクトル (パッシェン系列) となる.

3 伝播する粒子

本章ではポテンシャルに束縛されずに無限の空間を運動する粒子を考える．ポテンシャル $V=0$ の空間を運動する粒子を自由粒子とよぶ．まず1次元と3次元での自由粒子の状態から始めよう（3.1, 3.2節）．次に階段ポテンシャルでの粒子の反射と透過（3.3節），ポテンシャル障壁のトンネル効果（3.4節），という波動関数の基本的性質を概観する．3.5節で自由粒子の波動関数の規格化について説明する．

3.1　1次元の自由粒子

1次元の自由粒子 $[V(x)=0]$ から始める．ハミルトニアンは $H=p^2/(2m)$．時間によらないシュレーディンガー方程式

$$-\frac{\hbar^2}{2m}\frac{\mathrm{d}^2}{\mathrm{d}x^2}\psi(x) = E\psi(x) \tag{3.1}$$

の解を 2.1 節と同様にして求めると，$E>0$ のとき

$$\psi(x) = Ae^{\pm ikx}, \qquad E = \frac{\hbar^2 k^2}{2m} \qquad (k>0 \text{ とする}). \tag{3.2}$$

$E<0$ のときは $\psi=e^{\pm\kappa x}$ $[E=-\hbar^2 k^2/(2m)]$ で $x\to\pm\infty$ のいずれかで発散するので解は存在しない．2.1 節で求めた束縛状態との違いは

(i) 方程式 (3.1) の一般解は $\psi(x)=C_1 e^{ikx}+C_2 e^{-ikx}$ であるが，C_1, C_2 には制約がない．任意の C_1, C_2 に対して $\psi(x)$ は固有状態となる．これはエネルギー固有値 $E=\hbar^2 k^2/(2m)$ が二重に縮退しているためである．二つの解の選び方は無数にあり，例えば $C_1=\pm C_2$ とすると（規格化因子を除いて）$\psi=\cos kx, \sin kx$ の二つの実数解が得られる．

(ii) k の値への制限もない．エネルギー固有値 $E=\hbar^2 k^2/(2m)$ にはすべての正の実数が許され，エネルギー準位は連続的になる．

[別解] ハミルトニアン $H = p^2/(2m)$ に対して $[H,p] = 0$ より H と p の同時固有状態が存在する．そこで

$$p\psi(x) = \frac{\hbar}{i}\frac{d}{dx}\psi(x) = \lambda\psi(x) \tag{3.3}$$

と方程式 (3.1) を連立させて解く．式 (3.3) より $\psi(x) = Ae^{ikx}$, $\lambda = \hbar k$, 式 (3.1) に代入すると $E = \hbar^2 k^2/(2m)$.

別解から明らかなように，状態 (3.2) は運動量 p の固有状態でもあるので，実数解 $\psi = \cos kx, \sin kx$ を選ぶよりも便利である．k を（連続変数の）量子数と考えて $\psi_{\pm k}(x) = Ae^{\pm ikx}$ と表すことにする．この関数の規格化（A の決め方）はしばらくのあいだ無視し，3.5 節で述べる．時間依存性も含めると

$$\Psi_{\pm k}(x,t) = Ae^{\pm ikx}e^{-i\omega t} = Ae^{i(\pm kx - \omega t)}, \qquad \omega = \frac{E}{\hbar} = \frac{\hbar k^2}{2m}.$$

等位相の点は $\Psi_k(x,t)$ では時間 t の増加とともに右に，$\Psi_{-k}(x,t)$ では左に移動する．その速度は $v = \pm\omega/k = \pm\hbar k/(2m)$, これは位相速度であって，実際に粒子が伝播する速度（次節）とは異なる．

3.2　3次元の自由粒子

3次元での自由粒子のシュレーディンガー方程式は

$$-\frac{\hbar^2}{2m}\left(\frac{\partial^2}{\partial x^2} + \frac{\partial^2}{\partial y^2} + \frac{\partial^2}{\partial z^2}\right)\psi(x,y,z) = E\psi(x,y,z) \tag{3.4}$$

2.6 節と同様に，変数分離形 $\psi = X(x)Y(y)Z(z)$ を代入して求めると

$$\psi_{\bm{k}}(x,y,z) = Ae^{ikx}e^{iky}e^{ikz} = Ae^{i\bm{k}\cdot\bm{r}} \tag{3.5}$$

$$E_{\bm{k}} = \frac{\hbar^2}{2m}(k_x^2 + k_y^2 + k_z^2) = \frac{\hbar^2 \bm{k}^2}{2m} \tag{3.6}$$

ここで $\bm{k} = (k_x, k_y, k_z)$ の3次元の波数ベクトルである[*1]．1.2 節で見たように，式 (3.5) は等位相面が $\bm{k}$ に垂直な平面である波（平面波）を表す．エネルギー E は $k = |\bm{k}|$ で決まるので，無数にある $\bm{k}$ の方向の数だけ縮退する[*2]．

[*1] $[H, p_x] = [H, p_y] = [H, p_z] = 0$ より，p_x, p_y, p_z との同時固有状態を求めてもよい．1.1 節の式 (1.18) がただちに式 (3.5) を与え，それを式 (3.4) に代入すると E が得られる．

[*2] 縮退度を $E \sim E + dE$ の間の状態数 $D(E)dE$ で表すとき，$D(E)$ を状態密度という．p.52 のコラム参照．

平面波の時間依存性は $\Psi_k(r,t) = Ae^{i(k\cdot r - \omega t)}$ ($\omega = E/\hbar$) で位相速度は $v = [\hbar k/(2m)]e_k$ ($e_k = k/k$ は k の方向を向いた単位ベクトル) である．振幅はいたるところ一定値 $|A|$ であるが，粒子の伝播速度はどう考えればよいであろうか．それには式 (1.7) の確率の流れの密度 $j(r,t)$ を用いる．一般に定常状態では $\Psi(r,t) = \psi(r)e^{-iEt/\hbar}$ でこのとき $|\Psi(r,t)|^2 = |\psi(r)|^2$，ゆえに $\partial|\Psi|^2/\partial t = 0$．$j(r,t)$ の時間依存性も消えて

$$\begin{aligned}j(r) &= \frac{\hbar}{2mi}[\psi^*(r)\nabla\psi(r) - (\nabla\psi^*(r))\psi(r)] \\ &= \frac{1}{m}\mathrm{Re}[\psi^*(r)p\psi(r)]. \end{aligned} \tag{3.7}$$

局所的な確率の保存の式 (1.8) は $\nabla \cdot j(r) = 0$ を与える[*3]．特に 1 次元では $\mathrm{d}j(x)/\mathrm{d}x = 0$ より $j(x)$ が x によらず一定となる．

平面波 $\psi = Ae^{ik\cdot r}$ に対して確率の流れの密度を計算すると $j = (\hbar k/m)|A|^2$．これは確率密度 $|A|^2$ が速度 $\hbar k/m$ で伝播することを示す．$\hbar k/m$ は運動量演算子 p の固有値 $\hbar k$ を質量 m で割った「速度」で，位相速度 $\hbar k/(2m)$ と 2 倍異なる．

3.3 粒子の反射と透過

1 次元系に戻り，伝播する粒子がポテンシャルによって（その一部が）反射される状況を考えよう．簡単な例として，階段ポテンシャル

$$V(x) = \begin{cases} 0 & (x < 0) \\ V_0 & (0 < x) \end{cases} \quad (V_0 > 0)$$

を取り上げ，時間によらないシュレーディンガー方程式

$$\left[-\frac{\hbar^2}{2m}\frac{\mathrm{d}^2}{\mathrm{d}x^2} + V(x)\right]\psi(x) = E\psi(x)$$

を解く．$E = \hbar^2 k^2/(2m)$ で k ($k > 0$) を定義しておく．

[*3] 式 (3.7) は，運動量 p を m で割った「速度」と考えると覚えやすいが，$\psi^*(r)p\psi(r)$ は一般には複素数なので運動量そのものではない．本によっては，演算子 $\hat{j}(r) = [\hat{p}\delta(\hat{r} - r) + \delta(\hat{r} - r)\hat{p}]/(2m)$ (演算子に ^ をつけて表し，$\hat{p}$ と $\hat{r}$ は可換でないので対称化してエルミートにした) を定義し，その期待値として $j(r) = \langle \psi, \hat{j}(r)\psi \rangle$ を導入している．

(I) $0 < E < V_0$ の場合 [図 3.1(a)]：
$x < 0$ での一般解は

$$\psi_1(x) = Ae^{ikx} + Be^{-ikx} \tag{3.8}$$

$x > 0$ で $x \to \infty$ での境界条件を満たす解は

$$\psi_2(x) = Ce^{-\kappa x}, \qquad V_0 - E = \frac{\hbar^2 \kappa^2}{2m} \qquad (\kappa > 0) \tag{3.9}$$

$x = 0$ での接続条件 $\psi_1(0) = \psi_2(0), \psi_1'(0) = \psi_2'(0)$ より

$$\frac{B}{A} = \frac{ik + \kappa}{ik - \kappa}, \qquad \frac{C}{A} = \frac{2ik}{ik - \kappa} \tag{3.10}$$

が得られる [問題 3.1(a)]．

この解の物理的な解釈として，$x < 0$ の遠方から平面波 Ae^{ikx} が入射し，ポテンシャルに反射されて平面波 Be^{-ikx} として戻っていく，と考えてみよう．1次元での確率の流れの密度

$$j = \frac{\hbar}{2mi}\left[\psi^* \frac{d}{dx}\psi - \left(\frac{d}{dx}\psi^*\right)\psi\right] = \frac{1}{m}\mathrm{Re}\left[\psi^* \frac{\hbar}{i}\frac{d}{dx}\psi\right]$$

を入射波 (incident wave)，反射波 (reflected wave) について計算すると $j_\mathrm{I} = (\hbar k/m)|A|^2$, $j_\mathrm{R} = -(\hbar k/m)|B|^2$．両者の大きさの比で反射率 R を定義すると $R = |j_\mathrm{R}/j_\mathrm{I}| = |B/A|^2 = 1$ となる．$x > 0$ への透過波 (transmitted wave) $Ce^{-\kappa x}$ に対しては $j_\mathrm{T} = 0$，ゆえに透過率 T は $T = j_\mathrm{T}/j_\mathrm{I} = 0$．$x > 0$ の領域では，波動関数は特徴的な長さ $\xi = 1/\kappa$ 程度まで浸み出すものの，$j_\mathrm{T} = 0$ であるので粒子は伝播できない[*4]．その結果，入射波は全反射される．

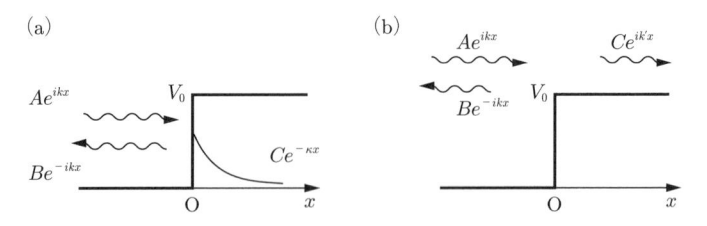

図 3.1 階段ポテンシャルでの粒子の反射と透過．$x < 0$ の領域から粒子が入射するとき，(a) $0 < E < V_0$ では粒子は完全反射される．(b) $V_0 < E$ では透過と反射が生じる．

[*4] ξ はギリシャ文字の「グザイ」の小文字．$Ce^{-\kappa x}$ は $x = \xi$ で e^{-1} に減衰する．$|Ce^{-\kappa x}|^2$ を考えて $\xi = 1/(2\kappa)$ としてもよい．いずれの定義でも $\xi \to \infty$ $(E \to V_0)$ である．

実際，$x<0$ での波動関数 $\psi_1(x)$ に対して $j(x)$ を計算すると $j=j_{\mathrm{I}}+j_{\mathrm{R}}$ ($e^{\pm ikx}$ 間の干渉項は j に寄与しない; 問題 3.2)．$x>0$ では $\psi_2(x)$ から $j=j_{\mathrm{T}}$ (いまの状況では $j_{\mathrm{T}}=0$)．$j(x)$ は x によらず一定であるから $j_{\mathrm{I}}+j_{\mathrm{R}}=j_{\mathrm{T}}$，よって $R+T=-j_{\mathrm{R}}/j_{\mathrm{I}}+j_{\mathrm{T}}/j_{\mathrm{I}}=1$．このように入射波，反射波，透過波のとらえ方が自然であることがわかる．

(II) $V_0<E$ の場合 [図 3.1(b)]：
$x<0$ での一般解は (I) と同様．$x>0$ では

$$\psi_2(x)=Ce^{ik'x}+De^{-ik'x}, \qquad E-V_0=\frac{\hbar^2 k'^2}{2m} \qquad (k'>0) \qquad (3.11)$$

$x=0$ での接続条件を用いても，四つの係数 A, B, C, D（の互いの比）は決まらない．その理由は，同じエネルギー E に二つの状態が縮退して存在するためである．そこで次の二つの状況（境界条件）を考える．(i) $x<0$ の遠方から平面波 Ae^{ikx} が入射する．その一部が Be^{-ikx} に反射され，残りは $x>0$ の領域に平面波 $Ce^{ik'x}$ として透過する．このときは $D=0$ である．(ii) $x>0$ の遠方から平面波 $De^{-ik'x}$ が入射し，その一部が反射 ($Ce^{ik'x}$)，一部が透過 (Be^{-ikx}) する．この状況では $A=0$．ここでは $D=0$ とおいて前者の解を求めると

$$\frac{B}{A}=\frac{k-k'}{k+k'}, \qquad \frac{C}{A}=\frac{2k}{k+k'} \qquad (3.12)$$

確率の流れの密度 $j_{\mathrm{I}}, j_{\mathrm{R}}, j_{\mathrm{T}}$ を求め，反射率，透過率を計算すると

$$R=-\frac{j_{\mathrm{R}}}{j_{\mathrm{I}}}=\left(\frac{k-k'}{k+k'}\right)^2=\left(\frac{\sqrt{E}-\sqrt{E-V_0}}{\sqrt{E}+\sqrt{E-V_0}}\right)^2$$

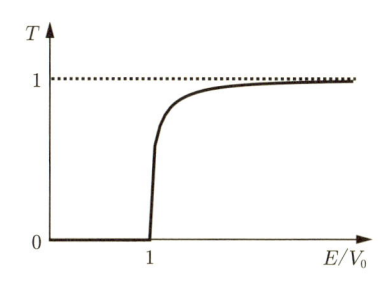

図 **3.2** 階段ポテンシャル $[x>0$ で $V(x)=V_0]$ での粒子の透過率 T を粒子のエネルギー E の関数として示す．

$$T = \frac{j_{\mathrm{T}}}{j_{\mathrm{I}}} = \frac{4kk'}{(k+k')^2} = \frac{4\sqrt{E(E-V_0)}}{(\sqrt{E}+\sqrt{E-V_0})^2}$$

$R+T=1$ が成り立つことを確かめてほしい［問題 3.1(b); 単に $T=|C/A|^2$ とする計算ミスに注意］.

図 3.2 に，透過率 T を E/V_0 ($\equiv \varepsilon$) の関数として示した．$0 \le \varepsilon - 1 \ll 1$ で $T \approx 4\sqrt{\varepsilon - 1}$, $\varepsilon \gg 1$ で $T \approx 1 - 1/(16\varepsilon^2)$ のようにふるまい，高エネルギー極限（$\varepsilon \to \infty$）で $T=1$ に漸近する．

3.4 トンネル効果

前節の問題で，粒子のエネルギー E がポテンシャルの高さ V_0 より低い場合でも波動関数は $\xi = 1/\kappa$ 程度浸み出すことに触れた．これは古典力学では起こりえない，粒子の波としての性質である．図 3.3 のような有限幅のポテンシャル障壁では，$E < V_0$ であっても粒子が $L < x$ の領域に透過するトンネル効果が生じる．

ポテンシャル

$$V(x) = \begin{cases} V_0 & (0 < x < L) \\ 0 & (x < 0,\ L < x) \end{cases} \qquad (V_0 > 0)$$

に対する 1 次元シュレーディンガー方程式を解いてみよう．前節と要領は同じ

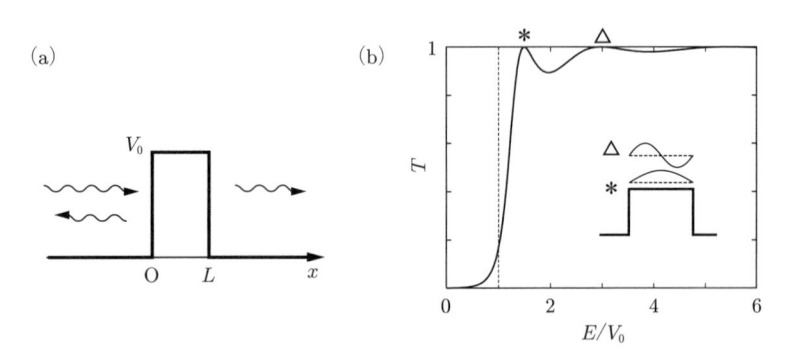

図 3.3　(a) 有限幅のポテンシャル障壁の概念図．(b) ポテンシャル障壁の透過確率 T をエネルギー E の関数としてプロットした（$V_0 \cdot 2mL^2/\hbar^2 = 20$）．$E > V_0$ のとき，$0 < x < L$ での半波長の整数倍が L に一致すると $T=1$ となる．

である．$x<0$ の遠方から粒子が入射し，一部が $L<x$ に透過する境界条件
では

$$\psi(x) = \begin{cases} e^{ikx} + Be^{-ikx} & (x<0) \\ De^{\kappa x} + Ee^{-\kappa x} & (0<x<L) \\ Ce^{ik(x-L)} & (L<x) \end{cases} \tag{3.13}$$

とおき（$A=1$ とした），$x=0, L$ での接続条件より係数 B, C, D, E を求める［問題 3.3(a)］．

(i) $0<x<L$ では $e^{\kappa x}$ も $e^{-\kappa x}$ も許される．有限の領域だから波動関数の規格化条件に問題は生じない．

(ii) $L<x$ では Ce^{ikx} としてもよい．式 (3.13) では C をとり直して $Ce^{ik(x-L)}$ としたが，こうすると計算が少し楽になる．

$L<x$ で j_T を計算すると，有限の透過率 $T=j_\mathrm{T}/j_\mathrm{I}$ が得られる．

$V_0 < E$ の場合にも同様の計算をすると，透過率が1になるとは限らないことがわかる［問題 3.3(c)］．この結果も古典論とは異なり，波の干渉性の反映である．図 3.3 に透過率を E/V_0 の関数として表した．$T=1$ となる条件を求めると $\sin k'L = 0$ $[E-V_0 = \hbar^2 k'^2/(2m)]$，すなわち $k' = n/L$ $(n=1,2,3,\cdots)$．おもしろいことに，これはポテンシャルの幅で定在波が立つ状況に相当する．

3.5 平面波の規格化

ここで無限に広い空間を伝播する波動関数の規格化について説明する．2 通りの規格化の方法があり，場合によって使い分けるのが普通である．まず 1 次元での自由粒子について考えよう．

最初の方法では，十分大きい有限領域 $0 \leq x < L$ を考えて波動関数を求める．このとき領域の端で周期的境界条件

$$\psi(x+L) = \psi(x) \quad \Leftrightarrow \quad \begin{cases} \psi(0) = \psi(L) \\ \psi'(0) = \psi'(L) \end{cases} \tag{3.14}$$

を課す*5. この条件下でシュレーディンガー方程式 (3.1) を考えると

(i) 方程式 (3.1) の一般解は $\psi = C_1 e^{ikx} + C_2 e^{-ikx}$. $\psi(x+L) = \psi(x)$ より $k = 2\pi n/L$ $(n = 0, 1, 2, \cdots)$, C_1 と C_2 は任意. 右向きと左向きに伝播する状態 $e^{\pm ikx}$ が縮退する. エネルギー固有値は $E = \hbar^2 k^2/(2m)$.

(ii) $k = 0$ の解 $\psi =$ (定数), $E = 0$ も許される. この場合のみ縮退がない.

(i), (ii) の性質は,同じ方程式を異なる境界条件の下で解いた 2.1 節の結果と異なることに注意しよう. 規格化条件

$$\langle \psi, \psi \rangle = \int_0^L |\psi(x)|^2 \mathrm{d}x = 1 \tag{3.15}$$

から規格化因子を決めると,固有状態と固有値は

$$\psi_k = \frac{1}{\sqrt{L}} e^{ikx}, \qquad E_k = \frac{\hbar^2 k^2}{2m} \tag{3.16}$$

$$k = 2\pi n/L \quad (n = 0, \pm 1, \pm 2, \cdots).$$

k は離散的な値をとるが,L が十分大きい場合はほとんど連続的である.

関数 (3.16) の完全性(1.3.1 項)を確かめておくと

$$\sum_k \psi_k(x) \psi_k^*(x') = \frac{1}{L} \sum_{n=-\infty}^{\infty} e^{i(2\pi n)(x-x')/L} = \delta(x - x') \tag{3.17}$$

ここで式 (1.29) を用いた. 最後のデルタ関数は周期 L である.

第 2 の方法では,最初から無限空間 $(-\infty < x < \infty)$ を考える. この場合

$$\psi_k = \frac{1}{\sqrt{2\pi}} e^{ikx} \tag{3.18}$$

k は連続変数 $(-\infty < k < \infty)$, エネルギーは $E_k = \hbar^2 k^2/(2m)$. 関数 (3.18) の規格化因子は条件

$$\langle \psi_k, \psi_{k'} \rangle = \int_{-\infty}^{\infty} \psi_k^*(x) \psi_{k'}(x) \mathrm{d}x = \delta(k - k') \tag{3.19}$$

---

*5 式 (3.14) の ⇒ は自明. ⇐ は $\psi(x)$ が 2 階微分方程式 (3.1) の解であるために成り立つ. $\psi(0), \psi'(0)$ の「初期条件」から求めた $\psi(x)$ $(0 < x < L)$ は,$x = L$ で同じ初期条件から求めた $\psi(x)$ $(L < x < 2L)$ と一致する.

から決定した．$\psi_k(x)$ を重ね合わせると，有限の幅の波束をつくることができる（問題 3.5）．このとき

$$\varphi(x) = \int_{-\infty}^{\infty} A(k)\psi_k(x)\mathrm{d}k, \qquad \int_{-\infty}^{\infty} |A(k)|^2 \mathrm{d}k = 1 \tag{3.20}$$

とすれば，$\varphi(x)$ は通常の規格化条件を満たすことがわかる．完全性の式は

$$\int_{-\infty}^{\infty} \psi_k(x)\psi_k^*(x')\mathrm{d}k = \frac{1}{2\pi}\int_{-\infty}^{\infty} e^{ik(x-x')}\mathrm{d}k = \delta(x-x') \tag{3.21}$$

第 2 の方法では x と k が対称的である[*6]．二つの規格化の方法は，1.3 節の有限の L のフーリエ級数と $L \to \infty$ でのフーリエ変換の関係に対応する．

3 次元の平面波の規格化も同様である．第一の方法では，1 辺が L の立方体で周期的境界条件を課す．すると

$$\psi_{\boldsymbol{k}}(\boldsymbol{r}) = \frac{1}{\sqrt{V}}e^{i\boldsymbol{k}\cdot\boldsymbol{r}}, \qquad E_{\boldsymbol{k}} = \frac{\hbar^2 \boldsymbol{k}^2}{2m} \tag{3.22}$$

ここで $V = L^3$ は体積を表す．$\boldsymbol{k}$ は離散的で $\boldsymbol{k} = (2\pi/L)(n_x, n_y, n_z)$ $(n_x, n_y, n_z = 0, \pm 1, \pm 2, \cdots)$．第 2 の方法では

$$\psi_{\boldsymbol{k}}(\boldsymbol{r}) = \frac{1}{(2\pi)^{3/2}}e^{i\boldsymbol{k}\cdot\boldsymbol{r}} \tag{3.23}$$

このときの規格化条件（正規直交条件）と完全性の式は

$$\langle \psi_{\boldsymbol{k}}, \psi_{\boldsymbol{k}'} \rangle = \int \psi_{\boldsymbol{k}}^*(\boldsymbol{r})\psi_{\boldsymbol{k}'}(\boldsymbol{r})\mathrm{d}\boldsymbol{r} = \delta(\boldsymbol{k}-\boldsymbol{k}') \tag{3.24}$$

$$\int \psi_{\boldsymbol{k}}(\boldsymbol{r})\psi_{\boldsymbol{k}}^*(\boldsymbol{r}')\mathrm{d}\boldsymbol{k} = \delta(\boldsymbol{r}-\boldsymbol{r}') \tag{3.25}$$

最右辺は 3 次元のデルタ関数 $\delta(\boldsymbol{k}-\boldsymbol{k}') = \delta(k_x-k_x')\delta(k_y-k_y')\delta(k_z-k_z')$，および $\delta(\boldsymbol{r}-\boldsymbol{r}') = \delta(x-x')\delta(y-y')\delta(z-z')$ を表す．

[*6] 1.1.4 項で p_x がエルミート演算子であることを示すとき，部分積分を行い，遠方からの寄与がゼロになることを用いた．式 (3.14) の周期境界条件の場合はその議論がそのまま成り立つ（両端の寄与が互いに打ち消しあう）．第 2 の規格化の場合は，有限サイズの波束を想定すればよい．

3.6 1次元問題のまとめ

第2章で1次元での束縛状態を計算し，本章では無限空間を伝播する状態を求めた．一般に図3.4のようなポテンシャル$V(x)$が与えられたときの1次元シュレーディンガー方程式の解の性質を整理しておこう．

$x \to \pm\infty$ のとき $V(x) \to V_\pm$ ($V_- \leq V_+$) とし，$V(x)$ の最小値を V_0 とする．粒子のエネルギー E に対して

(1) $V_0 < E < V_-$ のとき，解は $\psi(x) \to 0$ ($x \to \pm\infty$) の束縛状態となる．$x \to \pm\infty$ の二つの境界条件から離散的なエネルギー準位が決定する．縮退はない．

(2) $V_- < E < V_+$ のとき，波動関数の漸近形は

$$\psi(x) \sim \begin{cases} e^{ikx} + Be^{-ikx} & (x \to -\infty) \\ Ce^{-\kappa x} & (x \to \infty) \end{cases}$$

ここで $\hbar^2 k^2/(2m) = E - V_-$, $\hbar^2 \kappa^2/(2m) = V_+ - E$．$|B| = 1$ で反射率は $R = 1$（全反射）．エネルギー準位は連続的で，縮退はない．

(3) $V_+ < E$ のとき，波動関数の漸近形は

$$\psi(x) \sim \begin{cases} e^{ikx} + Be^{-ikx} & (x \to -\infty) \\ Ce^{ik'x} & (x \to \infty) \end{cases}$$

および

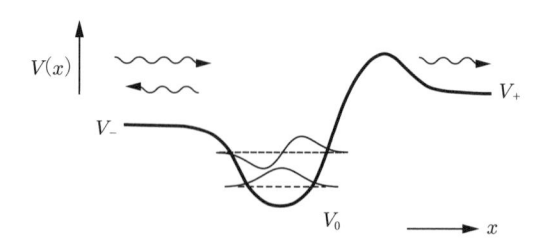

図 **3.4** 1次元におけるポテンシャル$V(x)$中の粒子の状態．$x \to \pm\infty$ で $V(x) \to V_\pm$ とし，また $V(x)$ の最小値を V_0 とした．

$$\psi(x) \sim \begin{cases} C'e^{-ikx} & (x \to -\infty) \\ e^{-ik'x} + B'e^{ik'x} & (x \to \infty) \end{cases}$$

ここで $\hbar^2 k^2/(2m) = E - V_-$, $\hbar^2 k'^2/(2m) = E - V_+$. 反射率と透過率は $R = |B|^2$, $T = (k'/k)|C|^2$ または $R = |B'|^2$, $T = (k/k')|C'|^2$. エネルギー準位は連続的で二重に縮退する.

なお, $E < V_0$ ではシュレーディンガー方程式の解は存在しない.

3.7　1次元散乱問題のS行列*

本節の最後に 1 次元での散乱行列［または S 行列（scattering matrix）］を紹介する．3.3, 3.4 節ではポテンシャル中の粒子の運動を入射波の透過，反射としてとらえた．ここでは原点近傍にあるポテンシャルに向かってくる波（incoming wave）と出ていく波（outgoing wave）の関係として定式化する．形式的な話であるが，S 行列と位相差は 13 章の 3 次元での散乱問題で再登場する．

図 3.5(a) のようなポテンシャル $V(x)$ ($-L/2 \leq x \leq L/2$) を考える．$x < -L/2$ での波動関数を $\psi_1(x) = Ae^{ikx} + Be^{-ikx}$, $x > L/2$ でのそれを $\psi_2(x) = Ce^{ikx} + De^{-ikx}$ とおく ($k > 0$). $A = 1, D = 0$ のとき $C = t, B = r$ と書くと, $x < -L/2$ からの入射波の透過率は $T = |t|^2$, 反射率は $R = |r|^2$ となる．t, r をそれぞれ透過振幅，反射振幅とよぶ．同様に $x > L/2$ からの入射波 ($A = 0, D = 1$) に対して $C = r', B = t'$ と書く．まとめて

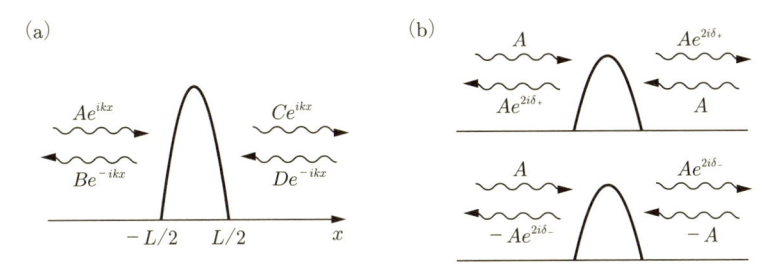

図 **3.5**　(a) 1 次元でポテンシャル $V(x)$ ($-L/2 \leq x \leq L/2$) による粒子の散乱. (b) $V(x)$ が偶関数のとき，シュレーディンガー方程式の解はパリティが正または負になり，それぞれの散乱は位相差 $\delta_\pm$ で記述される.

$$\begin{pmatrix} C \\ B \end{pmatrix} = S \begin{pmatrix} A \\ D \end{pmatrix} = \begin{pmatrix} t & r' \\ r & t' \end{pmatrix} \begin{pmatrix} A \\ D \end{pmatrix} \tag{3.26}$$

と表すことができる.S は S 行列とよばれ,ポテンシャルに向かう波 $[\psi_{\rm in} = Ae^{ikx}\ (x < -L/2),\ De^{-ikx}\ (L/2 < x)]$ と遠ざかる波 $[\psi_{\rm out} = Ce^{ikx}\ (L/2 < x),\ Be^{-ikx}\ (x < -L/2)]$ の関係を表す($|x| > L$ で $\psi = \psi_{\rm in} + \psi_{\rm out}$ である).ポテンシャルがなければ S は単位行列に等しい.確率の流れの密度の保存から $j_x \propto |A|^2 - |B|^2 = |C|^2 - |D|^2$,したがって $|A|^2 + |D|^2 = |C|^2 + |B|^2$.これより S がユニタリー行列であることが導かれる(問題 3.6).

以下では,ポテンシャルが $x = 0$ について対称 $[V(x) = V(-x)]$ だとしよう.このときシュレーディンガー方程式の解はパリティが正,または負となる(2.5 節,p.30 の脚注).パリティが正の解は $\psi_1(x) = Ae^{ikx} + Be^{-ikx}$,$\psi_2(x) = \psi_1(-x) = Be^{ikx} + Ae^{-ikx}$.確率の保存から $|A| = |B|$ が成り立つから,$B = Ae^{2i\delta_+}$ とおく.するとポテンシャルの外側での波動関数は

$$\psi_+(x) = 2Ae^{i\delta_+}\cos(k|x| + \delta_+) \qquad (x < -L/2,\ L/2 < x). \tag{3.27}$$

同様にパリティが負の解は $\psi_1(x) = Ae^{ikx} + Be^{-ikx}$,$\psi_2(x) = -\psi_1(-x) = -Be^{ikx} - Ae^{-ikx}$.$|A| = |B|$ より $B = -Ae^{2i\delta_-}$ とおくと

$$\psi_-(x) = \begin{cases} -2iAe^{i\delta_-}\sin(-kx + \delta_-) & (x < -L/2) \\ 2iAe^{i\delta_-}\sin(kx + \delta_-) & (L/2 < x) \end{cases} \tag{3.28}$$

このように散乱のすべての情報は,ポテンシャルがないときの波動関数 $[\psi_+(x) = C\cos kx,\ \psi_-(x) = C\sin kx]$ との位相差(phase shift)$\delta_\pm$ に含まれる[*7].斥力ポテンシャルでは波が外側に押し出され($\delta_\pm < 0$),引力ポテンシャルでは波が引き込まれる($\delta_\pm > 0$).

式 (3.26) の S は $\psi_\pm$ の基底で対角化され,その固有値は $e^{2i\delta_\pm}$ である;

$$S = U \begin{pmatrix} e^{2i\delta_+} & 0 \\ 0 & e^{2i\delta_-} \end{pmatrix} U^\dagger, \qquad U = \frac{1}{\sqrt{2}} \begin{pmatrix} 1 & -1 \\ 1 & 1 \end{pmatrix} \tag{3.29}$$

(問題 3.7).これより $t = t' = (e^{2i\delta_+} + e^{2i\delta_-})/2$,$r = r' = (e^{2i\delta_+} - e^{2i\delta_-})/2$.透過率は $T = |t|^2 = \cos^2(\delta_+ - \delta_-)$ で与えられる.

[*7] 位相差 $\delta_\pm$ は k の関数で,(3.4 節のように)ポテンシャルのある領域も含めたシュレーディンガー方程式を解くことで求められる.

問　題

3.1 3.3 節の問題に対して
   (a) $0 < E < V_0$ の場合，式 (3.8), (3.9) の間の接続条件から，式 (3.10) を導きなさい．
   (b) $V_0 < E$ の場合，(i) $x > 0$ の一般解 $\psi_2(x)$ ［式 (3.11)］で $D = 0$ のとき，式 (3.12) を導きなさい．このときの反射率 R, 透過率 T を計算しなさい．(ii) $x < 0$ の一般解 $\psi_1(x)$ で $A = 0$ とおき，$x > 0$ の遠方から入射した平面波 $De^{-ik'x}$ の反射率 R と透過率 T を計算しなさい．

3.2 式 (3.8) の波動関数 $\psi_1(x)$（A, B は任意定数）を用いて確率の流れの密度 $j(x)$ を計算し，次式を示しなさい．

$$j(x) = \frac{\hbar k}{m}|A|^2 - \frac{\hbar k}{m}|B|^2 = j_\mathrm{I} + j_\mathrm{R}$$

3.3 3.4 節の問題で，以下の設問 (a), (b) では $E < V_0$, (c) では $V_0 < E$ とする．
   (a) 式 (3.13) の波動関数に対して，$x = 0, x = L$ での接続条件を書きなさい．それより B, C を求めなさい．
   (b) 反射率 R と透過率 T を求めなさい．
   (c) $E > V_0$ の場合に対して波動関数を求め，反射率 R と透過率 T を計算しなさい．$T = 1$ となるときの波数を求めなさい．
   (d) E/V_0 の関数として T のグラフの概略 ［図 3.3(b)］ を示しなさい．

3.4 1 次元において，デルタ関数型のポテンシャル $V = g\delta(x)$ を考える．質量 m の粒子の透過率 T を次の 2 通りの方法で求めなさい．
   (a) 問題 3.3(b) の結果で極限 $V_0 \to \infty$, $L \to 0$ ($V_0 L = g$) をとる．
   (b) 2.4 節の二つ目の方法と同じ要領で $x < 0, 0 < x$ の波動関数を接続する．

3.5 （ガウス波束の時間発展）　1 次元 ($-\infty < x < \infty$) において質量 m の自由粒子を考える．波動関数 $\varphi(x)$ が式 (3.20) において

$$A(k) = \left(\frac{2\sigma^2}{\pi}\right)^{1/4} e^{-\sigma^2(k-k_0)^2}$$

で与えられたとする (ガウス波束；式 (1.36), 問題 1.8 で $p_0 \to \hbar k_0$, $p \to \hbar k$ に相当)．
   (a) $A(k)$ の規格化条件 ［式 (3.20) の第 2 式］ を示し，このとき $\varphi(x)$ が規格化されていることを確かめなさい．
   (b) 以下では，時刻 $t = 0$ での波動関数が $\Phi(x, t = 0) = \varphi(x)$ のときの時間発展を考える．$\psi_k(x) = e^{ikx}/\sqrt{2\pi}$ のエネルギー固有値を $E_k = \hbar^2 k^2/(2m)$ とおくと

$$\Phi(x, t) = \int_{-\infty}^{\infty} A(k)\psi_k(x)e^{-iE_k t/\hbar}\mathrm{d}k$$

である．この積分を計算して次式を示しなさい．

$$\Phi(x,t) = \frac{1}{(2\pi)^{1/4}\sqrt{\sigma}} \frac{1}{\sqrt{1+i\xi t}} \exp\left[\frac{-x^2/(4\sigma^2) + i(k_0 x - \omega_0 t)}{1+i\xi t}\right]$$

ただし $\xi = \hbar/(2m\sigma^2)$, $\omega_0 = \hbar k_0^2/(2m)$.
(c) $|\Phi(x,t)|^2$ を計算し，時刻 t での波束の中心と幅を求めなさい．
(d) 一般に波束

$$\Phi(x,t) = \int f(k) e^{i[kx-\omega(k)t]} dk$$

($f(k)$ は $k=k_0$ を中心に鋭いピークをもつ)

の群速度は $v_g = [d\omega(k)/dk]_{k=k_0}$ で与えられる．(b) で求めた波束の中心が v_g で運動していることを確かめなさい．

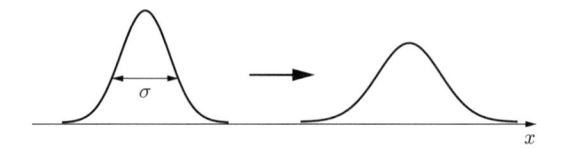

3.6 (1 次元での S 行列，共鳴トンネル) 1 次元でのポテンシャル散乱は式 (3.26) の S 行列で記述される．
(a) $|A|^2+|D|^2 = |C|^2+|B|^2$ より $|t|^2+|r|^2 = |t'|^2+|r'|^2 = 1$, $t^* r' + r^* t' = 0$, したがって S はユニタリー行列であることを導きなさい．
(b) $T = |t|^2 = |t'|^2$, $R = |r|^2 = |r'|^2$ を示しなさい．したがって透過率と反射率は，左右どちらからの入射波に対しても等しい．
(c) ポテンシャルが偶関数のとき，シュレーディンガー方程式の解が式 (3.27)，(3.28) となること，および $t=t'$, $r=r'$ が成り立つことを示しなさい．
(d) 図 3.5(a) のポテンシャルが中心 $x=0$ と $x=D$ ($D>L$) に二つある; $V(x)+V(x-D)$. 簡単のため $V(x)$ は偶関数で $t=t'$, $r=r'$ が成り立つとする．このときの二重ポテンシャルの透過率が

$$T^{\text{tot}} = \frac{|t|^4}{1+|r|^4 - 2|r|^2 \cos[2(kD+\alpha)]}$$

になることを示しなさい．ここで $r = |r|e^{i\alpha}$ である．
ヒント： 波動関数を $x < -L/2$ で $\psi_1(x) = A_1 e^{ikx} + B_1 e^{-ikx}$, $L/2 < x < D - L/2$ で $\psi_2(x) = C_1 e^{ikx} + D_1 e^{-ikx} = A_2 e^{ik(x-D)} + B_2 e^{-ik(x-D)}$, $D+L/2 < x$ で $\psi_3(x) = C_2 e^{ik(x-D)} + D_2 e^{-ik(x-D)}$ とおく．$A_1, B_1, C_1, D_1; A_2, B_2, C_2, D_2$ は同じ S 行列で関係づけられる．
(e) t, r は粒子の波数 k (またはエネルギー E) の関数であるがその k 依存性を無視する．k の関数として T^{tot} のグラフの概略を描きなさい．

* 一つのポテンシャルの透過率が $T = |t|^2 < 1$ であっても，$kD + \alpha = n\pi$ （n は整数）ときに $T^{\text{tot}} = 1$ となる．これを共鳴トンネルという．共鳴トンネルは入射粒子のエネルギーがポテンシャル間の準束縛状態のエネルギー準位に一致するとき（$0 < x < D$ あたりに定在波が立つとき）に生じる．

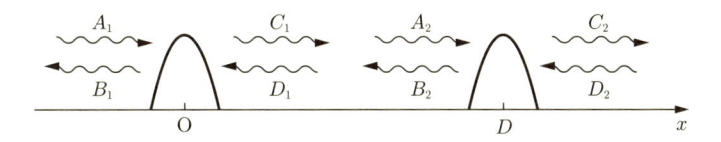

3.7 1 次元でポテンシャル $V(x)$ が $x = 0$ について対称な場合，S 行列の表式 (3.29) を導出しなさい．

状態密度

広い空間を伝播する粒子のエネルギー準位は連続的になるため,状態の数を一つ,二つと数えることができない.このとき,状態数がどのくらいあるかを示す量が状態密度 $D(E)$ である.エネルギーが $E \sim E+dE$ の間にある状態数を $dN = D(E)dE$ で表す.

3次元の自由粒子に対して,1辺が L の立方体を考えて周期的境界条件を課すとき,波動関数とエネルギー固有値は式 (3.22) で与えられる.波数ベクトルは $\bm{k} = (2\pi/L)(n_x, n_y, n_z)$ $(n_x, n_y, n_z = 0, \pm1, \pm2, \cdots)$ であるから,k 空間で $2\pi/L$ を単位長さとする格子点に一つの状態が対応する(図では k_x-k_y の2次元平面を示した).L が十分大きく格子点が密であるとき,半径が k と $k+dk$ の球殻の間にある状態数を数えると

$$dN = D(E)dE = \left(\frac{L}{2\pi}\right)^3 4\pi k^2 dk$$

$E = \hbar^2 k^2/(2m)$ より $dE = \hbar^2 k dk/m$ であるから

$$D(E) = \frac{V}{2\pi^2}\frac{mk}{\hbar^2} = \frac{V}{\sqrt{2}\pi^2}\frac{m^{3/2}}{\hbar^3}\sqrt{E} \tag{3.30}$$

となる.$D(E)/V$ が単位体積あたりの状態密度である.

L が十分大きいとき,粒子の状態は境界条件によらないはずである.2.6節で1辺が L の立方体に閉じ込められた自由粒子の波動関数を求めた.L が十分大きいときに状態密度を計算して,式 (3.30) に一致することを確かめてほしい.

半導体のヘテロ構造や微細加工によって,2次元電子系や擬1次元系をつくることができる(p.115のコラム).2次元,1次元の自由粒子の状態密度を計算すると

$$D_{2D}(E) = \left(\frac{L}{2\pi}\right)^2 2\pi k \frac{dk}{dE} = \frac{S}{2\pi}\frac{m}{\hbar^2} \tag{3.31}$$

$$D_{1D}(E) = \frac{L}{2\pi} 2 \frac{dk}{dE} = \frac{L}{\sqrt{2}\pi}\frac{\sqrt{m}}{\hbar}\frac{1}{\sqrt{E}} \tag{3.32}$$

ここで $S = L^2$,$D_{1D}(E)$ の計算では k の正負の寄与があるので2倍している.いずれも $E < 0$ では状態がないのでゼロである.2次元での状態密度は E によらず一定,1次元では $E \to 0$ で状態密度が発散する.

＊別解として,d 次元の状態密度は

$$D(E) = \left(\frac{L}{2\pi}\right)^d \int \delta(E_{\bm{k}} - E) d\bm{k}$$

から計算することもできる.ここで $E_{\bm{k}} = \hbar^2 \bm{k}^2/(2m)$,$d\bm{k}$ は d 次元の積分である.デルタ関数の公式(付録 A.3)を使って確認してほしい.

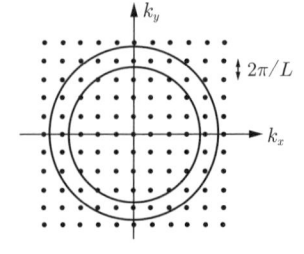

4　調和振動子

　本章では1次元の調和振動子について説明する．1次元において質量 m の粒子がポテンシャルの最小点 $(x = x_0)$ の近傍に束縛されていたとする（図4.1）．$V(x)$ を $x = x_0$ のまわりでテイラー展開すると，$V'(x_0) = 0$ だから $V(x) = V(x_0) + (1/2)K(x-x_0)^2 + \cdots$，ここで $K = V''(x_0) > 0$ である．$V(x_0)$ をエネルギーの基準点とし，x_0 を座標の原点にとって $V(x)$ を x の2次までで近似すると $V(x) = (1/2)Kx^2$，これが調和振動子（harmonic oscillator）のポテンシャルである[*1]．古典論でばね定数 K の単振動のポテンシャルと同じであるが（p.20 のコラム），束縛状態を表現する非常に一般的なモデルである．

　調和振動子の固有値問題は厳密に解けるまれな例である．他の多くの問題ではシュレーディンガー方程式を近似的に解いたり，計算機を使って数値的に解くことになる．仮に数値計算をする場合でも，方程式の解の性質や標準的な解法手順を知っておくことはとても有用である．そのような立場から 4.1 節では方程式の一般的な（泥臭い）解法を解説する．4.3 節ではこの問題に特有な（スマートな）演算子法について述べる．

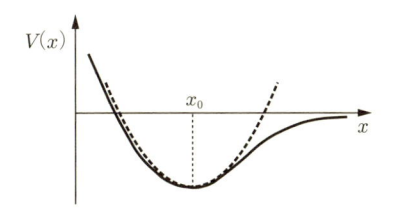

図 4.1　1次元でのポテンシャル $V(x)$ に対して，最小点 $(x = x_0)$ のまわりを2次関数で近似すると調和振動子となる．

[*1] 古典力学の解は $x = A\cos(\omega t + \alpha)$，$\omega = \sqrt{K/m}$ で一つの振動数成分だけを含む．楽器ではハーモニーを壊さない（p.96 のコラム）．x の3次以上の項まで取り入れると，解のフーリエ変換が ω 以外の（ハーモニーを壊す）成分も含むようになり，それらを非調和項とよぶ．

4.1 シュレーディンガー方程式の級数解

1次元調和振動子のハミルトニアンは $H = p^2/(2m) + (1/2)m\omega^2 x^2$,ここで $K = m\omega^2$ で定義される ω を導入した.解くべき方程式は

$$-\frac{\hbar^2}{2m}\frac{d^2\psi}{dx^2} + \frac{1}{2}m\omega^2 x^2 \psi = E\psi \tag{4.1}$$

2, 3章で扱った方程式はすべて係数が定数だったので $\psi = e^{\lambda x}$ とおいて一般解を求めたが[*2],今回はそうはいかない.常微分方程式論についての知識(付録B)を用いるが,その前に二つの準備をする.

(i) 無次元化:特徴的な長さのスケールを a_0 とおく.$x = a_0 \xi$(ξ は無次元)を方程式 (4.1) に代入すると[*3]

$$-\frac{\hbar^2}{2m}\frac{1}{a_0^2}\frac{d^2\psi}{d\xi^2} + \frac{1}{2}m\omega^2 a_0^2 \xi^2 \psi = E\psi$$

各項の次元は等しいので

$$\left[\frac{\hbar^2}{2m}\frac{1}{a_0^2}\right] = \left[\frac{1}{2}m\omega^2 a_0^2\right] = [E]$$

($[x]$ は x の次元;[ ] の中の $1/2$ はなくてもよい).これから $a_0 = \sqrt{\hbar/(m\omega)}$ と求められ,同時にエネルギーのスケールを $\hbar\omega/2$ に選べばよいことがわかる.無次元量のエネルギー $\varepsilon = E/(\hbar\omega/2)$ を導入すると

$$\psi''(\xi) + (\varepsilon - \xi^2)\psi(\xi) = 0 \tag{4.2}$$

このように,解くべき問題の「特徴的な長さとエネルギー」が得られたら,問題の半分は解けたと思ってよい(2.1 節の問題ではそれぞれ L, $\hbar^2/(2mL^2)$).あとは無次元の方程式から数因子を求めるだけ (!) である.

(ii) $\xi \to \pm\infty$ での漸近形:$|\xi| \gg 1$ では ξ^2 に比べて ε を無視できる;$\psi'' - \xi^2\psi \approx 0$.それを満たす漸近解は $\psi \sim e^{\pm\xi^2/2}$ と求められる[*4].$\xi \to \pm\infty$ で 0 となる解は $\psi \sim e^{-\xi^2/2}$ であるから $\psi(\xi) = f(\xi)e^{-\xi^2/2}$ とおくと,式 (4.2) より

[*2] これとほとんど等価であるが,フーリエ変換(境界条件によってはラプラス変換)も有効である.

[*3] $\psi(a_0\xi) = \tilde{\psi}(\xi)$ と別の関数で表記すべきであるが,(1.3.2 項でも述べたように)物理学では通常同じ物理量を同じ記号 ψ で表す.

[*4] この導出は難しい.ψ'' から $\xi^2\psi$ が出るように $\psi = e^{\beta\xi^2}$ を仮定すると $(4\beta^2\xi^2 + 2\beta - \xi^2)e^{\beta\xi^2} = 0$,よって $\beta = \pm 1/2$.余分な 2β は ε を無視したのと同じ近似で無視できる.

$$f'' - 2\xi f' + (\varepsilon - 1)f = 0. \tag{4.3}$$

(iii) さて，$\xi = 0$ は常微分方程式 (4.3) の通常点（特異点でない点）なので解はそのまわりで正則であり，次の形の級数解が存在する（付録 B）．

$$f(\xi) = \sum_{n=0}^{\infty} c_n \xi^n.$$

$f' = \sum c_n n \xi^{n-1}$, $f'' = \sum c_n n(n-1)\xi^{n-2}$ を式 (4.3) に代入すると[*5]

$$\sum_{n=0}^{\infty} \left[c_n n(n-1)\xi^{n-2} - 2c_n n \xi^n + (\varepsilon - 1)c_n \xi^n \right] = 0$$

ξ^0 の係数から $(2 \cdot 1)c_2 + (\varepsilon - 1)c_0 = 0$，$\xi$ の係数から $(3 \cdot 2)c_3 - [2 - (\varepsilon - 1)]c_1 = 0$，$\cdots$，と次数ごとに方程式が得られる．偶数次の項は c_0 から，奇数次の項は c_1 から順次決まるが，それぞれパリティが正と負の解に対応する (2.5 節)[*6]．

一般に漸化式は

$$(n+2)(n+1)c_{n+2} = (2n + 1 - \varepsilon)c_n \tag{4.4}$$

もしこの級数が無限に続くと仮定する．$n \gg 1$ のときに $c_{2n} = \{(4n - 3 - \varepsilon)/[(2n)(2n-1)]\}c_{2n-2} \approx (1/n)c_{2n-2}$．よって $c_{2n} \approx \{1/[n(n-1)]\}c_{2n-4} \approx \cdots \sim (1/n!)c_0$，パリティが正の解の漸近形は $f(\xi) \sim \sum (c_0/n!)\xi^{2n} = c_0 e^{\xi^2}$．このとき $\psi(\xi) = f(\xi)e^{-\xi^2/2}$ は $\xi \to \pm\infty$ で発散する（規格化が不可能）となって解として不適．パリティが負の解も同様である．f の級数解が有限で切れる条件は $\varepsilon = 2n + 1$ $(n = 0, 1, 2, \cdots)$，これからエネルギー固有値が

$$E_n = \hbar\omega \left(n + \frac{1}{2} \right) \tag{4.5}$$

と求められる．基底状態の量子数は $n = 0$ でそのエネルギーは $\hbar\omega/2$ である．エネルギー準位は $\hbar\omega$ ごとの等間隔に現れる [図 4.2(a)]．

[*5] $f' = \sum c_n n \xi^{n-1}$ は $n = 1$ から始まる．が，$n = 0$ の項は係数がゼロとなるので n の範囲を気にしなくてよい．f'' も同様．

[*6] 2 階微分方程式 (4.3) の一般解は，パリティが正と負の二つの解の線形結合である．この問題では $x \to \pm\infty$ での境界条件があるため，エネルギー ε が離散的な値に決まり，パリティが正か負かのいずれかの解が得られる．

漸化式 (4.4) に $\varepsilon = 2n+1$ を代入すると $f(\xi)$ が得られる．元の波動関数 $\psi(\xi) = f(\xi)e^{-\xi^2/2}$ に戻すと，固有状態は $\psi_0 = c_0 e^{-\xi^2/2}$, $\psi_1 = c_1\xi e^{-\xi^2/2}$, $\psi_2 = c_0(-2\xi^2+1)e^{-\xi^2/2}$, $\cdots$ となる．なお，規格化は ψ_n ごとに行って c_0 または c_1 を決める必要がある．

4.2 エルミート多項式

前節で求めた方程式 (4.3) の解はエルミート多項式（Hermite polynomials）として知られている．その定義は

$$H_n(\xi) = (-1)^n e^{\xi^2} \frac{d^n}{d\xi^n} e^{-\xi^2} \tag{4.6}$$

（ロドリグの公式とよばれる[9]）．例えば $H_0 = 1$, $H_1 = 2\xi$, $H_2 = 4\xi^2 - 2$ となりたしかに前節の結果に一致する．$H_n(\xi)$ は n 次の多項式で，n が偶数のときに偶関数，奇数のときに奇関数である．$H_n(\xi)$ はエルミートの微分方程式

$$H_n''(\xi) - 2\xi H_n'(\xi) + 2n H_n(\xi) = 0 \tag{4.7}$$

を満たすことが示されるが［問題 4.1(b)］，これは方程式 (4.3) で $\varepsilon = 2n+1$ としたものに一致する．また直交関係

$$\int_{-\infty}^{\infty} H_m(\xi) H_n(\xi) e^{-\xi^2} d\xi = 2^n n! \sqrt{\pi} \delta_{m,n} \tag{4.8}$$

が成り立つ［問題 4.1(c)］．

以上より，元の問題での規格化された波動関数は

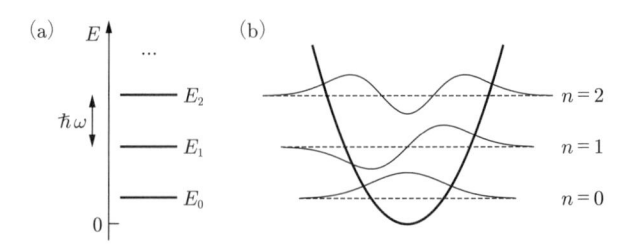

図 4.2 (a) 調和振動子のエネルギー準位 $E_n = \hbar(n+1/2)$, および (b) ハミルトニアンの固有状態 $\psi_n(x)$ の概形（$n = 0, 1, 2, \cdots$）．

表 4.1 調和振動子のエネルギー固有値 E_n と波動関数 $\psi_n(x)$. $\psi_n(x)$ では共通の因子 $(\sqrt{\pi}a_0)^{-1/2} = (m\omega/\pi\hbar)^{1/4}$ を省略した. $a_0 = \sqrt{\hbar/m\omega}$ である.

n	E_n	$\psi_n(x)$
0	$\frac{1}{2}\hbar\omega$	$e^{-(x/a_0)^2/2}$
1	$\frac{3}{2}\hbar\omega$	$\sqrt{2}\left(\frac{x}{a_0}\right)e^{-(x/a_0)^2/2}$
2	$\frac{5}{2}\hbar\omega$	$\frac{1}{\sqrt{2}}\left[2\left(\frac{x}{a_0}\right)^2 - 1\right]e^{-(x/a_0)^2/2}$
3	$\frac{7}{2}\hbar\omega$	$\frac{1}{\sqrt{3}}\left[2\left(\frac{x}{a_0}\right)^3 - 3\left(\frac{x}{a_0}\right)\right]e^{-(x/a_0)^2/2}$
4	$\frac{9}{2}\hbar\omega$	$\frac{1}{2\sqrt{6}}\left[4\left(\frac{x}{a_0}\right)^4 - 12\left(\frac{x}{a_0}\right)^2 + 3\right]e^{-(x/a_0)^2/2}$
5	$\frac{11}{2}\hbar\omega$	$\frac{1}{2\sqrt{15}}\left[4\left(\frac{x}{a_0}\right)^5 - 20\left(\frac{x}{a_0}\right)^3 + 15\left(\frac{x}{a_0}\right)\right]e^{-(x/a_0)^2/2}$

$$\psi_n(x) = C_n H_n(\xi) e^{-\xi^2/2} = C_n H_n(x/a_0) e^{-(x/a_0)^2/2} \tag{4.9}$$

と求められる．規格化因子は

$$C_n = (2^n n! \sqrt{\pi} a_0)^{-1/2} = \left(\frac{m\omega}{\pi\hbar}\right)^{1/4} \frac{1}{\sqrt{2^n n!}} \tag{4.10}$$

[問題 4.1(d)]．$\psi_n(x)$ の具体例を表 4.1 に，概形を図 4.2(b) に示す．

4.3 演算子法

ここで 4.1, 4.2 節で求めた固有状態を忘れて，調和振動子のハミルトニアン H に戻ろう．4.1 節と同様，無次元座標 ξ で表す．この H は「因数分解」ができて

$$H = \frac{1}{2}\hbar\omega\left(-\frac{d^2}{d\xi^2} + \xi^2\right) = \frac{1}{2}\hbar\omega\left[\left(\xi - \frac{d}{d\xi}\right)\left(\xi + \frac{d}{d\xi}\right) + 1\right]$$

微分演算子と ξ が可換でないため，最後におつりの 1 が現れている．ここで無次元の演算子

$$a = \frac{1}{\sqrt{2}}\left(\xi + \frac{d}{d\xi}\right) = \frac{1}{\sqrt{2}}\left(\frac{1}{a_0}x + a_0\frac{d}{dx}\right) = \sqrt{\frac{m\omega}{2\hbar}}\left(x + \frac{i}{m\omega}p\right) \tag{4.11}$$

および

$$a^\dagger = \frac{1}{\sqrt{2}}\left(\xi - \frac{\mathrm{d}}{\mathrm{d}\xi}\right) = \sqrt{\frac{m\omega}{2\hbar}}\left(x - \frac{i}{m\omega}p\right) \tag{4.12}$$

を導入する．a と $a^\dagger$ は互いにエルミート共役の関係にある（$a, a^\dagger$ 自体はエルミート演算子ではない）．交換関係を計算すると，$[x,p] = i\hbar$ より

$$[a, a^\dagger] = 1 \tag{4.13}$$

以下ではこの交換関係のみを用いて式変形を行う．

$N = a^\dagger a$ でエルミート演算子 N を定義する[*7]．ハミルトニアンは $H = \hbar\omega(N + 1/2)$．交換関係 (4.13) を用いると

$$[N, a] = [a^\dagger a, a] = a^\dagger[a, a] + [a^\dagger, a]a = -a$$

$$[N, a^\dagger] = [a^\dagger a, a^\dagger] = a^\dagger[a, a^\dagger] + [a^\dagger, a^\dagger]a = a^\dagger$$

ここで問題 4.3 の公式を用いた．N の固有値を λ，固有状態を ψ_λ で表す；$N\psi_\lambda = \lambda\psi_\lambda$．$\lambda$ が整数であることはこの時点ではわからない．ψ_λ は規格化されているものとする；$\langle\psi_\lambda, \psi_\lambda\rangle = 1$．上述の交換関係を使うと

$$Na^\dagger\psi_\lambda = (a^\dagger N + a^\dagger)\psi_\lambda = (\lambda + 1)a^\dagger\psi_\lambda$$

これは状態 $a^\dagger\psi_\lambda$ が N の固有状態であり，固有値が $\lambda + 1$ であることを示す．すなわち $a^\dagger\psi_\lambda = C\psi_{\lambda+1}$ である（1 次元の束縛状態には縮退がない；2.5 節）．規格化因子 C は

$$|C|^2 = \langle a^\dagger\psi_\lambda, a^\dagger\psi_\lambda\rangle = \langle aa^\dagger\psi_\lambda, \psi_\lambda\rangle = \langle (N+1)\psi_\lambda, \psi_\lambda\rangle = \lambda + 1$$

と求まるので，$a^\dagger\psi_\lambda = \sqrt{\lambda+1}\psi_{\lambda+1}$．同様にして $a\psi_\lambda = \sqrt{\lambda}\psi_{\lambda-1}$ が導かれる．
a をくり返し ψ_λ に演算すると

$$a\psi_\lambda = \sqrt{\lambda}\psi_{\lambda-1}, \quad a^2\psi_\lambda = \sqrt{\lambda(\lambda-1)}\psi_{\lambda-2}, \quad \cdots$$

と固有値が 1 ずつ小さい固有状態がつくられていく．しかし固有値は $\lambda = \langle\psi_\lambda, N\psi_\lambda\rangle = \langle\psi_\lambda, a^\dagger a\psi_\lambda\rangle = \langle a\psi_\lambda, a\psi_\lambda\rangle = ||a\psi_\lambda||^2 \geq 0$．これと矛盾しな

[*7] 問題 1.2(a) の $(AB)^\dagger = B^\dagger A^\dagger$, $(A^\dagger)^\dagger = A$ を用いると $N^\dagger = a^\dagger(a^\dagger)^\dagger = a^\dagger a = N$，よって N はエルミート演算子である．

いためには，a のくり返し演算がどこかで 0 を与えて止まること，すなわち $a^n\psi_\lambda = \sqrt{\lambda(\lambda-1)\cdots(\lambda-n+1)}\psi_{\lambda-n} = 0$ である．いい換えると λ は 0 以上の整数に限られ，最小の λ は 0 である（最小の固有値が $0 < \lambda < 1$ だとすると $a\psi_\lambda = \sqrt{\lambda}\psi_{\lambda-1}$ が負の固有値の状態を与えてしまう）．

N の最小の固有値は 0（エネルギー固有値は $E_0 = \hbar\omega/2$），このとき $a\psi_0 = 0$ であるから

$$\frac{1}{\sqrt{2}}\left(\xi + \frac{\mathrm{d}}{\mathrm{d}\xi}\right)\psi_0(x) = 0$$

この微分方程式を解けば $\psi_0(x) = Ce^{-\xi^2/2}$ を得る．他の固有状態は

$$\psi_1 = a^\dagger \psi_0 = \frac{1}{\sqrt{2}}\left(\xi - \frac{\mathrm{d}}{\mathrm{d}\xi}\right)\psi_0(x) = \sqrt{2}C\xi e^{-\xi^2/2}$$

のように $a^\dagger$ を演算することで順次求められる．

*昇降演算子の代数計算： 演算子の期待値を計算したいとき，必ずしも $\psi_n(x)$ の関数形を求める必要はない．上述の結果をまとめると

$$a\psi_n = \sqrt{n}\psi_{n-1}, \qquad a^\dagger\psi_n = \sqrt{n+1}\psi_{n+1}, \tag{4.14}$$

および $a\psi_0 = 0$ である．$a, a^\dagger$ を昇降演算子とよぶ．ψ_n は

$$\psi_n = \frac{1}{\sqrt{n}}a^\dagger\psi_{n-1} = \frac{1}{\sqrt{n(n-1)}}(a^\dagger)^2\psi_{n-2} = \cdots = \frac{1}{\sqrt{n!}}(a^\dagger)^n\psi_0$$

と書くことができる．一方演算子は，式 (4.11), (4.12) より

$$x = \sqrt{\frac{\hbar}{2m\omega}}(a + a^\dagger), \qquad p = \sqrt{\frac{m\hbar\omega}{2}}\frac{1}{i}(a - a^\dagger) \tag{4.15}$$

例えば運動エネルギー $K = p^2/(2m)$ の ψ_n での期待値は

$$\langle K \rangle = -\frac{\hbar\omega}{4}\langle \psi_n, (a - a^\dagger)^2 \psi_n \rangle$$

式 (4.14) と交換関係 [式 (4.13)] を用いると，a と $a^\dagger$ の代数計算だけで計算することができる [問題 4.4(b)]．

4.4 不確定性関係を用いた考察

不確定性関係 $\Delta x \Delta p \geq \hbar/2$ を用いると，シュレーディンガー方程式を解かずにその解のだいたいの様子が理解できる．これを調和振動子について見てみよう．

エネルギーの期待値 $E = \langle H \rangle = \langle K \rangle + \langle V \rangle$ を考える．式 (1.21) より $\langle x^2 \rangle = \langle x \rangle^2 + (\Delta x)^2 \geq (\Delta x)^2$, $\langle p^2 \rangle = \langle p \rangle^2 + (\Delta p)^2 \geq (\Delta p)^2$ であるから

$$E = \langle \frac{p^2}{2m} \rangle + \langle \frac{1}{2}m\omega^2 x^2 \rangle \geq \frac{1}{2m}(\Delta p)^2 + \frac{1}{2}m\omega^2(\Delta x)^2$$
$$\geq \frac{1}{2m}\frac{\hbar^2}{(2\Delta x)^2} + \frac{1}{2}m\omega^2(\Delta x)^2$$

最右辺を Δx の関数 $F(\Delta x)$ と考えて，その最小値を求めよう．$F' = 0$ より $\Delta x = \sqrt{\hbar/(2m\omega)}$, このとき $F = \hbar\omega/2$. したがって $E \geq \hbar\omega/2$ である．この下限の値は基底状態のエネルギーに（この問題ではたまたま厳密に）一致する．

古典力学でエネルギーが最も低いのは，質点がポテンシャルの底に静止した状態である（$x = 0, p = 0$）．その状態は不確定性関係と両立しない．量子力学では振幅 Δx が小さいほど $\langle V \rangle$ は小さいが $\langle K \rangle$ は大きくなる．両者の折り合いで Δx が決定する（上の計算では $\langle K \rangle = \langle V \rangle = \hbar\omega/4$, 実際の基底状態を用いて計算しても同じ式が確かめられる；問題 4.4(a)）．この $\Delta x \neq 0$ の基底状態を零点振動とよぶ．

不確定性関係を利用した方法は，一般の問題ではこれほどうまくはいかない．が，基底状態のエネルギーと波動関数の広がりについてだいたいの値を見積もることはできる．

4.5 ビリアル定理 *

前節で調和振動子の基底状態において $\langle K \rangle = \langle V \rangle$ が成立することを見た．この関係式はすべての定常状態（H の固有状態）で成り立つ [問題 4.4(b)]．

一般にポテンシャルが $V(x) = Cx^\alpha$ のとき，定常状態での期待値に対して次のビリアル定理が成立する[*8].

[*8] 古典力学でのビリアル定理については文献[10]を参照．

$$\langle K \rangle = \frac{\alpha}{2}\langle V \rangle \tag{4.16}$$

以下の証明はややテクニカルなので，飛ばしても構わない．

証明: まず準備として，一般にハミルトニアンがパラメーター λ を含むときに成り立つ定理を証明する（例えば外から電場 $\mathcal{E}$ をかけたとき（問題 4.6）の $\mathcal{E}$ が λ に相当する）．ハミルトニアン H_λ の固有値 E_λ，および規格化された固有状態 ψ_λ は λ の関数である；$H_\lambda \psi_\lambda = E_\lambda \psi_\lambda$, $\langle \psi_\lambda, \psi_\lambda \rangle = 1$. $E_\lambda = \langle \psi_\lambda, H_\lambda \psi_\lambda \rangle$ であるが，この両辺を λ で微分すると

$$\frac{dE_\lambda}{d\lambda} = \langle \frac{d\psi_\lambda}{d\lambda}, H_\lambda \psi_\lambda \rangle + \langle \psi_\lambda, \frac{dH_\lambda}{d\lambda} \psi_\lambda \rangle + \langle \psi_\lambda, H_\lambda \frac{d\psi_\lambda}{d\lambda} \rangle$$

右辺の（第 1 項）+（第 3 項）は $E_\lambda \langle (d\psi_\lambda/d\lambda), \psi_\lambda \rangle + E_\lambda \langle \psi_\lambda, (d\psi_\lambda/d\lambda) \rangle = E_\lambda (d/d\lambda)\langle \psi_\lambda, \psi_\lambda \rangle = 0$. したがって，次の関係式を得る．

$$\frac{dE_\lambda}{d\lambda} = \langle \psi_\lambda, \frac{dH_\lambda}{d\lambda} \psi_\lambda \rangle \tag{4.17}$$

この関係式をヘルマン–ファインマン（Hellman–Feynman）の定理とよぶ．

いまの問題に戻ろう．シュレーディンガー方程式 $(K+V)\psi(x) = E\psi(x)$, $K = -(\hbar^2/2m)(d^2/dx^2)$ において，x に λx を代入すると（スケール変換）

$$\left[\frac{1}{\lambda^2}K + \lambda^\alpha V(x)\right]\psi(\lambda x) = E\psi(\lambda x)$$

$H_\lambda = (1/\lambda^2)K + \lambda^\alpha V(x)$, $\psi_\lambda(x) = C_\lambda \psi(\lambda x)$ とおくと $H_\lambda \psi_\lambda = E_\lambda \psi_\lambda$, $E_\lambda = E$ である（規格化条件より $C_\lambda = \sqrt{\lambda}$）．上述の定理より $0 = dE_\lambda/d\lambda = \langle \psi_\lambda, [-(2/\lambda^3)K + \alpha\lambda^{\alpha-1}V]\psi_\lambda \rangle$. これに $\lambda = 1$ を代入すると関係式 (4.16) を得る．

ビリアル定理は，3 次元でポテンシャルが同次式 $V(\lambda x, \lambda y, \lambda z) = \lambda^\alpha V(x, y, z)$ の場合にも成り立つ．クーロン・ポテンシャル $V \propto 1/r = (x^2 + y^2 + z^2)^{-1/2}$ は $\alpha = -1$ の同次式であり，水素原子では $\langle K \rangle = -(1/2)\langle V \rangle$ が成立する．

問　題

4.1 式 (4.6) で与えられるエルミート多項式について各設問に答えなさい．
　(a) 次の漸化式を証明しなさい．

$$H'_n(\xi) = 2\xi H_n(\xi) - H_{n+1}(\xi) \tag{4.18a}$$

$$H_{n+1}(\xi) = 2\xi H_n(\xi) - 2nH_{n-1}(\xi) \tag{4.18b}$$

$$H'_n(\xi) = 2nH_{n-1}(\xi) \tag{4.18c}$$

(b) 式 (4.18a), (4.18c) から微分方程式 (4.7) を導きなさい.

(c) 式 (4.8) の直交関係を証明しなさい.
ヒント: $m \leq n$ とする. (左辺) $= \int_{-\infty}^{\infty} H_m(\xi)(-1)^n (\mathrm{d}^n/\mathrm{d}\xi^n) e^{-\xi^2} \mathrm{d}\xi$ に部分積分をくり返す.

(d) $\psi_n(x)$ の規格化因子 [式 (4.10)] を求めなさい.

4.2 4.3 節の昇降演算子は，4.2 節の ψ_n の表式 (4.9) とエルミート多項式の性質から導出することもできる．式 (4.18a), (4.18b), (4.18c) を用いて

$$\left(\frac{\mathrm{d}}{\mathrm{d}\xi} + \xi\right)\psi_n = \sqrt{2n}\,\psi_{n-1}, \qquad \left(\frac{\mathrm{d}}{\mathrm{d}\xi} - \xi\right)\psi_n = -\sqrt{2(n+1)}\,\psi_{n+1}$$

を示しなさい．変数を ξ から x に戻して

$$a = \sqrt{\frac{m\omega}{2\hbar}}\left(x + \frac{i}{m\omega}\frac{\hbar}{i}\frac{\partial}{\partial x}\right), \qquad a^\dagger = \sqrt{\frac{m\omega}{2\hbar}}\left(x - \frac{i}{m\omega}\frac{\hbar}{i}\frac{\partial}{\partial x}\right)$$

を定義すると，$a\psi_n = \sqrt{n}\,\psi_{n-1}$, $a^\dagger \psi_n = \sqrt{n+1}\,\psi_{n+1}$ が成り立つことがわかる．

4.3 演算子 A, B, C, D について，次の関係式を示しなさい．

$$[A+B, C+D] = [A,C] + [A,D] + [B,C] + [B,D] \tag{4.19}$$

$$[AB, C] = A[B,C] + [A,C]B \tag{4.20}$$

$$[A, BC] = B[A,C] + [A,B]C \tag{4.21}$$

4.4 (a) 調和振動子の基底状態は

$$\psi_0(x) = (\sqrt{\pi}a_0)^{-1/2} e^{-(x/a_0)^2/2}$$

で与えられる．この $\psi_0(x)$ を用いて $K = p^2/(2m)$, $V = m\omega^2 x^2/2$ の期待値 $\langle K \rangle$, $\langle V \rangle$ をそれぞれ計算しなさい．

(b) 昇降演算子 $a, a^\dagger$ を用いて K, V を表しなさい．次に式 (4.14) を使って，ψ_n での $\langle K \rangle$, $\langle V \rangle$ を計算しなさい．

4.5 (a) 2 次元で質量 m の粒子がポテンシャル $V(\boldsymbol{r}) = m\omega^2 \boldsymbol{r}^2/2 = m\omega^2(x^2+y^2)/2$ に束縛されている（2 次元調和振動子）．シュレーディンガー方程式

$$\left[-\frac{\hbar^2}{2m}\left(\frac{\partial^2}{\partial x^2} + \frac{\partial^2}{\partial y^2}\right) + \frac{1}{2}m\omega^2(x^2+y^2)\right]\psi = E\psi$$

に変数分離形 $\psi(x,y) = X(x)Y(y)$ を代入して，固有状態とエネルギー固有値を求めなさい．(b) 同様に 3 次元調和振動子 $[V = m\omega^2(x^2+y^2+z^2)/2]$ の問題を解きなさい．

(a), (b) それぞれの場合について，エネルギー準位の縮退度を求めなさい．

4.6 3次元調和振動子を考える．この振動子は，その中心から r だけ変位したとき電気双極子 qr をもつものとする．この振動子を一様な電場 $E = \mathcal{E}e_z$ の中に置いたとき，ポテンシャル $V(r) = m\omega^2(x^2+y^2+z^2)/2$ に $q\phi(r) = -q\mathcal{E}z$ が加わる．このときのエネルギー固有値を求めなさい．また，この振動子の分極率

$$\alpha = \lim_{\mathcal{E}\to 0} \frac{q\langle z\rangle}{\mathcal{E}}$$

を計算しなさい．

4.7 2次元において，質量 m の粒子がポテンシャル

$$V(x,y) = m\omega^2(x^2+xy+y^2) = \frac{1}{2}m\omega^2 (x\ y)\begin{pmatrix} 2 & 1 \\ 1 & 2 \end{pmatrix}\begin{pmatrix} x \\ y \end{pmatrix}$$

に束縛されている．最右辺の行列を用いた表式は 2 次形式とよばれる．
(a) 最右辺の行列は対称行列（実数のエルミート行列）であるから直交行列（実数のユニタリー行列）U で対角化することができる．

$$U^\dagger \begin{pmatrix} 2 & 1 \\ 1 & 2 \end{pmatrix} U = \begin{pmatrix} \lambda_1 & 0 \\ 0 & \lambda_2 \end{pmatrix}.$$

ここで $U^\dagger = U^T$（転置行列）である．固有値 λ_1, λ_2 と U を求めなさい．

(b) $\begin{pmatrix} x_1 \\ x_2 \end{pmatrix} = U\begin{pmatrix} x \\ y \end{pmatrix}, \begin{pmatrix} p_1 \\ p_2 \end{pmatrix} = U\begin{pmatrix} p_x \\ p_y \end{pmatrix}$

とするとき，交換関係 $[x_i, p_j] = \delta_{ij}$ が成り立つことを示しなさい．
(c) ハミルトニアン $H = (p_x^2 + p_y^2)/(2m) + V(x,y)$ を x_1, x_2, p_1, p_2 で書き直し，エネルギー固有値を求めなさい．

ガウス関数とローレンツ関数

物理学でよく目にするピーク型の関数にガウス関数とローレンツ関数がある．ピークの中心を 0 とし，$(-\infty, \infty)$ の積分が 1 になるように規格化すると，それぞれ

$$f(x) = \frac{1}{\sqrt{2\pi}\sigma} e^{-x^2/(2\sigma^2)}, \qquad g(x) = \frac{a}{\pi} \frac{1}{x^2 + a^2}$$

である（σ, a は正の定数）．

ガウス関数 $f(x)$ は中心からはずれると急激にゼロになる特徴をもつ．ピークの幅は 1.3 節では標準偏差 σ としたが，左下図の 2σ とすることも多い．$f(\pm\sigma) = f(0)e^{-1/2}$ であるので，x がピークの中心から σ 離れると，関数の値はピークでの値の $e^{-1/2} \approx 0.61$ となる．$x = \pm\sigma$ はグラフの変曲点でもある．

ガウス関数はランダム性に関連することが多い．統計力学でランダムウォーク（酔歩）を学ぶ．酩酊状態の人が右か左か等確率で 1 歩ずつ歩むとき，N 歩後の位置は二項分布に従う．N が大きくなるとガウス関数型の分布（ガウス分布）となる（中心極限定理）．気体分子運動論での速度分布，固体中の多数の原子から放出される電磁波を観測するときのスペクトルの分布（原子ごとに異なる環境の影響があるとき），実験データの測定誤差など，ガウス分布は幅広く見られる．

統計学での正規分布はガウス分布である．たくさんの事象の平均が $\langle x \rangle$，標準偏差が σ のとき，正規分布は $f(x)$ の原点を $\langle x \rangle$ にずらしたものになる．x が $\langle x \rangle - \sigma \leq x \leq \langle x \rangle + \sigma$ である確率は 68%，$\langle x \rangle - 2\sigma \leq x \leq \langle x \rangle + 2\sigma$ のそれは 95%．試験の評価に使われる偏差値は，平均点 $\langle x \rangle$ が 50 に，その前後 σ 離れると ± 10 になるように定義される；$50 + 10(x - \langle x \rangle)/\sigma$．

ローレンツ関数 $g(x)$ は，中心からはずれると $\sim 1/x^2$ でゆっくりとゼロに漸近する（右下図）．ピークの幅は $2a$ または a で定義される．$f(\pm a) = f(0)/2$ であるので半値幅（full width at half maximum（FWHM）または half width at half maximum（HWHM））とよばれる．

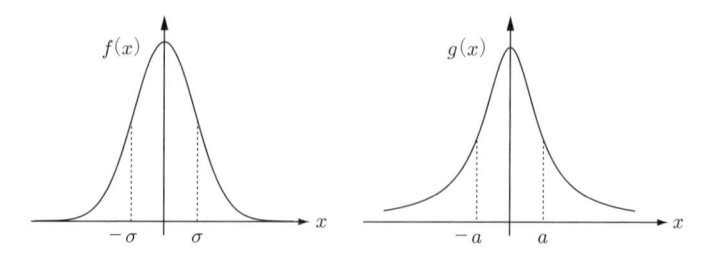

原子のエネルギー準位が電磁波の放出などで有限の寿命 τ をもつとき（単位時間あたりに他の準位に遷移する確率が $1/\tau$），観測されるスペクトルはローレンツ関数となる（$x \to \omega$, $a \to 1/(2\tau)$；この導出は本書の範囲を超えるが 12.7 節でさわりを述べる）．測定によるエネルギーの不確定性は $\Delta E = \hbar \Delta \omega = \hbar/\tau$，したがって $\Delta E \tau = \hbar$．これを「エネルギーと時間の不確定性関係」とよぶことがある．（エネルギーと時間の不確定性関係は，座標と運動量のそれに比べると決まった数学的な表現がない．量子力学では時間 t は演算子ではなく，常に正確に与えることができるパラメーターである．したがって E と t の間には $[x, p] = i\hbar$ に対応する関係式がないためである．）

5 中心力場

ポテンシャルが原点からの距離 $r = \sqrt{x^2 + y^2 + z^2}$ の関数 $V(r)$ のときを中心力場という．古典力学での力は $\boldsymbol{F} = -\boldsymbol{\nabla} V(r) = -V'(r)\boldsymbol{r}/r$，したがって $\boldsymbol{F}$ は動径方向に働く[*1]．このとき (i) 角運動量 $\boldsymbol{L} = \boldsymbol{r} \times \boldsymbol{p}$ は保存する，(ii) 質点は力の中心 O を通り $\boldsymbol{L}$ に垂直な平面上を運動する，(iii) 運動エネルギーは $K = (m/2)\dot{r}^2 + \boldsymbol{L}^2/(2mr^2)$ で第 2 項は遠心力ポテンシャルに相当する（問題 5.1）．量子力学の中心力場の問題でも，5.1 節で導入する角運動量演算子が重要な役割を果たす．実際に 2 次元，3 次元の問題を考えよう．

5.1 角運動量

角運動量の演算子は，古典論のそれと同様に $\boldsymbol{L} = \boldsymbol{r} \times \boldsymbol{p}$ で定義される．

$$L_x = yp_z - zp_y, \quad L_y = zp_x - xp_z, \quad L_z = xp_y - yp_x \tag{5.1}$$

$\boldsymbol{L} = (L_x, L_y, L_z)$ は運動量演算子 $\boldsymbol{p}$ と同じくベクトル量である[*2]．運動量の三つの成分 p_x, p_y, p_z は互いに可換であるが，角運動量はそうでない．実際 $[L_x, L_y]$ を計算すると

$$\begin{aligned}[] [yp_z - zp_y, zp_x - xp_z] &= [yp_z, zp_x] + [zp_y, xp_z] \\ &= y[p_z, z]p_x + x[z, p_z]p_y \\ &= i\hbar(-yp_x + xp_y) = i\hbar L_z \end{aligned}$$

ここで問題 4.3 の公式 (4.19)〜(4.21) を用い，また 0 でない項のみを残して式変形した．同様の計算から

[*1] $\partial V/\partial x = (\partial r/\partial x)(\mathrm{d}V/\mathrm{d}r) = (x/\sqrt{x^2+y^2+z^2})V'(r)$. 他の成分もまとめると $\boldsymbol{\nabla} V(r) = (\boldsymbol{r}/r)V'(r)$.

[*2] ベクトルの定義は文献[11] の 11 章を参照．座標軸を回転させたとき，ベクトルの 3 成分は座標 $\boldsymbol{r}$ の 3 成分 (x, y, z) と同じ変換則に従う．

$$[L_x, L_y] = i\hbar L_z, \quad [L_y, L_z] = i\hbar L_x, \quad [L_z, L_x] = i\hbar L_y \tag{5.2}$$

が導かれる*3. したがって，L_x, L_y, L_z は同時に値を決めることができない．$\boldsymbol{L}^2 = L_x^2 + L_y^2 + L_z^2$ に対しては

$$[\boldsymbol{L}^2, L_x] = [\boldsymbol{L}^2, L_y] = [\boldsymbol{L}^2, L_z] = 0 \tag{5.3}$$

が交換関係 (5.2) より導かれる［問題 5.2(a)］．

3次元の中心力場のハミルトニアン $H = \boldsymbol{p}/(2m) + V(r)$ と角運動量の交換関係を計算すると

$$[L_z, V(r)] = x[p_y, V(r)] - y[p_x, V(r)] = \frac{\hbar}{i}\left[x\frac{\partial V(r)}{\partial y} - y\frac{\partial V(r)}{\partial x}\right] = 0$$

などにより

$$[H, L_x] = [H, L_y] = [H, L_z] = 0 \tag{5.4}$$

が成り立つ［問題 5.2(b)］．7.4 節で説明するように，これは角運動量 $\boldsymbol{L}$ の保存を意味する．

5.2　2次元中心力場

2次元系の中心力場（軸対称場）の問題から始めよう．2次元平面に xy 軸をとる．角運動量は $L_z = xp_y - yp_x$ 成分のみが存在する．

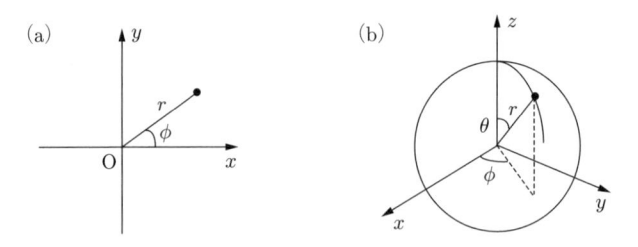

図 5.1　(a) 2次元空間での極座標 (r, ϕ)．$0 \leq r$, $0 \leq \phi < 2\pi$．(b) 3次元空間での極座標 (r, θ, ϕ)．$0 \leq r$, $0 \leq \theta \leq \pi$, $0 \leq \phi < 2\pi$．θ は地球の緯度（北極から測った角度）に，ϕ は経度に相当する．

---

*3 添字 x, y, z をそれぞれ 1, 2, 3 で表すと $[L_i, L_j] = i\epsilon_{ijk}L_k$．ここで ϵ_{ijk} は完全反対称テンソルで $\epsilon_{123} = \epsilon_{231} = \epsilon_{312} = 1$, $\epsilon_{213} = \epsilon_{132} = \epsilon_{321} = -1$, 他はすべて 0．右辺で 2度現れた変数 k については $k = 1, 2, 3$ について和をとるものとする．

5.2 2次元中心力場

まず2次元の極座標 $x = r\cos\phi$, $y = r\sin\phi$ を導入する [図5.1(a)]. $r = \sqrt{x^2 + y^2}$, $\tan\phi = y/x$ より[*4]

$$\frac{\partial}{\partial x} = \frac{\partial r}{\partial x}\frac{\partial}{\partial r} + \frac{\partial \phi}{\partial x}\frac{\partial}{\partial \phi} = \frac{x}{\sqrt{x^2+y^2}}\frac{\partial}{\partial r} + \frac{-y/x^2}{1+(y/x)^2}\frac{\partial}{\partial \phi}$$

$$= \cos\phi\frac{\partial}{\partial r} - \frac{\sin\phi}{r}\frac{\partial}{\partial \phi}$$

$$\frac{\partial}{\partial y} = \frac{\partial r}{\partial y}\frac{\partial}{\partial r} + \frac{\partial \phi}{\partial y}\frac{\partial}{\partial \phi} = \frac{y}{\sqrt{x^2+y^2}}\frac{\partial}{\partial r} + \frac{1/x}{1+(y/x)^2}\frac{\partial}{\partial \phi}$$

$$= \sin\phi\frac{\partial}{\partial r} + \frac{\cos\phi}{r}\frac{\partial}{\partial \phi}$$

これを用いると

$$\Delta = \frac{\partial^2}{\partial x^2} + \frac{\partial^2}{\partial y^2} = \frac{\partial^2}{\partial r^2} + \frac{1}{r}\frac{\partial}{\partial r} + \frac{1}{r^2}\frac{\partial^2}{\partial \phi^2} \tag{5.5}$$

$$L_z = xp_y - yp_x = \frac{\hbar}{i}\frac{\partial}{\partial \phi} \tag{5.6}$$

が得られる(問題5.3). L_z は r を含まない. 運動エネルギーは

$$K = -\frac{\hbar^2}{2m}\Delta = (r\text{ での偏微分}) + \frac{L_z^2}{2mr^2}$$

となり,古典論と同様に「遠心力ポテンシャル」が現れることがわかる.

さて,中心力場 $V(r)$ でのシュレーディンガー方程式は $V(r) = \hbar^2 U(r)/(2m)$, $E = \hbar^2 \varepsilon/(2m)$ とおくと

$$\left[-\frac{\partial^2}{\partial r^2} - \frac{1}{r}\frac{\partial}{\partial r} - \frac{1}{r^2}\frac{\partial^2}{\partial \phi^2} + U(r) \right] \psi(r,\phi) = \varepsilon \psi(r,\phi) \tag{5.7}$$

この解は,2.6節のように変数分離形 $\psi(r,\phi) = R(r)\Phi(\phi)$ を仮定して求めることができるが,ここでは $[H, L_z] = 0$ より H と L_z の同時固有状態を求める方針をとる[*5]. 方程式 (5.7) と

$$\frac{\hbar}{i}\frac{\partial}{\partial \phi}\psi(r,\phi) = \lambda\psi(r,\phi) \tag{5.8}$$

[*4] 偏微分 $\partial/\partial x$ は,(x,y) の関数を y を止めて x で微分する.一方 $\partial/\partial r$ は,(r,ϕ) の関数を ϕ を止めて r で微分する.量子力学では熱力学のように偏微分の記号に止めるべき他の変数を明記しないので,独立変数が何かを意識する必要がある.

[*5] 7.4節で説明するように,$[H, A] = 0$ のとき A は保存する.ここでの解法は,古典力学での L_z が保存することを利用した解法(問題5.1)の量子力学版である.

を連立して解く．まず後者の一般解を求めよう．r を止めて ϕ で積分すると $\psi(r,\phi) = C(r)e^{i\lambda\phi/\hbar}$．$\psi(r,\phi)$ の一価性の条件より $\psi(r,\phi+2\pi) = \psi(r,\phi)$，すなわち ϕ 方向には周期的境界条件が課される．したがって $\lambda = \hbar m$, $\psi(r,\phi) = C(r)e^{im\phi}$ ($m = 0, \pm1, \pm2, \cdots$)．ここで $C(r) = R(r)/\sqrt{2\pi}$ とおき

$$\Phi_m(\phi) = \frac{1}{\sqrt{2\pi}} e^{im\phi} \tag{5.9}$$

を導入すると $\psi(r,\phi) = R(r)\Phi_m(\phi)$．$\Phi_m(\phi)$ は次の正規直交関係を満たす．

$$\int_0^{2\pi} \Phi_m^*(\phi)\Phi_{m'}(\phi)\mathrm{d}\phi = \frac{1}{2\pi}\int_0^{2\pi} e^{i(m'-m)\phi}\mathrm{d}\phi = \delta_{m,m'} \tag{5.10}$$

次に，方程式 (5.7) に $\psi(r,\phi) = R(r)e^{im\phi}/\sqrt{2\pi}$ を代入すると

$$R'' + \frac{1}{r}R' + \left[\varepsilon - \frac{m^2}{r^2} - U(r)\right]R = 0. \tag{5.11}$$

この方程式を解いて $R(r)$ を求めることは 6 章で行う．$R(r)$ の規格化条件は

$$1 = \int|\psi|^2 \mathrm{d}x\mathrm{d}y = \int_0^\infty \int_0^{2\pi} |\psi(r,\phi)|^2 r\mathrm{d}r\mathrm{d}\phi = \int_0^{2\pi} |R(r)|^2 r\mathrm{d}r$$

である．

波動関数の中の $\Phi_m(\phi)$ は L_z の固有状態（固有値 $\hbar m$）であり，z 軸まわりの回転運動を表す．$m = 0$ のとき $\Phi_0 = 1/\sqrt{2\pi}$．ϕ 方向に一様で $\langle L_z \rangle = 0$ であるから ϕ 方向の運動はない．$m \neq 0$ のとき，$\Phi_{\pm m}(\phi)$ の固有値は $\pm\hbar m$ であるので，互いに反対方向の回転運動に対応する．式 (5.11) で両者は同じ遠心力ポテンシャルを与えることから，$m \neq 0$ ではエネルギーが二重に縮退する．

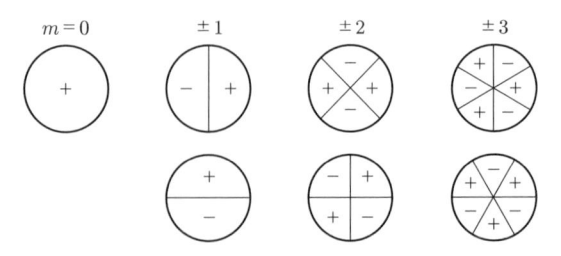

図 **5.2** 2 次元の中心力場での波動関数を $\psi(r,\phi) = R(r)\Phi_m(\phi)$ とするとき，$(\Phi_m + \Phi_{-m})/\sqrt{2}, (\Phi_m - \Phi_{-m})/(\sqrt{2}i)$ の符号と節を図示した ($m = 0, \pm1, \pm2, \pm3$)．$|m|$ とともに節の数が一つずつ増える．

$\Phi_{\pm m}(\phi)$ の線形結合をとり,実関数をつくってみよう.例えば[*6]

$$\frac{1}{\sqrt{2}}(\Phi_m + \Phi_{-m}) = \frac{1}{\sqrt{\pi}}\cos m\phi, \quad \frac{1}{\sqrt{2}i}(\Phi_m - \Phi_{-m}) = \frac{1}{\sqrt{\pi}}\sin m\phi$$

図 5.2 に示すように,角度方向に m 本の節をもつ定在波が現れる.回転運動が激しい ($|\langle L_z\rangle| = \hbar|m|$ が大きい) ほど節の数が多い.

5.3　3 次元中心力場

3 次元系の中心力場の問題に移ろう.3 次元の極座標 $x = r\sin\theta\cos\phi$, $y = r\sin\theta\sin\phi$, $z = r\cos\theta$ を導入して [図 5.1(b)],2 次元のときと同様の計算を行う.$r = \sqrt{x^2+y^2+z^2}$, $\tan\theta = \sqrt{x^2+y^2}/z$, $\tan\phi = y/x$ より

$$\frac{\partial}{\partial x} = \sin\theta\cos\phi\frac{\partial}{\partial r} + \frac{\cos\theta\cos\phi}{r}\frac{\partial}{\partial \theta} - \frac{\sin\phi}{r\sin\theta}\frac{\partial}{\partial \phi}$$

$$\frac{\partial}{\partial y} = \sin\theta\sin\phi\frac{\partial}{\partial r} + \frac{\cos\theta\sin\phi}{r}\frac{\partial}{\partial \theta} + \frac{\cos\phi}{r\sin\theta}\frac{\partial}{\partial \phi}$$

$$\frac{\partial}{\partial z} = \cos\theta\frac{\partial}{\partial r} - \frac{\sin\theta}{r}\frac{\partial}{\partial \theta}$$

これより

$$L_x = yp_z - zp_y = i\hbar\left(\sin\phi\frac{\partial}{\partial \theta} + \cot\theta\cos\phi\frac{\partial}{\partial \phi}\right) \tag{5.12a}$$

$$L_y = zp_x - xp_z = i\hbar\left(-\cos\phi\frac{\partial}{\partial \theta} + \cot\theta\sin\phi\frac{\partial}{\partial \phi}\right) \tag{5.12b}$$

$$L_z = xp_y - yp_x = \frac{\hbar}{i}\frac{\partial}{\partial \phi} \tag{5.12c}$$

$$L_\pm = L_x \pm iL_y = \hbar e^{\pm i\phi}\left(\pm\frac{\partial}{\partial \theta} + i\cot\theta\frac{\partial}{\partial \phi}\right) \tag{5.12d}$$

$$\boldsymbol{L}^2 = \frac{1}{2}(L_+L_- + L_-L_+) + L_z^2$$
$$= -\hbar^2\left[\frac{1}{\sin\theta}\frac{\partial}{\partial \theta}\left(\sin\theta\frac{\partial}{\partial \theta}\right) + \frac{1}{\sin^2\theta}\frac{\partial^2}{\partial \phi^2}\right] \tag{5.12e}$$

また 3 次元のラプラシアンは

[*6] $A\Phi_m + B\Phi_{-m}$ から互いに直交する二つの実関数をつくる.そのつくり方は $\cos(m\phi+\alpha)/\sqrt{\pi}$, $\sin(m\phi+\alpha)/\sqrt{\pi}$ と無数にあるが,ここでは $\alpha = 0$ を選んだ.

$$\Delta = \frac{\partial^2}{\partial r^2} + \frac{2}{r}\frac{\partial}{\partial r} + \frac{1}{r^2}\left[\frac{1}{\sin\theta}\frac{\partial}{\partial\theta}\left(\sin\theta\frac{\partial}{\partial\theta}\right) + \frac{1}{\sin^2\theta}\frac{\partial^2}{\partial\phi^2}\right] \tag{5.13}$$

ラプラシアンの極座標表示は簡単な覚え方があるが (付録 D), 一度は手を動かしてこれらの式を導出してほしい.

式 (5.13), (5.12e) より, 3 次元においても運動エネルギーが

$$K = -\frac{\hbar^2}{2m}\Delta = (r \text{ での偏微分}) + \frac{\boldsymbol{L}^2}{2mr^2}$$

となることがわかる. 最後の項が遠心力ポテンシャルに相当する.

a. シュレーディンガー方程式

中心力場 $V(r)$ でのシュレーディンガー方程式は $V(r) = \hbar^2 U(r)/(2m)$, $E = \hbar^2\varepsilon/(2m)$ として

$$\left[-\frac{\partial^2}{\partial r^2} - \frac{2}{r}\frac{\partial}{\partial r} + \frac{1}{r^2}\frac{\boldsymbol{L}^2}{\hbar^2} + U(r)\right]\psi(r,\theta,\phi) = \varepsilon\psi(r,\theta,\phi) \tag{5.14}$$

ハミルトニアン H と $\boldsymbol{L}^2$, L_z の三つの演算子は互いに可換なので, それらの同時固有状態を求める. すなわち

$$\frac{\boldsymbol{L}^2}{\hbar^2}\psi(r,\theta,\phi) = -\left[\frac{1}{\sin\theta}\frac{\partial}{\partial\theta}\left(\sin\theta\frac{\partial}{\partial\theta}\right) + \frac{1}{\sin^2\theta}\frac{\partial^2}{\partial\phi^2}\right]\psi(r,\theta,\phi)$$
$$= \lambda_1\psi(r,\theta,\phi) \tag{5.15}$$
$$\frac{L_z}{\hbar}\psi(r,\theta,\phi) = \frac{1}{i}\frac{\partial}{\partial\phi}\psi(r,\theta,\phi) = \lambda_2\psi(r,\theta,\phi) \tag{5.16}$$

を式 (5.14) と連立して解く.

まず方程式 (5.16) より, $\lambda_2 = m$, $\psi(r,\theta,\phi) = C(r,\theta)\Phi_m(\phi)$, ここで $\Phi_m(\phi)$ は式 (5.9) で与えられる ($m = 0, \pm 1, \pm 2, \cdots$). これを式 (5.15) に代入するのだが, その式は r を含まないので $C(r,\theta) = R(r)\Theta(\theta)$ の形になる[*7].

$$-\left[\frac{1}{\sin\theta}\frac{d}{d\theta}\left(\sin\theta\frac{d}{d\theta}\right) - \frac{m^2}{\sin^2\theta}\right]\Theta(\theta) = \lambda_1\Theta(\theta) \tag{5.17}$$

最後に $\psi(r,\theta,\phi) = R(r)\Theta(\theta)\Phi_m(\phi)$ を式 (5.14) に代入すると

$$R'' + \frac{2}{r}R' + \left[\varepsilon - \frac{\lambda_1}{r^2} - U(r)\right]R = 0 \tag{5.18}$$

[*7] Θ はギリシャ文字「シータ」の大文字. θ はその小文字.

表 5.1 球面調和関数 $Y_l^m(\theta, \phi)$ の関数形.

$l = 0$	$Y_0^0 = \frac{1}{\sqrt{4\pi}}$
$l = 1$	$Y_1^0 = \sqrt{\frac{3}{4\pi}} \cos\theta, \quad Y_1^{\pm 1} = \mp\sqrt{\frac{3}{8\pi}} \sin\theta e^{\pm i\phi}$
$l = 2$	$Y_2^0 = \sqrt{\frac{5}{16\pi}}(3\cos^2\theta - 1), \quad Y_2^{\pm 1} = \mp\sqrt{\frac{15}{8\pi}} \sin\theta \cos\theta e^{\pm i\phi}$ $Y_2^{\pm 1} = \sqrt{\frac{15}{32\pi}} \sin^2\theta e^{\pm 2i\phi}$

波動関数の規格化条件は

$$\int_0^\infty \int_0^\pi \int_0^{2\pi} |\psi(r,\theta,\phi)|^2 r^2 \sin\theta \mathrm{d}r\mathrm{d}\theta\mathrm{d}\phi = 1$$

であるので，$\psi(r,\theta,\phi) = R(r)\Theta(\theta)\Phi_m(\phi)$ に対して

$$\int_0^\infty |R(r)|r^2 \mathrm{d}r = 1 \tag{5.19}$$

$$\int_0^\pi |\Theta(\theta)|^2 \sin\theta \mathrm{d}\theta \underset{\xi=\cos\theta}{=} \int_{-1}^1 |\Theta(\xi)|^2 \mathrm{d}\xi = 1 \tag{5.20}$$

を，$\Phi_m(\phi)$ についての式 (5.10) とともに課すことにする．

方程式 (5.18) の解法は 6 章に回し，本章の残りでは方程式 (5.17) を解いて $\Theta(\theta)$ を求める．まず結果を述べる．固有値は $\lambda_1 = l(l+1)$ である（$l = 0, 1, 2, \cdots$）．波動関数 $\Theta(\theta)$ は，$m = 0$ のとき（規格化因子を除いて）式 (5.24) のルジャンドル多項式 $P_l(\cos\theta)$ で与えられる．$m \neq 0$（$|m| \leq l$）のときは，式 (5.29) のルジャンドル陪関数 $P_l^{|m|}(\cos\theta)$ となる．

$\psi(r,\theta,\phi)$ の角度部分 $\Theta(\cos\theta)\Phi_m(\phi)$ をまとめて $Y_l^m(\theta,\phi)$ と書く．$Y_l^m(\theta,\phi)$ は球面調和関数とよばれ，$\boldsymbol{L}^2$ と L_z の同時固有状態である．この具体形を表 5.1 に示す．正規直交条件は式 (5.10)，(5.20) より

$$\int_0^\pi \int_0^{2\pi} Y_l^{m*}(\theta,\phi) Y_{l'}^{m'}(\theta,\phi) \underbrace{\sin\theta \mathrm{d}\theta \mathrm{d}\phi}_{\mathrm{d}\Omega} = \delta_{l,l'}\delta_{m,m'} \tag{5.21}$$

（積分 $\sin\theta \mathrm{d}\theta \mathrm{d}\phi$ は立体角での積分 $\mathrm{d}\Omega$ に一致する; 13.1 節を参照）.

波動関数 $\psi = R(r)Y_l^m(\theta,\phi)$（$l = 0, 1, 2, \cdots; m = 0, \pm 1, \cdots, \pm l$）の $R(r)$ の方程式は，式 (5.18) に $\lambda_1 = l(l+1)$ を代入して

$$R'' + \frac{2}{r}R' + \left[\varepsilon - \frac{l(l+1)}{r^2} - U(r)\right]R = 0 \tag{5.22}$$

$m = 0, \pm 1, \cdots, \pm l$ は同じ遠心力ポテンシャルを与えるので，エネルギーは $(2l+1)$ 重に縮退する．

b. $m = 0$ の $\Theta(\theta)$：ルジャンドル多項式

最初に $m = 0$ のときに方程式 (5.17) を解く．変数変換 $\xi = \cos\theta$ ($-1 \leq \xi \leq 1$) を行うと

$$\frac{d}{d\xi}\left[(1-\xi^2)\frac{d\Theta(\xi)}{d\xi}\right] + \lambda_1 \Theta(\xi) = 0 \tag{5.23}$$

この微分方程式は定義域の両端 $\xi = \pm 1$ ($\theta = 0, \pi$) に確定特異点をもつ．解はその点か通常点 $\xi = 0$ のまわりの級数展開で求めることができる（付録B）．級数が有限で切れる条件から $\lambda_1 = l(l+1)$ ($l = 0, 1, 2, \cdots$)，このとき $\Theta(\xi)$ は l 次の多項式となる．

この多項式は，規格化因子を除いてルジャンドル多項式（Legendre polynomials）$P_l(\xi)$ に一致する．その定義は[*8]

$$P_l(\xi) = \frac{1}{2^l l!}\frac{d^l}{d\xi^l}(\xi^2 - 1)^l \tag{5.24}$$

例えば $P_0 = 1$, $P_1 = \xi$, $P_2 = (1/2)(3\xi^2 - 1)$．実際，$P_l(\xi)$ が方程式 (5.23) を満たすことが確かめられる [問題 5.4(b)]．

$P_l(\xi)$ のグラフを図 5.3 に示すが，元の方程式 (5.17) の複雑さからは想像のつかない簡単な形をしている．(i) $P_l(\xi)$ は l 次の多項式で $-1 \leq \xi \leq 1$ に l 個のゼロ点がある，(ii) l が偶数のときに偶関数（パリティが正），奇数のときに奇関数（パリティが負），(iii) 定義域の端で $P_l(1) = 1$, $P_l(-1) = (-1)^l$．これらの性質だけからグラフの概形を描くことができる．ルジャンドル多項式は，電磁気学での多重極展開をはじめとして物理学で幅広く使われる（p.78 のコラム）．

直交関係は

$$\int_{-1}^{1} P_l(\xi)P_n(\xi)d\xi = \frac{2}{2l+1}\delta_{l,n} \tag{5.25}$$

[問題 5.4(c)]，これより規格化された $\Theta(\xi)$ は

[*8] このロドリグの公式のほかに，母関数による表式 [式 (5.34)] などがある．

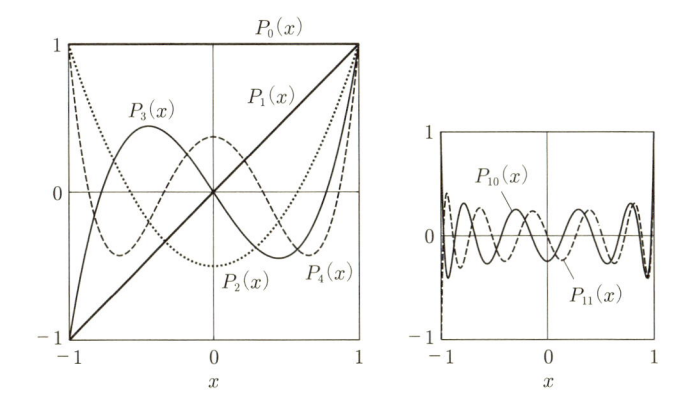

図 5.3 ルジャンドル多項式 $P_l(x)$. $l = 0, \cdots, 4$, および 10, 11.

$$\Theta(\xi) = \sqrt{\frac{2l+1}{2}} P_l(\xi) = \sqrt{\frac{2l+1}{2}} P_l(\cos\theta) \tag{5.26}$$

となる.

$m = 0$ のとき $\Phi_0(\phi) = 1/\sqrt{2\pi}$ であるから, 球面調和関数は

$$Y_l^0(\theta, \phi) = \sqrt{\frac{2l+1}{4\pi}} P_l(\cos\theta) \tag{5.27}$$

この物理的な意味を考えよう. $\boldsymbol{L}^2$ の固有値が $\hbar^2 l(l+1)$ であるが, L_z の固有値は 0 なので z 軸まわりの回転運動はない (z 軸のまわりに一様な軸対称な状態). その分 z 軸方向には一様でなくなる. 図 5.4 に $r = 1$ の単位球上で $Y_l^0(\theta, \phi)$ の符号を示した. $\cos\theta = z$ だから Y_l^0 は z の l 次の多項式で, z 軸方向に l 個の節をもつ[*9].

c. $m \neq 0$ の $\Theta(\theta)$

$m \neq 0$ の場合, 方程式 (5.17) に変数変換 $\xi = \cos\theta$ を行うと

$$\frac{\mathrm{d}}{\mathrm{d}\xi}\left[(1-\xi^2)\frac{\mathrm{d}\Theta(\xi)}{\mathrm{d}\xi}\right] + \left(\lambda_1 - \frac{m^2}{1-\xi^2}\right)\Theta(\xi) = 0 \tag{5.28}$$

[*9] $L_z = 0$ であるので, $L_x^2 + L_y^2$ の固有値が $\hbar^2 l(l+1)$ である. しかし, L_x, L_y は L_z と同時対角化ができないので, それらの固有値 $0, \pm\hbar, \cdots, \pm l\hbar$ の固有状態が混ざった状態になっている.

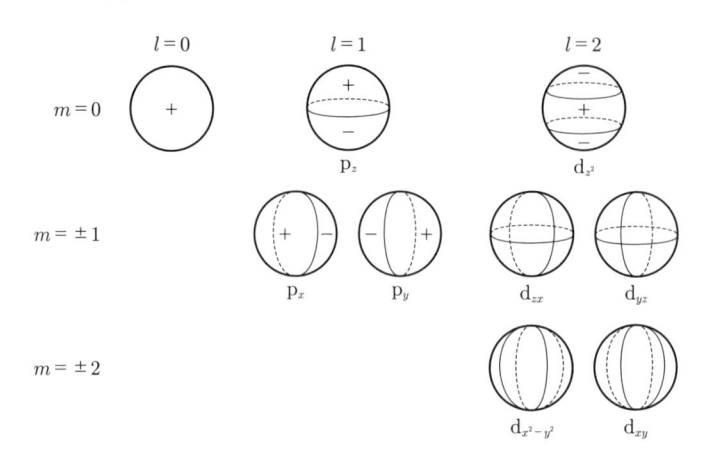

図 5.4 3 次元の中心力場での波動関数 $\psi(r,\theta,\phi) = R(r)Y_l^m(\theta,\phi)$ の節を $r = $ 一定の球面に図示した. $l = 0,1,2,\cdots$; $m = 0,\pm 1,\cdots,\pm l$ である. $m = 0$ のとき, l の増加とともに z 軸方向に節の数が一つずつ増える. $m \neq 0$ のときは $Y_l^{\pm m}$ を組み合わせて二つの実関数をつくり, その節を示している：$\mathrm{p}_x, \mathrm{p}_y$ の節はそれぞれ $x = 0, y = 0$, d_{zx} の節は $z = 0$ と $x = 0$, $\mathrm{d}_{x^2-y^2}$ の節は $y = \pm x$ など.

$m = 0$ のときと同様に $\lambda_1 = l(l+1)$ が示される. ただし $|m| \leq l$ である. このときの解はルジャンドル多項式を変形したルジャンドル陪関数 (associated Legendre function) $P_l^m(\xi)$ に一致する (問題 5.5). $m > 0$ のとき

$$P_l^m(\xi) = (1-\xi^2)^{m/2}\frac{\mathrm{d}^m P_l(\xi)}{\mathrm{d}\xi^m} \tag{5.29}$$

である. 規格化をし, $m = 0$, $m < 0$ の場合もまとめると球面調和関数は

$$Y_l^m(\theta,\phi) = (-1)^{\frac{m+|m|}{2}}\sqrt{\frac{2l+1}{4\pi}\frac{(l-|m|)!}{(l+|m|)!}}P_l^{|m|}(\cos\theta)e^{im\phi} \tag{5.30}$$

$(m = 0, \pm 1, \cdots, \pm l)$ と書くことができる (問題 5.5).

再び単位球上で $Y_l^m(\theta,\phi)$ の様子を見てみよう (図 5.4). $x = \sin\theta\cos\phi$, $y = \sin\theta\sin\phi$, $z = \cos\theta$ である. 式 (5.29), (5.30) より P_l の m 階微分を $P_l^{(m)}$ で表すと, $m \geq 0$ のとき $Y_l^{\pm m} \propto \sin^m\theta e^{\pm im\phi}P_l^{(m)}(\cos\theta) = (x \pm iy)^m P_l^{(m)}(z)$. m が 0 から増えるにつれて, z 軸方向の節の数は減っていく $[P_l^{(m)}(z)$ は $(l-m)$ 次の多項式で節の数は $(l-m)$ 個]. その分 z 軸まわりの回転運動が増加する $[(x \pm iy)^m$ を実関数にすると節の数は m 個].

全角運動量 $\boldsymbol{L}^2$ の量子数が $l = 0, 1, 2, 3, \cdots$ の状態をそれぞれ s, p, d, f, $\cdots$ 状態とよぶ．s 状態は球対称な状態である．

$$Y_0^0 = \frac{1}{\sqrt{4\pi}}$$

p 状態は三重に縮退し，単位球上で

$$Y_1^0 = \sqrt{\frac{3}{4\pi}} z, \qquad Y_1^{\pm 1} = \mp \sqrt{\frac{3}{8\pi}} (x \pm iy)$$

Y_1^0 は z 方向に偏極した状態で p_z とよばれる．$Y_1^{\pm 1}$ の線形結合をとると $\sqrt{3/(4\pi)}\, x$（p_x 状態），$\sqrt{3/(4\pi)}\, y$（p_y 状態）がつくられる．d 状態は五重に縮退し，単位球上で

$$Y_2^0 = \sqrt{\frac{5}{16\pi}} (3z^2 - 1)$$

$$Y_2^{\pm 1} = \mp \sqrt{\frac{15}{8\pi}} (x \pm iy) z, \qquad Y_2^{\pm 2} = \sqrt{\frac{15}{32\pi}} (x \pm iy)^2$$

Y_2^0 は $\mathrm{d}_{3z^2 - r^2}$（または d_{z^2}）と書かれる．残りの四つから実関数をつくると，$C = \sqrt{15/(4\pi)}$ として Czx（d_{zx} 状態），Cyz（d_{yz} 状態），$C(x^2 - y^2)/2$（$\mathrm{d}_{x^2 - y^2}$ 状態），Cxy（d_{xy} 状態）ができる[*10]．実関数は波動関数の形を理解するのに便利であるが，$m = 0$ を除いて L_z の固有状態ではない．

5.4　本章のまとめ

これまでの結果を整理しよう．

2 次元中心力場のハミルトニアンは，角運動量 L_z と同時対角化が可能である．シュレーディンガー方程式の解は $\psi(r, \phi) = R(r)\Phi_m(\phi)$，$\Phi_m(\phi)$ は L_z の固有状態

$$L_z \Phi_m(\phi) = \hbar m \Phi_m(\phi)$$

[*10] Y_l^m ($m = 0, \pm 1, \cdots, \pm l$) は単位球上で x, y, z の l 次の同次式（4.5 節）になる．1 次式は x, y, z で p 状態（$l = 1$）の三つに対応する．2 次式は $x^2, y^2, z^2, xy, yz, zx$ と 6 個あるが，$x^2 + y^2 + z^2 = 1$（s 状態）を一つ含む．それに直交するように $x^2 - y^2, 2z^2 - x^2 - y^2, xy, yz, zx$ と選ぶと，上述の五つの d 状態が得られる．

で，式 (5.9) で与えられる（$m = 0, \pm 1, \pm 2, \cdots$）．$R(r)$ は方程式 (5.11) を満たし，$m \neq 0$ のとき右回りと左回りの運動 $\pm m$ に対応してエネルギー準位は二重に縮退する．

3 次元中心力場のハミルトニアンは L^2，L_z と同時対角化が可能である．シュレーディンガー方程式の解は $\psi(r, \theta, \phi) = R(r) Y_l^m(\theta, \phi)$．球面調和関数 $Y_l^m(\theta, \phi)$ は式 (5.30) で与えられ，L^2 と L_z の固有状態である．

$$L^2 Y_l^m(\theta, \phi) = \hbar^2 l(l+1) Y_l^m(\theta, \phi), \qquad L_z Y_l^m(\theta, \phi) = \hbar m Y_l^m(\theta, \phi)$$

量子数の範囲は $l = 0, 1, 2, \cdots$，および $m = 0, \pm 1, \cdots, \pm l$．$R(r)$ は方程式 (5.22) を満たし，$-l \leq m \leq l$ の $(2l+1)$ 個の状態に対応してエネルギー準位は $(2l+1)$ 重に縮退する．

最後に球面調和関数について補足説明をする．式 (5.30) より

$$Y_l^{-m}(\theta, \phi) = (-1)^m Y_l^{m*}(\theta, \phi) \tag{5.31}$$

$$Y_l^m(\pi - \theta, \phi + \pi) = (-1)^l Y_l^m(\theta, \phi) \tag{5.32}$$

が成り立つことがわかる．後者の物理的な意味は次の通りである．r を原点に対して反転させる変換を考える；$r \to -r$．これを 3 次元極座標で表すと $\theta \to \pi - \theta$，$\phi \to \phi + \pi$，r は不変．この変換に対して，Y_l^m は l が偶数のときに不変，l が奇数のときに符号を変える．それぞれ 3 次元でのパリティが正，負であることを示す．

問題

5.1 （古典力学での中心力場）1 個の質点の中心力場における運動について
(a) ニュートン方程式 $m\ddot{\boldsymbol{r}} = \boldsymbol{F} = -V'(r)\boldsymbol{e}_r$（$\boldsymbol{e}_r = \boldsymbol{r}/r$ は $\boldsymbol{r}$ 方向の単位ベクトル）を用いて，角運動量 $\boldsymbol{L} = \boldsymbol{r} \times \boldsymbol{p}$ が保存することを示しなさい．
(b) $\boldsymbol{r} \cdot \boldsymbol{L} = 0$ を示しなさい．
(c) (b) の式は，$\boldsymbol{L}$ に垂直で原点を通る平面を表す．したがって質点はこの平面上を運動する．この平面内に x, y 軸をとり，2 次元極座標 (r, ϕ) を用いるとき $\boldsymbol{L} = mr^2\dot{\phi}\boldsymbol{e}_z$，および $K = m\dot{r}^2/2 = (m/2)\dot{r}^2 + \boldsymbol{L}^2/(2mr^2)$ を示しなさい．

5.2 角運動量演算子の交換関係 (5.2) を用いて，
(a) $[\boldsymbol{L}^2, L_z]$ を計算し，式 (5.3) を示しなさい．

(b) 3次元の中心力場でのハミルトニアン $H = \boldsymbol{p}/(2m) + V(r)$ に対して, $[H, L_x] = [H, L_y] = [H, L_z] = 0$ が成り立つことを示しなさい.

5.3 5.2節の2次元極座標について
(a) $x = r\cos\phi$ の両辺を x で偏微分して $1 = (\partial r/\partial x)\cos\phi$, ゆえに $\partial r/\partial x = 1/\cos\phi$. この計算は正しいか?
(b) Δ と L_z の表式 (5.5), (5.6) を導きなさい.

5.4 ルジャンドル多項式 (5.24) について次の設問に答えなさい.
(a) $P_l(\xi)$ は l 次の多項式である. その ξ^l の係数を求めなさい.
(b) $u(\xi) = (\xi^2 - 1)^l$ とおく. $u(\xi)$ を1回微分して $(\xi^2 - 1)u' = 2l\xi u$ を示しなさい. この式の両辺を $(l+1)$ 回微分することで, 次の微分方程式を導きなさい.

$$(1-\xi^2)\frac{d^2 P_l}{d\xi^2} - 2\xi\frac{dP_l}{d\xi} + l(l+1)P_l = 0 \tag{5.33}$$

これは式 (5.23) で $\lambda_1 = l(l+1)$ としたものである.
(c) 直交関係 [式 (5.25)] を示しなさい.
ヒント: $l \leq n$ とする. P_n に式 (5.24) を代入すると, 与式の左辺は

$$\frac{1}{2^n n!}\int_{-1}^{1} P_l(\xi)\frac{d^n}{d\xi^n}(\xi^2 - 1)^n d\xi$$

部分積分を n 回くり返す. 次の積分は $\xi = \sin\theta$ と変数変換すると

$$\int_{-1}^{1}(1-\xi^2)^l d\xi = 2\int_0^{\pi/2}\cos^{2l+1}\theta d\theta$$
$$= 2\frac{2l}{2l+1}\int_0^{\pi/2}\cos^{2l-1}\theta d\theta = \cdots$$
$$= 2\frac{(2l)(2l-2)\cdots 4\cdot 2}{(2l+1)(2l-1)\cdots 5\cdot 3} = 2\frac{[2^l l!]^2}{(2l+1)!}$$

5.5 (ルジャンドル陪関数) $m > 0$ のとき, 方程式 (5.28) に $\Theta(\xi) = (1-\xi^2)^{m/2} y(\xi)$ を代入し, $y(\xi)$ についての方程式

$$(1-\xi^2)\frac{d^2 y}{d\xi^2} - 2(m+1)\xi\frac{dy}{d\xi} + [\lambda_1 - m(m+1)]y = 0$$

を導きなさい. 一方, 式 (5.33) の両辺を m 回微分して次式を示しなさい.

$$(1-\xi^2)\frac{d^{m+2} P_l}{d\xi^{m+2}} - 2(m+1)\xi\frac{d^{m+1} P_l}{d\xi^{m+1}} + [l(l+1) - m(m+1)]\frac{d^m P_l}{d\xi^m} = 0$$

両者を比較すると, $\lambda_1 = l(l+1)$ でルジャンドル陪関数 (5.29) が式 (5.28) を満たすことが導かれる. 最後に付録 C を参考にして $\Theta(\xi)$ を規格化し, 式 (5.30) を示しなさい.

---- **ルジャンドル多項式** ----

量子力学では定係数でない常微分方程式の解として，初等関数では表すことのできない特殊関数や直交多項式がいくつも出てくる．物理数学の教科書や公式集にはその漸化式，積分公式，漸近形などが載っている[9]．最初はうんざりするが実際の計算で役立つことも多い．

例えば，ルジャンドル多項式 $P_l(x)$ には漸化式

$$(l+1)P_{l+1}(x) = (2l+1)xP_l(x) - lP_{l-1}(x)$$

がある．$P_l(x)$ の値を数値的に求めたいとき，$P_0(x)=1$, $P_1(x)=x$ とこの漸化式を使って数値計算のプログラミングをすれば，多項式 (5.24) を使うより簡単である．図 5.3 の $P_{10}(x)$, $P_{11}(x)$ はこのようにして作図した．

$P_l(x)$ には式 (5.24) 以外に，母関数 (generating function) による表式

$$g(t,x) = \frac{1}{\sqrt{1-2tx+t^2}} = \sum_{l=0}^{\infty} P_l(x) t^l \qquad (|t|<1) \tag{5.34}$$

がある．クーロン相互作用の期待値の計算に

$$\frac{1}{|\boldsymbol{r}_1 - \boldsymbol{r}_2|} = \frac{1}{\sqrt{r_1^2 + r_2^2 - 2r_1 r_2 \cos\theta}} = \frac{1}{r_>} \sum_{l=0}^{\infty} \left(\frac{r_<}{r_>}\right)^l P_l(\cos\theta)$$

($r_>$, $r_<$ は r_1, r_2 の大きい方と小さい方，θ は $\boldsymbol{r}_1$ と $\boldsymbol{r}_2$ のなす角) がよく使われる．He 原子で 1s 軌道 ($\propto e^{-\alpha r}$; 11.5 節) に入った二つの電子間のクーロン相互作用は，定数倍を除いて

$$\iint \frac{e^{-2\alpha(r_1+r_2)}}{|\boldsymbol{r}_1-\boldsymbol{r}_2|} d\boldsymbol{r}_1 d\boldsymbol{r}_2 = \int_0^\infty 4\pi r_1^2 dr_1 \int_0^\infty r_2^2 dr_2 2\pi \int_0^\pi \sin\theta d\theta$$
$$\times \frac{1}{r_>} \sum_{l=0}^{\infty} P_l(\cos\theta) \left(\frac{r_<}{r_>}\right)^l e^{-2\alpha(r_1+r_2)}$$

$\boldsymbol{r}_2$ の極座標 θ を $\boldsymbol{r}_1$ の方向から測り，$\boldsymbol{r}_1$ の角度積分を実行した．P_l の直交条件 [式 (5.25)] と $P_0 = 1$ より $\int P_l(\cos\theta) \sin\theta d\theta = 2\delta_{l,0}$, したがって

$$(右辺) = (4\pi)^2 \int_0^\infty r_1^2 dr_1 \left[\int_0^{r_1} \frac{r_2^2}{r_1} + \int_{r_1}^\infty r_2\right] e^{-2\alpha(r_1+r_2)} dr_2$$

あとは初等計算である．式 (5.34) は電磁気学の多重極展開にも用いられる．

6 水素原子

いよいよ前半のハイライトである．水素原子の電子状態を求めよう．水素原子は電荷 $+e$，質量 M の陽子と電荷 $-e$，質量 m の電子から成る．電子はクーロン相互作用によって陽子のまわりに束縛されている．陽子の質量 M は電子の質量 m の約 2000 倍と大きく，原点に静止していると考えてよい[*1]．正確には 6.1 節で説明するように，重心座標と相対座標に分けると，後者が中心力場のシュレーディンガー方程式（5 章）に従うことがわかる．6.2 節で水素原子のエネルギー準位を求めるが，そのための数学は 5 章までに準備されている．

6.1 二体問題の扱い方

水素原子において電子の位置と運動量を $\boldsymbol{r}_1, \boldsymbol{p}_1$，陽子のそれを $\boldsymbol{r}_2, \boldsymbol{p}_2$ とする．ハミルトニアンは

$$H = \frac{1}{2m}\boldsymbol{p}_1^2 + \frac{1}{2M}\boldsymbol{p}_2^2 - \frac{e^2}{4\pi\varepsilon_0}\frac{1}{|\boldsymbol{r}_1 - \boldsymbol{r}_2|} \tag{6.1}$$

運動量は $\boldsymbol{p}_1 \to (\hbar/i)\boldsymbol{\nabla}_1$, $\boldsymbol{p}_2 \to (\hbar/i)\boldsymbol{\nabla}_2$ の演算に対応する．ここで $\boldsymbol{\nabla}_i$ は $\boldsymbol{r}_i$ に関する微分である（したがって $[\boldsymbol{p}_1, \boldsymbol{r}_2] = 0$, $[\boldsymbol{p}_2, \boldsymbol{r}_1] = 0$ であり，異なる粒子の演算子は互いに交換可能である）．二つの粒子の波動関数 $\Psi(\boldsymbol{r}_1, \boldsymbol{r}_2)$ はシュレーディンガー方程式

$$\left[-\frac{\hbar^2}{2m}\Delta_1 - \frac{\hbar^2}{2M}\Delta_2 - \frac{e^2}{4\pi\varepsilon_0}\frac{1}{|\boldsymbol{r}_1 - \boldsymbol{r}_2|}\right]\Psi(\boldsymbol{r}_1, \boldsymbol{r}_2) = E\Psi(\boldsymbol{r}_1, \boldsymbol{r}_2) \tag{6.2}$$

に従う．電子を $\boldsymbol{r}_1$ に，陽子を $\boldsymbol{r}_2$ に見いだす確率は $|\Psi(\boldsymbol{r}_1, \boldsymbol{r}_2)|^2 d\boldsymbol{r}_1 d\boldsymbol{r}_2$ で与えられる．規格化条件は

[*1] $M = 1.673 \times 10^{-27}$ kg, $m = 9.109 \times 10^{-31}$ kg で $M/m = 1836$ である．高校で習った「1 mol = アボガドロ数 $N_A = 6.02 \times 10^{23}$」を思い出そう．1 mol の水素原子の質量は 1 g だから $M \approx 10^{-3}/N_A$ kg，その 1/2000 が電子の質量 m の近似値を与える．

6 水素原子

$$\iint |\Psi(\boldsymbol{r}_1, \boldsymbol{r}_2)|^2 d\boldsymbol{r}_1 d\boldsymbol{r}_2 = 1$$

である．

ここで重心座標 $\boldsymbol{R}$ と相対座標 $\boldsymbol{r}$ を導入する．

$$\boldsymbol{R} = \frac{m\boldsymbol{r}_1 + M\boldsymbol{r}_2}{m + M}, \qquad \boldsymbol{r} = \boldsymbol{r}_1 - \boldsymbol{r}_2 \tag{6.3}$$

方程式 (6.2) にこの変数変換を行うと次式を得る（問題 6.1）．

$$\left[-\frac{\hbar^2}{2M_G}\Delta_{\boldsymbol{R}} - \frac{\hbar^2}{2\mu}\Delta_{\boldsymbol{r}} - \frac{e^2}{4\pi\varepsilon_0}\frac{1}{r} \right] \Psi(\boldsymbol{R}, \boldsymbol{r}) = E\Psi(\boldsymbol{R}, \boldsymbol{r}) \tag{6.4}$$

ここで $r = |\boldsymbol{r}|$，$M_G = m + M$ は全質量，$\mu = mM/(m+M)$ は換算質量である．方程式 (6.4) は変数分離ができて，$\Psi(\boldsymbol{R}, \boldsymbol{r}) = \psi_G(\boldsymbol{R})\psi(\boldsymbol{r})$ とおくと[*2]

$$-\frac{\hbar^2}{2M_G}\Delta_{\boldsymbol{R}}\psi_G(\boldsymbol{R}) = E_G \psi_G(\boldsymbol{R}) \tag{6.5a}$$

$$\left[-\frac{\hbar^2}{2\mu}\Delta_{\boldsymbol{r}} - \frac{e^2}{4\pi\varepsilon_0}\frac{1}{r} \right] \psi(\boldsymbol{r}) = E_r \psi(\boldsymbol{r}) \tag{6.5b}$$

$E = E_G + E_r$ である．式 (6.5a) からただちに $\psi_G = e^{i\boldsymbol{K}\cdot\boldsymbol{R}}/(2\pi)^{3/2}$，$E_G = \hbar^2 K^2/(2M_G)$ が得られる．結局解くべき方程式は式 (6.5b) であるが，それは相対座標 $\boldsymbol{r}$ についての中心力場 $V(r) = -e^2/(4\pi\varepsilon_0 r)$ の問題である．

$M \gg m$ のとき $\mu \approx m$ なので，次節以降では $\mu \to m$，$E_r \to E$ として話を進める．

6.2 水素原子のエネルギー準位

相対座標 $\boldsymbol{r}$ を 3 次元極座標 (r, θ, ϕ) で表す．5 章で考察したように，$H, \boldsymbol{L}^2, L_z$ の同時固有状態を求めればよい．$\psi(r, \theta, \phi) = R(r)Y_l^m(\theta, \phi)$ の $R(r)$ が満たす方程式は

$$-\frac{\hbar^2}{2m}\left[\frac{d^2 R}{dr^2} + \frac{2}{r}\frac{dR}{dr} - \frac{l(l+1)}{r^2}R \right] - \frac{e^2}{4\pi\varepsilon_0}\frac{1}{r}R = ER(r) \tag{6.6}$$

以下，$E < 0$ の束縛状態を 4.1 節の処方箋に従って求める．

[*2] 式 (6.3) の変数変換のヤコビアンは 1，したがって規格化条件は $\int |\psi_G(\boldsymbol{R})|^2 d\boldsymbol{R} = 1$，$\int |\psi(\boldsymbol{r})|^2 d\boldsymbol{r} = 1$．

(i) 無次元化：特徴的な長さを a_0 とおき，$r = a_0\xi$（ξ は無次元）とすると

$$\left[\frac{\hbar^2}{m}\frac{1}{a_0^2}\right] = \left[\frac{e^2}{4\pi\varepsilon_0}\frac{1}{a_0}\right] = [E]$$

これより $a_0 = 4\pi\varepsilon_0\hbar^2/(me^2)$. エネルギーの単位には $\hbar^2/(ma_0^2) = me^4/[\hbar^2(4\pi\varepsilon_0)^2]$ を選び，無次元のエネルギーを ε とおくと

$$\frac{d^2R}{d\xi^2} + \frac{2}{\xi}\frac{dR}{d\xi} - \frac{l(l+1)}{\xi^2}R + \frac{2}{\xi}R = -2\varepsilon R \qquad (0 \leq \xi < \infty) \qquad (6.7)$$

(ii) $\xi \to \pm\infty$ での漸近形：$|\xi| \gg 1$ では $R'' \approx 2|\varepsilon|R$ より $R \sim e^{\pm\sqrt{2|\varepsilon|}\xi}$. $\xi \to \infty$ で 0 となる解は $R \sim e^{-\sqrt{2|\varepsilon|}\xi}$ であるから $R(\xi) = f(\xi)e^{-\sqrt{2|\varepsilon|}\xi}$ とおく．式 (6.7) より

$$f'' + \left(\frac{2}{\xi} - 2\sqrt{2|\varepsilon|}\right)f' + \left[-\frac{l(l+1)}{\xi^2} + \frac{2}{\xi}(1 - \sqrt{2|\varepsilon|})\right]f = 0 \qquad (6.8)$$

(iii) $\xi = 0$ は方程式 (6.8) の確定特異点である（付録 B）．そのまわりの級数解は

$$f(\xi) = \xi^\lambda \sum_{n=0}^{\infty} c_n \xi^n = \xi^\lambda(c_0 + c_1\xi + c_2\xi^2 + \cdots) \qquad (c_0 \neq 0) \qquad (6.9)$$

の形をとる．$f' = \sum c_n(\lambda+n)\xi^{\lambda+n-1}$, $f'' = \sum c_n(\lambda+n)(\lambda+n-1)\xi^{\lambda+n-2}$ を式 (6.8) に代入する．$\xi^{\lambda-2}$ の係数は

$$[\lambda^2 + \lambda - l(l+1)]c_0 = 0.$$

これより $\lambda = l, -(l+1)$. $\xi = 0$ で有限な解は $\lambda = l$ である[*3]．$\xi^{\lambda+n-2}$ ($n \geq 1$) の係数をまとめ，$\lambda = l$ を代入すると，漸化式

$$n(2l+n+1)c_n = 2[\sqrt{2|\varepsilon|}(l+n) - 1]c_{n-1} \qquad (6.10)$$

が得られる．この級数が無限次まで続くと仮定する．$n \gg l$ のときに $c_n/c_{n-1} \approx 2\sqrt{2|\varepsilon|}/n$ より $c_n \approx c_0(2\sqrt{2|\varepsilon|})^n/n!$. このとき $R \sim c_0\xi^l e^{2\sqrt{2|\varepsilon|}\xi}e^{-\sqrt{2|\varepsilon|}\xi}$ と

[*3] $l=0$ のとき $\lambda = 0, -1$. $\lambda = -1$ の解は $\int |R(r)|^2 r^2 dr$ が原点近傍で有限であり，規格化は可能である．しかし $\Delta(1/r) = -4\pi\delta(r)$ であるので [問題 6.6(b)]，元のシュレーディンガー方程式に戻ると，原点にデルタ関数のポテンシャルがあることになってしまう．

なり，$r \to \infty$ で発散してしまう．ゆえに級数が有限で切れることが結論づけられる．$c_N = 0$ $(N = 1, 2, 3, \cdots)$ のとき $\sqrt{2|\varepsilon|}(l+N) - 1 = 0$．このとき無次元のエネルギー固有値は $\varepsilon = -1/[2(l+N)^2]$ となる．

歴史的に，水素原子の電子状態は (n, l, m) の三つの量子数で表されてきた．$n = N + l$ $(= l+1, l+2, \cdots)$ は主量子数とよばれる．n $(= 1, 2, 3, \cdots)$ を与えたとき，$l = 0, 1, \cdots, (n-1)$ が可能である．l は全角運動量 $\boldsymbol{L}^2$ の量子数 [固有値は $\hbar^2 l(l+1)$] で方位量子数とよばれる．m は L_z の量子数 [固有値は $\hbar m$] で磁気量子数と名づけられている．前章で述べたように，$l = 0, 1, 2, 3, \cdots$ の状態を s, p, d, f, $\cdots$ で表す慣習があり，n と l の組を 1s, 2s, 2p, 3s, 3p, 3d などと表す．(n, l) が与えられると，その中には $m = 0, \pm 1, \cdots, \pm l$ の $(2l+1)$ 個の状態が含まれる．

エネルギー固有値は

$$E_{nlm} = -\frac{1}{2}\frac{m}{\hbar^2}\left(\frac{e^2}{4\pi\varepsilon_0}\right)^2 \frac{1}{n^2} \tag{6.11}$$

と主量子数 n のみで決まる（右辺の m は電子の質量で磁気量子数ではない）．

$n = 1:$ 1s $(m = 0)$
$n = 2:$ 2s $(m = 0)$, 2p $(m = 0, \pm 1)$
$n = 3:$ 3s $(m = 0)$, 3p $(m = 0, \pm 1)$, 3d $(m = 0, \pm 1, \pm 2)$

のように，主量子数 n に対して全部で n^2 個の状態があるから，エネルギー固有値は n^2 重に縮退している．このエネルギー準位の分布を殻構造とよび，$n = 1, 2, 3, 4, \cdots$ の殻には K 殻，L 殻，M 殻，N 殻，$\cdots$ という名前がついている．基底状態のエネルギーの絶対値は $|E_{100}| = me^4/[2\hbar^2(4\pi\varepsilon_0)^2] = 13.6\,\text{eV}$，これを 1 Ry（リュードベルグ；Rydberg）という．

$R(r)$ の方程式 (6.6) には磁気量子数 m が入っていないので，波動関数の動径方向は量子数 (n, l) で決定する．それを $R_{nl}(r)$ と表記すると，元のハミルトニアンの固有状態は $\psi_{nlm}(r, \theta, \phi) = R_{nl}(r) Y_l^m(\theta, \phi)$ で与えられる．1s 状態のことを 1s 軌道のようによぶこともある[*4]．

$l = 0$（s 軌道）の波動関数を具体的に求めてみよう．漸化式 (6.10) に $l = 0$ を代入する．(i) 主量子数 $n = 1$ のとき $\sqrt{2|\varepsilon|} = 1$．漸化式より $c_1 = 0$ となる

[*4] 古典力学の軌道（orbit）とは別物であり，英語で量子力学の軌道は orbital.

から $R_{10} = c_0 e^{-\xi}$. (ii) $n=2$ のとき $\sqrt{2|\varepsilon|} = 1/2$. $c_1 = -c_0/2$, $c_2 = 0$ より $R_{20} = c_0(-\xi/2 + 1)e^{-\xi/2}$. (iii) $n=3$ のとき $\sqrt{2|\varepsilon|} = 1/3$. $c_1 = -(2/3)c_0$, $c_2 = (2/27)c_0$, $c_3 = 0$ より $R_{30} = c_0[(2/27)\xi^2 - (2/3)\xi + 1]e^{-\xi/3}$. 例えば $n=1$ の基底状態は規格化を行うと

$$\psi_{100} = R_{10} Y_0^0 = R_{10} \frac{1}{\sqrt{4\pi}} = \frac{1}{\sqrt{\pi a_B^3}} e^{-r/a_B} \tag{6.12}$$

と求められる（問題 6.3）．ここで慣例にならって a_0 を a_B に書き換えた．$a_B = 4\pi\varepsilon_0 \hbar^2/(me^2) = 0.53\,\text{Å}$ はボーア半径 (Bohr radius) とよばれ，1s 軌道の広がりの程度を表す．図 6.1 左図に 1s, 2s, 3s, 4s 軌道の $R_{n0}(r)$ ($n = 1, 2, 3, 4$) を示す．$R_{n0}(r) = (n-1\text{次の多項式}) \times e^{-r/(na_B)}$ であるので n とともに軌道は広がり，また節の数が一つずつ増加する．

$l \geq 1$ (p 軌道, d 軌道, $\cdots$) の波動関数は，$\xi \ll 1$ ($r \ll a_B$) で $R_{nl} \approx c_0 \xi^l$. いずれも原点 ($r=0$) で振幅が 0 となり，l が大きいほど r とともにゆっくり立ち上がる（図 6.1 右図）．この理由は，クーロン相互作用 ($\propto 1/r$) の引力よりも遠心力ポテンシャル ($\propto 1/r^2$) の斥力が原点付近で勝るためである．

6.3 ラゲール陪多項式

前節で求めた波動関数は，ラゲール陪多項式 (associated Laguerre polynomials) $L_{n+l}^{2l+1}(\zeta)$ を用いて表すことができる．ここでは結果のみ書くので，興

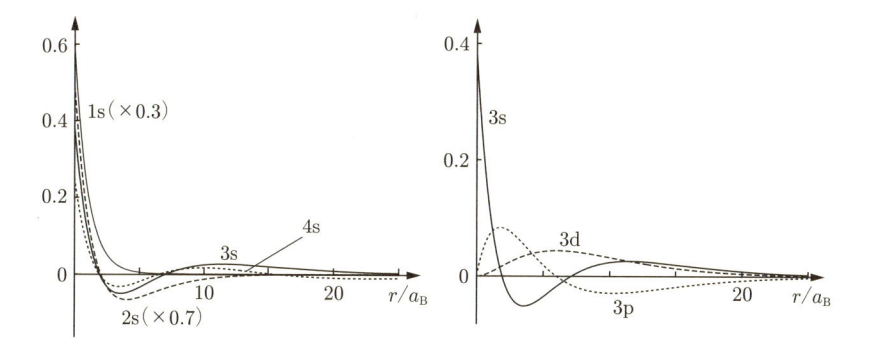

図 **6.1** 水素原子の 1s, 2s, 3s, 4s 軌道の動径成分 (R_{10}, R_{20}, R_{30}, R_{40}), および 3s, 3p, 3d 軌道の動径成分 (R_{30}, R_{31}, R_{32}).

表 6.1 水素原子の波動関数の動径成分 $R_{nl}(r)$. 共通の因子 $(a_B)^{-3/2}$ を省略した.

s 軌道	$R_{10} = 2e^{-r/a_B}$
	$R_{20} = \dfrac{1}{\sqrt{2}} \left(1 - \dfrac{1}{2}\dfrac{r}{a_B}\right) e^{-r/(2a_B)}$
	$R_{30} = \dfrac{2}{3\sqrt{3}} \left[1 - \dfrac{2}{3}\dfrac{r}{a_B} + \dfrac{2}{27}\left(\dfrac{r}{a_B}\right)^2\right] e^{-r/(3a_B)}$
	$R_{40} = \dfrac{1}{4} \left[1 - \dfrac{3}{4}\dfrac{r}{a_B} + \dfrac{1}{8}\left(\dfrac{r}{a_B}\right)^2 - \dfrac{1}{192}\left(\dfrac{r}{a_B}\right)^3\right] e^{-r/(4a_B)}$
p 軌道	$R_{21} = \dfrac{1}{2\sqrt{6}} \dfrac{r}{a_B} e^{-r/(2a_B)}$
	$R_{31} = \dfrac{8}{27\sqrt{6}} \left(1 - \dfrac{1}{6}\dfrac{r}{a_B}\right) \dfrac{r}{a_B} e^{-r/(3a_B)}$
	$R_{41} = \dfrac{1}{16}\sqrt{\dfrac{5}{3}} \left[1 - \dfrac{1}{4}\dfrac{r}{a_B} + \dfrac{1}{80}\left(\dfrac{r}{a_B}\right)^2\right] \dfrac{r}{a_B} e^{-r/(4a_B)}$
d 軌道	$R_{32} = \dfrac{4}{81\sqrt{30}} \left(\dfrac{r}{a_B}\right)^2 e^{-r/(3a_B)}$
	$R_{42} = \dfrac{1}{64\sqrt{5}} \left(1 - \dfrac{1}{12}\dfrac{r}{a_B}\right) \left(\dfrac{r}{a_B}\right)^2 e^{-r/(4a_B)}$
f 軌道	$R_{43} = \dfrac{1}{768\sqrt{35}} \left(\dfrac{r}{a_B}\right)^3 e^{-r/(4a_B)}$

味のある方は問題 6.4 と付録 C を参照してほしい.

規格化された $R_{nl}(r)$ は

$$R_{nl}(r) = \frac{1}{(a_B)^{3/2}} \frac{2}{n^2} \sqrt{\frac{(n-l-1)!}{[(n+l)!]^3}} L_{n+l}^{2l+1}(\zeta) \zeta^l e^{-\zeta/2} \tag{6.13}$$

$$(n = 1, 2, 3, \cdots; \quad l = 0, 1, 2, \cdots, n-1)$$

ここで $\zeta = 2r/(na_B)$ である[*5]. この具体例を表 6.1 に挙げる.

最後に二つほどコメントを加える.

(i) 波動関数は $\psi_{nlm}(r, \theta, \phi) = R_{nl}(r) Y_l^m(\theta, \phi)$ であった. 電子が $r \sim r + dr$ の間に存在する確率は, 角度方向の積分をすると $|R(r)|^2 r^2 dr$ で与えられる.

[*5] ζ はギリシャ文字の「ツェータ」または「ゼータ」の小文字.

(ii) ここで求めた $R_{nl}(r)Y_l^m(\theta,\phi)$ は，シュレーディンガー方程式の $E<0$ の解である．$E>0$ の解も存在し，遠方から来た電子が陽子のクーロン・ポテンシャルによって散乱されて遠方に去る状態を表す．$E<0$ と $E>0$ の解をすべて合わせると完全系を成す．

6.4 不確定性関係を用いた考察

4.4 節で調和振動子の基底状態のエネルギーが不確定性関係から導かれることを示した．水素原子についてはそれほど厳密な導出は難しいが，同様の議論ができる．

基底状態が原点のまわりに半径 r 程度で広がっているとすると，運動量の揺らぎは $\Delta p \sim \hbar/r$．r が小さいほどポテンシャル $V \sim -e^2/(4\pi\varepsilon_0 r)$ を得するが，運動エネルギー $K \sim \hbar^2/(2mr^2)$ を損する．その兼ね合いで波動関数の広がりが決定する．その和

$$E(r) = \frac{\hbar^2}{2m}\frac{1}{r^2} - \frac{e^2}{4\pi\varepsilon_0}\frac{1}{r} \tag{6.14}$$

が最小になる条件 $E'(r)=0$ を課す．

$$E'(r) = -\frac{\hbar^2}{m}\frac{1}{r^3} + \frac{e^2}{4\pi\varepsilon_0}\frac{1}{r^2} = 0$$

より $r = 4\pi\varepsilon_0\hbar^2/(me^2)$，このときの $E(r)$ の値は $-me^4/[2\hbar^2(4\pi\varepsilon_0)^2]$．それぞれボーア半径 $a_{\rm B}$，基底状態のエネルギー E_{100} に厳密に一致する．この一致は偶然であるが，ボーア半径や 1 Ry の表式が必要なとき，この導出方法を覚えておくと便利である．

6.5 周期表

ここで本書の範囲を超えるが，水素以外の原子の電子状態について簡単に触れておこう．原子番号 Z の原子では，原子核に $+Ze$ の電荷があり，それに Z 個の電子が束縛されている．一つの電子のシュレーディンガー方程式は，残りの $Z-1$ 個の電子の影響を有効ポテンシャル $V_{\rm eff}(r)$ で取り入れると[*6]

[*6] 電子間のクーロン相互作用を平均化して取り入れる近似を行った．これを平均場近似という．有効ポテンシャル $V_{\rm eff}(r)$ は球対称を仮定した．(実際の計算では $V_{\rm eff}(r)$ を与えて $\psi(\boldsymbol{r})$

86   6 水素原子

$$\left[-\frac{\hbar^2}{2m}\Delta - \frac{Ze^2}{4\pi\varepsilon_0}\frac{1}{r} + V_{\text{eff}}(r)\right]\psi(\boldsymbol{r}) = E\psi(\boldsymbol{r}) \tag{6.15}$$

となる．まず $V_{\text{eff}}(r)$ が無視できるとしよう．式 (6.15) は水素原子の方程式で $e^2 \to Ze^2$ におき換えたものになるので，ボーア半径は $\tilde{a}_{\text{B}} = 4\pi\varepsilon_0\hbar^2/(Ze^2 m) = a_{\text{B}}/Z$，エネルギー固有値は

$$\tilde{E}_{nlm} = -\frac{1}{2}\frac{m}{\hbar^2}\left(\frac{Ze^2}{4\pi\varepsilon_0}\right)^2\frac{1}{n^2} = Z^2 E_{nlm} \tag{6.16}$$

水素原子と比べると，波動関数は $1/Z$ に収縮し，エネルギー固有値は Z^2 倍になる．主量子数 n が小さい軌道は，原子核の近くで振幅が大きいため $V_{\text{eff}}(r)$ の影響が小さく，式 (6.16) がエネルギー固有値の目安を与える．

Z 個の電子は，方程式 (6.15) から決まるエネルギー準位のいずれかを占有する．そのとき次の実験事実が知られている．

(i) 電子にはスピン 1/2 という属性があって，上向きか下向きかの二つの状態をとることができる (8.4 節)．

(ii) Z 個の電子には「パウリの排他律」が働き，二つ以上の電子が同じ状態をとることができない．$Z = 2$ の He 原子の基底状態では，1s 軌道を上向きスピン状態，下向きスピン状態で二つの電子が占有する．この状態を $(1s)^2$ と表す．$Z = 3$ の Li 原子では $(1s)^2(2s)^1$ となる．

式 (6.16) では E_{nlm} が n だけで決まるが，$V_{\text{eff}}(r)$ があると n と l の両方に依存する．例えば，水素原子では 2s と 2p 準位は等しい ($E_{200} = E_{21-1} = E_{210} = E_{211}$) が，他の原子では $E_{200} < E_{21-1} = E_{210} = E_{211}$ である[*7]．以上のことから，原子の基底状態は表 6.2 のようになる．

最後にもう一つ実験事実をつけ加えておく．縮退したエネルギー準位を複数の電子が占有するとき，スピンの向きをできるだけそろえた方がエネルギーが

を求める．得られた $\psi(\boldsymbol{r})$ に電子を詰めて $V_{\text{eff}}(r)$ を計算する，このつじつまが合うように $\psi(\boldsymbol{r})$ と $V_{\text{eff}}(r)$ を同時に決定する．）複数の電子の波動関数は電子の入れ替えに対して反対称化する必要がある（文献[2,4]等を参照）．その効果も取り入れると $V_{\text{eff}}(r)$ は非局所的な演算子となって，後述のフント則を説明することができる．

[*7] 7.6 節で説明するが，E_{nlm} が m によらず $(2l+1)$ 重に縮退するのはポテンシャルが球対称であることに起因する．一方，水素原子で E_{nlm} が l にも依存しないのは $1/r$ に比例するポテンシャルの特殊性を反映したもので，これを偶然縮退とよぶ（7.6.3 項）．

表 6.2　原子番号 Z ($1 \leq Z \leq 10$) の原子の基底状態

原子番号	原子	電子状態
$Z=1$	H	$(1s)^1$
$Z=2$	He	$(1s)^2$
$Z=3$	Li	$(1s)^2(2s)^1$
$Z=4$	Be	$(1s)^2(2s)^2$
$Z=5$	B	$(1s)^2(2s)^2(2p)^1$
$Z=6$	C	$(1s)^2(2s)^2(2p)^2$
$Z=7$	N	$(1s)^2(2s)^2(2p)^3$
$Z=8$	O	$(1s)^2(2s)^2(2p)^4$
$Z=9$	F	$(1s)^2(2s)^2(2p)^5$
$Z=10$	Ne	$(1s)^2(2s)^2(2p)^6$

低くなる．例えば $Z=7$ の窒素原子の基底状態では，三つの電子が $(n,l,m) = (2,1,-1), (2,1,0), (2,1,1)$ のエネルギー準位を，例えばすべて上向きスピン状態で占有する（スピンを合成すると $S=3/2$；9 章を参照）．これをフント則（Hund's rule）という．

6.6　水素分子*

ここで中心力場の問題からは横道にそれるが，2 個の水素原子からなる水素分子のプラスイオン（H_2^+）を考えてみよう．電子は，$\bm{R}_A$ と $\bm{R}_B$ にある二つの原子核（陽子）から引力を受ける．ハミルトニアンは

$$H = \frac{\bm{p}^2}{2m} - \frac{e^2}{4\pi\varepsilon_0}\left(\frac{1}{|\bm{r}-\bm{R}_A|} + \frac{1}{|\bm{r}-\bm{R}_B|}\right) \tag{6.17}$$

電子の波動関数は，それぞれの原子核の近くでは水素原子の固有状態に近いと思われる．そこで直接シュレーディンガー方程式を解く代わりに，二つの水素原子の 1s 軌道 $u_A(\bm{r})$, $u_B(\bm{r})$ の線形結合で近似する[8]．

$$H\psi(\bm{r}) = E\psi(\bm{r}) \tag{6.18}$$

$$\psi(\bm{r}) = C_1 u_A(\bm{r}) + C_2 u_B(\bm{r}) \tag{6.19}$$

---

[8] LCAO (Linear Combination of Atonic Orbitals) 法とよばれる．$\bm{R}_A$, $\bm{R}_B$ を中心とする楕円座標を導入してシュレーディンガー方程式を解く方法はあるが，ここでは近似解法によって物理的なイメージをつかんでほしい．

$u_A(\boldsymbol{r}) = \psi_{100}(\boldsymbol{r} - \boldsymbol{R}_A)$, $u_B(\boldsymbol{r}) = \psi_{100}(\boldsymbol{r} - \boldsymbol{R}_B)$ で $\psi_{100}(\boldsymbol{r})$ は式 (6.12) で与えられる．この線形結合で注意が必要なのは，u_A と u_B が直交しないことである．$R = |\boldsymbol{R}_A - \boldsymbol{R}_B|$ とすると

$$S \equiv \langle u_A, u_B \rangle = \int u_A^*(\boldsymbol{r}) u_B(\boldsymbol{r}) \mathrm{d}\boldsymbol{r} = \left(1 + \frac{R}{a_B} + \frac{R^2}{3a_B^2}\right) e^{-R/a_B}$$

[問題 6.5(a)]．この S を重なり積分とよぶ．

式 (6.18) の両辺に u_A^*, u_B^* を掛けて積分すると

$$\langle u_A, H u_A \rangle C_1 + \langle u_A, H u_B \rangle C_2 = E(C_1 + S C_2) \tag{6.20a}$$

$$\langle u_B, H u_A \rangle C_1 + \langle u_B, H u_B \rangle C_2 = E(S C_1 + C_2) \tag{6.20b}$$

ここで

$$H u_A = E_{1s} u_A - \frac{e^2}{4\pi\varepsilon_0} \frac{1}{|\boldsymbol{r} - \boldsymbol{R}_B|} u_A$$

等に注意すると，式 (6.20a), (6.20b) は次の形にまとめることができる．

$$\begin{pmatrix} E_{1s} - \alpha & E_{1s} S - \beta \\ E_{1s} S - \beta & E_{1s} - \alpha \end{pmatrix} \begin{pmatrix} C_1 \\ C_2 \end{pmatrix} = E \begin{pmatrix} 1 & S \\ S & 1 \end{pmatrix} \begin{pmatrix} C_1 \\ C_2 \end{pmatrix} \tag{6.21}$$

α と β はそれぞれ

$$\alpha = \frac{e^2}{4\pi\varepsilon_0} \langle u_A, \frac{1}{|\boldsymbol{r} - \boldsymbol{R}_B|} u_A \rangle = \frac{e^2}{4\pi\varepsilon_0 a_B} \left[\frac{a_B}{R} - \left(1 + \frac{a_B}{R}\right) e^{-2R/a_B}\right]$$

$$\beta = \frac{e^2}{4\pi\varepsilon_0} \langle u_B, \frac{1}{|\boldsymbol{r} - \boldsymbol{R}_B|} u_A \rangle = \frac{e^2}{4\pi\varepsilon_0 a_B} \left(1 + \frac{R}{a_B}\right) e^{-R/a_B}$$

α は他方の原子核の正電荷による 1s 準位のシフトを示す．β は飛び移り積分 (hopping integral) などとよばれ，一方の 1s 軌道の電子が他方の原子核の正電荷に引かれてその 1s 軌道に移る効果を表す．方程式 (6.21) が $C_1 = C_2 = 0$ 以外の解をもつ条件からエネルギー固有値と固有状態を求めると

$$E_\pm = E_{1s} - \frac{\alpha \pm \beta}{1 \pm S}, \qquad \psi_\pm(\boldsymbol{r}) = \frac{1}{\sqrt{2(1 \pm S)}} [u_A(\boldsymbol{r}) \pm u_B(\boldsymbol{r})]$$

[問題 6.5(b)]．エネルギーの低い方の ψ_+ を結合軌道 (bonding orbital)，高い方の ψ_- を反結合軌道 (antibonding orbital) とよぶ．ψ_+ では二つの原子

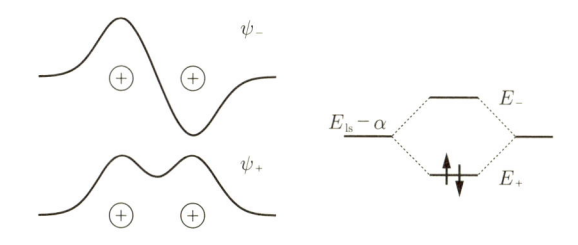

図 6.2 水素分子 H_2 の概念図．飛び移り積分 β によって結合軌道 ψ_+ と反結合軌道 ψ_- が形成される．両者のエネルギー差は $\approx 2\beta$ となる．水素分子 H_2 中の二つの電子は結合軌道を上向きスピン状態，下向きスピン状態で占有する．定性的にはこれが共有結合の機構である．

核の間で電子の存在確率が大きく，二つの正電荷からのクーロン・ポテンシャルを得している．一方，ψ_- は原子核の中間に節をもつ（図 6.2）．両者のエネルギー差は，S を無視する近似で 2β である．

二つの電子をもつ水素分子 H_2 ではどうなるであろうか．電子間のクーロン相互作用を無視する近似では，二つの電子が結合軌道を上向きスピン状態と下向きスピン状態で占有する．そのときのエネルギーは，原子核間のクーロン反発も加えると $\approx 2[E_{1s} - (\alpha+\beta)/(1+s)] + e^2/(4\pi\varepsilon_0 R)$．これを二つの水素原子のエネルギー $2E_{1s}$ から引いたものが分子の結合エネルギーとなる（定量的には電子間相互作用を取り入れた計算が必要）．これが共有結合の機構である．

6.7　2 次元，3 次元の井戸型ポテンシャル*

本章の最後に，クーロン相互作用以外の中心力場の問題として 2 次元と 3 次元の井戸型ポテンシャルを取り上げる．ポテンシャルは無限に深いと仮定してその中の束縛状態を求めよう．シュレーディンガー方程式は係数が定数でなく（ラプラシアン Δ から $1/r, 1/r^2$ が現れる），その解としてベッセル関数，球ベッセル関数とよばれる特殊関数が登場する．

6.7.1　2 次元：ベッセル関数

まず 2 次元における半径 a の井戸型ポテンシャル $V(r) = 0$ $(r < a)$, ∞ $(a < r)$ を考える．$\psi(r, \phi) = R(r)\Phi_m(\phi)$ の $\Phi_m(\phi)$ は式 (5.9) で与えられ，$R(r)$ は方程式 (5.11) を満たす．$\varepsilon = k^2$ とおく $[E = \hbar^2 k^2/(2m); k > 0]$．領

域 $r < a$ を考えて，$r = \xi/k$ で無次元化をすると

$$R''(\xi) + \frac{1}{\xi}R'(\xi) + \left[1 - \frac{m^2}{\xi^2}\right]R(\xi) = 0 \tag{6.22}$$

$\xi = 0$ はこの方程式の確定特異点であり，そのまわりの級数解を求めることができる（付録 B）．$\xi = 0$ で有限の解はベッセル（Bessel）関数

$$J_m(\xi) = \sum_{n=0}^{\infty} \frac{(-1)^n}{n!(m+n)!}\left(\frac{\xi}{2}\right)^{m+2n} \qquad (m \geq 0) \tag{6.23}$$

を用いて $R(r) = CJ_{|m|}(\xi) = CJ_{|m|}(kr)$ で与えられる．$r = a$ での境界条件 $R(a) = CJ_{|m|}(ka) = 0$ から k が決まり，エネルギー固有値 $E = \hbar^2 k^2/(2m)$ が求められる．

ベッセル関数は無限級数で表され，初等関数では書くことができないのでとっつきにくいが，三角関数の親戚である[*9]．グラフに描くと図 6.3 のように振動しながら減衰する．原点の近傍では式 (6.23) より $J_m(\xi) \approx \xi^m/(m!2^m)$，また遠方での漸近形

$$J_m(\xi) \sim \sqrt{\frac{2}{\pi\xi}}\cos(\xi - m\pi/2 - \pi/4) \qquad (\xi \to \infty) \tag{6.24}$$

が知られている．1次元での固有状態（2.1 節；$\psi_n(x) = C\sin kx$）は減衰しないで振動するが，2次元では四方に広がる分 $|R(r)|^2 \sim 1/r$ で減衰する．

ベッセル関数 $J_m(\xi)$ のゼロ点は無数にあり，それは十分遠方を除いて等間隔でない．$\xi > 0$ でのゼロ点を $j_{m,n}$ $(n = 1, 2, 3, \cdots)$ で表すことにしよう（その値は公式集を見るか，数値計算で求める[*10]）．元のシュレーディンガー方程式のエネルギー固有値，固有状態は

$$E_{n,m} = \frac{\hbar^2 k_{n,m}^2}{2m}, \qquad \psi_{n,m}(r,\phi) = C_{n,m}J_{|m|}(k_{n,m}r)\frac{1}{\sqrt{2\pi}}e^{im\phi}$$

ここで $k_{n,m} = j_{|m|,n}/a$ $(m = 0, \pm 1, \pm 2, \cdots; n = 1, 2, 3, \cdots)$．図 6.3 から $j_{0,1} < j_{1,1} < j_{2,1} < j_{0,2} < \cdots$ で，これよりエネルギー準位の順番が決まる．基

[*9] 式 (6.23) の無限級数と三角関数 $\sin\xi = \sum_{n=0}^{\infty}\frac{(-1)^n}{(2n+1)!}\xi^{2n+1}$ の類似性に気づいてほしい．三角関数と同様，式 (6.23) の無限級数は常に収束する（収束半径が ∞）．ξ^{2n} の係数は n とともに減少し，その速度は三角関数の級数の場合と（$n \gg m$ のときに）同じである．

[*10] 数値計算ライブラリーにはベッセル関数のサブルーチンが入っていることが多い．規格化因子 $C_{n,m}$ も数値計算で求める必要がある．

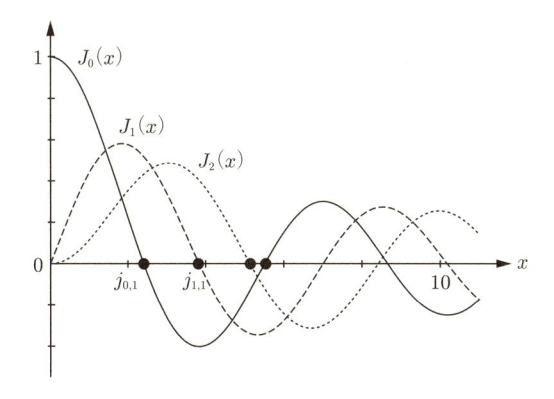

図 6.3 ベッセル関数 $J_m(x)$ $(m=0,1,2)$ のグラフ. x とともに, 振動しながら $\sim 1/\sqrt{x}$ で減衰する. $x>0$ での $J_m(x)$ の n 番目のゼロ点 ($J_m(x)=0$ の x の値) を $j_{m,n}$ とすると $j_{0,1}=2.40483$, $j_{1,1}=3.83171$, $j_{2,1}=5.13562$, $j_{0,2}=5.52008$ (「数学公式 III」(岩波書店, 1960) より引用). この 4 点を黒丸で示した.

底状態は $\psi_{1,0} \propto J_0(j_{0,1}r/a)$ であり, その波動関数の形は J_0 のグラフの原点から最初のゼロ点までに相当する.

6.7.2　3 次元：球ベッセル関数

3 次元における半径 a の井戸型ポテンシャル $V(r)=0$ $(r<a)$, ∞ $(a<r)$ ではどうであろうか. $\psi(r,\theta,\phi)=R(r)Y_l^m(\theta,\phi)$ の $R(r)$ は方程式 (5.22) に従う. 前節と同様に $\varepsilon=k^2$ とおく $(k>0)$. 領域 $r<a$ において, $r=\xi/k$ で無次元化をすると

$$R''(\xi) + \frac{2}{\xi}R'(\xi) + \left[1 - \frac{l(l+1)}{\xi^2}\right]R(\xi) = 0 \tag{6.25}$$

$l=0$ (s 波) のとき, この方程式は容易に解くことができる. 微分演算子についての関係式

$$\frac{1}{\xi^2}\frac{\mathrm{d}}{\mathrm{d}\xi}\left(\xi^2\frac{\mathrm{d}}{\mathrm{d}\xi}\right) = \frac{1}{\xi}\frac{\mathrm{d}^2}{\mathrm{d}\xi^2}\xi \tag{6.26}$$

[問題 6.6(a)] を用いると $(1/\xi)(\mathrm{d}^2/\mathrm{d}\xi^2)(\xi R) + R = 0$. $R(\xi)=F(\xi)/\xi$ とおくと $F''+F=0$. これより $F=e^{\pm i\xi}$. したがって, 独立な二つの解は

$$R(r) = \frac{1}{r}e^{\pm ikr} \tag{6.27}$$

この波動関数は等位相面が球面 ($r = $ 一定の面) で球面波とよばれる．e^{ikr}/r は原点から減衰しながら四方八方に広がる波，e^{-ikr}/r は原点に向かって集まる波を表す．関係式 (6.26) のおかげで，2 次元よりも 3 次元の方が扱いやすいのは興味深い．一般解 $R(r) = (Ae^{ikr} + Be^{-ikr})/r$ の係数を $r = 0$ で有限になる条件から決めると $R(r) = C \sin kr/r$ (C は規格化因子)[*11]．$R(a) = 0$ より $k = n\pi/a$ ($n = 1, 2, 3, \cdots$)，すなわちエネルギー準位は $E = \hbar^2(n\pi)^2/(2ma^2)$ と求められる．

一般の l に対しては，方程式 (6.25) と (6.22) の類似性より，原点で有限の解は（規格化因子を除いて）

$$j_l(\xi) = \sqrt{\frac{\pi}{2\xi}} J_{l+1/2}(\xi) \tag{6.28}$$

となる（問題 6.7）．$j_l(\xi)$ は球ベッセル関数とよばれ，ベッセル関数の兄弟であるが $l \neq 0$ でも三角関数を用いて表すことができる．遠方では振動しながら $1/r$ で ($|R(r)|^2$ は $1/r^2$ で) 減衰する；$j_l(\xi) \sim \sin(\xi - l\pi/2)/\xi$．

問　題

6.1 二つの粒子のシュレーディンガー方程式 (6.2) に式 (6.3) の変数変換を行い，式 (6.4) を導きなさい．さらに変数分離形 $\Psi(\boldsymbol{R}, \boldsymbol{r}) = \psi_G(\boldsymbol{R})\psi(\boldsymbol{r})$ を仮定し，式 (6.5a), (6.5b) を示しなさい．

6.2 6.1 節の 2 体問題を別の形で定式化する．この問題のラグランジアンは

$$L = \frac{m}{2}\dot{\boldsymbol{r}}_1^2 + \frac{M}{2}\dot{\boldsymbol{r}}_2^2 - V(|\boldsymbol{r}_1 - \boldsymbol{r}_2|) \tag{6.29}$$

ここで $V(r) = -e^2/(4\pi\varepsilon_0 r)$ である．
(a) ラグランジアン L に式 (6.3) の変数変換を行い，次式を示しなさい．

$$L = \frac{M_G}{2}\dot{\boldsymbol{R}}^2 + \frac{\mu}{2}\dot{\boldsymbol{r}}^2 - V(r) \tag{6.30}$$

(b) 式 (6.30) の L から $\boldsymbol{R}, \boldsymbol{r}$ に共役な運動量 $\boldsymbol{P} = \partial L/\partial \dot{\boldsymbol{R}}$, $\boldsymbol{p} = \partial L/\partial \dot{\boldsymbol{r}}$ を求め，次のハミルトニアンを導きなさい．

$$H = \boldsymbol{P} \cdot \dot{\boldsymbol{R}} + \boldsymbol{p} \cdot \dot{\boldsymbol{r}} - L = \frac{1}{2M_G}\boldsymbol{P}^2 + \frac{1}{2\mu}\boldsymbol{p}^2 + V(r)$$

[*11] $\sin kr/r \approx k$ ($kr \ll 1$). $r = 0$ は除去可能な特異点とよばれる．それと独立な解は $\cos kr/r \approx 1/r$ で，これは 6.2 節，p.81 の脚注で述べたのと同じ理由で不適切．

(c) 式 (6.29) の L から $\boldsymbol{p}_1 = m\dot{\boldsymbol{r}}_1$, $\boldsymbol{p}_2 = M\dot{\boldsymbol{r}}_2$ である. (b) の結果と比較して,

$$\boldsymbol{P} = \boldsymbol{p}_1 + \boldsymbol{p}_2, \qquad \boldsymbol{p} = \frac{M\boldsymbol{p}_1 - m\boldsymbol{p}_2}{m+M}$$

を示しなさい. 次に, 交換関係 $[\boldsymbol{r}_1, \boldsymbol{p}_1] = [\boldsymbol{r}_2, \boldsymbol{p}_2] = i\hbar$, $[\boldsymbol{r}_1, \boldsymbol{p}_2] = [\boldsymbol{r}_2, \boldsymbol{p}_1] = 0$ から

$$[\boldsymbol{r}, \boldsymbol{p}] = [\boldsymbol{R}, \boldsymbol{P}] = i\hbar, \qquad [\boldsymbol{r}, \boldsymbol{P}] = [\boldsymbol{R}, \boldsymbol{p}] = 0$$

を示しなさい (この結果から, (b) の H で $\boldsymbol{P} \to (\hbar/i)\boldsymbol{\nabla}_R$, $\boldsymbol{p} \to (\hbar/i)\boldsymbol{\nabla}_r$ とおき換えると式 (6.4) が求められる).

6.3 (水素原子の 1s 軌道) (a) 6.2 節で級数解が $R_{10} = c_0 e^{-\xi}$ と求められた. 波動関数 $\psi_{100}(\boldsymbol{r})$ を規格化して, 式 (6.12) を導きなさい. (b) この波動関数に対して運動エネルギー K とポテンシャル V の期待値をそれぞれ計算し, ビリアル定理 $\langle K \rangle = -(1/2)\langle V \rangle$ が成り立つことを示しなさい (この関係式は 6.4 節の方法でも成立している).

6.4 6.2 節で, 方程式 (6.8) の解は $\sqrt{2|\varepsilon|} = 1/n$ のとき $f(\xi) = \xi^l(c_0 + c_1\xi + c_2\xi^2 + \cdots)$ の形になること, その級数が有限で切れることがわかった. そこで $f(\xi) = \xi^l u(\xi)$ とおく. これを方程式 (6.8) に代入し

$$u'' + \left(\frac{2(l+1)}{\xi} - \frac{2}{n}\right)u' + \frac{2}{\xi}\left(1 - \frac{l+1}{n}\right)u = 0$$

を示しなさい. 次に変数変換 $\zeta = 2\xi/n = 2r/(na_B)$ を行い

$$\zeta\frac{d^2 u}{d\zeta^2} + (2l+2-\zeta)\frac{du}{d\zeta} + (n-l-1)u = 0 \tag{6.31}$$

を導きなさい. この方程式の解はラゲール陪多項式 $L_{n+l}^{2l+1}(\zeta)$ となる. 付録 C の式 (C.15) を用いて, 規格化された $R_{nl}(r)$ が式 (6.13) になることを示しなさい.

6.5 6.6 節の水素分子のプラスイオンの問題で
(a) 二つの水素原子の 1s 軌道 $u_A(\boldsymbol{r})$, $u_B(\boldsymbol{r})$ の重なり積分 S, および α と β を計算しなさい (やや難).
(b) 式 (6.20a), (6.20b) から, エネルギー固有値 $E_\pm$ と固有状態 $\psi_\pm(\boldsymbol{r})$ を求めなさい.

6.6 3 次元のラプラシアンについて
(a) 動径方向の微分についての関係式 (6.26) を示しなさい.
(b) $\Delta(1/r) = -4\pi\delta(\boldsymbol{r})$ を以下の手順で証明しなさい. (i) $\boldsymbol{r} \neq 0$ で $\Delta(1/r) = 0$ を示す. (ii) 原点を中心とする半径 a の球で, $\Delta(1/r)$ の体積積分を考える. ガウスの法則を用いて表面積分に直して積分を評価する.

6.7 (球ベッセル関数) 付録 B で微分方程式 (B.4) の原点で有限の解が式 (B.9) のベッセル関数 $J_\nu(x)$ になることを示した. 球ベッセル関数 $j_l(x)$ と球ノイマン関数 $n_l(x)$ は, $J_\nu(x)$ を用いて次のように定義される.

$$j_l(x) = \sqrt{\frac{\pi}{2x}} J_{l+1/2}(x), \qquad n_l(x) = (-1)^{l+1}\sqrt{\frac{\pi}{2x}} J_{-l-1/2}(x) \tag{6.32}$$

以下の設問では記号 $(2n+1)!! = (2n+1)(2n-1)\cdots 3\cdot 1$ を用いる．$(2n)!! = (2n)(2n-2)\cdots 4\cdot 2$ とすると

$$(2n+1)!! = \frac{(2n+1)!}{(2n)!!} = \frac{(2n+1)!}{2^n \cdot n!}$$

また (b) の漸化式，(e) の漸近形は物理数学のテキスト[9]を参照のこと．

(a) 式 (B.9) より $j_0(x), n_0(x)$ が次式になることを示しなさい．

$$j_0(x) = n_{-1}(x) = \frac{\sin x}{x}, \qquad j_{-1}(x) = -n_0(x) = \frac{\cos x}{x}$$

(b) $j_l(x)$ の漸化式

$$\frac{2l+1}{x} j_l(x) = j_{l+1}(x) + j_{l-1}(x)$$

を用いて $j_1(x), j_2(x)$ を求めなさい．答は

$$j_1(x) = \frac{\sin x - x\cos x}{x^2}, \qquad j_2(x) = \frac{(-x^2+3)\sin x - 3x\cos x}{x^3}$$

(c) J_ν が微分方程式 (B.4) を満たすことから，$j_l(x), n_l(x)$ が次の方程式に従うことを示しなさい．

$$x^2 y'' + 2xy' + [x^2 - l(l+1)]y = 0$$

(d) $x \to 0$ で

$$j_l(x) \sim \frac{x^l}{(2l+1)!!}, \qquad n_l(x) \sim -\frac{(2l-1)!!}{x^{l+1}}$$

となることを示しなさい．

(e) ベッセル関数 $J_\nu(x)$ ($\mathrm{Re}\,\nu > 0$) の $x \to \infty$ での漸近形は $J_\nu(x) \sim \sqrt{2/(\pi x)} \cos(x - \nu\pi/2 - \pi/4)$ となることが知られている．$j_l(x), n_l(x)$ の漸近形が次式になることを示しなさい．

$$j_l(x) \sim \frac{1}{x}\sin\left(x - \frac{l\pi}{2}\right), \qquad n_l(x) \sim -\frac{1}{x}\cos\left(x - \frac{l\pi}{2}\right) \tag{6.33}$$

6.8 2次元調和振動子のハミルトニアンの固有状態（問題 4.5）を極座標を用いて求めてみよう．L_z の量子数 m と区別するため，粒子の質量を M と表記する．シュレーディンガー方程式に $\psi(r,\phi) = R(r)e^{im\phi}/\sqrt{2\pi}$ を代入すると

$$-\frac{\hbar^2}{2M}\left(\frac{d^2 R}{dr^2} + \frac{1}{r}\frac{dR}{dr} - \frac{m^2}{r^2}R\right) + \frac{1}{2}M\omega^2 r^2 R = ER. \tag{6.34}$$

4.1 節と同様に $a_0 = \sqrt{\hbar/(M\omega)}$ として $r = a_0 \xi$，$E = (\hbar\omega/2)\varepsilon$ とおくと

$$\frac{d^2 R}{d\xi^2} + \frac{1}{\xi}\frac{dR}{d\xi} + \left(\varepsilon - \xi^2 - \frac{m^2}{\xi^2}\right)R = 0$$

(a) $\xi \to \infty$ での漸近形が $R \sim e^{-\xi^2/2}$ であることから $R = f(\xi)e^{-\xi^2/2}$ とし，$f(\xi)$ についての次の微分方程式を導出しなさい．

$$f'' + \left(-2\xi + \frac{1}{\xi}\right)f' + \left(\varepsilon - 2 - \frac{m^2}{\xi^2}\right)f = 0.$$

(b) $\xi = 0$ は確定特異点であることから，式 (6.9) の形の級数解を求めなさい．

(c) $f = \xi^{|m|}u(\xi)$ とおくと $u(\xi)$ は多項式になる．u の満たす方程式を求め，さらに $\zeta = \xi^2$ に変数変換をして次式を導きなさい．

$$\zeta\frac{\mathrm{d}^2 u}{\mathrm{d}\zeta^2} + (|m|+1-\zeta)\frac{\mathrm{d}u}{\mathrm{d}\zeta} + \frac{\varepsilon-2(|m|+1)}{4}u = 0$$

(d) (c) の式をラゲール陪多項式の方程式 [式 (C.14)] と比較すると，$[\varepsilon - 2(|m|+1)]/4 = N - |m|$ $(N = |m|, |m|+1, |m|+2, \cdots)$, $u = L_N^{|m|}(\zeta)$ であることがわかる．主量子数を $n = N - |m|$ $(= 0, 1, 2, \cdots)$ で定義すると

$$E_{nm} = \hbar\omega(2n + |m| + 1) \tag{6.35}$$

これが問題 4.5 の結果と一致することを確かめなさい．付録 C の式 (C.16) を用いて，規格化された波動関数が

$$\psi_{nm}(r,\phi) = \sqrt{\frac{n!}{\pi[(n+|m|)!]^3}}\frac{1}{a_0}\zeta^{|m|/2}L_{n+|m|}^{|m|}(\zeta)e^{im\phi-\zeta/2} \tag{6.36}$$

$[\zeta = (r/a_0)^2]$ となることを示しなさい．（この結果と問題 4.5 を比較すると，ラゲール陪多項式とエルミート多項式の間の関係式が得られる．）

古典論の方程式 (2)

バイオリンやピアノなどの弦の振動は 1 次元の波動方程式で表される．弦を伝わる音速を c とするとき，振幅 $u(x,t)$ は

$$\frac{\partial^2 u}{\partial x^2} = \frac{1}{c^2}\frac{\partial^2 u}{\partial t^2} \tag{6.37}$$

に従う．弦の長さを a として，境界条件 $u(0,t) = u(a,t) = 0$ を課す．方程式 (6.37) の定常解 $u(x,t) = f(x)e^{-i\omega t}$ (または実関数 $f(x)\cos\omega t$) を求めると，$f'' + k^2 f = 0$ ($k = \omega/c$) と $f(0) = f(a) = 0$ より，$f(x) = \sin kx$, $k = \pi n/a$ ($n = 1,2,\cdots$)．これが弦の固有モードである．弦を弾くと $n = 1$ の**基本音** ($k = \pi/a$ より振動数 $\omega = ck = c\pi/a$) に，$n = 2$ (1 オクターブ上の倍音； $\omega = 2c\pi/a$), $n = 3,\cdots$ の基本音の整数倍の振動数が混じり，その楽器独特の音色を奏でる．

太鼓の振動はどうであろうか．振幅 $u(\boldsymbol{r},t)$ は 2 次元の波動方程式

$$\Delta u = \frac{1}{c^2}\frac{\partial^2 u}{\partial t^2} \tag{6.38}$$

に従う．太鼓の半径を a とすると境界条件は $u(r=a,t) = 0$．定常解 $u(\boldsymbol{r},t) = f(\boldsymbol{r})e^{-i\omega t}$ は $(\Delta + k^2)f = 0$ ($k = \omega/c$) を満たすので，固有モードは $f(\boldsymbol{r}) = J_{|m|}(kr)e^{im\phi}$．$k$ は $J_{|m|}(ka) = 0$ から決まり，$\omega = ck$ がその振動数を与える．基本音は $ka = j_{0,1} = 2.40483$ で節のない振動を表す．次の振動数は $ka = j_{1,1} = 3.83171$ に対応し，$m = \pm 1$ の二つのモードが縮退する．節の数は 1．次は $ka = j_{2,1} = 5.13562$ で $m = \pm 2$ の二つのモードが縮退，節の数は 2 である．その次は $ka = j_{0,2} = 5.52008$，動径方向に節が一つできる．基本音 ($\omega_1 = cj_{0,1}/a$) との比は，$\omega_2/\omega_1 = 1.59$, $\omega_3/\omega_1 = 2.14$, $\omega_4/\omega_1 = 2.30$, $\cdots$ と非整数倍となる．太鼓をたたくといろいろな音階が混じり，通常はドレミを感じるのが難しい (ティンパニーなど例外もある)．それゆえにハーモニーを奏でるオーケストラの中にあって打楽器は独特の存在感を示す．

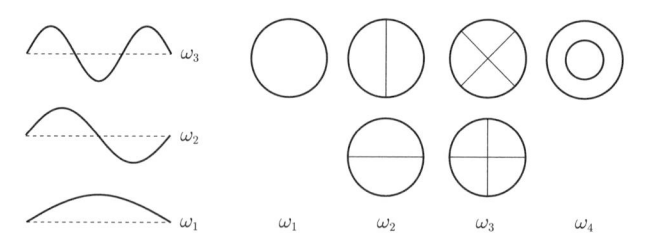

弦と太鼓の振動における基本モード(太鼓のモードは節を示す)

7 磁場中の荷電粒子，対称性と保存則

本章の前半では，磁場中の荷電粒子のシュレーディンガー方程式を考察する．量子力学特有の現象に，磁場がない場所でも粒子がベクトルポテンシャルから影響を受けるアハラノフ–ボーム効果がある．それを 7.2 節で解説する．本章の後半では，系の対称性と保存則の関係を考えよう．

7.1 古典電磁気学

まずは電磁気学の復習から．電場 $\boldsymbol{E}(\boldsymbol{r},t)$ と磁束密度 $\boldsymbol{B}(\boldsymbol{r},t)$ は互いに独立でなくマクスウェル方程式に従う．その二つ

$$\mathrm{div}\boldsymbol{B} = 0, \quad \mathrm{rot}\boldsymbol{E} + \frac{\partial \boldsymbol{B}}{\partial t} = 0$$

を考えると，第1式から

$$\boldsymbol{B} = \mathrm{rot}\boldsymbol{A} \tag{7.1}$$

これを第2式に代入すると $\mathrm{rot}(\boldsymbol{E} + \partial \boldsymbol{A}/\partial t) = 0$．この式より

$$\boldsymbol{E} = -\mathrm{grad}\phi - \frac{\partial \boldsymbol{A}}{\partial t} \tag{7.2}$$

$\boldsymbol{A}(\boldsymbol{r},t)$ をベクトルポテンシャル，$\phi(\boldsymbol{r},t)$ をスカラーポテンシャルとよぶ．

古典力学では，電磁場中にある電荷 q の荷電粒子はローレンツ力 $\boldsymbol{F} = q(\boldsymbol{E} + \dot{\boldsymbol{r}} \times \boldsymbol{B})$ を受ける．ハミルトニアンは

$$H = \frac{1}{2m}[\boldsymbol{p} - q\boldsymbol{A}(\boldsymbol{r},t)]^2 + V(\boldsymbol{r},t) + q\phi(\boldsymbol{r},t) \tag{7.3}$$

ここで $V(\boldsymbol{r},t)$ は電磁場以外のポテンシャルである．実際，正準方程式を立てると

$$\frac{dx}{dt} = \frac{\partial H}{\partial p_x} = \frac{1}{m}(p_x - qA_x) \tag{7.4a}$$

$$\frac{dp_x}{dt} = -\frac{\partial H}{\partial x} = \frac{q}{m}\left[(p_x - qA_x)\frac{\partial A_x}{\partial x} + (p_y - qA_y)\frac{\partial A_y}{\partial x}\right.$$
$$\left. + (p_z - qA_z)\frac{\partial A_z}{\partial x}\right] - \frac{\partial V}{\partial x} - q\frac{\partial \phi}{\partial x} \tag{7.4b}$$

他の成分も同様で，これよりニュートン方程式が得られる［問題7.1(a)］．

$\phi(\boldsymbol{r},t)$ と $\boldsymbol{A}(\boldsymbol{r},t)$ は一意には決まらない．任意のスカラー関数 $f(\boldsymbol{r},t)$ を用いて

$$\boldsymbol{A}' = \boldsymbol{A} + \mathrm{grad}\, f, \qquad \phi' = \phi - \frac{\partial f}{\partial t} \tag{7.5}$$

とするとき，$(\phi', \boldsymbol{A}')$ と $(\phi, \boldsymbol{A})$ は同じ電場と磁束密度を与える．式 (7.5) の変換をゲージ変換とよぶ．

7.2　シュレーディンガー方程式

電磁場中にある荷電粒子を量子力学で考えよう．電子を想定して電荷を $q = -e$ とする．シュレーディンガー方程式は，ハミルトニアン (7.3) で $\boldsymbol{p} \to (\hbar/i)\boldsymbol{\nabla}$ として

$$i\hbar\frac{\partial}{\partial t}\Psi(\boldsymbol{r},t) = \left[\frac{1}{2m}\left(\frac{\hbar}{i}\boldsymbol{\nabla} + e\boldsymbol{A}\right)^2 + V - e\phi\right]\Psi(\boldsymbol{r},t) \tag{7.6}$$

$\boldsymbol{A}, \phi, V$ の時間依存性がないとき，$\Psi(\boldsymbol{r},t) = \psi(\boldsymbol{r})e^{-i\omega t}$ $(\hbar\omega = E)$ とおけば

$$\left[\frac{1}{2m}\left(\frac{\hbar}{i}\boldsymbol{\nabla} + e\boldsymbol{A}(\boldsymbol{r})\right)^2 + V(\boldsymbol{r}) - e\phi(\boldsymbol{r})\right]\psi(\boldsymbol{r}) = E\psi(\boldsymbol{r}) \tag{7.7}$$

この時間によらないシュレーディンガー方程式の解が定常状態を与える．

7.2.1　磁場中の水素原子

一様な磁場中の水素原子を考える．電場がないとき $\phi = 0$, $\boldsymbol{A} = (\boldsymbol{B} \times \boldsymbol{r})/2$ と選ぶことができる［問題7.1(b)］．このとき $\mathrm{div}\boldsymbol{A} = 0$ が成り立つ（クーロン・ゲージ）．磁束密度は十分小さいとしてその1次までを残すと，ハミルトニアンは

7.2 シュレーディンガー方程式

$$H = \frac{1}{2m}[\boldsymbol{p}^2 + e(\boldsymbol{p}\cdot\boldsymbol{A} + \boldsymbol{A}\cdot\boldsymbol{p})] + V - e\phi$$

クーロン・ゲージでは $\boldsymbol{p}\cdot\boldsymbol{A} = \boldsymbol{A}\cdot\boldsymbol{p}$ である（問題 7.2）．さらにいまの場合[*1]

$$\boldsymbol{p}\cdot\boldsymbol{A} = \frac{1}{2}\boldsymbol{p}\cdot(\boldsymbol{B}\times\boldsymbol{r}) = \frac{1}{2}\boldsymbol{B}\cdot\underbrace{(\boldsymbol{r}\times\boldsymbol{p})}_{\boldsymbol{L}}$$

磁束密度を z 方向にとる（$\boldsymbol{B} = B\boldsymbol{e}_z$）とシュレーディンガー方程式は

$$\left(-\frac{\hbar^2}{2m}\Delta - \frac{e^2}{4\pi\varepsilon_0}\frac{1}{r} + \frac{e}{2m}BL_z\right)\psi(\boldsymbol{r}) = E\psi(\boldsymbol{r}) \tag{7.8}$$

H, $\boldsymbol{L}^2$, L_z は互いに交換可能であるので，方程式 (7.8) の解は $\psi(\boldsymbol{r}) = R(r)Y_l^m(\theta,\phi)$ の形で求めることができる．$R(r)$ の方程式は式 (6.6) に量子数 m に依存する定数項，$(e\hbar/2m)Bm$（分母の m は電子の質量），が加わるだけなので，エネルギー固有値は

$$E_{nlm} = -\frac{1}{2}\frac{m}{\hbar^2}\left(\frac{e^2}{4\pi\varepsilon_0}\right)^2\frac{1}{n^2} + \mu_\mathrm{B}Bm \tag{7.9}$$

固有状態 $R(r)$ は磁場がないときと同じ $R_{nl}(r)$ である．ここで

$$\mu_\mathrm{B} = \frac{e\hbar}{2m} = 9.27\times 10^{-24}\ \mathrm{Am}^2 \tag{7.10}$$

であり，ボーア磁子 (Bohr magneton) とよばれる．$l \geq 1$ のとき，$(2l+1)$ 重に縮退していたエネルギー準位が磁場によって分裂する（図 7.1）．$l=0$（s 状態）は $m=0$ のみであるので（B の 1 次では）変化しない．

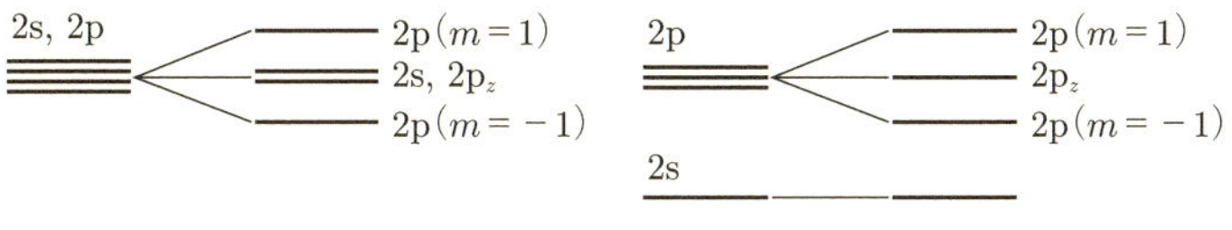

```
2s, 2p              2p(m=1)       2p              2p(m=1)
════  ─────  ────── 2s, 2p_z       ═══  ──────    2p_z
                    2p(m=-1)                      2p(m=-1)
                                   2s   ──
```

図 7.1 2p 準位（$l=1$）の磁場によるゼーマン分裂．左は水素原子の場合，右は他の原子で 2s と 2p の縮退がない場合（6.5 節）．

[*1] $\boldsymbol{p}\cdot(\boldsymbol{B}\times\boldsymbol{r})$ で，例えば p_x にかかるのは $(\boldsymbol{B}\times\boldsymbol{r})_x = B_y z - B_z y$ で x を含まないから，演算子の順番を換えてよい．またベクトル間の公式 $\boldsymbol{A}\cdot(\boldsymbol{B}\times\boldsymbol{C}) = \boldsymbol{B}\cdot(\boldsymbol{C}\times\boldsymbol{A})$ を利用．

式 (7.9) の B の項は，電子の回転運動に伴う磁気モーメントが $-\mu_B \boldsymbol{L}/\hbar$ であることを意味する[*2]．B の 1 次で m によってエネルギー準位が分裂する効果をゼーマン効果とよび，この分裂をゼーマン分裂という．実は電子のスピンも磁気モーメントを伴うため，スピンによるゼーマン効果も存在するが，それは第 8 章で説明する．

7.2.2　磁場中の自由電子*

2 次元の自由電子に一様な磁場を垂直にかけたらどうなるであろうか．以下では x-y 平面を考えて $\boldsymbol{r}=(x,y)$ とする．まず磁場がないとき，ハミルトニアンは $H=(p_x^2+p_y^2)/(2m)$．その固有状態とエネルギー固有値は波数ベクトルを $\boldsymbol{k}=(k_x,k_y)$ として

$$\psi_{\boldsymbol{k}}(\boldsymbol{r})=\frac{1}{L}e^{i\boldsymbol{k}\cdot\boldsymbol{r}}=\frac{1}{L}e^{i(k_xx+k_yy)}, \qquad E_{\boldsymbol{k}}=\frac{\hbar^2\boldsymbol{k}^2}{2m}=\frac{\hbar^2}{2m}(k_x^2+k_y^2) \tag{7.11}$$

ここで $\boldsymbol{k}=(2\pi/L)(n_x,n_y)$, $(n_x,n_y=0,\pm1,\pm2,\cdots)$ である．波動関数には $L\times L$ の領域で周期的境界条件を課した．エネルギー固有値の $\boldsymbol{k}$ 依存性を分散関係という．図 7.2(a) に示したように $E_{\boldsymbol{k}}$ は $\boldsymbol{k}^2$ で増加する．

磁束密度 $\boldsymbol{B}=B\boldsymbol{e}_z$ をかけたとき，$\phi=0$, $\boldsymbol{A}=(-By,0,0)$ に選ぶとシュレーディンガー方程式の解が容易に求められる（問題 7.6）．エネルギー固有値は

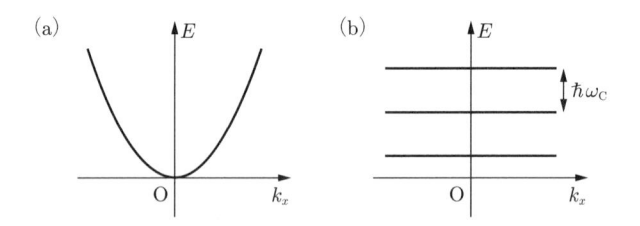

図 7.2　2 次元の自由電子のエネルギー固有値 $E_{\boldsymbol{k}}$ を k_x の関数として示した（分散関係）．(a) 磁場がない場合，(b) 2 次元平面に垂直な磁場をかけた場合．(a) では k_y 方向にも同様の分散関係を示すが，(b) では k_x 方向のみがある．

[*2] 古典電磁気学では，電荷 q の粒子が半径 r の円を速さ v で回るとき，磁気モーメント $\mu=q(\pi r^2)v/(2\pi r)=qL/(2m)$ が円に垂直に発生する．磁束密度 $\boldsymbol{B}$ の中に磁気モーメント $\boldsymbol{\mu}$ があるときのエネルギーは $-\boldsymbol{\mu}\cdot\boldsymbol{B}=-q\boldsymbol{L}\cdot\boldsymbol{B}/(2m)$．$\boldsymbol{B}=B\boldsymbol{e}_z$, $q=-e$ とし，L_z に $\hbar m$ を代入すると式 (7.9) のゼーマン項に一致する．

$$E_{n,k_x} = \hbar\omega_c \left(n + \frac{1}{2}\right) \qquad (n = 0, 1, 2, \cdots) \tag{7.12}$$

となり，式 (7.11) とはまったく異なる分散関係となる [図 7.2(b)]！$\omega_c = eB/m$ はサイクロトロン振動数，$\hbar\omega_c$ の間隔で離散化されたエネルギー準位をランダウ準位とよぶ．

E_{n,k_x} は波数 k_x に依存しないため，見かけの質量が無限に大きい[*3]．古典力学ではローレンツ力 $-e\dot{\boldsymbol{r}} \times \boldsymbol{B}$ によって角振動数 ω_c の円運動になる．どんなに大きな初期速度を与えても円の中心が移動しない点では共通する．

3 次元の自由電子に静磁場をかけると，磁場に垂直方向の運動は式 (7.12) のランダウ準位に量子化される．その結果，自由電子は反磁性を示すのであるが，その説明は統計力学の教科書に譲る．

7.2.3 波動関数のゲージ変換

最後にゲージ変換に触れる．ゲージ変換 (7.5) によって電場や磁束密度が変わらないことを前節で述べたが，$\boldsymbol{A}$ や ϕ を直接含むシュレーディンガー方程式 (7.6) は変化してしまう．そのとき波動関数は次のように位相が変化する．

$$\Psi(\boldsymbol{r},t) \to \Psi'(\boldsymbol{r},t) = \Psi(\boldsymbol{r},t)e^{-ief(\boldsymbol{r},t)/\hbar} \tag{7.13}$$

[証明] 式 (7.6) が成り立つとき

$$i\hbar\frac{\partial}{\partial t}\Psi'(\boldsymbol{r},t) = \left[\frac{1}{2m}\left(\frac{\hbar}{i}\boldsymbol{\nabla} + e\boldsymbol{A}'\right)^2 + V - e\phi'\right]\Psi'(\boldsymbol{r},t) \tag{7.14}$$

を示す．

$$\begin{aligned}
(\boldsymbol{p} + e\boldsymbol{A}')\Psi' &= [(\hbar/i)\boldsymbol{\nabla} + e\boldsymbol{A} + e\boldsymbol{\nabla}f](\Psi e^{-ief/\hbar}) \\
&= (\boldsymbol{p}\Psi)e^{-ief/\hbar} + e\boldsymbol{A}\Psi e^{-ief/\hbar} \\
&= [(\boldsymbol{p} + e\boldsymbol{A})\Psi]e^{-ief/\hbar}
\end{aligned}$$

これをくり返すと $(\boldsymbol{p} + e\boldsymbol{A}')^2\Psi' = [(\boldsymbol{p} + e\boldsymbol{A})^2\Psi]e^{-ief/\hbar}$．一方

[*3] 式 (7.11) の $E_{\boldsymbol{k}}$ と比較すると (k_x^2 の係数) $= \hbar^2/(2m^*)$，よって見かけの質量 $m^* = \infty$．または，量子数 k_x の状態を重ね合わせて波束をつくったときの群速度（問題 3.5）が $v_x = (1/\hbar)(\partial E_{n,k_x}/\partial k_x) = 0$．なお，$k_x$ は別のゲージをとると k_y [$\boldsymbol{A} = (0, Bx, 0)$ のとき] や別の量子数におき換わる．

$$i\hbar\frac{\partial}{\partial t}\Psi' = i\hbar\frac{\partial}{\partial t}(\Psi e^{-ief/\hbar}) = \left[i\hbar\frac{\partial\Psi}{\partial t} + e\frac{\partial f}{\partial t}\Psi\right]e^{-ief/\hbar}$$

これらを用いると，式 (7.6) から式 (7.14) が導かれる．

7.3 アハラノフ–ボーム効果

古典電磁気学において ϕ と $\boldsymbol{A}$ は電場と磁場を表すための数学的な道具でしかない．しかし量子力学では，電子が直接磁場を感じなくてもベクトルポテンシャル $\boldsymbol{A}$ によって影響を受ける．本節ではそのような量子力学特有の現象であるアハラノフ–ボーム（Aharonov–Bohm）効果を紹介する．

1.2 節で説明した二重スリットの干渉実験において，図 7.3 のように静磁場をかけた場合を考える．電子の通り道には磁場はないが，経路の内部に磁場があるためベクトルポテンシャルは存在する[*4]．ハミルトニアンは

$$H = \frac{1}{2m}[\boldsymbol{p} + e\boldsymbol{A}(\boldsymbol{r})]^2 + V(\boldsymbol{r}). \tag{7.15}$$

古典論ではローレンツ力がゼロとなるので電子への磁場の影響はありえない状況である．

まず準備として，磁場がない領域での波動関数が

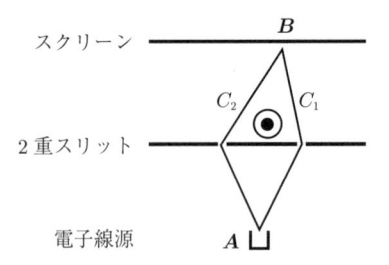

図 **7.3** 二重スリットの実験において ⊙ の領域に磁場をかけた場合．アハラノフ–ボーム効果によって干渉パターンが変化する．

[*4] 例えば，半径 a の円柱の内部に一様な磁束密度 B があるとき，3次元円筒座標を用いると $A_r = A_z = 0$, $A_\phi = Br/2\ (r<a)$, $Ba^2/(2r)\ (r>a)$．[証明] $A_r = A_z = 0$ を仮定すると，付録 D より $\mathrm{rot}\boldsymbol{A} = \boldsymbol{e}_z(1/r)(\partial/\partial r)(rA_\phi) = B\boldsymbol{e}_z\ (r<a)$, $0\ (r>a)$，これを解く．なお，このとき $r<a$ での $\boldsymbol{A}$ は $(\boldsymbol{B}\times\boldsymbol{r})/2$ に一致している；$[B\boldsymbol{e}_z \times (r\boldsymbol{e}_r + z\boldsymbol{e}_z)]/2 = (Br/2)\boldsymbol{e}_\phi$．

7.3 アハラノフ-ボーム効果

$$\psi(\mathbf{r}) = \psi^{(0)}(\mathbf{r}) \exp\left[-i\frac{e}{\hbar}\int_{\mathbf{r}_A\ (C)}^{\mathbf{r}} \mathbf{A}(\mathbf{r}')\cdot\mathrm{d}\mathbf{r}'\right] \tag{7.16}$$

で与えられることを示す．ここで $\psi^{(0)}(\mathbf{r})$ は $\mathbf{A}=0$ のときの波動関数である [式 (7.15) で $\mathbf{A}=0$ としたときのハミルトニアンを H_0 とすると $H_0\psi^{(0)} = E\psi^{(0)}$]．指数関数の中は線積分を表し，経路 C は磁場がない領域の中にとる．

式 (7.16) の証明は次の通り．$\mathbf{B}=\mathrm{rot}\mathbf{A}=0$ の領域では $\mathbf{r}$ の一価関数

$$\chi(\mathbf{r}) = -\int_{\mathbf{r}_A\ (C)}^{\mathbf{r}} \mathbf{A}(\mathbf{r}')\cdot\mathrm{d}\mathbf{r}'$$

が（経路 C によらずに）定義できる[*5]．$\psi(\mathbf{r}) = \psi^{(0)}(\mathbf{r})e^{ie\chi(\mathbf{r})/\hbar}$ とおき，ハミルトニアン (7.15) を演算させれば，$H\psi = E\psi$ を満たすことが確かめられる．

(i) 別解としてゲージ変換を使う．$\mathbf{A}\to\mathbf{A}' = \mathbf{A}+\mathrm{grad}\chi(\mathbf{r})$ とすれば $\mathbf{A}'=0$ だから変換後の波動関数は $\psi' = \psi^{(0)}$．式 (7.13) より $\psi = \psi^{(0)}e^{ie\chi/\hbar}$．

(ii) 式 (7.16) は磁場がない領域でのみ成り立つことに注意．$\mathbf{B}=\mathrm{rot}\mathbf{A}\neq 0$ の領域では経路 C によって $\psi(\mathbf{r})$ が変わってしまい，波動関数の一価性が満たされない．

図 7.3 の二つの経路 C_1, C_2 において，$\mathbf{A}=0$ のときの波動関数をそれぞれ $\psi_1^{(0)}(\mathbf{r}), \psi_2^{(0)}(\mathbf{r})$ とする．$\mathbf{A}\neq 0$ のときの波動関数は

$$\psi_i(\mathbf{r}) = \psi_i^{(0)}(\mathbf{r}) \exp\left[-i\frac{e}{\hbar}\int_{\mathbf{r}_A(C_i)}^{\mathbf{r}} \mathbf{A}(\mathbf{r}')\cdot\mathrm{d}\mathbf{r}'\right] \qquad (i=1,2)$$

点 B での波動関数はそれらの重ね合わせである；$\psi(\mathbf{r}_B) = \psi_1(\mathbf{r}_B) + \psi_2(\mathbf{r}_B)$．電子の存在確率を 1.2 節と同様に計算すると

$$|\psi(\mathbf{r}_B)|^2 = |\psi_1^{(0)}|^2 + |\psi_2^{(0)}|^2 + 2|\psi_1^{(0)}||\psi_2^{(0)}|\cos(\theta_1 - \theta_2 + \Delta\phi) \tag{7.17}$$

ここで θ_1, θ_2 は $\psi_1^{(0)}(\mathbf{r}_B), \psi_2^{(0)}(\mathbf{r}_B)$ の位相，$\Delta\phi$ は

$$\Delta\phi = -\frac{e}{\hbar}\int_{\mathbf{r}_A(C_1)}^{\mathbf{r}_B} \mathbf{A}(\mathbf{r})\cdot\mathrm{d}\mathbf{r} + \frac{e}{\hbar}\int_{\mathbf{r}_A(C_2)}^{\mathbf{r}_B} \mathbf{A}(\mathbf{r})\cdot\mathrm{d}\mathbf{r} = -\frac{e}{\hbar}\oint \mathbf{A}(\mathbf{r})\cdot\mathrm{d}\mathbf{r}$$

[*5] $\mathbf{A}(\mathbf{r}) = -\mathrm{grad}\,\chi(\mathbf{r})$ が成り立つ．古典力学で保存力の勉強をしたと思う．力 $\mathbf{F}$ が保存力であるための条件は $\mathrm{rot}\mathbf{F}=0$．このときポテンシャル $V(\mathbf{r}) = -\int_{\mathbf{r}_0}^{\mathbf{r}} \mathbf{F}(\mathbf{r}')\cdot\mathrm{d}\mathbf{r}'$ が線積分の経路によらずに定義でき（$\mathbf{r}_0$ は基準点），力は $\mathbf{F}(\mathbf{r}) = -\mathrm{grad}\,V(\mathbf{r})$ で表される．

$$= -\frac{e}{\hbar} \int \mathrm{rot}\,\boldsymbol{A} \cdot \mathrm{d}\boldsymbol{S} = -\frac{e}{\hbar} \int \boldsymbol{B} \cdot \mathrm{d}\boldsymbol{S} = -2\pi \frac{\Phi}{\Phi_0}. \quad (7.18)$$

2 行目に移るときにストークスの定理を用いた．Φ は二つの経路の内側を貫く磁束である．$\Phi_0 = h/e$ は磁束量子（quantum flux）とよばれる．式 (7.17), (7.18) より，Φ を変化させると電子の干渉パターンが Φ_0 の周期で変化することがわかる．これがアハラノフ–ボーム（AB）効果である．

AB 効果では空間が多重連結であることが重要である．二つの経路 C_1 と C_2 は，磁場がない領域内で連続的に変形してもお互いに移り合うことができない．このとき経路で囲まれた領域内の磁場が，二つの経路を通る波の間の干渉効果に影響を与える．このような幾何学的位相は一般化されてベリーの位相（Berry phase）とよばれている．磁場の代わりに電場に対しても幾何学的位相による干渉効果が存在して，アハラノフ–キャッシャー（AC）効果とよばれる[*6]．

7.4 保存量

古典力学でエネルギーや運動量などの保存則を習ったと思う．保存量とは時間によって変化しない物理量であった．量子力学での保存量は，その期待値が時間によって変化しないものを指す．

波動関数が $\Psi(\boldsymbol{r},r)$ のとき，物理量 A の期待値の時間微分を計算すると

$$\frac{\mathrm{d}}{\mathrm{d}t}\langle A \rangle = \int \frac{\partial}{\partial t}\Psi^*(\boldsymbol{r},t)A\Psi(\boldsymbol{r},t)\mathrm{d}\boldsymbol{r}$$
$$+ \int \Psi^*(\boldsymbol{r},t)\frac{\partial A}{\partial t}\Psi(\boldsymbol{r},t)\mathrm{d}\boldsymbol{r} + \int \Psi^*(\boldsymbol{r},t)A\frac{\partial}{\partial t}\Psi(\boldsymbol{r},t)\mathrm{d}\boldsymbol{r}$$
$$= \frac{1}{i\hbar}\langle [A,H] \rangle + \langle \frac{\partial A}{\partial t} \rangle \quad (7.19)$$

途中シュレーディンガー方程式 (1.1) を用いた．$\partial A/\partial t = 0$ のとき[*7]

$$\frac{\mathrm{d}}{\mathrm{d}t}\langle A \rangle = \frac{1}{i\hbar}\langle [A,H] \rangle \quad (7.20)$$

[*6] AB 効果の原著論文は Y. Aharonov and D. Bohm: Phys. Rev. **115** (1959) 485. AC 効果は Y. Aharonov and A. Casher: Phys. Rev. Lett. **53** (1984) 319. ベリーの論文は M. V. Berry: Proc. Roy. Soc. (London) **A392** (1984) 45. いずれも大学の学部レベルで読める論文である．著者の勤める大学では学部 4 年生対象の論文講読発表という授業があって，この三つの論文はどれもその教材に使われている．

[*7] 例えば $A = -Ex\cos\omega t$ のように時間にあらわに依存するときは $\partial A/\partial t \neq 0$.

このとき $[A, H] = 0$ が任意の波動関数に対して $(d/dt)\langle A \rangle = 0$ となることの必要十分条件である．

(i) 式 (7.19) で $A = H$ とすると

$$\frac{d}{dt}\langle H \rangle = \langle \frac{\partial H}{\partial t} \rangle$$

したがってエネルギー $E = \langle H \rangle$ が保存する条件は，ハミルトニアンが時間によらないことである．

(ii) ハミルトニアンが $H = \bm{p}^2/(2m) + V(\bm{r})$ のとき，式 (7.20) より $d\langle \bm{r} \rangle/dt = \langle \bm{p} \rangle/m$, $d\langle \bm{p} \rangle/dt = -\langle \bm{\nabla} V \rangle$ このように $\bm{r}$ と $\bm{p}$ の期待値の間には，古典力学の運動方程式に類似した関係が成り立つ．これをエーレンフェスト（Ehrenfest）の定理とよぶ（問題 7.5）．

3次元の自由粒子（3.2節）では $[\bm{p}, H] = 0$，したがって運動量 $\bm{p}$ は保存量である．中心力場においては $[\bm{L}, H] = 0$，ゆえに角運動量 $\bm{L}$ は保存する．3章（p.38 の別解，および脚注）や5章で H と $\bm{p}$，H と $\bm{L}$ の「同時固有状態を求めた」が，それは「シュレーディンガー方程式を解くのに保存則を利用していた」のである．

7.5 時間発展演算子

ここで時間発展演算子 $U(t) = e^{-iHt/\hbar}$ を導入する．それを使って，前節で議論した物理量が保存する条件を再導出しよう．

いきなり演算子の関数 $e^{-iHt/\hbar}$ が登場して面食らったかもしれないが，慣れると便利である．一般に関数 $f(x)$ がテイラー展開

$$f(x) = f(0) + f'(0)x + \frac{1}{2!}f''(0)x^2 + \cdots = \sum_{n=0}^{\infty} f^{(n)}(0)x^n$$

で表されるとき，演算子 $f(A)$ は

$$f(A) = f(0) + f'(0)A + \frac{1}{2!}f''(0)A^2 + \cdots = \sum_{n=0}^{\infty} \frac{1}{n!}f^{(n)}(0)A^n \quad (7.21)$$

で定義される．次の性質がただちに導かれる．

(i) $f(x)$ が実関数のとき,A がエルミート演算子ならば $f(A)$ もエルミート演算子である.

(ii) ψ_n が A の固有状態で固有値が a_n のとき $f(A)\psi_n = f(a_n)\psi_n$. 一般の波動関数に対しては,$\psi = \sum c_n \psi_n$ のとき

$$f(A)\psi = \sum_n c_n f(a_n)\psi_n, \qquad \langle f(A) \rangle = \sum_n |c_n|^2 f(a_n)$$

時間発展演算子の場合,$e^x = 1 + x + x^2/2! + x^3/3! + \cdots$ だから

$$U(t) = e^{-iHt/\hbar} = 1 - \frac{iHt}{\hbar} + \frac{1}{2!}\left(-\frac{iHt}{\hbar}\right)^2 + \cdots = \sum_{n=0}^{\infty} \frac{1}{n!}\left(-\frac{iHt}{\hbar}\right)^n$$

i を含むので $U(t)$ はエルミートではない.$U(t)U^{\dagger}(t) = e^{-iHt/\hbar}e^{iHt/\hbar} = 1$ より $U(t)$ はユニタリー演算子で $U^{\dagger}(t) = U^{-1}(t) = U(-t)$. また

$$\frac{\mathrm{d}}{\mathrm{d}t}U(t) = \sum_{n=1}^{\infty} \frac{1}{(n-1)!}\left(-\frac{iH}{\hbar}\right)^n t^{n-1} = \frac{1}{i\hbar}HU(t)$$

が成り立つ.したがって $\Psi(\boldsymbol{r},t) = U(t)\Psi(\boldsymbol{r},0)$ はシュレーディンガー方程式 (1.1) の解であることがわかる[*8].$U(t)$ のユニタリー性を使うと,1.1 節の確率の保存の証明が一瞬にしてできる.

$$\langle \Psi(t), \Psi(t) \rangle = \langle U(t)\Psi(0), U(t)\Psi(0) \rangle = \langle \Psi(0), U^{\dagger}(t)U(t)\Psi(0) \rangle$$
$$= \langle \Psi(0), \Psi(0) \rangle$$

さて,演算子 A が時間に依存しないとする;$\partial A/\partial t = 0$. A が保存量であるための条件は $\langle \Psi(t), A\Psi(t) \rangle = \langle \Psi(0), U^{\dagger}(t)AU(t)\Psi(0) \rangle = \langle \Psi(0), A\Psi(0) \rangle$ が任意の $\Psi(0)$ に対して成り立つことであるから

$$U^{\dagger}(t)AU(t) = A \tag{7.22}$$

[*8] 別解として,式 (1.1) より微小時間 Δt に対して $\Psi(t+\Delta t) = [1 + H\Delta t/(i\hbar)]\Psi(t)$. 有限の時間 t では,$\Delta t = t/N$ の時間発展を N 回くり返して

$$\Psi(t) = \left(1 + \frac{H}{i\hbar}\frac{t}{N}\right)^N \Psi(0) \xrightarrow[N\to\infty]{} e^{-iHt/\hbar}\Psi(0)$$

この式に微小時間 Δt を代入すると

$$A = \left(1 + \frac{iH\Delta t}{\hbar} + \cdots\right) A \left(1 - \frac{iH\Delta t}{\hbar} + \cdots\right)$$

$$= A - \frac{i\Delta t}{\hbar}[A, H] + O(\Delta t)^2$$

ゆえに $[A, H] = 0$ である $[O(\Delta t)^2$ は $(\Delta t)^n (n \geq 2)$ の項を表す; p.168 を参照]．逆に $[A, H] = 0$ であるならば $[A, U(t)] = 0$．よって $U^\dagger(t) A U(t) = U^\dagger(t) U(t) A = A$ で式 (7.22) が成り立つ．以上より，物理量 A が保存するための条件は $[A, H] = 0$ であることが導かれる．

7.6 対称性と保存法則

物理量の保存法則は系の対称性と関係することが多い．7.4 節で見たように，エネルギーの保存則はハミルトニアンが時間によらないこと，すなわち時間 t の原点をずらしても系が不変であること（時間の一様性）に起因する．本節では，運動量と角運動量の保存則がそれぞれ系の並進対称性，回転対称性（空間の一様性，等方性）に由来することを説明する．

7.6.1 並進対称性

波動関数 $\psi(\boldsymbol{r})$ を，$\boldsymbol{a}$ 平行移動する演算子を $T(\boldsymbol{a})$ とする．図 7.4(a) より，$T(\boldsymbol{a})\psi(\boldsymbol{r}) = \psi(\boldsymbol{r} - \boldsymbol{a})$ である．一方 $\psi(\boldsymbol{r} - \boldsymbol{a})$ をテイラー展開すると

$$\psi(\boldsymbol{r} - \boldsymbol{a}) = \psi(\boldsymbol{r}) - \boldsymbol{a} \cdot \boldsymbol{\nabla}\psi(\boldsymbol{r}) + \frac{1}{2!}(-\boldsymbol{a} \cdot \boldsymbol{\nabla})^2 \psi(\boldsymbol{r}) + \cdots$$

$$= \left[1 - \frac{i}{\hbar}\boldsymbol{a} \cdot \boldsymbol{p} + \frac{1}{2!}\left(-\frac{i}{\hbar}\boldsymbol{a} \cdot \boldsymbol{p}\right)^2 + \cdots\right]\psi(\boldsymbol{r}) = e^{-i\boldsymbol{a}\cdot\boldsymbol{p}/\hbar}\psi(\boldsymbol{r})$$

したがって $T(\boldsymbol{a}) = e^{-i\boldsymbol{a}\cdot\boldsymbol{p}/\hbar}$ である．$T(\boldsymbol{a})$ はユニタリー演算子で，$T^{-1}(\boldsymbol{a}) = T^\dagger(\boldsymbol{a}) = T(-\boldsymbol{a})$．前節の $U(t)$ との類似に注目しよう．それぞれ微小量に対して

$$T(\Delta \boldsymbol{a}) = 1 - \frac{i}{\hbar}\Delta\boldsymbol{a} \cdot \boldsymbol{p}, \qquad U(\Delta t) = 1 - \frac{i}{\hbar}\Delta t\, H$$

である．このとき運動量 $\boldsymbol{p}$ を $T(\boldsymbol{a})$ の生成演算子（generator）という．同様に，ハミルトニアン H は時間発展演算子 $U(t)$ の生成演算子である．

系に並進対称性があるとは「$\psi(\boldsymbol{r})$ がシュレーディンガー方程式の解であるならば $\psi(\boldsymbol{r} - \boldsymbol{a}) = T(\boldsymbol{a})\psi(\boldsymbol{r})$ もその解である」場合をいう．すなわち $H\psi = E\psi \Rightarrow$

$HT(\boldsymbol{a})\psi = ET(\boldsymbol{a})\psi$. 一般に $H\psi = E\psi$ から $T(\boldsymbol{a})HT^\dagger(\boldsymbol{a})T(\boldsymbol{a})\psi = ET(\boldsymbol{a})\psi$ となるから，「$\cdots$」の条件は $T(\boldsymbol{a})HT^\dagger(\boldsymbol{a}) = H$. 前節と同様の議論より

$$[\boldsymbol{p}, H] = 0 \tag{7.23}$$

すなわち運動量 $\boldsymbol{p}$ が保存することが並進対称性があることの必要十分条件である．

ポテンシャルがない空間は原点の選び方を変えても不変であるから並進対称性がある．したがって自由粒子では運動量が保存する．実際，ハミルトニアン $H = \boldsymbol{p}^2/(2m)$ に対して $[\boldsymbol{p}, H] = 0$ が成り立つ．

3次元空間でポテンシャルが x によらず $V = V(y, z)$ のときは x 方向についてのみ並進対称性がある．実際 $H = \boldsymbol{p}^2/(2m) + V(y, z)$ のときに $[H, p_x] = 0$. このとき $\boldsymbol{p}$ の3成分のうち p_x のみが保存する．

7.6.2 回転対称性

次に波動関数 $\psi(\boldsymbol{r})$ の回転を考えよう．ベクトル $\boldsymbol{r}$ を単位ベクトル $\boldsymbol{n}$ に平行な回転軸のまわりに微小角度 $\Delta\phi$ 回転させたとき，変位ベクトルは $\Delta\boldsymbol{r} = \Delta\boldsymbol{\phi} \times \boldsymbol{r}$, ここで $\Delta\boldsymbol{\phi} = \Delta\phi\boldsymbol{n}$ である [図 7.4(b)]．$\psi(\boldsymbol{r})$ を回転させる操作を $R(\Delta\boldsymbol{\phi})\psi(\boldsymbol{r}) = \psi(\boldsymbol{r} - \Delta\boldsymbol{\phi} \times \boldsymbol{r})$ で表すと

$$R(\Delta\boldsymbol{\phi})\psi(\boldsymbol{r}) = [1 - (\Delta\boldsymbol{\phi} \times \boldsymbol{r}) \cdot \boldsymbol{\nabla}]\psi(\boldsymbol{r}) = \left[1 - \frac{i}{\hbar}\Delta\boldsymbol{\phi} \cdot \underbrace{(\boldsymbol{r} \times \boldsymbol{p})}_{L}\right]\psi(\boldsymbol{r})$$

したがって角運動量 $\boldsymbol{L}$ は $R(\boldsymbol{\phi})$ の生成演算子である．有限の角度 ϕ の回転操作は，$\boldsymbol{\phi} = \phi\boldsymbol{n}$ として $R(\boldsymbol{\phi}) = e^{-i\boldsymbol{\phi}\cdot\boldsymbol{L}/\hbar}$ となる．$\boldsymbol{\phi}$ は回転ベクトルとよばれ，回転軸の方向と，回転方向に右ねじを回したときにねじが進む向きをもつ．大きさ

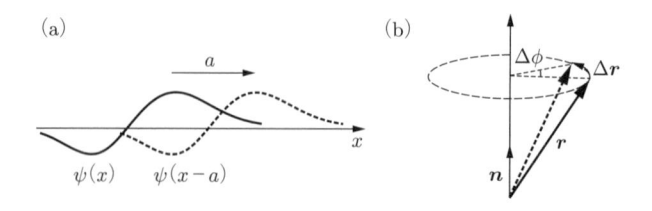

図 **7.4** (a) 波動関数 $\psi(\boldsymbol{r})$ の平行移動．(b) 回転ベクトル $\Delta\boldsymbol{\phi}$ による座標 $\boldsymbol{r}$ の変換．

は回転角 ϕ に等しい．$R(\phi)$ もユニタリー演算子で $R^{-1}(\phi) = R^\dagger(\phi) = R(-\phi)$ が成り立つ（具体例を 8.6 節で説明する）．

系に回転対称性があることも並進対称性と同様に定義される．その条件は $R(\bm{a})HR^\dagger(\bm{a}) = H$，または

$$[\bm{L}, H] = 0 \tag{7.24}$$

したがって回転対称性があることと角運動量 $\bm{L}$ が保存することは同値である．

中心力場では回転対称性があり，例えば z 軸をどの方向に選んでもよい．このとき $\bm{L}$ は保存する．実際ハミルトニアン $H = \bm{p}^2/(2m) + V(r)$ に対して，$[H, \bm{L}] = 0$ であった [式 (5.4)]．z 軸方向に一様な磁場があるとき (7.2.1 項)，z 軸のまわりについての回転対称性がある．この場合は $\bm{L}$ の 3 成分のうちの L_z のみが保存する．

7.6.3 エネルギー固有値の縮退と対称性

3 次元の球対称ポテンシャル $V(r)$ の問題を解くとき，角運動量 $\bm{L}$ の保存を利用して $H, \bm{L}^2, L_z$ の同時固有状態を求めた．$R(r)$ についての方程式 (5.22) を見ればわかる通り，エネルギー固有値は $m \ (= 0, \pm 1, \cdots, \pm l)$ によらず $(2l+1)$ 重に縮退する．この縮退は回転対称性があるために生じるものである．7.2.1 項で見たように，z 方向に磁場をかけると回転対称性が破れ，縮退が解ける．

2 次元で z 軸まわりの回転対称性があるとき，L_z が保存する．$R(r)$ についての方程式 (5.11) を見ると，$m = 0$ を除いて $\pm m$ の 2 重縮退があることがわかる．

一般にエネルギー固有値が縮退しているとき，ふつう何らかの対称性が存在する（対称性に起因する保存量があって，その量子数で縮退した状態が区別される）．例外的に系の対称性とは無関係に，ポテンシャルの特殊性によってエネルギー固有値が縮退することがあり，偶然縮退とよばれる．水素原子の場合，エネルギーは主量子数 n だけで決まり，l にも m にもよらない．m によらない $(2l+1)$ 重の縮退は回転対称性によるが，l によらない縮退はポテンシャル $V \propto 1/r$ の特殊性のためである．2 次元や 3 次元の調和振動子でも偶然縮退が生じる．2 次元調和振動子のエネルギー固有値は式 (6.35) で与えられる．$\pm m$ $(m \neq 0)$ の 2 重縮退だけでなく，主量子数を n としたときに $2n + |m|$ が等しいすべての (n, m) の組のエネルギー固有値が縮退する．

7.6.4 対称操作の補足説明*

並進・回転対称性を議論するとき，波動関数の平行移動や回転をユニタリー演算子 $T(\boldsymbol{a})$, $R(\boldsymbol{\phi})$ で表した．$T(\boldsymbol{a})$ や $R(\boldsymbol{\phi})$ を対称操作（平行移動や回転）を表す演算子という意味で対称演算子とよぶ．対称演算子 P による波動関数 $\psi(\boldsymbol{r})$，および一般の演算子 A の変換を次のように定義する．

$$\tilde{\psi}(\boldsymbol{r}) = P\psi(\boldsymbol{r}), \qquad \tilde{A} = PAP^\dagger \tag{7.25}$$

このとき $\langle \tilde{\psi}, \tilde{A}\tilde{\psi}\rangle = \langle \psi, P^\dagger \tilde{A} P \psi\rangle = \langle \psi, A\psi \rangle$ であるから，対称変換によって物理量の期待値は変わらない．7.6.1, 7.6.2 項ではシュレーディンガー方程式 $H\psi = E\psi$ が $\tilde{H}\tilde{\psi} = E\tilde{\psi}$ に変換されることを使って，系の対称性の条件 $\tilde{H} = H$（ゆえに $[H, P] = 0$）を導いた．

演算子の変換は $\tilde{A} = PA$ ではないことに注意しよう．式 (7.25) より (i) A がエルミートのとき $\tilde{A}$ もエルミート．(ii) 波動関数 ψ に A を演算した結果が ψ' だったとする；$\psi'(\boldsymbol{r}) = A\psi(\boldsymbol{r})$. このとき $\tilde{\psi}' = P\psi' = \tilde{A}\tilde{\psi}$. 特に A の固有状態が ψ_n のとき $(A\psi_n = \lambda_n \psi_n)$，$\tilde{A}$ の固有状態は $\tilde{\psi}_n$ で固有値 λ_n は不変．(iii) $\langle \tilde{\psi}, A\tilde{\psi}\rangle = \langle \psi, P^\dagger AP\psi\rangle$. $P^\dagger AP = P^{-1}A(P^{-1})^\dagger$ であるから，変換後の波動関数での A の期待値は，逆向きに変換した A の元の波動関数での期待値に等しい．具体例として，$\boldsymbol{a}$ の平行移動 $T(\boldsymbol{a}) = e^{-i\boldsymbol{a}\cdot\boldsymbol{p}/\hbar}$ を考えると

- 演算子 $\boldsymbol{p}, \boldsymbol{r}$ を平行移動すると，$\tilde{\boldsymbol{p}} = T(\boldsymbol{a})\boldsymbol{p}T^\dagger(\boldsymbol{a}) = \boldsymbol{p}$, $\tilde{\boldsymbol{r}} = T(\boldsymbol{a})\boldsymbol{r}T^\dagger(\boldsymbol{a}) = \boldsymbol{r} - \boldsymbol{a}$ [問題 8.6(a)]．したがって運動量 $\boldsymbol{p}$ は平行移動に対して不変であるが，$\boldsymbol{r}$ はそうでない．

- ポテンシャル $V(\boldsymbol{r})$ を式 (7.21) の意味で $\boldsymbol{r}$ の関数と見なすと[*9]，$\tilde{V}(\boldsymbol{r}) = T(\boldsymbol{a})V(\boldsymbol{r})T^\dagger(\boldsymbol{a}) = V(\tilde{\boldsymbol{r}}) = V(\boldsymbol{r}-\boldsymbol{a})$. または $\tilde{V}(\boldsymbol{r})$ を $\varphi(\boldsymbol{r})$ に演算させると $T(\boldsymbol{a})V(\boldsymbol{r})T^\dagger(\boldsymbol{a})\varphi(\boldsymbol{r}) = T(\boldsymbol{a})[V(\boldsymbol{r})\varphi(\boldsymbol{r}+\boldsymbol{a})] = V(\boldsymbol{r}-\boldsymbol{a})\varphi(\boldsymbol{r})$.

$[A, P] = 0$（または A と P の生成演算子が可換）ならば $\langle \tilde{\psi}, A\tilde{\psi}\rangle = \langle \psi, A\psi\rangle$ が成り立つから，波動関数の変換に対してその期待値は不変である．

いろいろな $\boldsymbol{a}$ についての $T(\boldsymbol{a})$ の集合 $\{T(\boldsymbol{a})\}$ は数学的に群をつくる．群とは次の四つの条件を満たす集合のことである．(i) 集合の要素 a, b の積 ab も集合の要素となる $[T(\boldsymbol{a})T(\boldsymbol{b}) = T(\boldsymbol{a}+\boldsymbol{b})]$. (ii) 恒等変換 1 を要素にもつ $[T(0) = 1]$.

[*9] $T(\boldsymbol{a})x^n T^\dagger(\boldsymbol{a}) = T(\boldsymbol{a})xT^\dagger(\boldsymbol{a})T(\boldsymbol{a})xT^\dagger(\boldsymbol{a})\cdots T(\boldsymbol{a})xT^\dagger(\boldsymbol{a}) = \tilde{x}^n = (x-a_x)^n$ など．

(iii) すべての要素に逆演算子が存在する $[T^{-1}(\boldsymbol{a}) = T(-\boldsymbol{a})]$. (iv) 三つの要素 a, b, c の間に結合則 $(ab)c = a(bc)$ が成り立つ. $\{R(\boldsymbol{\phi})\}$ も同様に群である[*10]. 対称操作の中でハミルトニアンを不変とするもの ($H = PHP^{\dagger}$ を満たす P) の集合もまた群をつくる. それを対称操作群とよぶ. 群は数学の抽象的な概念であるが, 物理学でも対称性を表現するのに重要な役割を果たす. 興味があったら文献[12]などを見てほしい.

最後にその他の対称演算子として空間反転 π と時間反転 $\mathcal{T}$ に簡単に触れる. これらには微小変化を表す生成演算子は存在しない.

空間反転 (2.5 節で前出): 空間反転 ($\boldsymbol{r} \to -\boldsymbol{r}$) の演算子を π で表すと $\pi\psi(\boldsymbol{r}) = \psi(-\boldsymbol{r})$. $\pi^2 = 1$ であるから, π の固有値は ± 1.

系に空間反転対称性があるとき, ハミルトニアン H が $\boldsymbol{r} \to -\boldsymbol{r}$ の変換によって不変である. このとき $[H, \pi] = 0$ が成り立ち, H と π の同時固有状態が存在する. それを ψ とすると $\pi\psi = \pm\psi$, すなわちパリティが正か負となる. 例えば中心力場 [ポテンシャル $V(r)$] では空間反転対称性がある. H の固有状態 $\psi_{nlm}(\boldsymbol{r})$ のパリティは l が偶数のとき正, 奇数のとき負である [式 (5.32)].

時間反転: ハミルトニアンが $H = \boldsymbol{p}^2/(2m) + V(\boldsymbol{r})$ のとき, 時間に依存するシュレーディンガー方程式は

$$i\hbar\frac{\partial}{\partial t}\Psi(\boldsymbol{r}, t) = \left[-\frac{\hbar^2}{2m}\Delta + V(\boldsymbol{r})\right]\Psi(\boldsymbol{r}, t)$$

この両辺の複素共役をとり, $t \to -t$ とすると

$$i\hbar\frac{\partial}{\partial t}\Psi^*(\boldsymbol{r}, -t) = \left[-\frac{\hbar^2}{2m}\Delta + V(\boldsymbol{r})\right]\Psi^*(\boldsymbol{r}, -t)$$

時間反転の演算子 $\mathcal{T}$ を $\mathcal{T}\Psi(\boldsymbol{r}, t) = \Psi^*(\boldsymbol{r}, -t)$ で定義する. 例えば, 波数 $\boldsymbol{k}$ で伝播する平面波 $\Psi(\boldsymbol{r}, t) = e^{i\boldsymbol{k}\cdot\boldsymbol{r} - i\omega t}$ を時間反転すると $\mathcal{T}\Psi(\boldsymbol{r}, t) = e^{-i\boldsymbol{k}\cdot\boldsymbol{r} - i\omega t}$ となって $\Psi(\boldsymbol{r}, t)$ と反対方向に進む平面波が得られる.

この例のように, 磁場がないとき H は実数の演算子 ($H^* = H$) である. こ

[*10] $\{T(\boldsymbol{a})\}$ の要素は互いに可換である; $T(\boldsymbol{a})T(\boldsymbol{b}) = T(\boldsymbol{b})T(\boldsymbol{a}) = T(\boldsymbol{a}+\boldsymbol{b})$. このような群を可換群, またはアーベル群とよぶ. 一方 $\{R(\boldsymbol{\phi})\}$ は非アーベル群である. $\boldsymbol{\phi}$ と $\boldsymbol{\phi}'$ が平行でないとき, 生成演算子が可換でないので $R(\boldsymbol{\phi})R(\boldsymbol{\phi}') \neq R(\boldsymbol{\phi}')R(\boldsymbol{\phi})$.

のとき $\Psi(\bm{r},t)$ がシュレーディンガー方程式の解ならば $\mathcal{T}\Psi(\bm{r},t)$ もそうなる[*11]. 一方磁場があるときのハミルトニアン $H = [\bm{p} - e\bm{A}(\bm{r})]^2/(2m) + V(\bm{r})$ は実数でなく, 上の議論が成り立たない. まとめると, 磁場がないときは時間反転対称性があるが, 磁場があるとその対称性は失われる[*12].

補足： 次の定理が成り立つ. H が実数のとき, 固有値が縮退していなければその固有状態の波動関数は（定数の位相因子を除いて）実数である[*13].
[証明] $H\psi = E\psi$ のとき $\psi(\bm{r})$ の実部と虚部をそれぞれ $\varphi_1(\bm{r}), \varphi_2(\bm{r})$ とおく；$\psi = \varphi_1 + i\varphi_2$. $H(\varphi_1 + i\varphi_2) = E(\varphi_1 + i\varphi_2)$ の両辺の実部と虚部を比較すると $H\varphi_1 = E\varphi_1, H\varphi_2 = E\varphi_2$. E が縮退していなければ $\varphi_2 = c\varphi_1$, したがって $\psi(\bm{r}) = (1 + ic)\varphi_1(\bm{r})$.

問　題

7.1 （古典電磁気学）
(a) 式 (7.4a), (7.4b) 等よりニュートン方程式を導きなさい.
　　ヒント：　式 (7.4a) の時間微分をとると
$$m\ddot{x} = \dot{p}_x - q\left(\frac{\partial A_x}{\partial x}\dot{x} + \frac{\partial A_x}{\partial y}\dot{y} + \frac{\partial A_x}{\partial z}\dot{z} + \frac{\partial A_x}{\partial t}\right)$$
(b) z 方向の一様な磁束密度 $\bm{B} = (0, 0, B)$ の場合, $\bm{A} = (\bm{B} \times \bm{r})/2$ と選ぶと $\bm{B} = \mathrm{rot}\,\bm{A}$ が成立することを確かめなさい. このとき $\mathrm{div}\,\bm{A} = 0$ を示しなさい.
(c) $\bm{A} = (-By, 0, 0)$ は (a) と同じ磁束密度を与えることを示しなさい.
(d) (b) と (c) のベクトルポテンシャル間のゲージ変換［式 (7.5) を満たす関数 $f(\bm{r},t)$］を求めなさい.

[*11] $\mathcal{T}$ はユニタリー演算子ではないが, H が実数のとき $\mathcal{T}H\mathcal{T}^{-1} = H$, すなわち $[H, \mathcal{T}] = 0$ が成り立つ. スピンがある場合は実数とは限らないが, 磁場がなければ $[H, \mathcal{T}] = 0$（スピン 1/2 のときクラマース縮退が存在する；問題 10.7）. 詳細は文献[3]の 4 章を参照のこと.
[*12] 古典力学でも同じことがいえる. 時間によらない保存力 $\bm{F} = -\bm{\nabla}V(\bm{r})$ に対するニュートン方程式は $md^2\bm{r}/dt^2 = -\bm{\nabla}V$. これは時間反転 $t \to -t$ で不変である. $\bm{r} = \bm{r}(t)$ が解のとき, 時間反転した運動 $\bm{r} = \bm{r}(-t)$ も解となる. 磁場によるローレンツ力が加わるとニュートン方程式は $md^2\bm{r}/dt^2 = -\bm{\nabla}V + q(d\bm{r}/dt) \times \bm{B}$ となって $t \to -t$ で不変でなくなる. 時間反転した解は存在しない.
[*13] 縮退しているときは実数にも複素数にもなる. 例えば 1 次元の無限系で $H = p^2/(2m)$ の固有状態は $e^{\pm ikx}$ $[E = \hbar^2 k^2/(2m)]$ の代わりに $\cos kx, \sin kx$ を選ぶことが可能. ただし普通は p の固有状態でもある前者の方が便利である.

7.2 $\mathrm{div}\boldsymbol{A} = 0$ が成り立つような $\boldsymbol{A}$, ϕ の選び方をクーロン・ゲージとよぶ．このとき $\boldsymbol{p}\cdot\boldsymbol{A} = \boldsymbol{A}\cdot\boldsymbol{p}$ を示しなさい．

7.3 （電磁場中の速度演算子）　演算子 A の時間微分 $\dot{A}$ を，任意の状態 Ψ に対して次式を満たすものとして定義する．$\langle\Psi,\dot{A}\Psi\rangle = (\mathrm{d}/\mathrm{d}t)\langle\Psi,A\Psi\rangle$．$A$ が時間によらないときは式 (7.20) より

$$\dot{A} = \frac{1}{i\hbar}[A,H] \qquad (7.26)$$

(a) 電磁場中の電子を考える．ハミルトニアン

$$H = \frac{1}{2m}[\boldsymbol{p} + e\boldsymbol{A}(\boldsymbol{r},t)]^2 + V(\boldsymbol{r},t) + q\phi(\boldsymbol{r},t)$$

を用いて，速度演算子 $\boldsymbol{v} = \dot{\boldsymbol{r}}$ が次式で表されることを示しなさい．

$$\boldsymbol{v} = \frac{1}{m}(\boldsymbol{p} + e\boldsymbol{A}) \qquad (7.27)$$

(b) 式 (7.27) から次の関係式を示しなさい．

$$[v_x, v_y] = -i\frac{e\hbar}{m^2}B_z, \quad [v_y, v_z] = -i\frac{e\hbar}{m^2}B_x, \quad [v_z, v_x] = -i\frac{e\hbar}{m^2}B_y$$

したがって磁場があるとき速度演算子の 3 成分は互いに可換でない，すなわち速度の 3 成分の値は同時に決まらない．

7.4 電磁場中の電子は，時間に依存するシュレーディンガー方程式 (7.6) に従う．このとき確率の流れの密度 $\boldsymbol{j}$ を

$$\begin{aligned}\boldsymbol{j} &= \frac{1}{2m}[\Psi^*(-i\hbar\boldsymbol{\nabla} + e\boldsymbol{A})\Psi - \Psi(-i\hbar\boldsymbol{\nabla} - e\boldsymbol{A})\Psi^*]\\ &= \frac{1}{m}\mathrm{Re}(\Psi^*\boldsymbol{p}\Psi) + \frac{e}{m}\boldsymbol{A}|\Psi|^2\end{aligned}$$

で定義すると，$(\partial\rho/\partial t) + \mathrm{div}\boldsymbol{j} = 0$, $\rho(\boldsymbol{r},t) = |\Psi(\boldsymbol{r},t)|^2$ が成り立つことを示しなさい．

7.5 （エーレンフェストの定理）　ハミルトニアンが $H = \boldsymbol{p}^2/(2m) + V(\boldsymbol{r})$ のとき，式 (7.20) から次の式を導出しなさい．

$$\frac{\mathrm{d}}{\mathrm{d}t}\langle\boldsymbol{r}\rangle = \frac{1}{m}\langle\boldsymbol{p}\rangle, \qquad \frac{\mathrm{d}}{\mathrm{d}t}\langle\boldsymbol{p}\rangle = -\langle\boldsymbol{\nabla}V\rangle$$

7.6 （一様磁場中の自由電子）　$\phi = 0$, $\boldsymbol{A} = (-By, 0, 0)$ のとき，（z 方向の運動を無視した）2 次元での電子のハミルトニアンは $H = [(p_x - eBy)^2 + p_y^2]/(2m)$ である．$[H, p_x] = 0$ であるから H と p_x の同時固有状態が存在する．

$$\frac{1}{2m}\left[\left(\frac{\hbar}{i}\frac{\partial}{\partial x} - eBy\right)^2 - \hbar^2\frac{\partial^2}{\partial y^2}\right]\psi(x,y) = E\psi(x,y) \qquad (7.28\mathrm{a})$$

$$\frac{\hbar}{i}\frac{\partial}{\partial x}\psi(x,y) = \lambda\psi(x,y) \qquad (7.28\mathrm{b})$$

(a) 式 (7.28b) より $\psi(x,y) = \chi(y)e^{ikx}$, $\lambda = \hbar k$ を示しなさい.
(b) (a) で求めた $\psi(x,y)$ を式 (7.28a) に代入し, $\chi(y)$ の従う方程式を導きなさい.
(c) $\chi(y)$ と E を求め, $E_n = \hbar\omega_{\mathrm{c}}(n+1/2)$ $(n=0,1,2,\cdots)$ を示しなさい.

次に, 擬 1 次元系である量子細線 (p.115 のコラム) を考える. 2 次元で x 方向には無限に長く, y 方向にはポテンシャル $V(x,y) = m\omega^2 y^2/2$ が働く.

(d) z 方向に一様な磁場をかけたときのエネルギー固有値 $E_n(k)$ を求めなさい (k は x 方向の波数; p_x の固有値が $\hbar k$). $E_n(k)$ の分散関係を図示しなさい.

7.7 (磁場中の 2 次元調和振動子) 2 次元 xy 平面で質量 M, 電荷 $-e$ の粒子がポテンシャル $V = M\omega^2(x^2+y^2)/2$ に束縛されている (問題 6.8). この 2 次元平面に垂直に, 一様な磁場 $\boldsymbol{B} = B\boldsymbol{e}_z$ をかける.

(a) ベクトルポテンシャルに $\boldsymbol{A} = (\boldsymbol{B} \times \boldsymbol{r})/2$ を選ぶとき, $(\boldsymbol{p}+e\boldsymbol{A})^2 = \boldsymbol{p}^2 + eBL_z + (eB)^2(x^2+y^2)/4$ を示しなさい.
(b) シュレーディンガー方程式を 2 次元極座標を用いて表しなさい. 次に $\psi(r,\phi) = R(r)e^{im\phi}/\sqrt{2\pi}$ として, $R(r)$ が次式に従うことを示しなさい.

$$-\frac{\hbar^2}{2M}\left(\frac{\mathrm{d}^2 R}{\mathrm{d}r^2} + \frac{1}{r}\frac{\mathrm{d}R}{\mathrm{d}r} - \frac{m^2}{r^2}R\right) + \frac{1}{2}M\left[\omega^2 + \left(\frac{\omega_{\mathrm{c}}}{2}\right)^2\right]r^2 R$$
$$= \left(E - \frac{\hbar\omega_{\mathrm{c}}}{2}m\right)R. \tag{7.29}$$

ここで $\omega_{\mathrm{c}} = eB/M$ はサイクロトロン振動数である.

(c) 磁場がないときのシュレーディンガー方程式 (6.34) と式 (7.29) を比較すると, $\omega^2 \leftrightarrow \omega^2 + (\omega_{\mathrm{c}}/2)^2$, $E \leftrightarrow E - \hbar\omega_{\mathrm{c}} m/2$ の対応関係がある. したがって, いまの問題のエネルギー固有値は

$$E_{nm} = \hbar\sqrt{\omega^2 + \left(\frac{\omega_{\mathrm{c}}}{2}\right)^2}(2n+|m|+1) + \frac{\hbar\omega_{\mathrm{c}}}{2}m \tag{7.30}$$

固有状態 ψ_{nm} は, $a_0 = \sqrt{\hbar/M}[\omega^2+(\omega_{\mathrm{c}}/2)^2]^{-1/4}$ として式 (6.36) で与えられる. E_{nm} $(n=0,1; m=0,\pm 1)$ を ω_{c} の関数として図示しなさい (次ページのコラム). また $\omega \to 0$ で E_{nm} が式 (7.12) のランダウ準位に一致することを確かめなさい.

半導体でつくる人工原子

半導体の表面に，別の種類の半導体を1層ずつ成長させる技術（分子線エピタキシーなど）が確立している．半導体間の界面にきれいな2次元電子系をつくることができる（垂直方向は十分薄く，電子はその最低のエネルギー準位を常に占有する）．7.2.2 項で考えた2次元系は現実に存在し，磁場中のランダウ準位も観測されている．半導体の微細加工によって2次元の電子を横方向にも閉じ込めて，擬1次元や擬0次元の電子系もつくられている．量子力学の性質が電気伝導などの物理量に直接現れることから，それぞれ量子細線，量子ドット（ドット (dot) は「点」の意味）とよばれる．

量子ドットの静電ポテンシャル（左下図の V_g）を調整して，それに束縛される電子の数を一つずつ変化させることができる．このとき電子は離散的なエネルギー準位を下から順に占有する．原子との類似性から，量子ドットは人工原子とよばれる．人工原子の特徴は，(i) 電圧 V_g によって原子番号（電子数）を変えることができる．(ii) 大きさは，微細加工技術にもよるが数十 nm (=数百Å) 程度．原子サイズの数Åよりもずっと大きい．(iii) 量子ドットに二つの導線をトンネル障壁でつなぐことで，電子状態を電気伝導測定によって調べることができる．

円板状の量子ドットの場合，閉じ込めポテンシャルを $m\omega^2(x^2+y^2)/2$ で表すと2次元調和振動子になる（問題 4.5, 6.8）．エネルギー固有値は $\hbar\omega, 2\hbar\omega$（2重縮退），$3\hbar\omega$（3重縮退），… である．垂直に磁場 B をかけると，エネルギー準位は問題 7.7 の式 (7.30) で与えられる．その磁場依存性を右下図に示す．横軸の $\omega_c = eB/m$ はサイクロトロン振動数である．これをダーウィン–フォック図 (Darwin–Fock diagram) とよぶ．図中の (n, m) は主量子数（$n = 0, 1, 2, \cdots$）と L_z の量子数（$m = 0, \pm 1, \pm 2, \cdots$）である．ゼロ磁場での縮退準位は磁場によって分裂し，ところどころで他のエネルギー準位と準位交差が生じている．

電子数が4（人工 Be 原子）を考えよう．$B = 0$ のとき，二つの電子が $(0,0)$ 準位をスピン↑, ↓で占有し，残りの二つの電子が $(0, \pm 1)$ の縮退準位をスピンを平行にして（例えば↑, ↑）で占有する．これは「フント則」である (6.5 節)．B をかけると縮退準位が分裂し，やがて二つの電子は下側の $(0, -1)$ 準位にスピン↑, ↓で入るようになる．この変化を観測することで人工原子のフント則が確認された．

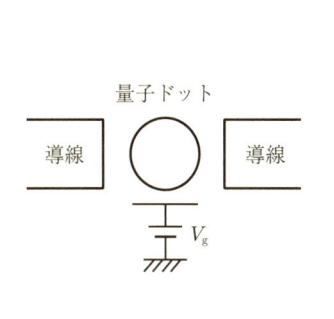

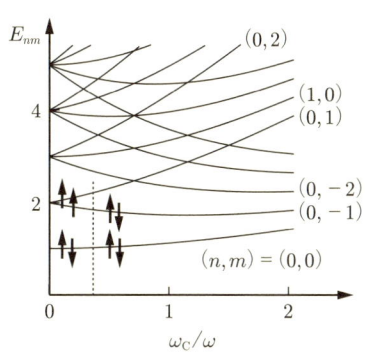

8 角運動量の一般化とスピン

　第5章で中心力場では角運動量 $\boldsymbol{L}$ が保存することを示し，それを用いてシュレーディンガー方程式を解いた．$\boldsymbol{L}^2, L_z$ の固有値はそれぞれ $\hbar^2 l(l+1)$ ($l = 0, 1, 2, \cdots$)，$\hbar m$ ($m = -l, -l+1, \cdots, l$) であった．本章では，まず角運動量を l が半整数の場合も含むように一般化する．電子の内部自由度であるスピンは $l = 1/2$ に対応する演算子 $\boldsymbol{S}$ で記述される．そろそろディラックのブラベクトル，ケットベクトルにも慣れていこう．

8.1 角運動量の代数

　第4章の調和振動子の問題ではシュレーディンガー方程式を解いて波動関数を求めた後，演算子法を説明した．第5章では $\boldsymbol{L}^2$ と L_z の同時固有状態 $Y_l^m(\theta, \phi)$ を求めたが，ここではそれを演算子法を用いて考えよう．同時に角運動量を一般化する．

　一般化された角運動量 J_x, J_y, J_z を，次の交換関係を満たすエルミート演算子として定義する．

$$[J_x, J_y] = i\hbar J_z, \quad [J_y, J_z] = i\hbar J_x, \quad [J_z, J_x] = i\hbar J_y \tag{8.1}$$

以下で用いるのはこの交換関係のみである．

　$\boldsymbol{J}^2 = J_x^2 + J_y^2 + J_z^2, J_\pm = J_x \pm iJ_y$ ($J_\pm$ はエルミートではない) とすると，次の関係式が示される (問題 8.1)．

(a) $\boldsymbol{J}^2 = \dfrac{1}{2}(J_+ J_- + J_- J_+) + J_z^2, \qquad J_\pm^\dagger = J_\mp$

(b) $[\boldsymbol{J}^2, J_x] = [\boldsymbol{J}^2, J_y] = [\boldsymbol{J}^2, J_z] = [\boldsymbol{J}^2, J_\pm] = 0$

(c) $[J_z, J_\pm] = \pm \hbar J_\pm, \qquad [J_+, J_-] = 2\hbar J_z$

(d) $J_\mp J_\pm = \boldsymbol{J}^2 - J_z(J_z \pm \hbar)$

$[\boldsymbol{J}^2, J_z] = 0$ より $\boldsymbol{J}^2$ と J_z の同時固有状態が存在する．それを φ_{jm} とし[*1]，それぞれの固有値を $\hbar^2 j(j+1), \hbar m$ と書く．

$$\boldsymbol{J}^2 \varphi_{jm} = \hbar^2 j(j+1)\varphi_{jm}, \qquad J_z \varphi_{jm} = \hbar m \varphi_{jm} \tag{8.2}$$

$\boldsymbol{J}^2 \geq 0$（任意の状態 ψ に対して $\langle \psi, \boldsymbol{J}^2 \psi \rangle \geq 0$）だから $j \geq 0$ である．

$J_\pm \varphi_{jm}$ は $\boldsymbol{J}^2, J_z$ の固有状態である．実際 (b), (c) を用いると

$$\boldsymbol{J}^2 J_\pm \varphi_{jm} = J_\pm \boldsymbol{J}^2 \varphi_{jm} = \hbar^2 j(j+1) J_\pm \varphi_{jm}$$

$$J_z J_\pm \varphi_{jm} = (J_\pm J_z \pm \hbar J_\pm)\varphi_{jm} = \hbar(m \pm 1) J_\pm \varphi_{jm}$$

ゆえに $J_\pm \varphi_{jm} = C \varphi_{jm\pm 1}$．規格化因子は

$$|C|^2 = \langle J_\pm \varphi_{jm}, J_\pm \varphi_{jm} \rangle = \langle \varphi_{jm}, J_\mp J_\pm \varphi_{jm} \rangle$$
$$= \hbar^2 [j(j+1) - m(m \pm 1)] = \hbar^2 (j \mp m)(j \pm m + 1)$$

と求められる．ここで $J_\pm^\dagger = J_\mp$，および (d) を用いた．したがって

$$J_\pm \varphi_{jm} = \hbar \sqrt{(j \mp m)(j \pm m + 1)} \varphi_{jm\pm 1} \tag{8.3}$$

$J_\pm$ は J_z の固有状態の昇降演算子になっている．

$\boldsymbol{J}^2 - J_z^2 = J_x^2 + J_y^2 \geq 0$ より $j(j+1) - m^2 \geq 0$，すなわち $|m|$ には上限がある．上限の m で $J_+ \varphi_{jm} = 0$，下限の m で $J_- \varphi_{jm} = 0$ でなければならない．そうでないと $J_\pm \varphi_{jm}$ が固有値 $m \pm 1$ の固有状態となって矛盾する．式 (8.3) より上限は $m = j$，下限は $m = -j$ となる．上限の φ_{jj} に J_- を演算していくと，$\varphi_{j,j-1}, \varphi_{j,j-2}, \cdots$．下限の $\varphi_{j,-j}$ に達するためには $2j+1$ が整数でなければならない．

以上から，(i) $m = -j, -j+1, \cdots, j$ の値をとること，(ii) j は整数または半整数であること，(iii) $\boldsymbol{J}^2$ の固有値 $\hbar^2 j(j+1)$ の固有状態は $(2j+1)$ 重に縮退すること，が導かれた．j が整数の場合，この結論は 5 章の結果（$\boldsymbol{J} = \boldsymbol{L}$）を再現している．

[*1] φ_{jm} と書いているが量子数 (j, m) だけで状態が決まらない場合もある．例えば 6 章の水素原子では (l, m) に加えて主量子数 n も必要であった．一般に $\boldsymbol{J}^2, J_z$ と可換な別の演算子があって，その演算子の量子数も含めると状態が一意に定まる．(j, m) 以外の量子数は $J_\pm$ で変化しないのであらわに書いていない．

8.2 演算子の行列表示

8.1 節では $\boldsymbol{J}^2$ と J_z の同時固有状態 φ_{jm} を考えた．では J_x の固有状態はどうなるであろうか．J_x は $\boldsymbol{J}^2$ と交換可能であるので，両者の同時固有状態を求めればよい．本節では $\boldsymbol{J}^2$ の量子数が $j=1$ の状態を考えよう．$j=1$ には φ_{1m} ($m=0,\pm 1$) の三つの状態があるので，求めたい状態はそれらの線形結合

$$\psi = C_1 \varphi_{1,1} + C_0 \varphi_{1,0} + C_{-1} \varphi_{1,-1} \tag{8.4}$$

で表すことができる．なお，φ_{1m} は，5 章で求めた $l=1$（p 状態）の波動関数 $Y_1^m(\theta,\phi)$ に対応するが，以下の議論では具体的な関数形は不要である[*2]．

準備として φ_{1m} ($m=1,0,-1$) の張る空間で演算子の行列表示を求める．演算子 A に対して $A_{m',m} = \langle \varphi_{1m'}, A\varphi_{1m} \rangle$ を成分とする行列をつくる．基底の順番は $\varphi_{1,1}, \varphi_{1,0}, \varphi_{1,-1}$ とする．$\boldsymbol{J}^2$ と J_z の行列は簡単で，$\langle \varphi_{jm'}, \boldsymbol{J}^2 \varphi_{jm} \rangle = \hbar^2 j(j+1)\delta_{m',m}$, $\langle \varphi_{jm'}, J_z \varphi_{jm} \rangle = \hbar m \delta_{m',m}$ であるから

$$\boldsymbol{J}^2 : 2\hbar^2 \begin{pmatrix} 1 & 0 & 0 \\ 0 & 1 & 0 \\ 0 & 0 & 1 \end{pmatrix}, \quad J_z : \hbar \begin{pmatrix} 1 & 0 & 0 \\ 0 & 0 & 0 \\ 0 & 0 & -1 \end{pmatrix}$$

J_x の行列は，

$$J_x = (J_+ + J_-)/2, \quad \langle \varphi_{jm'}, J_\pm \varphi_{jm} \rangle = \hbar \sqrt{(j \mp m)(j \pm m + 1)} \delta_{m',m\pm 1}$$

を用いると

$$\frac{\hbar}{2} \begin{pmatrix} 0 & \sqrt{2} & 0 \\ 0 & 0 & \sqrt{2} \\ 0 & 0 & 0 \end{pmatrix} + \frac{\hbar}{2} \begin{pmatrix} 0 & 0 & 0 \\ \sqrt{2} & 0 & 0 \\ 0 & \sqrt{2} & 0 \end{pmatrix} = \frac{\hbar}{\sqrt{2}} \begin{pmatrix} 0 & 1 & 0 \\ 1 & 0 & 1 \\ 0 & 1 & 0 \end{pmatrix} \equiv M \tag{8.5}$$

J_x の固有値方程式に式 (8.4) を代入すると

$$J_x(C_1\varphi_{1,1} + C_0\varphi_{1,0} + C_{-1}\varphi_{1,-1}) = \lambda(C_1\varphi_{1,1} + C_0\varphi_{1,0} + C_{-1}\varphi_{1,-1})$$

[*2] 5 章の計算と同様，L_x を θ と ϕ の微分で表し ［式 (5.12a)］，$\boldsymbol{L}^2$ ［式 (5.12e)］ との同時固有状態を微分方程式を解いて求めることも可能なはずであるが，計算は煩雑．

両辺に対して $\langle \varphi_{1,m}, \ \rangle$ $(m = 1, 0, -1)$ を計算すると

$$M \begin{pmatrix} C_1 \\ C_0 \\ C_{-1} \end{pmatrix} = \lambda \begin{pmatrix} C_1 \\ C_0 \\ C_{-1} \end{pmatrix} \tag{8.6}$$

後は線形代数の固有値問題である（問題 8.2）．固有値は $\lambda = \hbar, 0, -\hbar$, 固有ベクトルを各列に並べてユニタリー行列 U をつくると

$$U = \begin{pmatrix} \frac{1}{2} & \frac{1}{\sqrt{2}} & \frac{1}{2} \\ \frac{1}{\sqrt{2}} & 0 & -\frac{1}{\sqrt{2}} \\ \frac{1}{2} & -\frac{1}{\sqrt{2}} & \frac{1}{2} \end{pmatrix}, \quad U^\dagger M U = \hbar \begin{pmatrix} 1 & 0 & 0 \\ 0 & 0 & 0 \\ 0 & 0 & -1 \end{pmatrix} \tag{8.7}$$

J_x と J_z は角運動量 $\boldsymbol{J}$ の軸のとり方が異なるだけであるから，固有値は両者で等しい．

8.3 ディラックの表記 (1)

8.2 節の計算にはディラック（Dirac）の表記が便利である．

(i) φ_{jm} を線形空間の基底と考えて $|jm\rangle$（ケットベクトル）で表す．以下では $j = 1$ を略して $|m\rangle$ と書く．$|m\rangle$ の張る空間の任意のベクトル $|\psi\rangle$ は

$$|\psi\rangle = C_1|1\rangle + C_0|0\rangle + C_{-1}|-1\rangle = (|1\rangle \ |0\rangle \ |-1\rangle) \begin{pmatrix} C_1 \\ C_0 \\ C_{-1} \end{pmatrix} \tag{8.8}$$

と縦ベクトル $(C_1, C_0, C_{-1})^\mathrm{T}$ で表される[*3]．

(ii) ケットベクトル $|\psi\rangle$ に対するブラベクトルを

$$\langle\psi| = C_1^*\langle 1| + C_0^*\langle 0| + C_{-1}^*\langle -1| = (C_1^* \ C_0^* \ C_{-1}^*) \begin{pmatrix} \langle 1| \\ \langle 0| \\ \langle -1| \end{pmatrix} \tag{8.9}$$

で定義する．ブラベクトルとケットベクトルの名前の由来は，英語の bracket（括弧；$\langle \ \rangle$）を二つに分けて bra-vector（$\langle \ |$）と ket-vector（$| \ \rangle$）である[*4]．

[*3] T は転置行列を表す．$(C_1, C_0, C_{-1})^\mathrm{T}$ は式 (8.8) の最右辺の縦ベクトル．

[*4] 両者の関係は数学用語で双対（dual correspondence）．$|\psi\rangle$ の「表現」(10 章) である $(C_1, C_0, C_{-1})^\mathrm{T}$ を 3 行 1 列の行列と見ると，$\langle\psi|$ の表現である (C_1^*, C_0^*, C_{-1}^*) はそのエルミート共役となる．

8.3 ディラックの表記 (1)

(iii) ブラベクトル $\langle\psi|$ とケットベクトル $|\psi'\rangle$ の積を ψ, ψ' の内積で定義する；$\langle\psi|\psi'\rangle = \langle\psi,\psi'\rangle$. $|\psi'\rangle = D_1|1\rangle + D_0|0\rangle + D_{-1}|-1\rangle$ のとき，$|m\rangle$ $(m=0,\pm1)$ の正規直交性 $\langle m|n\rangle = \langle\varphi_{1m},\varphi_{1n}\rangle = \delta_{mn}$ を用いると

$$\langle\psi|\psi'\rangle = (C_1^*\langle 1| + C_0^*\langle 0| + C_{-1}^*\langle -1|)(D_1|1\rangle + D_0|0\rangle + D_{-1}|-1\rangle)$$
$$= \sum_{m,n} C_m^* \underbrace{\langle m|n\rangle}_{\delta_{mn}} D_n = \sum_m C_m^* D_m \qquad (8.10)$$

最右辺は 3 次元ベクトル $(C_1, C_0, C_{-1})^{\mathrm{T}}$ と $(D_1, D_0, D_{-1})^{\mathrm{T}}$ の内積に等しい．

(iv) 演算子 A を ψ に演算した結果を $|A\psi\rangle = A|\psi\rangle$ と書く．$A|n\rangle$ と $\langle m|$ の内積 $\langle\varphi_{1m}, A\varphi_{1n}\rangle$ を $A_{mn} = \langle m|A|n\rangle$ で表す[*5]．A の固有値方程式

$$A(C_1|1\rangle + C_0|0\rangle + C_{-1}|-1\rangle) = \lambda(C_1|1\rangle + C_0|0\rangle + C_{-1}|-1\rangle)$$

の両辺に $\langle 1|, \langle 0|, \langle -1|$ を掛けると

$$\begin{pmatrix} A_{11} & A_{12} & A_{13} \\ A_{21} & A_{22} & A_{23} \\ A_{31} & A_{32} & A_{33} \end{pmatrix} \begin{pmatrix} C_1 \\ C_0 \\ C_{-1} \end{pmatrix} = \lambda \begin{pmatrix} C_1 \\ C_0 \\ C_{-1} \end{pmatrix} \qquad (8.11)$$

と 3 行 3 列の行列の固有値問題に帰着する．A_{mn} を成分とする行列を演算子 A の表現行列とよぶ．$A_{mn} = \langle m|A|n\rangle = \langle\varphi_{1m}, A\varphi_{1n}\rangle = \langle A^\dagger\varphi_{1m}, \varphi_{1n}\rangle = \langle\varphi_{1n}, A^\dagger\varphi_{1m}\rangle^*$，したがって A がエルミート演算子のとき $(A^\dagger = A)$，A の表現行列はエルミート行列 $(A_{mn} = A_{nm}^*)$ となる．

8.2 節の J_x の固有値問題に戻ろう．J_x の固有値 $\lambda = \hbar, 0, -\hbar$ に対応する固有状態を $|\psi_1\rangle, |\psi_0\rangle, |\psi_{-1}\rangle$ と表記すると，式 (8.7) の U のつくり方から

$$(|\psi_1\rangle \; |\psi_0\rangle \; |\psi_{-1}\rangle) = (|1\rangle \; |0\rangle \; |-1\rangle)U \qquad (8.12)$$

逆に解くと $(|1\rangle \; |0\rangle \; |-1\rangle) = (|\psi_1\rangle \; |\psi_0\rangle \; |\psi_{-1}\rangle)U^\dagger$ であるから

$$|1\rangle = \frac{1}{2}|\psi_1\rangle + \frac{1}{\sqrt{2}}|\psi_0\rangle + \frac{1}{2}|\psi_{-1}\rangle \qquad (8.13\mathrm{a})$$

[*5] $\langle m|A|n\rangle$ と書くと，A が $|n\rangle$ にかかるのか $\langle m|$ にかかるのかわからないが，10.2 節で説明するように $\langle m|(A|n\rangle) = (\langle m|A)|n\rangle$ であるため混乱は生じない．

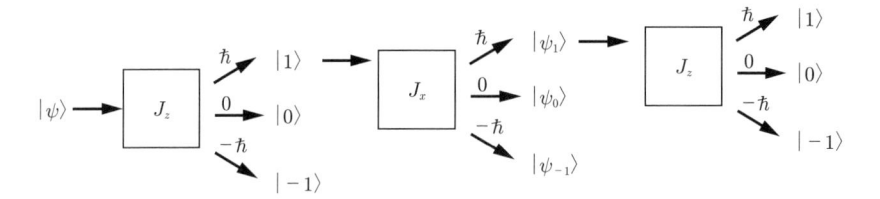

122   8 角運動量の一般化とスピン

```
|ψ⟩ → [ J_z ] → ℏ  |1⟩
              → 0  |0⟩
              → -ℏ |-1⟩
       → [ J_x ] → ℏ  |ψ_1⟩
                → 0  |ψ_0⟩
                → -ℏ |ψ_{-1}⟩
       → [ J_z ] → ℏ  |1⟩
                → 0  |0⟩
                → -ℏ |-1⟩
```

図 8.1 角運動量 $j=1$ の状態 $|\psi\rangle$ のときに J_z を観測すると $\hbar, 0, -\hbar$ のいずれかが観測される．その値に応じて状態は $|1\rangle, |0\rangle, |-1\rangle$ に収縮する．観測値が $\hbar$ だったとしよう．次に J_x を観測すると $\hbar, 0, -\hbar$ のいずれかの値が得られ，状態は $|\psi_1\rangle$, $|\psi_0\rangle$ または $|\psi_{-1}\rangle$ に変わる．J_x の観測値が $\hbar$ だったとき，再び J_z を観測する．そのとき 1 回目の J_z の測定結果と同じ $\hbar$ が得られるとは限らない．

$$|0\rangle = \frac{1}{\sqrt{2}}|\psi_1\rangle - \frac{1}{\sqrt{2}}|\psi_{-1}\rangle \tag{8.13b}$$

$$|-1\rangle = \frac{1}{2}|\psi_1\rangle - \frac{1}{\sqrt{2}}|\psi_0\rangle + \frac{1}{2}|\psi_{-1}\rangle \tag{8.13c}$$

J_z の固有状態 $|1\rangle, |0\rangle, |-1\rangle$ を J_x の固有状態 $|\psi_1\rangle, |\psi_0\rangle, |\psi_{-1}\rangle$ で表すことができた．

　J_z の固有状態 $|1\rangle$ のときに J_x を観測したらどういう結果が得られるであろうか．観測値は J_x の三つの固有値 $\hbar, 0, -\hbar$ のどれかであり，観測確率は式 (8.13a) の $|1\rangle$ における $|\psi_1\rangle, |\psi_0\rangle, |\psi_{-1}\rangle$ の係数で決まる．$\hbar$ である確率は $(1/2)^2 = 1/4$, 0 である確率は $(1/\sqrt{2})^2 = 1/2$, $-\hbar$ である確率は $(1/2)^2 = 1/4$. このような観測を何度もくり返して行ったときの期待値は $\hbar \times (1/4) + 0 \times (1/2) - \hbar \times (1/4) = 0$, これは $\langle 1|J_x|1\rangle = 0$ ［式 (8.5) の M_{11} 成分］に一致する．

　最初 J_z を観測し，その結果が $\hbar$ だったとする．このとき状態は $|1\rangle$ となる（波束の収縮）．次に J_x を観測し，測定値が $\hbar$ であったとしたら状態は $|\psi_1\rangle$ になる．再び J_z を観測すると最初の観測結果と同じ $\hbar$ が得られるとは限らない（図 8.1）．これは J_z と J_x が可換でないためである．もし可換であるならば，2 度の J_z の測定は同じ結果を与えるはずである．

8.4　スピン

　6.5 節で触れたが，電子にはスピンという内部自由度がある．スピンは一般化された角運動量演算子 $\boldsymbol{J}$ で記述される．それを $\boldsymbol{S} = (S_x, S_y, S_z)$, j に対応

する量子数を s と表記する．実験結果から電子のスピンは $s = 1/2$ であり，S_z の固有値 $\hbar m$ ($m = \pm 1/2$) に対応した二つの状態 $|\pm 1/2\rangle$ があることがわかっている．それを上向きスピン $|\uparrow\rangle$，下向きスピン $|\downarrow\rangle$ と書いたり，$|\alpha\rangle, |\beta\rangle$ と書く ($|1/2\rangle = |\uparrow\rangle = |\alpha\rangle, |-1/2\rangle = |\downarrow\rangle = |\beta\rangle$)．

$$S_z|\alpha\rangle = \frac{\hbar}{2}|\alpha\rangle, \qquad S_z|\beta\rangle = -\frac{\hbar}{2}|\beta\rangle \tag{8.14}$$

$|\alpha\rangle, |\beta\rangle$ は規格化されているものとする．両者の直交性は S_z のエルミート性から保証されるから

$$\langle\alpha|\alpha\rangle = \langle\beta|\beta\rangle = 1, \qquad \langle\alpha|\beta\rangle = 0 \tag{8.15}$$

式 (8.3) に $j = 1/2$ を代入すると，

$$S_+|\alpha\rangle = 0, \qquad S_-|\alpha\rangle = \hbar|\beta\rangle$$

$$S_+|\beta\rangle = \hbar|\alpha\rangle, \qquad S_-|\beta\rangle = 0$$

昇降演算子 $S_\pm$ で $|\alpha\rangle, |\beta\rangle$ が移り変わるとき余計な数係数が現れないのが嬉しい．

電子のスピンは，歴史的にはシュテルン–ゲルラッハ (Stern–Gerlach) の実験，アルカリ金属原子のスペクトルの多重線 (9.4節)，などから示唆された．電子はスピンによる磁気モーメントをもつ[*6]．

$$\boldsymbol{\mu} = -g\frac{e}{2m}\boldsymbol{S} = -g\mu_\mathrm{B}\boldsymbol{S}/\hbar \tag{8.16}$$

ここで $g \approx 2$ はスピン g 因子（あるいは単に g 因子）とよばれる[*7]．μ_B は式 (7.10) で導入したボーア磁子である．磁場中の磁気モーメントのエネルギーは $-\boldsymbol{\mu}\cdot\boldsymbol{B}$ であるから $H = g\mu_\mathrm{B}\boldsymbol{S}\cdot\boldsymbol{B}/\hbar$．7.2節で z 方向の磁場 ($\boldsymbol{B} = B\boldsymbol{e}_z$) 中の水素原子を考えたが，スピンも考慮すると $\boldsymbol{B}$ の 1 次までのエネルギー変化は

$$(L_z + 2S_z)\frac{e}{2m}B$$

[*6] スピンは電子の自転に相当する自由度だと考えられた．磁気モーメントのマイナス符号は負の電荷が回転する運動だと思うとつじつまは合う．しかし現在の素粒子物理学の標準模型では電子は素粒子であり，内部構造をもたないから自転はありえない．スピン 1/2 は電子固有の属性と考えられている．

[*7] 相対論的量子力学でスピン 1/2 の粒子を記述するディラック方程式からは $g = 2$[2,4]．さらに進んだ量子電磁気学によると 2 からわずかにずれて $g \approx 2.0023193$．

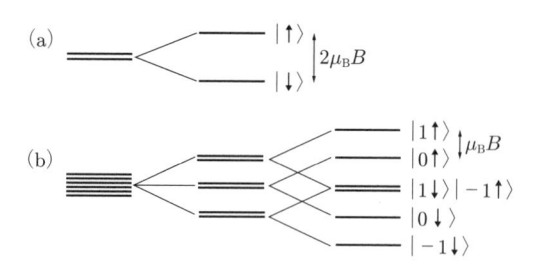

124　8　角運動量の一般化とスピン

図 8.2　(a) 電子のスピン $s=1/2$ に磁場をかけたときのゼーマン分裂．(b) 2p 軌道の電子（角運動量 $l=1$，スピン $s=1/2$）のゼーマン分裂（中央の図はスピンのゼーマン効果を無視したときのエネルギー準位）．スピンの g 因子は $g=2$ とした．

ここで $g=2$ とした．したがって $L_z=0$ のときでも，スピン状態 $|\pm 1/2\rangle$ によってゼーマン分裂 $\pm\mu_B B$ が生じる [図 8.2(a)][*8]．また 2p 軌道の分裂は図 8.2(b) のように変わる．

電子以外の粒子にもスピンはある．陽子，中性子は電子と同じ $s=1/2$，π 中間子は $s=0$（すなわちスピン自由度はない），光子は $s=1$ である[*9]．原子核は陽子と中性子から成り，原子番号や同位体によって異なる核スピンをもつ[*10]．核スピンは普通 I で表され，例えば ^{12}C, ^{28}Si は $I=0$, ^{13}C, ^{29}Si は $I=1/2$, ^{14}N は $I=1$, ^{23}Na は $I=3/2$ である．

8.5　スピノル空間とパウリ行列

スピン $s=1/2$ をもつ粒子の状態についてもう少し考察を進める．

まず，スピンの状態は式 (8.14) の上向きか下向きに限られるわけでなく，一般には両者の線形結合（波としての重ね合わせ）であることに注意しよう．

[*8]　シュテルン–ゲルラッハの実験の説明は省略するが，銀原子のビームが不均一磁場中で 2 本に分裂することからスピン 1/2 の存在が示された．銀原子の電子配置は [Kr の閉殻構造]$(5s)(4d)^{10}$ である．5s の電子は軌道角運動量 $l=0$ のため，スピンによる磁気モーメントだけをもつ．

[*9]　光子は質量がゼロのために，$s=1$ であるが内部自由度は 2 である．光は横波のため進行方向に垂直な二つの偏極方向があり，その自由度に対応する（12.5 節参照）．

[*10]　核スピンに伴う磁気モーメントの大きさは $e\hbar/(2M)=(m/M)\mu_B$ 程度（M は陽子の質量）であり，電子スピンのそれの $m/M\sim 10^{-3}$ 倍と小さい（p.145 のコラム）．

$$|\gamma\rangle = C_1|\alpha\rangle + C_2|\beta\rangle = (|\alpha\rangle \ |\beta\rangle) \begin{pmatrix} C_1 \\ C_2 \end{pmatrix} \tag{8.17}$$

このようにスピン状態は 2 成分の縦ベクトルで表されるが，これをスピノルとよぶ．

スピノルの上の成分か，下の成分かをスピン座標 $\sigma = \pm 1/2$ で指定する[*11]．式 (8.17) では

$$\gamma(1/2) = \langle 1/2|\gamma\rangle = C_1, \qquad \gamma(-1/2) = \langle -1/2|\gamma\rangle = C_2$$

特に $\alpha(1/2) = 1$, $\alpha(-1/2) = 0$，また $\beta(1/2) = 0$, $\beta(-1/2) = 1$ である．規格化条件は

$$\langle \gamma|\gamma\rangle = \sum_{\sigma=\pm 1} |\gamma(\sigma)|^2 = |C_1|^2 + |C_2|^2 = 1$$

粒子の状態は，実空間での運動 (軌道) を記述する波動関数とスピン状態 $|\gamma\rangle$ の両者で決定される．スピン軌道相互作用 (9.3 節) がないときは，ハミルトニアンの固有状態 $\psi(\boldsymbol{r}, \sigma)$ は軌道部分とスピン部分に変数分離して求められるから

$$\varphi(\boldsymbol{r}) \begin{pmatrix} \gamma(1/2) \\ \gamma(-1/2) \end{pmatrix} \quad \Leftrightarrow \quad \psi(\boldsymbol{r}, \sigma) = \varphi(\boldsymbol{r})\gamma(\sigma) \tag{8.18}$$

の形になる．一般には

$$\begin{pmatrix} \varphi_{1/2}(\boldsymbol{r}) \\ \varphi_{-1/2}(\boldsymbol{r}) \end{pmatrix} \quad \Leftrightarrow \quad \psi(\boldsymbol{r}, \sigma) = \varphi_\sigma(\boldsymbol{r}) \tag{8.19}$$

で $\varphi_{1/2}(\boldsymbol{r})$ と $\varphi_{-1/2}(\boldsymbol{r})$ は $\boldsymbol{r}$ の異なる関数である．規格化条件は

$$\sum_{\sigma=\pm 1/2} \int d\boldsymbol{r} |\psi(\boldsymbol{r}, \sigma)|^2 = \int d\boldsymbol{r} \left[|\varphi_{1/2}(\boldsymbol{r})|^2 + |\varphi_{-1/2}(\boldsymbol{r})|^2\right] = 1$$

式 (8.19) の一般形は 9.3 節以降で考えることにして，式 (8.18) の波動関数に戻り，スピン状態 $\gamma(\sigma)$ に着目する．スピノル空間でのスピン演算子の行列表示

[*11] 10.3 節で説明するが，波動関数 $\varphi(\boldsymbol{r})$ は状態 $|\varphi\rangle$ の $\boldsymbol{r}$ 成分である；$\varphi(\boldsymbol{r}) = \langle \boldsymbol{r}|\varphi\rangle$．両者の対応関係から σ を「スピン座標」とよぶ．

は 8.2 節と同様に求められる（問題 8.3）．基底を $|1/2\rangle$, $|-1/2\rangle$ に選ぶと S_x, S_y, S_z の行列はそれぞれ $(\hbar/2)\sigma_x$, $(\hbar/2)\sigma_y$, $(\hbar/2)\sigma_z$，ここで

$$\sigma_x = \begin{pmatrix} 0 & 1 \\ 1 & 0 \end{pmatrix}, \quad \sigma_y = \begin{pmatrix} 0 & -i \\ i & 0 \end{pmatrix}, \quad \sigma_z = \begin{pmatrix} 1 & 0 \\ 0 & -1 \end{pmatrix}$$

はパウリ（Pauli）行列とよばれる．その性質を問題 8.4 にまとめたので自分で確かめてほしい．

ここで再び磁束密度 $\boldsymbol{B}$ 中の電子を例にとり，パウリ行列を使った計算をしよう（問題 8.5）．軌道角運動量の寄与は無視すると，ハミルトニアンは

$$H = -\boldsymbol{\mu} \cdot \boldsymbol{B} = g\mu_B \boldsymbol{B} \cdot \boldsymbol{S}/\hbar \tag{8.20}$$

磁場の向きが z 方向（$\boldsymbol{B} = B\boldsymbol{e}_z$）のとき，$H$ の固有状態は $|\pm 1/2\rangle$ $(=|\alpha\rangle, |\beta\rangle)$，固有値は $\pm g\mu_B B/2 \equiv \pm \Delta_0$ であった．このときの z 軸をスピンの量子化軸とよぶ．では磁場の向きが $\boldsymbol{n} = (\sin\theta\cos\phi, \sin\theta\sin\phi, \cos\theta)$ の場合はどうなるであろうか．$\boldsymbol{B} = B\boldsymbol{n}$ のとき，スピノル空間での H の行列表示は

$$\Delta_0(n_x\sigma_x + n_y\sigma_y + n_z\sigma_z) = \Delta_0 \begin{pmatrix} \cos\theta & e^{-i\phi}\sin\theta \\ e^{i\phi}\sin\theta & -\cos\theta \end{pmatrix} \tag{8.21}$$

これを対角化すると固有値は $\pm\Delta_0$，固有状態は

$$|\psi_+\rangle = (|\alpha\rangle \; |\beta\rangle) \begin{pmatrix} \cos\frac{\theta}{2} \\ \sin\frac{\theta}{2}e^{i\phi} \end{pmatrix} = \cos\frac{\theta}{2}|\alpha\rangle + \sin\frac{\theta}{2}e^{i\phi}|\beta\rangle \tag{8.22}$$

$$|\psi_-\rangle = (|\alpha\rangle \; |\beta\rangle) \begin{pmatrix} -\sin\frac{\theta}{2}e^{-i\phi} \\ \cos\frac{\theta}{2} \end{pmatrix} = -\sin\frac{\theta}{2}e^{-i\phi}|\alpha\rangle \cos\frac{\theta}{2}|\beta\rangle \tag{8.23}$$

この $|\psi_\pm\rangle$ が量子化軸を $\boldsymbol{n}$ 方向に選んだときの上向きスピン，下向きスピンの状態である．

状態が式 (8.22) の $|\psi_+\rangle$ のとき，スピン $\boldsymbol{S}$ の期待値はどうなるであろうか．$|\psi_+\rangle = C_1|\alpha\rangle + C_2|\beta\rangle$ と記すと

$$\langle S_x \rangle = (C_1^*\langle\alpha| + C_2^*\langle\beta|)S_x(C_1|\alpha\rangle + C_2|\beta\rangle)$$

$$= \frac{\hbar}{2}(C_1^* \; C_2^*)\sigma_x \begin{pmatrix} C_1 \\ C_2 \end{pmatrix} \tag{8.24}$$

など，パウリ行列の計算（行列の 2 次形式）に帰着する．結果をまとめると

$$\langle \psi_+ | \boldsymbol{S} | \psi_+ \rangle = \frac{\hbar}{2} \boldsymbol{n} \tag{8.25}$$

この意味で $|\psi_+\rangle$ は「$\boldsymbol{n}$ 方向を向いたスピン状態」ということができる[*12]．

最後にスピンの歳差運動について触れる．磁場を z 方向にかける．時刻 $t=0$ でのスピン状態が式 (8.22) だったとする；$|\Psi(t=0)\rangle = |\psi_+\rangle$．$|\alpha\rangle, |\beta\rangle$ はハミルトニアンの固有状態（エネルギー固有値 $\pm\Delta_0$）であるから

$$|\Psi(t)\rangle = (|\alpha\rangle \ |\beta\rangle) \begin{pmatrix} \cos\frac{\theta}{2} e^{-i\Delta_0 t/\hbar} \\ \sin\frac{\theta}{2} e^{i\phi} e^{i\Delta_0 t/\hbar} \end{pmatrix} \tag{8.26}$$

このときの $\boldsymbol{S}$ の期待値 $\langle \boldsymbol{S}(t) \rangle$ を計算すると

$$\langle S_x(t) \rangle = \frac{\hbar}{2} \sin\theta \cos\left(\phi + \frac{2\Delta_0 t}{\hbar}\right)$$

$$\langle S_y(t) \rangle = \frac{\hbar}{2} \sin\theta \sin\left(\phi + \frac{2\Delta_0 t}{\hbar}\right)$$

また $\langle S_z(t) \rangle = (\hbar/2)\cos\theta$．これはスピンが z 軸のまわりを角振動数 $\omega = 2\Delta_0/\hbar = g\mu_\mathrm{B} B/\hbar$ で回転する歳差運動を示す[*13]．

8.6　スピンの回転操作*

本節ではスピン $s=1/2$ を回転したらどうなるかを考える．

準備として，7.6 節の波動関数の回転から始める．z 軸のまわりを角度 ϕ 回転させる演算子を R_z と略記すると $R_z = e^{-i\phi L_z/\hbar}$ であった．波動関数 $\varphi(\boldsymbol{r})$ が与えられたとき，$L_i \ (i=x,y,z)$ の期待値は

$$\langle L_i \rangle \equiv \langle \varphi, L_i \varphi \rangle = \langle \varphi | L_i | \varphi \rangle \tag{8.27}$$

である．$\varphi(\boldsymbol{r})$ を R_z で回転する；$\varphi'(\boldsymbol{r}) = R_z \varphi(\boldsymbol{r})$．回転後の L_i の期待値は

$$\langle L_i \rangle' \equiv \langle R_z \varphi, L_i R_z \varphi \rangle = \langle \varphi | R_z^\dagger L_i R_z | \varphi \rangle$$

[*12] $|\psi_+\rangle$ を $\boldsymbol{n}$ に対応させることで，スピン状態を単位球上の 1 点で表すことができる．これをブロッホ球（Bloch sphere）という（p.132 のコラム）．
[*13] $\gamma = g\mu_\mathrm{B}/\hbar$ を導入すると $\omega = \gamma B$．γ は $\boldsymbol{\mu}$ と $\boldsymbol{S}$ の大きさの比で磁気回転比とよばれる．

ここで交換関係 (5.2) [または (8.1)] を用いると, 例えば

$$R_z^\dagger L_x R_z = e^{i\phi L_z/\hbar} L_x e^{-i\phi L_z/\hbar} = \cos\phi L_x - \sin\phi L_y$$

である (問題 8.7). したがって

$$\begin{cases} \langle L_x \rangle' = \cos\phi \langle L_x \rangle - \sin\phi \langle L_y \rangle \\ \langle L_y \rangle' = \sin\phi \langle L_x \rangle + \cos\phi \langle L_y \rangle \\ \langle L_z \rangle' = \langle L_z \rangle \end{cases} \tag{8.28}$$

これは波動関数を回転すると, 角運動量の期待値 $\langle \boldsymbol{L} \rangle = (\langle L_x \rangle, \langle L_y \rangle, \langle L_z \rangle)$ がベクトルの回転と同じ変換則に従うというもっともな結果である.

次にスピンの回転操作を考えよう. スピン状態 $|\gamma\rangle$ に対する z 軸まわりの回転操作を, 波動関数の回転操作にならって

$$R_z = e^{-i\phi S_z/\hbar} \tag{8.29}$$

で定義する. 上の計算では交換関係 (8.1) だけを使っていたので, 変換前後のスピンの期待値 $\langle \boldsymbol{S} \rangle \equiv \langle \gamma | \boldsymbol{S} | \gamma \rangle$, $\langle \boldsymbol{S} \rangle' \equiv \langle \gamma | R_z^\dagger \boldsymbol{S} R_z | \gamma \rangle$ の間にも式 (8.28) と同様の関係式

$$\begin{cases} \langle S_x \rangle' = \cos\phi \langle S_x \rangle - \sin\phi \langle S_y \rangle \\ \langle S_y \rangle' = \sin\phi \langle S_x \rangle + \cos\phi \langle S_y \rangle \\ \langle S_z \rangle' = \langle S_z \rangle \end{cases} \tag{8.30}$$

が成り立つ (問題 8.8). したがってスピンの期待値は, 空間の回転に対して他のベクトルと同様に変換される. 一般に回転軸の向きが $\boldsymbol{n}$ の場合のスピンの回転操作は, 回転ベクトル $\boldsymbol{\phi} = \phi\boldsymbol{n}$ を用いて $R(\boldsymbol{\phi}) = e^{-i\boldsymbol{\phi}\cdot\boldsymbol{S}/\hbar}$ で表される.

では R_z によってスピン状態 $|\gamma\rangle$ はどのように変換されるであろうか. スピノル空間での R_z の行列表現は, 問題 8.4(c) の結果を使うと

$$e^{-i\phi\sigma_z/2} = \cos\frac{\phi}{2} - i\sin\frac{\phi}{2}\sigma_z = \begin{pmatrix} e^{-i\phi/2} & 0 \\ 0 & e^{i\phi/2} \end{pmatrix} \tag{8.31}$$

したがってスピン状態 [式 (8.17)] を変換すると

$$\begin{pmatrix} C_1' \\ C_2' \end{pmatrix} = e^{-i\phi\sigma_z/2} \begin{pmatrix} C_1 \\ C_2 \end{pmatrix} = \begin{pmatrix} e^{-i\phi/2} C_1 \\ e^{i\phi/2} C_2 \end{pmatrix}$$

8.6 スピンの回転操作*

不思議なことに360度 ($\phi = 2\pi$) 回転するとスピン状態 $|\gamma\rangle$ は $-|\gamma\rangle$ となって元には戻らない（物理量の期待値 $\langle \boldsymbol{S} \rangle = \langle \gamma | \boldsymbol{S} | \gamma \rangle$ は元に戻る）．720度 ($\phi = 4\pi$) の回転によって元の状態に戻る．このスピン $s = 1/2$ の性質は中性子の干渉実験で確認されている[*14]．

補足： 式 (8.31) の計算には別解がある．2行2列の対角行列 M に対して

$$M = \begin{pmatrix} \lambda_1 & 0 \\ 0 & \lambda_2 \end{pmatrix} \quad \Rightarrow \quad M^n = \begin{pmatrix} \lambda_1^n & 0 \\ 0 & \lambda_2^n \end{pmatrix}$$

したがって

$$e^{\alpha M} = \sum_{n=0}^{\infty} \frac{\alpha^n}{n!} M^n = \sum_{n=0}^{\infty} \frac{\alpha^n}{n!} \begin{pmatrix} \lambda_1^n & 0 \\ 0 & \lambda_2^n \end{pmatrix} = \begin{pmatrix} e^{\alpha \lambda_1} & 0 \\ 0 & e^{\alpha \lambda_2} \end{pmatrix}$$

$\alpha = -i\phi/2$, $M = \sigma_z$ のとき式 (8.31) を与える．

一般に，任意の次元のエルミート行列 M はユニタリー行列 U で対角化できる．

$$M = U \Lambda U^\dagger, \qquad \Lambda = \begin{pmatrix} \lambda_1 & & \\ & \lambda_2 & \\ & & \ddots \end{pmatrix}$$

このとき

$$e^{\alpha M} = \sum_{n=0}^{\infty} \frac{\alpha^n}{n!} (U \Lambda U^\dagger)^n = \sum_{n=0}^{\infty} \frac{\alpha^n}{n!} U \Lambda^n U^\dagger = U \begin{pmatrix} e^{\alpha \lambda_1} & & \\ & e^{\alpha \lambda_2} & \\ & & \ddots \end{pmatrix} U^\dagger \tag{8.32}$$

[*14] 文献[3]の3.2節を参照．空間の回転 $R(\boldsymbol{\phi}) = e^{-i\boldsymbol{\phi} \cdot \boldsymbol{L}/\hbar}$ は O(3) という群をなす（表現行列は 3×3 の直交行列）．一方スピンの回転 $R(\boldsymbol{\phi}) = e^{-i\boldsymbol{\phi} \cdot \boldsymbol{S}/\hbar}$ は SU(2) という群をなす（表現行列は 2×2 のユニタリー行列）．二つの群はどちらも3次元空間の回転を表し，互いに「同型」の関係にある．$2\pi, 4\pi$ の回転は O(3) ではどちらも単位行列 $I_{3 \times 3}$ であるのに対し，SU(2) では $-I_{2 \times 2}, I_{2 \times 2}$．このように両者の対応は1対2である．

8.2, 8.3 節では $|1,m\rangle \equiv |m\rangle$ ($m=1,0,-1$) の張る $j=1$ の空間を考えた．例えば，その空間で y 軸まわりの回転 $e^{-iL_y\theta/\hbar}$ の行列は，問題 8.2 の結果と式 (8.32) を利用して求めることができる．L_z の固有状態 $|1\rangle$ を y 軸まわりに $\theta=\pi/2$ 回転させると，L_x の固有状態 $|\psi_1\rangle$ が得られる（問題 9.7）．

問　題

8.1　一般化された角運動量 J_x, J_y, J_z に対して，式 (8.1) の交換関係を用いて 8.1 節の (a)〜(d) を証明しなさい．

8.2　8.2 節で J_x の行列表示［式 (8.5)］を求めた．その固有値方程式 (8.6) を解いて三つの固有値と固有状態を求めなさい．それを用いて式 (8.7) の行列 U をつくりなさい（U の列ごとに共通の位相因子がかかっても正解である）．
同様に，J_y の行列表示を求め，三つの固有値と固有状態を求めなさい．式 (8.7) のように，表現行列を対角化するユニタリー行列 U をつくりなさい．

8.3　（スピン演算子の行列表示）　8.2 節で $j=1$ のときの J_x の行列表示を求めたのと同様にして，$j=1/2$ のときの角運動量演算子の行列表示をつくろう．スピンを念頭において $\boldsymbol{J}$ を $\boldsymbol{S}$，j を s と表記する．
(a) $\boldsymbol{S}^2, S_z$ の同時固有状態を $|\sigma\rangle$ ($\sigma=\pm 1/2$) とする．この空間で S_x, S_y, S_z の行列表示を求めなさい．それらが $(\hbar/2)\sigma_x, (\hbar/2)\sigma_y, (\hbar/2)\sigma_z$ となることを確かめなさい．
(b) S_x の行列表示を対角化して，固有値と固有状態を求めなさい．式 (8.7) のように，表現行列を対角化するユニタリー行列 U をつくりなさい．
(c) S_y について (b) と同じ問題を解きなさい．

8.4　（パウリ行列の性質）
(a) 次の関係式を導きなさい．

$$\sigma_x^2 = \sigma_y^2 = \sigma_z^2 = 1 \tag{8.33a}$$

$$[\sigma_x, \sigma_y] = 2i\sigma_z, \quad [\sigma_y, \sigma_z] = 2i\sigma_x, \quad [\sigma_z, \sigma_x] = 2i\sigma_y \tag{8.33b}$$

$$\{\sigma_x, \sigma_y\} = \{\sigma_y, \sigma_z\} = \{\sigma_z, \sigma_x\} = 0 \tag{8.33c}$$

ここで $\{A,B\} = AB + BA$ は反交換子である．
(b) 2 行 2 列の任意のエルミート行列

$$\begin{pmatrix} a & b-ic \\ b+ic & d \end{pmatrix} \quad (a,b,c,d \text{ は実数})$$

は，単位行列 $\mathbf{1}$ と $\sigma_x, \sigma_y, \sigma_z$ の線形結合で表されることを示しなさい．
(c) 演算子 A に対して $e^A = \sum_{n=0}^{\infty} \frac{1}{n!} A^n$ であった．次の関係式を示しなさい．

$$\exp(i\alpha\sigma_x) = \cos\alpha + i(\sin\alpha)\sigma_x \tag{8.34}$$

右辺第 1 項のように，単位行列はしばしば省略される．σ_y, σ_z についても同様の関係式が成り立つ．

* $\sigma_x^2, \cdots, \sigma_x\sigma_y, \cdots$ が **1** かパウリ行列で書けることから，パウリ行列の関数は必ずパウリ行列の 1 次式で書くことができる．

$$f(\sigma_x, \sigma_y, \sigma_z) = a + b\sigma_x + c\sigma_y + d\sigma_z$$

問題 (c) はその一例である．

8.5 磁束密度 **B** 中の電子スピン **S** を考える．ハミルトニアンは式 (8.20) で与えられる．
  (a) 磁場の向きが $\boldsymbol{n} = (\sin\theta\cos\phi, \sin\theta\sin\phi, \cos\theta)$ のとき，スピノル空間での H の行列表示が式 (8.21) になることを示しなさい．それを対角化して，固有値 $\pm\Delta_0$ の固有状態 $|\psi_\pm\rangle$ を求めなさい．
  (b) 状態が式 (8.22) の $|\psi_+\rangle$ のときに，スピン **S** の期待値を計算して式 (8.25) を示しなさい．同様に $|\psi_-\rangle$ での **S** の期待値を計算しなさい．
  (c) 磁場を z 方向にかける．時刻 $t=0$ でのスピン状態が式 (8.22) の $|\psi_+\rangle$ だったとすると，時刻 t では式 (8.26) となる．この $|\Psi(t)\rangle$ を用いて，スピン演算子 S_x, S_y, S_z の期待値をそれぞれ計算しなさい．
  (d) スピンに z 方向に磁場をかけて S_z を測定したところ $\hbar/2$ の結果を得た．次に $\boldsymbol{n} = (\sin\theta\cos\phi, \sin\theta\sin\phi, \cos\theta)$ 方向に磁場をかけて測定を行って $\hbar/2$ が得られる確率はいくつか．量子化軸が $\boldsymbol{n}$ の上向き状態 $|\psi_+\rangle$ になった後に再び z 方向に磁場をかけて S_z を測定したとき，どのような結果が得られるか．

8.6 (a) 演算子 A, B について次の関係式を示しなさい．

$$e^A B e^{-A} = B + [A, B] + \frac{1}{2!}[A, [A, B]] + \frac{1}{3!}[A, [A, [A, B]]] + \cdots \quad (8.35)$$

これを用いて $e^{-i\boldsymbol{a}\cdot\boldsymbol{p}/\hbar} \boldsymbol{r} e^{i\boldsymbol{a}\cdot\boldsymbol{p}/\hbar} = \boldsymbol{r} - \boldsymbol{a}$ を示しなさい（ベクトル $\boldsymbol{a}$ は定数）．
  (b) $[A, B] = C$ に対して $[C, A] = [C, B] = 0$ が成り立つとき

$$e^A e^B = e^{A+B} e^{C/2} \tag{8.36}$$

を示しなさい．
  ヒント： $f(\lambda) = e^{\lambda A} e^{\lambda B}$ とおくと $f'(\lambda) = (A + B + \lambda C) f(\lambda)$．

8.7 一般化角運動量 J_x, J_y, J_z の交換関係 (8.1)，および問題 8.6 の式 (8.35) を用いて次式を示しなさい．

$$e^{i\phi J_z/\hbar} J_x e^{-i\phi J_z/\hbar} = \cos\phi J_x - \sin\phi J_y \tag{8.37}$$

$$e^{i\phi J_z/\hbar} J_y e^{-i\phi J_z/\hbar} = \sin\phi J_x + \cos\phi J_y \tag{8.38}$$

8.8 $s = 1/2$ のスピン演算子 S_x, S_y, S_z について問題 8.7 の式 (8.37), (8.38) は当然成り立つ．ここでは別解を考えよう．問題 8.4(c) の結果を $e^{\pm i\phi S_z/\hbar}$ の行列表示に適用しなさい．それを使って $e^{i\phi S_z/\hbar} S_x e^{-i\phi S_z/\hbar}$, $e^{i\phi S_z/\hbar} S_y e^{-i\phi S_z/\hbar}$ を計算しなさい．

量子コンピューター

量子状態を操作して計算を行う量子コンピューターが提案されている．従来のコンピューターでは数を2進法で表す．基本単位はビット（bit）で「0」または「1」を表示する．量子コンピューターの基本単位は量子ビット（quantum bit を略して qubit という）で，「0」と「1」の波としての重ね合わせである．例えば，スピン $s = 1/2$ の状態はアップ $|\uparrow\rangle$ とダウン $|\downarrow\rangle$ の重ね合わせ

$$|\gamma\rangle = C_0|\uparrow\rangle + C_1|\downarrow\rangle$$

であるから，$|\uparrow\rangle$ を「0」に $|\downarrow\rangle$ を「1」に対応させれば量子ビットに使うことができる．N 個の量子ビットを用いれば 2^N 個の数の重ね合わせが表現できるので，量子コンピューターではたくさんの数を同時に計算することが可能となる．例えば，大きな数の因数分解の計算には現在の最速のコンピューターをもってしても天文学的な時間がかかってしまうが，それをずっと高速に計算するアルゴリズムがショア（Shor）によって考案されている．

左下図のような量子ドットを並べた量子コンピューターが，ロス（D. Loss）とデ・ビンセンツォ（D. P. DiVincenzo）によって1998年に提案された．それぞれの量子ドットには電子が1個束縛され（人工水素原子），そのスピンが量子ビットになる．1個の量子ビットの操作には静磁場と振動磁場を用いた電子スピン共鳴（12.6節）が使われる［右下図のように 8.5 節の $|\psi_+\rangle$ を $\boldsymbol{n}$ に対応させると（ブロッホ球），歳差運動や電子スピン共鳴によるスピンの操作を単位ベクトルの動きとして視覚的に表すことができる］．隣接する量子ドットのスピン $(\boldsymbol{S}_1, \boldsymbol{S}_2)$ の間にある電極の電圧 (V_{12}) を変えることで，スピン間の結合 $(J/\hbar^2)\boldsymbol{S}_1 \cdot \boldsymbol{S}_2$ をオン・オフできる．この二つの種類の操作を組み合わせると，任意の数のスピンの操作（状態間の任意のユニタリー変換）が可能であることが証明されている．このように量子コンピューターは原理的には作成可能であるが，実際にはまわりの環境の影響でスピンの量子状態が壊される問題が深刻であって，実現までの道のりは長い．

スピン間の結合 J $(J > 0)$ があるときの基底状態はスピン一重項状態で

$$\frac{1}{\sqrt{2}}[|\uparrow\rangle|\downarrow\rangle - |\downarrow\rangle|\uparrow\rangle]$$

で表される（9.2 節）．この状態は $\boldsymbol{S}_1$ がアップのときに $\boldsymbol{S}_2$ がダウン，$\boldsymbol{S}_1$ がダウンのときに $\boldsymbol{S}_2$ がアップ，という量子力学特有の相関を表している．これを「もつれ合い（entanglement）」とよぶ．2量子ビットの演算には，もつれ合い状態の生成が必要不可欠である．

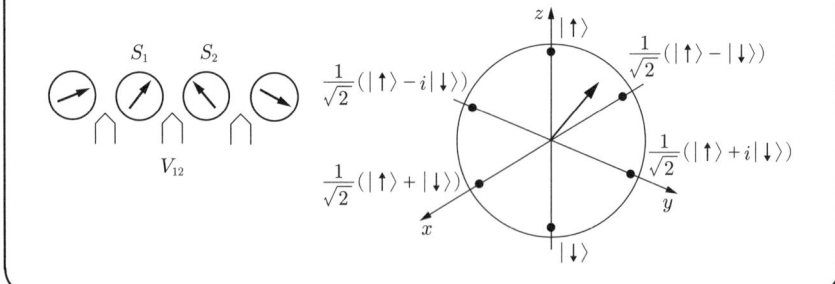

9 角運動量の合成

本章では複数の粒子の角運動量の合成，1粒子のスピンと軌道角運動量の合成などについて学ぶ．古典力学に戻って質点系（多体問題）のニュートン方程式を思い出そう．N 個の質点が互いに相互作用をしている問題を解くとき，全運動量 $\bm{P} = \sum_i \bm{p}_i$ や全角運動量 $\bm{L} = \sum_i \bm{l}_i$ が保存することを利用した（$\bm{p}_i, \bm{l}_i$ はそれぞれ質点 i の運動量と角運動量；問題 9.1）．これらは量子力学でも便利であり，例えば二体問題の重心運動では全運動量を考えた（6.1 節）．本章では角運動量を合成した全角運動量を考える．角運動量の三つの成分は互いに可換でないから単なるベクトルの足算にはならない．その代数構造を求めたあと，具体例への応用を考える．

9.1 角運動量の合成則

二つの粒子があって，それぞれの（一般化）角運動量を $\bm{J}_1, \bm{J}_2$ とする．$\bm{J}_1 = (J_{1x}, J_{1y}, J_{1z})$ の 3 成分は式 (8.1) の交換関係を満たす．$\bm{J}_2 = (J_{2x}, J_{2y}, J_{2z})$ についても同様である．粒子 1 の状態 $|\psi_1\rangle$，粒子 2 の状態 $|\psi_2\rangle$ の組み合わせ（直積）を $|\psi_1\rangle \otimes |\psi_2\rangle$ で表す．$\bm{J}_1$ は粒子 1 の状態 $|\psi_1\rangle$ に，$\bm{J}_2$ は粒子 2 の状態 $|\psi_2\rangle$ に作用する演算子であるから，互いに交換可能である；$[J_{1i}, J_{2j}] = 0$ ($i, j = x, y, z$)．（一つの粒子の軌道角運動量を $\bm{J}_1$，スピンを $\bm{J}_2$ としても以下の議論はそのまま成り立つ．）

$\bm{J}_1$ と $\bm{J}_2$ の合成を

$$\bm{J} = \bm{J}_1 + \bm{J}_2 \tag{9.1}$$

で定義する．$\bm{J} = (J_x, J_y, J_z)$ の 3 成分の交換関係は

$$[J_x, J_y] = [J_{1x} + J_{2x}, J_{1y} + J_{2y}] = [J_{1x}, J_{1y}] + [J_{2x}, J_{2y}]$$
$$= i\hbar(J_{1z} + J_{2z}) = i\hbar J_z$$

のように，式 (8.1) を満たす．したがって $\boldsymbol{J}$ もまた一般化された角運動量演算子である．この固有状態を求めよう．

$\boldsymbol{J}^2, J_z$ は $\boldsymbol{J}_1^2, \boldsymbol{J}_2^2$ と交換可能であるが J_{1z} や J_{2z} とは交換しない（問題 9.2）．そこで $\boldsymbol{J}^2, J_z, \boldsymbol{J}_1^2, \boldsymbol{J}_2^2$ の同時固有状態を求める．$\boldsymbol{J}_1^2, \boldsymbol{J}_2^2$ の固有値が $\hbar^2 j_1(j_1+1)$, $\hbar^2 j_2(j_2+1)$ の場合,

$$|j_1, m_1\rangle \otimes |j_2, m_2\rangle \quad \text{(以下では } |m_1\rangle \otimes |m_2\rangle \text{ と略記)} \tag{9.2}$$
$$(m_1 = j_1, j_1 - 1, \cdots, -j_1; m_2 = j_2, j_2 - 1, \cdots, -j_2)$$

の張る $(2j_1 + 1) \times (2j_2 + 1)$ 次元の空間で，$\boldsymbol{J}^2$ と J_z の固有状態をつくればよい．直積の記号 $\otimes$ は必要なとき以外省略する．$\boldsymbol{J}^2$ と J_z の量子数を J, M とし，固有状態を $|J, M; j_1, j_2\rangle$（$= |J, M\rangle$ と略記）で表す．

式 (9.2) の状態はすでに J_z の固有状態になっている．

$$\begin{aligned} J_z|m_1\rangle|m_2\rangle &= (J_{1z} + J_{2z})|m_1\rangle \otimes |m_2\rangle \\ &= (J_{1z}|m_1\rangle) \otimes |m_2\rangle + |m_1\rangle \otimes (J_{2z}|m_2\rangle) \\ &= \hbar(m_1 + m_2)|m_1\rangle|m_2\rangle \end{aligned}$$

したがって $M = m_1 + m_2$ である．例として，表 9.1 に $j_1 = 2$ ($m_1 = 2, 1, 0, -1, -2$), $j_2 = 1$ ($m_2 = 1, 0, -1$) の場合を示す．左表にはすべての m_1, m_2 の組に対して $M = m_1 + m_2$ を表した．$M = 3, 2, \cdots, -3$ の値が斜めに並ぶ．それぞれの M に属する状態 $|m_1\rangle|m_2\rangle$ を集めると右表のようになる．$|M| = 3$ ($= j_1+j_2$) の状態の数は 1, $|M|$ を 1 減らすごとに状態数は 1 ずつ増え，$|M| \leq 1$

表 9.1 二つの粒子の角運動量がそれぞれ $j_1 = 2, j_2 = 1$ のとき，合成角運動量 ($\boldsymbol{J} = \boldsymbol{J}_1 + \boldsymbol{J}_2$) の z 成分 J_z の量子数 M ($M = m_1 + m_2$；左表)．各 M に属する状態 $|m_1\rangle|m_2\rangle$ を右表に示す．

	$m_2 = 1$	0	-1
$m_1 = 2$	3	2	1
1	2	1	0
0	1	0	-1
-1	0	-1	-2
-2	-1	-2	-3

M	$|m_1\rangle|m_2\rangle$		
3	$|2\rangle|1\rangle$		
2	$|1\rangle|1\rangle$	$|2\rangle|0\rangle$	
1	$|0\rangle|1\rangle$	$|1\rangle|0\rangle$	$|2\rangle|-1\rangle$
0	$|-1\rangle|1\rangle$	$|0\rangle|0\rangle$	$|1\rangle|-1\rangle$
-1	$|-2\rangle|1\rangle$	$|-1\rangle|0\rangle$	$|0\rangle|-1\rangle$
-2	$|-2\rangle|0\rangle$	$|-1\rangle|-1\rangle$	
-3	$|-2\rangle|-1\rangle$		

9.1 角運動量の合成則　135

表 9.2 二つの粒子の角運動量 $\boldsymbol{J}_1^2$, J_{1z}, $\boldsymbol{J}_2^2$, J_{2z} の固有状態 $|j_1, m_1\rangle \otimes |j_2, m_2\rangle \equiv |m_1\rangle|m_2\rangle$ ($m_1 = j_1, j_1-1, \cdots, -j_1$; $m_2 = j_2, j_2-1, \cdots, -j_2$) の $M = m_1 + m_2$ による分類（上表）．それから $|J, M\rangle$ ($J = j_1+j_2, j_1+j_2-1, \cdots, |j_1-j_2|$; $M = J, J-1, \cdots, -J$) が一つずつつくられる（下表）．$j_1 \geq j_2$ を仮定した．

$M = m_1 + m_2$	$\|m_1\rangle\|m_2\rangle$			
$j_1 + j_2$	$\|j_1\rangle\|j_2\rangle$			
$j_1 + j_2 - 1$	$\|j_1-1\rangle\|j_2\rangle$	$\|j_1\rangle\|j_2-1\rangle$		
$\cdots$				
$j_1 - j_2$	$\|j_1-2j_2\rangle\|j_2\rangle$	$\|j_1-2j_2+1\rangle\|j_2-1\rangle$	$\cdots$	$\|j_1\rangle\|-j_2\rangle$
$\cdots$	$\cdots$	$\cdots$		$\cdots$
$-(j_1 - j_2)$	$\|-j_1\rangle\|j_2\rangle$	$\|-j_1+1\rangle\|j_2-1\rangle$	$\cdots$	$\|-j_1+2j_2\rangle\|-j_2\rangle$
$\cdots$	$\cdots$	$\cdots$		
$-(j_1+j_2)+1$	$\|-j_1\rangle\|-j_2+1\rangle$	$\|-j_1+1\rangle\|-j_2\rangle$		
$-(j_1+j_2)$	$\|-j_1\rangle\|-j_2\rangle$			

$M = m_1 + m_2$	$\|J, M\rangle$			
$j_1 + j_2$	$\|j_1+j_2, j_1+j_2\rangle$			
$j_1 + j_2 - 1$	$\|j_1+j_2, j_1+j_2-1\rangle$	$\|j_1+j_2-1, j_1+j_2-1\rangle$		
$\cdots$	$\cdots$	$\cdots$		
$j_1 - j_2$	$\|j_1+j_2, j_1-j_2\rangle$	$\|j_1+j_2-1, j_1-j_2\rangle$	$\cdots$	$\|j_1-j_2, j_1-j_2\rangle$
$\cdots$	$\cdots$	$\cdots$		$\cdots$
$-(j_1-j_2)$	$\|j_1+j_2, -(j_1-j_2)\rangle$	$\|j_1+j_2-1, -(j_1-j_2)\rangle$	$\cdots$	$\|j_1-j_2, -(j_1-j_2)\rangle$
$\cdots$	$\cdots$	$\cdots$		
$-(j_1+j_2)+1$	$\|j_1+j_2, -(j_1+j_2)+1\rangle$	$\|j_1+j_2-1, -(j_1+j_2)+1\rangle$		
$-(j_1+j_2)$	$\|j_1+j_2, -(j_1+j_2)\rangle$			

($= j_1 - j_2$) で状態数は 3 ($= 2j_2 + 1$) に固定される．このとき $|m_2\rangle$ については $m_2 = 1, 0, -1$ のすべての状態が含まれる．

　一般の j_1 ($m_1 = j_1, j_1-1, \cdots, -j_1$), j_2 ($m_2 = j_2, j_2-1, \cdots, -j_2$) に対しては表 9.2 の上表のようになる．(i) $|M|$ の最大値は $j_1 + j_2$．このときの状態の数は一つで $|j_1\rangle|j_2\rangle$ または $|-j_1\rangle|-j_2\rangle$．(ii) $|M| = j_1 + j_2 - 1$ の状態数は二つ．以下 $|M|$ が一つ小さくなるごとに状態数は一つずつ増加する．(iii) $|M| \leq |j_1 - j_2|$ で状態数は $2j_{\min} + 1$ に固定される（$j_{\min}$ は j_1, j_2 の小さい方）．表では $j_1 \geq j_2$ としたが，このとき $|m_2\rangle$ ($m_2 = -j_2, -j_2+1, \cdots, j_2$) のすべてが網羅されて状態数が $2j_2 + 1$ となる．

　$\boldsymbol{J}^2$ と J_z の同時固有状態 $|J, M\rangle$ はその M に属する状態の線形結合で表される．それは以下の手順で求めることができる．

(i) M の最大値は $j_1 + j_2$ であるので J の最大も $j_1 + j_2$．$|j_1+j_2, j_1+j_2\rangle$

は唯一に定まって

$$|j_1+j_2, j_1+j_2\rangle = |j_1\rangle|j_2\rangle$$

これに下降演算子 $J_- = J_x - iJ_y = J_{1-} + J_{2-}$ を演算していけば，$|j_1+j_2, j_1+j_2-1\rangle$, $|j_1+j_2, j_1+j_2-2\rangle$, $\cdots$, $|j_1+j_2, -(j_1+j_2)\rangle$ が順次決定する．最後の状態は位相因子を除いて $|-j_1\rangle|-j_2\rangle$ に等しい．

(ii) $M = j_1+j_2-1$ の状態は $|j_1-1\rangle|j_2\rangle$, $|j_1\rangle|j_2-1\rangle$ の二つ．この線形結合から二つの状態がつくられるが，その一つは (i) で求めた $|j_1+j_2, j_1+j_2-1\rangle$ である．もう一つは $|j_1+j_2-1, j_1+j_2-1\rangle$ であり，$|j_1+j_2, j_1+j_2-1\rangle$ に直交する条件から決まる．$|j_1+j_2, j_1+j_2-1\rangle$ に J_- を演算することで $|j_1+j_2-1, j_1+j_2-2\rangle, \cdots, |j_1+j_2-1, -(j_1+j_2-1)\rangle$ が求められる．

(iii) 同様の操作で $J = j_1+j_2-2$, $J = j_1+j_2-3, \cdots$ の状態がつくられる．最後に $J = |j_1-j_2|$ の状態を求めると，すべての状態 $|J, M\rangle$ ($J = j_1+j_2, j_1+j_2-1, \cdots, |j_1-j_2|; M = J, J-1, \cdots, -J$) が一つずつ決定する（表9.2の下）．

まとめると，$\boldsymbol{J}_1^2$ と $\boldsymbol{J}_2^2$ の固有状態 $|j_1, m_1\rangle|j_2, m_2\rangle$ ($m_1 = j_1, j_1-1, \cdots, -j_1$; $m_2 = j_2, j_2-1, \cdots, -j_2$) から $\boldsymbol{J}^2$ と J_z の固有状態 $|J, M\rangle$ をつくるとき，$J = j_1+j_2, j_1+j_2-1, \cdots, |j_1-j_2|$; $M = J, J-1, \cdots, -J$ の状態が一つずつつくられる[*1]．例えば表9.1の $j_1 = 2$ と $j_2 = 1$ の場合，J は $2+1 = 3$ から $2-1 = 1$ までの値をとり，$|3, M\rangle$ ($M = 3, 2, 1, 0, -1, -2, -3$), $|2, M\rangle$ ($M = 2, 1, 0, -1, -2$), $|1, M\rangle$ ($M = 1, 0, -1$) が一つずつつくられる．

つくり方からわかるように，$|J, M; j_1, j_2\rangle$ は $|j_1, m_1\rangle|j_2, m_2\rangle$ ($m_1 + m_2 = M$) の線形結合で与えられる．

$$|J, M; j_1, j_2\rangle = \sum_{m_1+m_2=M} |j_1, m_1\rangle|j_2, m_2\rangle C(j_1, j_2; m_1, m_2; J, M)$$

係数 $C(j_1, j_2; m_1, m_2; J, M)$ はクレブシュ–ゴルダン係数とよばれ

[*1] 状態の数を数えると $\sum_{J=|j_1-j_2|}^{j_1+j_2} \sum_{M=-J}^{J} 1 = \sum_{J=|j_1-j_2|}^{j_1+j_2} (2J+1) = (2j_1+1)(2j_2+1)$. これは元の状態数に一致する．

$$\langle j_1, j_2; m_1, m_2 | j_1, j_2; J, M \rangle$$

などと書かれる．文献を見ると表になっているが，次節以降で説明するように，上述の (i) 〜 (iii) に従って計算で求めることができる．

9.2 二つのスピン $s = 1/2$ の合成

角運動量の合成の最も簡単な例として，二つのスピン $s_1 = s_2 = 1/2$ を合成してみよう．元の状態は $|1/2\rangle|1/2\rangle, |1/2\rangle|-1/2\rangle, |-1/2\rangle|1/2\rangle, |-1/2\rangle|-1/2\rangle$ の四つである．合成されたスピン演算子を $\boldsymbol{S} = \boldsymbol{S}_1 + \boldsymbol{S}_2$ とし，$\boldsymbol{S}^2, S_z$ の量子数を S, M で表す．S の値は $s_1 + s_2 = 1$ または $s_1 - s_2 = 0$．前者には三つの状態 $|1, M\rangle$ ($M = 0, \pm 1$) が，後者には一つの状態 $|0,0\rangle$ が対応する．

まず $M = m_1 + m_2$ が最大の状態は $S = 1, M = 1$ であるから

$$|1,1\rangle = |1/2\rangle|1/2\rangle \tag{9.3}$$

式 (9.3) の両辺に $S_- = S_{1-} + S_{2-}$ を演算すると[*2]，(左辺)$= S_-|1,1\rangle = \hbar\sqrt{2}|1,0\rangle$，(右辺)$=(S_{1-}|1/2\rangle)|1/2\rangle + |1/2\rangle(S_{2-}|1/2\rangle) = \hbar|-1/2\rangle|1/2\rangle + \hbar|1/2\rangle|-1/2\rangle$．したがって

$$|1,0\rangle = \frac{1}{\sqrt{2}}(|-1/2\rangle|1/2\rangle + |1/2\rangle|-1/2\rangle) \tag{9.4}$$

式 (9.4) の両辺に再び S_- を演算すると

$$|1,-1\rangle = |-1/2\rangle|-1/2\rangle \tag{9.5}$$

が得られる[*3]．

最後に $S = 0$ の状態は $|m_1\rangle|m_2\rangle$ ($m_1 + m_2 = 0$) の線形結合であるから

$$|0,0\rangle = C_1|-1/2\rangle|1/2\rangle + C_2|1/2\rangle|-1/2\rangle$$

C_1, C_2 は $|1,0\rangle$ との直交条件から決定する．

[*2] $J_\pm|J,M\rangle = \hbar\sqrt{(J \mp M)(J \pm M + 1)}|J, M \pm 1\rangle$ [式 (8.3)] を用いる．右辺も同様．
[*3] $M = m_1 + m_2$ が最小の状態は，($S_-|1,0\rangle$ を計算するまでもなく) ただちに $|1,-1\rangle = e^{i\alpha}|-1/2\rangle|-1/2\rangle$ と書くことができる (α は実定数)．位相因子 $e^{i\alpha}$ の物理的な意味はないが，$S_\pm$ で $|S, M\rangle$ が互いに移りあうようにしておくと都合がよい．

$$\langle 1,0|0,0\rangle = \frac{1}{\sqrt{2}}(C_1 + C_2) = 0$$

規格化をすれば

$$|0,0\rangle = \frac{1}{\sqrt{2}}(|-1/2\rangle|1/2\rangle - |1/2\rangle|-1/2\rangle) \tag{9.6}$$

$S=1$ の三つの状態をスピン三重項 (spin triplet), $S=0$ の状態をスピン一重項 (spin singlet) とよぶ. $S=1$ のとき二つのスピンは互いに「平行」, $S=0$ のとき「反平行」ということがある. ただし $|\pm 1/2\rangle$ を $|\uparrow\rangle, |\downarrow\rangle$ と書くと, 前者は $|\uparrow\rangle|\uparrow\rangle$, $(|\uparrow\rangle|\downarrow\rangle+|\downarrow\rangle|\uparrow\rangle)/\sqrt{2}$, $|\downarrow\rangle|\downarrow\rangle$, 後者は $(|\uparrow\rangle|\downarrow\rangle-|\downarrow\rangle|\uparrow\rangle)/\sqrt{2}$ であるから数学でのベクトルの平行, 反平行とは少し異なる. 座標軸を回転すると $S=1$ の三つの状態は互いに移りあう (問題 9.7). 一方 $S=0$ はスピン自由度が消失した状態で, 座標の回転に対して不変である.

二つのスピン ($s_1 = s_2 = 1/2$) の相互作用がハミルトニアン $H = (J/\hbar^2) \boldsymbol{S}_1 \cdot \boldsymbol{S}_2$ で与えられた場合を考えよう (p.132 のコラム)[*4]. このとき

$$H = \frac{J}{2\hbar^2}[(\boldsymbol{S}_1+\boldsymbol{S}_2)^2 - \boldsymbol{S}_1^2 - \boldsymbol{S}_2^2] = \frac{J}{2\hbar^2}[\boldsymbol{S}^2 - \boldsymbol{S}_1^2 - \boldsymbol{S}_2^2] = \frac{J}{2}\left(\frac{\boldsymbol{S}^2}{\hbar^2} - \frac{3}{2}\right)$$

したがって $|S,M\rangle$ はその固有状態である; $H|S,M\rangle = (J/2)[S(S+1) - 3/2]|S,M\rangle$. スピン三重項 ($S=1$) はエネルギー固有値が $J/4$ で 3 重に縮退する. スピン一重項 ($S=0$) のエネルギー固有値は $-3J/4$ で縮退はない. J を交換相互作用といい, $J<0$ のとき強磁性結合 (スピンが平行の方がエネルギーが低い), $J>0$ のとき反強磁性結合 (スピンが反平行の方がエネルギーが低い) を表す[*5].

9.3 スピン軌道相互作用

話は変わるが, 原子において電子の軌道角運動量とスピンの間にスピン軌道相互作用 (spin-orbit interaction) が働くことが知られている. これは相対論

[*4] $H = (J/\hbar^2)\boldsymbol{S}_1 \cdot \boldsymbol{S}_2$ の導出は他書に譲る. p.132 のコラムの場合, 量子ドット間の飛び移り積分の 2 次摂動によって正の J が得られる.

[*5] 遷移金属の Fe, Co, Ni は単体で磁石 (強磁性体) になる. 一つの原子では 3d 軌道を電子がスピンを互いに平行にして占有する (フント則). 隣接する原子のスピン間に強磁性結合が働くと巨視的なスピンが発生して磁石になる.

9.3 スピン軌道相互作用

的効果でディラック方程式から導かれるが[2,4]，古典力学で直感的に理解することができる．

原子番号が Z の原子核（電荷 Ze）のまわりを，電子（電荷 $-e$）が半径 r の円軌道を速度 v で回っていると仮定する［図 9.1(a)］．電子が静止した座標系では，電子のまわりを原子核が速度 $-v$ で回っているように見える［図 9.1(b)］．原子核の運動による環状電流が電子の位置に磁場をつくる．ビオ–サバールの法則より

$$B = \frac{\mu_0}{4\pi} Ze \frac{r \times v}{r^3} = \frac{\mu_0}{4\pi} \frac{Ze}{m} \frac{L}{r^3}$$

ここで μ_0 は透磁率，$L = mr \times v$ は角運動量である．一方，電子のスピン S は磁気モーメント $\mu_s = -2\mu_B S/\hbar$（g 因子を 2 とした）をもつので，磁場中のエネルギーとして

$$-\mu_s \cdot B = \frac{\mu_0}{4\pi} \frac{Ze^2}{m^2 r^3} L \cdot S$$

を得る．この結果はディラック方程式の結果と 2 倍だけ異なり[*6]，正確なスピン軌道相互作用は次式で与えられる（$c = 1/\sqrt{\mu_0 \varepsilon_0}$ は光速）．

$$H_{\mathrm{SO}} = \frac{1}{4\pi\varepsilon_0} \frac{Ze^2}{2m^2 c^2} \frac{1}{r^3} L \cdot S \tag{9.7}$$

式 (9.7) の大きさを見積もろう．$L \cdot S$ は $\hbar^2$ 程度なので

$$\frac{Ze^2}{4\pi\varepsilon_0} \left(\frac{\hbar^2}{mr^2}\right)^2 \frac{r}{2\hbar^2 c^2} \sim \frac{Ze^2}{4\pi\varepsilon_0} \frac{1}{r} \left(\frac{Ze^2}{4\pi\varepsilon_0} \frac{1}{\hbar c}\right)^2 = \frac{Ze^2}{4\pi\varepsilon_0} \frac{1}{r} (Z\alpha)^2 \tag{9.8}$$

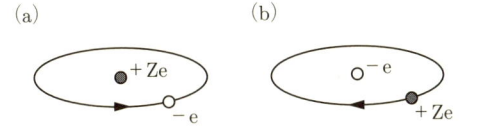

図 9.1 原子におけるスピン軌道相互作用の古典モデル．(a) 電子は原子核（電荷 Ze）のまわりを円運動している．(b) 電子が静止した座標系では原子核の正電荷が円運動をし，それがつくる有効磁場を電子のスピンが感じる．

[*6] この原因は，電子の加速度運動の扱いが不完全であったためである．正しい計算を行うと古典論の範囲でも因子 1/2 が現れ（トーマス因子），ディラック方程式の結果と一致する［L. H. Thomas (1926)］．ただし「トーマスのやった計算はおそろしくややこしい」（朝永振一郎[13]）．

ここで r は原子軌道の広がりである．途中，運動エネルギー $\hbar^2/(2mr^2)$ とポテンシャル $Ze^2/(4\pi\varepsilon_0 r)$ が同程度であるとした（ビリアル定理；4.5節）．最後の α は微細構造定数とよばれ，

$$\alpha = \frac{e^2}{4\pi\varepsilon_0}\frac{1}{\hbar c} \approx \frac{1}{137} \tag{9.9}$$

である．したがってスピン軌道相互作用はクーロン相互作用の大きさの $(Z\alpha)^2$ 倍程度である．原子番号 Z が10程度のときはクーロン相互作用の 10^{-2} ほどの小さい効果でしかないが，Z が大きくなるにつれて顕著となる．また，（同じ主量子数 n，方位量子数 l では）$r \propto 1/Z$ なので[*7]，スピン軌道相互作用の大きさそのものは Z^4 に比例する．

式 (9.7) は，クーロン相互作用のポテンシャル $V(r) = -Ze^2/(4\pi\varepsilon_0 r)$ を用いて次のように書くこともできる[*8]．

$$H_{\text{SO}} = \frac{1}{2m^2c^2}\left(\frac{1}{r}\frac{dV}{dr}\right)\boldsymbol{L}\cdot\boldsymbol{S} \tag{9.10}$$

9.4 軌道角運動量とスピンの合成

スピン軌道相互作用も含めた原子のハミルトニアンは

$$H = \frac{1}{2m}\boldsymbol{p}^2 + V(r) + \frac{1}{2m^2c^2}\left(\frac{1}{r}\frac{dV}{dr}\right)\boldsymbol{L}\cdot\boldsymbol{S}, \qquad V(r) = -\frac{Ze^2}{4\pi\varepsilon_0}\frac{1}{r} \tag{9.11}$$

である．このときの電子状態を考えよう．スピン軌道相互作用がない場合の波動関数は，8.5節で述べたように $R_{nl}(r)Y_l^m(\theta,\phi)\alpha(\sigma)$，$R_{nl}(r)Y_l^m(\theta,\phi)\beta(\sigma)$ と軌道部分とスピン部分の直積で与えられる（変数分離形と考えてもよい）．この状態を $|nlm\rangle \otimes |1/2\rangle$，$|nlm\rangle \otimes |-1/2\rangle$ と表す[*9]．スピン軌道相互作用があると変数分離形でなくなる．

[*7] 原子核のつくるクーロン場は，他の電子（主に考えている軌道よりも内側の軌道を占有する電子）によって遮蔽される（6.5節の V_{eff}）．その効果を考えると Z 依存性は小さくなる．ただし 3d 軌道や 4f 軌道は原子核の近くに局在する傾向が強いので，その効果は大きくない．

[*8] $\boldsymbol{\nabla}V = (\boldsymbol{r}/r)(dV/dr)$ より $H_{\text{SO}} = (-1/2m^2c^2)(\boldsymbol{p}\times\boldsymbol{\nabla}V)\cdot\boldsymbol{S}$．この表式は球対称でない V に対しても成り立つ．

[*9] 10章で説明するように $R_{nl}(r)Y_l^m(\theta,\phi)\alpha(\sigma) = \langle\boldsymbol{r}|nlm\rangle\langle\sigma|1/2\rangle$ など．

9.4 軌道角運動量とスピンの合成

軌道角運動量 $\boldsymbol{L}$ とスピン $\boldsymbol{S}$ を合成した $\boldsymbol{J} = \boldsymbol{L} + \boldsymbol{S}$ を全角運動量とよぶ.

$$\boldsymbol{L} \cdot \boldsymbol{S} = \frac{1}{2}[(\boldsymbol{L}+\boldsymbol{S})^2 - \boldsymbol{L}^2 - \boldsymbol{S}^2] = \frac{1}{2}(\boldsymbol{J}^2 - \boldsymbol{L}^2 - \boldsymbol{S}^2) \tag{9.12}$$

これより $\boldsymbol{J}, \boldsymbol{L}^2, \boldsymbol{S}^2$ は H と交換することがわかる[*10]. したがって H の固有状態は $\boldsymbol{J}^2, J_z, \boldsymbol{L}^2, \boldsymbol{S}^2$ との同時固有状態となり, 量子数 $|n, J, M; l, s\rangle$ で区別される (このとき n, J, M, l, s はよい量子数という)[*11].

以下では $l = 1$ (p 状態) を考え, $|1, m\rangle$ ($m = 0, \pm 1$; 主量子数 n は省略) とスピン状態の直積 $|1, m\rangle|\pm 1/2\rangle$ から $\boldsymbol{J}^2, J_z$ の固有状態 $|J, M\rangle$ ($n, l = 1, s = 1/2$ は省略) を求めよう.

可能な J は $J = 1 + 1/2 = 3/2, 1 - 1/2 = 1/2$ の二つ. $J = 3/2, M = 3/2$ の状態はただちに

$$|3/2, 3/2\rangle = |1, 1\rangle|1/2\rangle \tag{9.13}$$

これに $J_- = L_- + S_-$ を演算すると, (左辺)$=J_-|3/2, 3/2\rangle = \hbar\sqrt{3}|3/2, 1/2\rangle$, (右辺)$=(L_-|1,1\rangle)|1/2\rangle + |1,1\rangle(S_-|1/2\rangle) = \hbar\sqrt{2}|1,0\rangle|1/2\rangle + \hbar|1,1\rangle|-1/2\rangle$. したがって

$$|3/2, 1/2\rangle = \sqrt{\frac{2}{3}}|1,0\rangle|1/2\rangle + \frac{1}{\sqrt{3}}|1,1\rangle|-1/2\rangle \tag{9.14}$$

J_- の演算をくり返すと

$$|3/2, -1/2\rangle = \frac{1}{\sqrt{3}}|1,-1\rangle|1/2\rangle + \sqrt{\frac{2}{3}}|1,0\rangle|-1/2\rangle \tag{9.15}$$

$$|3/2, -1/2\rangle = |1,-1\rangle|-1/2\rangle \tag{9.16}$$

を得る.

次に $J = 1/2, M = 1/2$ の状態は

$$|1/2, 1/2\rangle = C_1|1,0\rangle|1/2\rangle + C_2|1,1\rangle|-1/2\rangle$$

[*10] $\boldsymbol{L} \cdot \boldsymbol{S} = L_x S_x + L_y S_y + L_z S_z$ より直接 $[\boldsymbol{L}^2, \boldsymbol{L} \cdot \boldsymbol{S}] = [\boldsymbol{S}^2, \boldsymbol{L} \cdot \boldsymbol{S}] = [J_z, \boldsymbol{L} \cdot \boldsymbol{S}] = 0$ を示すこともできる (問題 9.4). また $\boldsymbol{p}^2/(2m) + V(r)$ は $\boldsymbol{L}$ と交換する (問題 5.2) ので $\boldsymbol{J} = \boldsymbol{L} + \boldsymbol{S}$ とも交換する.

[*11] 保存量に対応する量子数をしばしば「よい量子数」という. エネルギー固有値が縮退しているとき, 状態はよい量子数の組で区別される.

であるが，$|3/2, 1/2\rangle$ との直交条件から

$$|1/2, 1/2\rangle = -\frac{1}{\sqrt{3}}|1, 0\rangle|1/2\rangle + \sqrt{\frac{2}{3}}|1, 1\rangle|-1/2\rangle \tag{9.17}$$

これに J_- を演算すると

$$|1/2, -1/2\rangle = -\sqrt{\frac{2}{3}}|1, -1\rangle|1/2\rangle + \frac{1}{\sqrt{3}}|1, 0\rangle|-1/2\rangle \tag{9.18}$$

（このつくり方からわかる通り，最大の J の状態［式 (9.13)〜(9.16)］では右辺の線形結合の係数（クレブシュ–ゴルダン係数）はすべて正になる．$J = 1/2$ の状態はそれに直交するのでクレブシュ–ゴルダン係数に正と負が混じる.)

以上で $l = 1$，$s = 1/2$ のときの $|J, M\rangle$ が求められた．スピン軌道相互作用がないとき，p 状態はスピン自由度も含めると 6 重に縮退する．スピン軌道相互作用があるとどうなるであろうか．その項を $\zeta \boldsymbol{L} \cdot \boldsymbol{S}$ と表記する．式 (9.12) を用いると

$$\zeta \boldsymbol{L} \cdot \boldsymbol{S} |3/2, M\rangle = \frac{\hbar^2 \zeta}{2}|3/2, M\rangle \qquad (M = \pm 1/2, \pm 3/2)$$

$$\zeta \boldsymbol{L} \cdot \boldsymbol{S} |1/2, M\rangle = -\hbar^2 \zeta |1/2, M\rangle \qquad (M = \pm 1/2)$$

したがって p 状態のエネルギー準位は 4 重と 2 重に分裂することがわかる[*12]．

Na 原子からの発光スペクトルに D 線がある（ナトリウムランプの橙色[*13]）．その波長は $\lambda \approx 5890$ Å であるが，スペクトルをよく見ると約 6 Å 離れた 2 本の線になっている．この発光は Na 原子の最外殻の電子が 3p 準位（励起状態）から 3s 準位（基底状態）に落ち込むときに放出されるエネルギーに相当する；$hc/\lambda = E_{3p} - E_{3s}$．3p 準位はスピン軌道相互作用で $J = 3/2, 1/2$ の二つに分れるので，その結果 D 線が分裂する．このようなスピン軌道相互作用によるスペクトルの分裂を微細構造（fine structure）とよぶ．

別解： 角運動量の合成 $\boldsymbol{J} = \boldsymbol{L} + \boldsymbol{S}$ を用いずに $\zeta \boldsymbol{L} \cdot \boldsymbol{S}$ の固有値問題を直接解くことも可能である．

[*12] ζ は r の関数であるから，それぞれの J に対して，$R(r)$ について異なる微分方程式を解くことで E_{JM} が決定する．$\zeta \boldsymbol{L} \cdot \boldsymbol{S}$ を摂動として扱える場合は，スピン軌道相互作用がないときの $R_{nl}(r)$ での期待値を ζ に用いる（11 章参照）．

[*13] 高速道路のトンネルに使われている橙色のランプである．Na の示す黄色の炎色反応も，同じエネルギー準位間の遷移に起因する．

$$\boldsymbol{L}\cdot\boldsymbol{S} = \frac{1}{2}(L_+S_- + L_-S_+) + L_zS_z \tag{9.19}$$

を用いて，基底 $|1,m\rangle|\pm 1/2\rangle$ $(m=1,0,-1)$ で $\zeta\boldsymbol{L}\cdot\boldsymbol{S}$ の表現行列をつくる．それを対角化することで固有値と固有状態が求められる（問題 9.5）．

最後にスピン軌道相互作用があるときの波動関数を，8.5 節で説明したスピノルで表しておく．例えば式 (9.14) の $|3/2,1/2\rangle$ 状態では上向きスピン $|1/2\rangle = |\alpha\rangle$ と下向きスピン $|-1/2\rangle = |\beta\rangle$ が混じっている．$|1,m\rangle$ の波動関数は $R_{n1}(r)Y_1^m(\theta,\phi)$ であるから，$|3/2,1/2\rangle$ のスピノル表現は

$$\begin{pmatrix} \varphi_{1/2}(\boldsymbol{r}) \\ \varphi_{-1/2}(\boldsymbol{r}) \end{pmatrix} = \begin{pmatrix} \sqrt{\frac{2}{3}}R_{n1}(r)Y_1^0(\theta,\phi) \\ \frac{1}{\sqrt{3}}R_{n1}(r)Y_1^1(\theta,\phi) \end{pmatrix} \tag{9.20}$$

となる．

問題

9.1 （古典力学の多体問題） N 個の質点が互いに万有引力で相互作用をしている．質点 i $(i=1,2,\cdots,N)$ の質量を m_i，位置ベクトルを $\boldsymbol{r}_i$ として運動方程式を立てなさい．次に全運動量 $\boldsymbol{P}=\sum_{i=1}^N m_i\dot{\boldsymbol{r}}_i$，および全角運動量 $\boldsymbol{L}=\sum_{i=1}^N m_i\boldsymbol{r}_i\times\dot{\boldsymbol{r}}_i$ が保存することを示しなさい．

9.2 $\boldsymbol{J}_1$ と $\boldsymbol{J}_2$ の合成を $\boldsymbol{J}=\boldsymbol{J}_1+\boldsymbol{J}_2$ とする．
  (a) $\boldsymbol{J}$ の 3 成分 J_x, J_y, J_z は $\boldsymbol{J}_1^2, \boldsymbol{J}_2^2$ と交換すること，したがって $\boldsymbol{J}^2$ は $\boldsymbol{J}_1^2, \boldsymbol{J}_2^2$ と交換することを示しなさい．
  (b) J_z と J_{1z}, J_{2z} の交換関係，および $\boldsymbol{J}^2$ と J_{1z}, J_{2z} の交換関係を求めなさい．
    ヒント： $\boldsymbol{J}^2 = (\boldsymbol{J}_1+\boldsymbol{J}_2)\cdot(\boldsymbol{J}_1+\boldsymbol{J}_2) = \boldsymbol{J}_1^2 + 2\boldsymbol{J}_1\cdot\boldsymbol{J}_2 + \boldsymbol{J}_2^2$

9.3 二つのスピン $(s_1=s_2=1/2)$ の反強磁性結合を考える．ハミルトニアンは $H=(J/\hbar^2)\boldsymbol{S}_1\cdot\boldsymbol{S}_2$ で与えられる $(J>0)$．9.2 節ではスピンの合成 $\boldsymbol{S}=\boldsymbol{S}_1+\boldsymbol{S}_2$ を用いてエネルギー固有値を求めた．ここでは四つのスピン状態 $|1/2\rangle|1/2\rangle$, $|1/2\rangle|-1/2\rangle$, $|-1/2\rangle|1/2\rangle$, $|-1/2\rangle|-1/2\rangle$ の線形結合

$$|\psi\rangle = C_1|1/2\rangle|1/2\rangle + C_2|1/2\rangle|-1/2\rangle + C_3|-1/2\rangle|1/2\rangle + C_4|-1/2\rangle|-1/2\rangle$$

を考えて H の固有状態を求めよう．
  (a) ハミルトニアンの固有値方程式 $H|\psi\rangle = E|\psi\rangle$ を行列の形で表しなさい．
    ヒント： $H=(J/\hbar^2)[(S_{1+}S_{2-}+S_{1-}S_{2+})/2 + S_{1z}S_{2z}]$, $S_{1-}|1/2\rangle|1/2\rangle = (S_{1-}|1/2\rangle)|1/2\rangle = \hbar|-1/2\rangle|1/2\rangle$ など．
  (b) (a) の行列を対角化し，固有値と固有状態を求めなさい．

9.4 一つの粒子の軌道角運動量 $\boldsymbol{L}$ とスピン $\boldsymbol{S}$ の合成を $\boldsymbol{J}=\boldsymbol{L}+\boldsymbol{S}$ で表す.$\boldsymbol{L}\cdot\boldsymbol{S}=L_xS_x+L_yS_y+L_zS_z$ を使って

$$[\boldsymbol{L}^2,\boldsymbol{L}\cdot\boldsymbol{S}]=[\boldsymbol{S}^2,\boldsymbol{L}\cdot\boldsymbol{S}]=[J_z,\boldsymbol{L}\cdot\boldsymbol{S}]=0$$

を示しなさい.

9.5 (パッシェン–バック効果) 軌道角運動量 $l=1$ とスピン $s=1/2$ の間のスピン軌道相互作用 $H=\zeta\boldsymbol{L}\cdot\boldsymbol{S}$ を考える.ζ は定数とする.さらに z 方向に磁場 B をかけると,B の 1 次までのハミルトニアンは

$$H=\frac{2a}{\hbar^2}\boldsymbol{L}\cdot\boldsymbol{S}+\frac{b}{\hbar}(L_z+2S_z)$$

ここで $a=\zeta\hbar^2/2$,$b=\mu_{\mathrm{B}}B$ である.
(a) 基底を $|1,m\rangle|\sigma\rangle$ ($m=1,0,-1;\sigma=\pm 1/2$) としてハミルトニアンの行列表示を求めなさい.式 (9.19) と問題 9.3 を参照のこと.
(b) $b=0$ のときにエネルギー固有値と H の固有状態を求め,9.4 節の結果と一致することを確かめなさい.
(c) $b\neq 0$ のときに六つのエネルギー固有値を求め,b/a の関数としてグラフにしなさい.b/a が小さいとき,スピン軌道相互作用によってゼーマン分裂は不規則であるが(異常ゼーマン効果),b/a が大きくなるにつれて図 8.2(b) に近づく(正常ゼーマン効果).この磁場による変化をパッシェン–バック (Paschen–Back) 効果とよぶ.

9.6 原子核に核スピン $\boldsymbol{I}$ があるとき,s 軌道の電子スピンとの間に超微細相互作用 (hyperfine interaction) が働く.ハミルトニアンは

$$H=\frac{A}{\hbar^2}\boldsymbol{S}\cdot\boldsymbol{I}$$

である(次ページのコラム).核スピンが $I=3/2$ の場合を調べよう.
(a) $\boldsymbol{J}=\boldsymbol{I}+\boldsymbol{S}$ とする.$I=3/2$ と $s=1/2$ を合成して,$\boldsymbol{J}^2$ と J_z の同時固有状態をつくりなさい.
(b) (a) の結果を用いて,H の固有状態とエネルギー固有値を求めなさい.

9.7 ($j=1$,および $S=1,0$ のスピンの回転)
(a) 8.2,8.3 節で $|j,m\rangle$ ($j=1$, $m=1,0,-1$) の張る空間を考えた.その空間での y 軸まわりの回転 $e^{-iL_y\theta/\hbar}$ の行列を,問題 8.2 の結果と式 (8.32) を使って求めなさい.それを用いて次式を示しなさい.

$$e^{-iL_y\theta/\hbar}|1,1\rangle=\cos^2\frac{\theta}{2}|1,1\rangle+\frac{\sin\theta}{\sqrt{2}}|1,0\rangle+\sin^2\frac{\theta}{2}|1,-1\rangle$$

$\theta=\pi/2$ のとき式 (8.12) の $|\psi_1\rangle$ に一致する.また $\theta=\pi$ のとき $|1,-1\rangle$,$\theta=2\pi$ のとき $|1,1\rangle$ ($s=1/2$ のときのような 2 価性はない).
(b) 9.2 節で $s_1=s_2=1/2$ の直積空間を考え,合成スピンの固有状態 $|S,M\rangle$ ($S=1,M=0,\pm 1$; $S=M=0$) をつくった.その空間での y 軸まわりの回転は $e^{-iS_y\theta/\hbar}=e^{-iS_{1y}\theta/\hbar}e^{-iS_{2y}\theta/\hbar}$ で与えられる.
(b-1) $e^{-iS_y\theta/\hbar}|1,1\rangle=e^{-iS_{1y}\theta/\hbar}|\!\uparrow\rangle\otimes e^{-iS_{2y}\theta/\hbar}|\!\uparrow\rangle$ を計算し,(a) と類似の関係式を示しなさい.

(b-2) $|0,0\rangle = (|\uparrow\rangle|\downarrow\rangle - |\downarrow\rangle|\uparrow\rangle)/\sqrt{2}$ が $e^{-iS_y\theta/\hbar}$ で不変であることを示しなさい．

超微細相互作用

原子核が核スピン I をもつとき，それに磁気モーメント $\boldsymbol{\mu}_n$ が伴う．$\boldsymbol{\mu}_n$ の大きさは，電子スピンの磁気モーメント $\boldsymbol{\mu}_e = -2\mu_B \boldsymbol{S}/\hbar$（g 因子を 2 とした）の大きさの $m/M \sim 10^{-3}$ 程度と小さい（m, M はそれぞれ電子と陽子の質量）．二つの磁気モーメント $\boldsymbol{\mu}_e, \boldsymbol{\mu}_n$ 間の相互作用のために，電子スピンと核スピン間に超微細相互作用（hyperfine interaction）が現れる．名前からして小さい相互作用であるが，物理学のいろいろな場面で顔を出す．以下の式の導出は文献[5]の 17 章を参照されたい．

電子が s 軌道にあるとき，波動関数 φ_{n00}（n は主量子数）は核スピンのある原点に有限の振幅をもつ．そのとき磁気モーメント間には接触型の相互作用（contact hyperfine interaction）が働く；$H = -(2/3)\mu_0 \boldsymbol{\mu}_e \cdot \boldsymbol{\mu}_n \langle \delta(\boldsymbol{r}) \rangle = -(2/3)\mu_0 \boldsymbol{\mu}_e \cdot \boldsymbol{\mu}_n |\varphi_{n00}(0)|^2$．$Z$ を原子番号，g_n を核スピンの g 因子とすると $\boldsymbol{\mu}_n = [g_n Ze/(2M)]\boldsymbol{I}$ である．また $\tilde{a}_B = a_B/Z$ とすると $\varphi_{n00}(0) = 1/\sqrt{\pi(n\tilde{a}_B)^3}$．これらを用いると

$$H = \frac{A}{\hbar^2}\boldsymbol{S}\cdot\boldsymbol{I}, \qquad A = \frac{4}{3}\frac{g_n}{n^3}\frac{m}{M}(Z\alpha)^4 mc^2$$

が得られる．スピン軌道相互作用の大きさ［式 (9.8)；$r = \tilde{a}_B$ のとき $Ze^2/(4\pi\varepsilon_0 r) = (Z\alpha)^2 mc^2$］と比べると，超微細相互作用の大きさはその (m/M) 倍である．水素原子の 1s 軌道のエネルギーは，電子スピン $s = 1/2$ と核スピン $I = 1/2$ の結合で $J = 1$ と $J = 0$ の二つの準位に分裂する．分裂の大きさは波長 21cm の光子のエネルギーに相当し，超微細構造（hyperfine structure）とよばれる．s 軌道以外の電子の場合，波動関数 φ_{nlm}（$l \geq 1$）は原点に振幅がないので接触型の相互作用はない．そのときの超微細相互作用は

$$H = \frac{\mu_0}{4\pi}\left[\frac{\boldsymbol{\mu}_e \cdot \boldsymbol{\mu}_n}{r^3} - \frac{3(\boldsymbol{\mu}_e \cdot \boldsymbol{r})(\boldsymbol{\mu}_n \cdot \boldsymbol{r})}{r^5}\right]$$

で与えられ，大きさは接触型よりもずっと小さい．

核スピンに静磁場と振動磁場を当てて共鳴吸収を測定する核磁気共鳴（NMR）という実験がある（12.6 節）．超微細相互作用によって共鳴の位置がずれる効果はナイト・シフト（Knight shift）とよばれ，電子の波動関数やスピン分極の情報を与える．量子ドットを利用した量子コンピューター（p.132 のコラム）では，超微細相互作用は電子スピンの量子状態を壊す原因の一つとなる．

10 ケットベクトルとブラベクトル

8.2, 8.3 節で演算子の固有値問題を解くのにディラックの表記を導入した．本章では，ディラックの表記がもっと一般的でパワフルな道具であることを解説する．7 章までシュレーディンガー方程式を解いて波動関数を求めた．波動関数 (1 次元であれば $\{\psi(x); -\infty < x < \infty\}$) には無限の情報が含まれることに注意しよう．$\psi(x)$ を完全系で展開したとき $(\psi(x) = \sum_n c_n \psi_n(x))$ やフーリエ変換を考えると，$\psi(x)$ の代わりに無限個の $\{c_n\}$ の組や $\{\psi(k); -\infty < k < \infty\}$ によってもその「粒子の状態」を表すことができる．どの「表現」がよいかは問題によって異なる．「粒子の状態」をベクトル空間中のベクトルと考えると，「表現」の違いは基底の選び方の違いである．ディラックの表記を使うと基底の変換が容易になる．最後の節ではシュレーディンガー表示と等価なハイゼンベルク表示に触れる．

10.1 8.3 節の補足説明

8.3 節では $j = 1$ の 3 次元空間を考え，ケットベクトル $|\psi\rangle$ を基底関数 $|1\rangle$, $|0\rangle$, $|-1\rangle$ の線形結合で表した [式 (8.8)]．

$$|\psi\rangle = C_1|1\rangle + C_0|0\rangle + C_{-1}|-1\rangle = \sum_{n=-1,0,1} C_n |n\rangle \tag{10.1}$$

この議論をもう少し発展させる．

式 (10.1) の両辺に $\langle m|$ を作用させる（内積をとる）と，基底関数の正規直交性 $\langle m|n\rangle = \delta_{m,n}$ より

$$\langle m|\psi\rangle = \sum_{n=-1,0,1} C_n \langle m|n\rangle = C_m$$

これを式 (10.1) に代入すると

$$|\psi\rangle = \sum_{n=-1,0,1} |n\rangle C_n = \sum_{n=-1,0,1} |n\rangle\langle n|\psi\rangle$$

これが任意の $|\psi\rangle$ について成り立つことより

$$\sum_{n=1,0,-1} |n\rangle\langle n| = 1 \tag{10.2}$$

が得られる．

ここで，式 (10.1) と通常の 3 次元空間中のベクトル

$$\boldsymbol{A} = A_x \boldsymbol{e}_x + A_y \boldsymbol{e}_y + A_z \boldsymbol{e}_z = (\boldsymbol{e}_x\ \boldsymbol{e}_y\ \boldsymbol{e}_z) \begin{pmatrix} A_x \\ A_y \\ A_z \end{pmatrix}$$

との類似性に着目しよう（図 10.1）．$(A_x, A_y, A_z)^{\mathrm{T}}$ は，x, y, z 方向の単位ベクトル $\boldsymbol{e}_x, \boldsymbol{e}_y, \boldsymbol{e}_z$ を基底にとったときの成分表示である．ベクトル $\boldsymbol{A}$ と $\boldsymbol{e}_i$ の内積を計算すると，$\boldsymbol{e}_i \cdot \boldsymbol{e}_j = \delta_{i,j}$ より $A_i = \boldsymbol{e}_i \cdot \boldsymbol{A}$．したがって

$$\boldsymbol{A} = \sum_{i=x,y,z} A_i \boldsymbol{e}_i = \sum_{i=x,y,z} \boldsymbol{e}_i (\boldsymbol{e}_i \cdot \boldsymbol{A}) \tag{10.3}$$

$A_x \boldsymbol{e}_x = \boldsymbol{e}_x (\boldsymbol{e}_x \cdot \boldsymbol{A})$ は $\boldsymbol{A}$ の x 方向への射影であり，$\boldsymbol{e}_x (\boldsymbol{e}_x \cdot\ \ )$ はその射影演算子である．式 (10.3) が任意のベクトル $\boldsymbol{A}$ に対して成り立つことから

$$\sum_{i=x,y,z} \boldsymbol{e}_i (\boldsymbol{e}_i \cdot\ \ ) = 1 \tag{10.4}$$

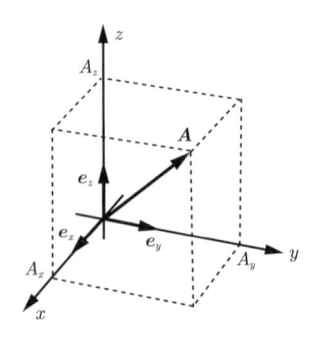

図 10.1　3 次元空間中のベクトル $\boldsymbol{A} = A_x \boldsymbol{e}_x + A_y \boldsymbol{e}_y + A_z \boldsymbol{e}_z$．$\boldsymbol{A}$ の x 方向への射影は $\boldsymbol{e}_x (\boldsymbol{e}_x \cdot \boldsymbol{A}) = A_x \boldsymbol{e}_x$．$y, z$ 方向と合わせるとすべての方向を網羅する；$\boldsymbol{e}_x (\boldsymbol{e}_x \cdot\ \ ) + \boldsymbol{e}_y (\boldsymbol{e}_y \cdot\ \ ) + \boldsymbol{e}_z (\boldsymbol{e}_z \cdot\ \ ) = 1$．

これは e_x, e_y, e_z ですべての方向が張られることを意味する.

ケットベクトルに戻ると, 関係式 (10.2) の左辺に含まれる $|n\rangle\langle n| = P_n$ は基底 $|n\rangle$ への射影演算子の意味をもつ. 実際 P_n を $|\psi\rangle$ に作用させると $P_n|\psi\rangle = |n\rangle\langle n|\psi\rangle = C_n|n\rangle$, また $(P_n)^2 = P_n$, $P_n P_m = 0$ $(n \neq m)$ が成り立つ（式 (10.4) と比較すると, ディラック表記がいかに優れているかが実感できると思う）. したがって式 (10.2) は, すべての基底への射影演算子の和が 1, すなわち空間のすべての「方向」が網羅されているという意味で, 完全系の条件を表す.

10.2 ディラックの表記 (2)

次に一般の波動関数 $\psi(x)$ に議論を拡張する. 以下では表記を簡単にするため 1 次元を仮定するが, 2 次元, 3 次元でも話は変わらない.

10.2.1 ヒルベルト空間

$\psi(x)$ は無限個の関数からなる完全系 $\{\psi_n(x); n = 1, 2, 3, \cdots\}$ で展開される. すなわち $\psi(x) = \sum_n a_n \psi_n(x)$. $\psi_n(x)$ は規格化され, 互いに直交しているとしよう（正規完全直交系）.

$$\langle \psi_m, \psi_n \rangle = \int \psi_m^*(x) \psi_n(x) \mathrm{d}x = \delta_{m,n}$$

$\psi(x), \psi_n(x)$ をそれぞれケットベクトル $|\psi\rangle, |\psi_n\rangle$ に対応させる.

$$|\psi\rangle = \sum_{n=1}^{\infty} a_n |\psi_n\rangle = (|\psi_1\rangle\ |\psi_2\rangle\ \cdots) \begin{pmatrix} a_1 \\ a_2 \\ \cdots \end{pmatrix} \tag{10.5}$$

次に $|\psi\rangle$ に対してブラベクトルを次式で導入する.

$$\langle \psi | = \sum_{n=1}^{\infty} a_n^* \langle \psi_n | = (a_1^*\ a_2^*\ \cdots) \begin{pmatrix} \langle \psi_1 | \\ \langle \psi_2 | \\ \cdots \end{pmatrix} \tag{10.6}$$

ブラベクトルとケットベクトルの内積を $\langle \psi | \varphi \rangle = \langle \psi, \varphi \rangle$ で定義する. $|\psi\rangle = \sum_n b_n |\psi_n\rangle$ のとき, 基底の正規直交性 $\langle \psi_m | \psi_n \rangle = \langle \psi_m, \psi_n \rangle = \delta_{m,n}$ を用いると

$$\langle\psi|\varphi\rangle = \sum_{m,n} a_m^* b_n \langle\psi_m|\psi_n\rangle = \sum_n a_n^* b_n \tag{10.7}$$

これは無限次元のベクトル空間における内積に一致する．

式 (10.5) の両辺に $\langle\psi_m|$ を作用させる（内積をとる）と $\langle\psi_m|\psi\rangle = \sum_n a_n \langle\psi_m|\psi_n\rangle = a_m$，したがって

$$|\psi\rangle = \sum_{n=1}^\infty |\psi_n\rangle a_n = \sum_{n=1}^\infty |\psi_n\rangle\langle\psi_n|\psi\rangle \tag{10.8}$$

これが任意の $|\psi\rangle$ について成り立つことから，

$$\sum_{n=1}^\infty |\psi_n\rangle\langle\psi_n| = 1. \tag{10.9}$$

このように波動関数の表す状態は無限次元空間でのベクトルに対応する．この空間をヒルベルト（Hilbert）空間とよぶ．式 (10.9) は基底 $|\psi_n\rangle$ への射影演算子 $|\psi_n\rangle\langle\psi_n|$ の和が 1，すなわち無限次元空間のすべての「方向」が網羅されているという完全性を表す．

10.2.2 演算子

8.3 節で述べたように，演算子 A を $|\psi\rangle$ に演算した結果 $|A\psi\rangle$ を $A|\psi\rangle$ と書く．これまでハミルトニアン H や運動量 p などの固有状態を求めてきた．演算子 A の固有値を λ，固有状態を $\psi_\lambda(x)$ とすると

$$A\psi_\lambda(x) = \lambda\psi_\lambda(x) \quad \Leftrightarrow \quad A|\psi_\lambda\rangle = |A\psi_\lambda\rangle = \lambda|\psi_\lambda\rangle$$

ヒルベルト空間において，A の固有ベクトル $|\psi_\lambda\rangle$ に A を演算しても（定数倍を除いて）不変である[*1]．

一般には状態 $|\psi\rangle$ に A を演算すると，別の状態に変換される；$|\psi'\rangle = A|\psi\rangle$．$|\psi\rangle = \sum a_n|\psi_n\rangle$ に対して，$|\psi'\rangle = A|\psi\rangle = \sum b_m|\psi_m\rangle$ になったとしよう．このとき

$$b_m = \langle\psi_m|A\psi\rangle = \sum_n \langle\psi_m|A\psi_n\rangle a_n = \sum_n A_{mn} a_n \tag{10.10}$$

[*1] ヒルベルト空間においては，$c|\psi\rangle$ は $|\psi\rangle$ と同一視する．すなわち，状態は規格化されるものと考えて，定数倍は無視する．

10.2 ディラックの表記 (2)

ここで
$$A_{mn} = \langle \psi_m | A \psi_n \rangle = \langle \psi_m, A\psi_n \rangle = \int \psi_m^*(x) A \psi_n(x) \mathrm{d}x \tag{10.11}$$
を導入した．したがって $|\psi'\rangle = A|\psi\rangle = \sum_{mn} |\psi_m\rangle A_{mn} a_n$ である．式 (10.10) を書き直すと

$$\begin{pmatrix} b_1 \\ b_2 \\ \cdots \end{pmatrix} = \begin{pmatrix} A_{11} & A_{12} & \cdots \\ A_{21} & A_{22} & \cdots \\ \cdots & \cdots & \cdots \end{pmatrix} \begin{pmatrix} a_1 \\ a_2 \\ \cdots \end{pmatrix}$$

この行列を A の表現行列という．ヒルベルト空間では演算子は状態ベクトルにかかる行列で表される．

A のエルミート共役 $A^\dagger$ の定義を思い出そう．

$$A_{mn} = \langle \psi_m, A\psi_n \rangle = \langle A^\dagger \psi_m, \psi_n \rangle = \langle \psi_n, A^\dagger \psi_m \rangle^*$$

A がエルミート演算子であるとき $A^\dagger = A$, したがって $A_{mn} = A_{nm}^*$. これは A の表現行列がエルミート行列であることを意味する．

一般の演算子に対して，ブラベクトルへの演算を

$$\langle \psi | A = \langle A^\dagger \psi | \tag{10.12}$$

で定義する．すると

$$(\langle \psi | A) | \varphi \rangle = \langle A^\dagger \psi, \varphi \rangle = \langle \psi, A\varphi \rangle = \langle \psi | (A | \varphi \rangle)$$

これを $\langle \psi | A | \varphi \rangle$ と表記する．A が $|\varphi\rangle$ に作用しても $\langle \psi|$ に作用しても同じ結果を与えるので混乱する心配はない．式 (10.10) において $A_{mn} = \langle \psi_m | A | \psi_n \rangle$, また $|\psi\rangle = \sum a_n |\psi_n\rangle = \sum |\psi_n\rangle \langle \psi_n|\psi\rangle$ だったから，

$$A|\psi\rangle = \sum_{mn} |\psi_m\rangle \langle \psi_m | A | \psi_n \rangle \langle \psi_n | \psi \rangle \tag{10.13}$$

これは，$A|\psi\rangle$ に完全性の関係式 $\sum_m |\psi_m\rangle\langle\psi_m| = 1$, $\sum_n |\psi_n\rangle\langle\psi_n| = 1$ を挿入したと見ることもできる．期待値 $\langle \psi | A | \psi \rangle$ は

$$\langle \psi | A | \psi \rangle = \sum_{mn} \langle \psi | \psi_m \rangle \langle \psi_m | A | \psi_n \rangle \langle \psi_n | \psi \rangle$$

$$= (a_1^* \ a_2^* \ \cdots) \begin{pmatrix} A_{11} & A_{12} & \cdots \\ A_{21} & A_{22} & \cdots \\ \cdots & \cdots & \cdots \end{pmatrix} \begin{pmatrix} a_1 \\ a_2 \\ \cdots \end{pmatrix} \quad (10.14)$$

と表現行列の 2 次形式で与えられる.

式 (10.13) で $|\psi\rangle$ を省き,

$$A = \sum_{mn} |\psi_m\rangle \langle \psi_m | A | \psi_n \rangle \langle \psi_n | = \sum_{mn} A_{mn} |\psi_m\rangle \langle \psi_n |$$

と演算子を表してもよい. 一般に状態 $|\psi\rangle$ を $|\varphi\rangle$ に変換する演算子は $|\varphi\rangle\langle\psi|$ と表される. A の固有状態を $|\psi_n^{(A)}\rangle$, 固有値を $\lambda_n^{(A)}$ とすれば

$$A = \sum_n \lambda_n^{(A)} |\psi_n^{(A)}\rangle \langle \psi_n^{(A)}| \quad (10.15)$$

このように演算子の固有値と固有状態によって変換則が決定する[*2]. 前出の射影演算子 $P_n = |\psi_n\rangle\langle\psi_n|$ はその特別な場合であり, P_n の固有状態は $|\psi_m\rangle$ ($m = 1, 2, 3, \cdots$), 固有値は δ_{mn} である.

10.2.3 基底の変換

$\{\psi_n\}$ とは別の完全系 $\{\varphi_i\}$ を基底に選ぶとどうなるであろうか. $|\psi_n\rangle = \sum_i c_i |\varphi_i\rangle$ と展開すると $c_i = \langle \varphi_i | \psi_n \rangle$ であるから

$$|\psi_n\rangle = \sum_i |\varphi_i\rangle\langle\varphi_i|\psi_n\rangle \equiv \sum_i |\varphi_i\rangle U_{in} \quad (10.16)$$

変換行列 $U = (U_{in}) = (\langle\varphi_i|\psi_n\rangle)$ はユニタリー行列である. 証明は

$$\sum_i U_{in}^* U_{im} = \sum_i \langle\varphi_i|\psi_n\rangle^* \langle\varphi_i|\psi_m\rangle = \sum_i \langle\psi_n|\varphi_i\rangle\langle\varphi_i|\psi_m\rangle$$
$$= \langle\psi_n|\psi_m\rangle = \delta_{nm}$$

ここで完全性の式 (10.9) を用いた[*3]. 別解として, $|\varphi_i\rangle$ を $|\psi_n\rangle$ で展開すれば

[*2] $P_n^{(A)} = |\psi_n^{(A)}\rangle\langle\psi_n^{(A)}|$ とする. 状態 $|\psi\rangle$ で A の観測を行い, その結果が $\lambda_n^{(A)}$ だったとすると, 波束の収縮によって状態は $P_n^{(A)}|\psi\rangle/\sqrt{\langle\psi|P_n^{(A)}|\psi\rangle}$ に変化する.

[*3] ユニタリー行列であることの必要十分条件として, 行列の各列のベクトルのノルムが 1, かつ他のすべての列ベクトルと直交すること, を使った.

$$|\varphi_i\rangle = \sum_n |\psi_n\rangle\langle\psi_n|\varphi_i\rangle = \sum_n |\psi_n\rangle(U^\dagger)_{ni} \tag{10.17}$$

これは式 (10.16) の逆変換に相当するから $U^{-1} = U^\dagger$（ユニタリー性）を得る．

状態 $|\psi\rangle$ の基底 $\{|\psi_n\rangle\}$ での表現が式 (10.5) で与えられたとき，基底 $\{|\varphi_i\rangle\}$ ではどう表されるであろうか．

$$|\psi\rangle = \sum_{n=1}^\infty |\psi_n\rangle a_n = \sum_{n=1}^\infty \sum_{i=1}^\infty |\varphi_i\rangle U_{in} a_n = (|\varphi_1\rangle\ |\varphi_2\rangle\ \cdots) U \begin{pmatrix} a_1 \\ a_2 \\ \cdots \end{pmatrix}$$

したがって $\{|\varphi_i\rangle\}$ での表現を $(\tilde{a}_1, \tilde{a}_2, \cdots)^{\mathrm T}$ とすると

$$\begin{pmatrix} \tilde{a}_1 \\ \tilde{a}_2 \\ \cdots \end{pmatrix} = U \begin{pmatrix} a_1 \\ a_2 \\ \cdots \end{pmatrix}$$

二つの表現（展開係数を並べた縦ベクトル）は変換行列 U で移り変わる．

演算子 A については，基底 $\{\psi_n\}$ での行列表現を $(A_{mn}^{(\psi)})$, $\{\varphi_i\}$ での行列表現を $(A_{ij}^{(\varphi)})$ とすると，

$$\begin{aligned} A_{ij}^{(\varphi)} &= \langle\varphi_i|A|\varphi_j\rangle = \sum_{mn} [(U^\dagger)_{mi}]^* \langle\psi_m|A|\psi_n\rangle (U^\dagger)_{nj} \\ &= \sum_{mn} U_{im} A_{mn}^{(\psi)} (U^\dagger)_{nj} \end{aligned} \tag{10.18}$$

ゆえに $A^{(\varphi)} = U A^{(\psi)} U^\dagger$ が成り立つ[*4]．

期待値 $\langle\psi|A|\psi\rangle$ は

$$\sum_{mn} a_m^* A_{mn}^{(\psi)} a_n = (a_1^*\ a_2^*\ \cdots) U^\dagger \underbrace{U A^{(\psi)} U^\dagger}_{A^{(\varphi)}} U \begin{pmatrix} a_1 \\ a_2 \\ \cdots \end{pmatrix} = \sum_{ij} \tilde{a}_i^* A_{ij}^{(\varphi)} \tilde{a}_j$$

したがって基底の選び方によらない．

[*4] $|\psi_i\rangle$ が A の固有状態 [式 (10.15) の $|\psi_n^{(A)}\rangle$] のとき，$A^{(\psi)}$ は固有値 $\lambda_n^{(A)}$ を成分とする対角行列となる．この特別な場合，式 (10.18) は行列の固有値問題を解いて求めた式 (8.7) に一致する．

ディラックの表記に慣れたら，基底の変換は完全性の式 (10.9) の挿入で機械的に行うことができる．式 (10.16), (10.17) は

$$1|\psi_n\rangle = \sum_i |\varphi_i\rangle\langle\varphi_i|\psi_n\rangle, \qquad 1|\varphi_i\rangle = \sum_n |\psi_n\rangle\langle\psi_n|\varphi_i\rangle$$

式 (10.18) は

$$\langle\varphi_i|1 \cdot A \cdot 1|\varphi_j\rangle = \sum_{mn}\langle\varphi_i|\psi_m\rangle\langle\psi_m|A|\psi_n\rangle\langle\psi_n|\varphi_j\rangle$$

期待値 $\langle\psi|A|\psi\rangle = \langle\psi|1 \cdot A \cdot 1|\psi\rangle$ は

$$\sum_{mn}\langle\psi|\psi_m\rangle\langle\psi_m|A|\psi_n\rangle\langle\psi_n|\psi\rangle = \sum_{ij}\langle\psi|\varphi_i\rangle\langle\varphi_i|A|\varphi_j\rangle\langle\varphi_j|\psi\rangle$$

といった要領である．

10.3　ディラックの表記 (3)

前節では離散的な完全系 $\{\psi_n(x); n = 1, 2, 3, \cdots\}$ を用いてケットベクトルや演算子の表現を考えた．これはそのまま連続的な完全系に拡張できる．

再び 1 次元系に話を限り，x に局在する波動関数 $\psi(x') = \delta(x' - x)$ に対応するケットベクトルを $|x\rangle$ で表す．$\{|x\rangle; -\infty < x < \infty\}$ が完全系を成すこと，および正規直交性

$$\langle x'|x\rangle = \delta(x' - x) \tag{10.19}$$

を要請する．前節の $\sum_n$ は積分におき換わる．ケットベクトル $|\psi\rangle$ を $|x\rangle$ で展開すると

$$|\psi\rangle = \int_{-\infty}^{\infty} dx\,\psi(x)|x\rangle. \tag{10.20}$$

この展開係数 $\psi(x)$ が波動関数にほかならない．すなわち $\{\psi(x); -\infty < x < \infty\}$ はケットベクトル $|\psi\rangle$ の基底関数 $\{|x\rangle; -\infty < x < \infty\}$ による表現で座標表示とよばれる．ある点での波動関数の値 $\psi(x)$ は，離散的な基底での縦ベクトル表現［式 (10.5)］の一つの成分に対応する．式 (10.20) の両辺に $\langle x|$ を演算し，式 (10.19) を用いると

$$\langle x|\psi\rangle = \langle x|\int_{-\infty}^{\infty} \mathrm{d}x' \psi(x')|x'\rangle = \int_{-\infty}^{\infty} \mathrm{d}x' \psi(x') \underbrace{\langle x|x'\rangle}_{\delta(x-x')} = \psi(x)$$

すなわち $\psi(x) = \langle x|\psi\rangle$ である．式 (10.20) に代入すると

$$|\psi\rangle = \int_{-\infty}^{\infty} \mathrm{d}x |x\rangle\langle x|\psi\rangle$$

これが任意の状態 $|\psi\rangle$ に対して成り立つことから，完全性の式

$$\int_{-\infty}^{\infty} \mathrm{d}x |x\rangle\langle x| = 1 \tag{10.21}$$

が得られる．

　まったく同様に，運動量表示の基底関数を $\{|p\rangle; -\infty < p < \infty\}$ とする．正規直交性と完全性はそれぞれ

$$\langle p'|p\rangle = \delta(p'-p), \qquad \int_{-\infty}^{\infty} \mathrm{d}p |p\rangle\langle p| = 1$$

ケットベクトル $|\psi\rangle$ の展開は

$$|\psi\rangle = \int_{-\infty}^{\infty} \mathrm{d}p |p\rangle\langle p|\psi\rangle \equiv \int_{-\infty}^{\infty} \mathrm{d}p |p\rangle \psi(p)$$

この $\psi(p) = \langle p|\psi\rangle$ が状態 $|\psi\rangle$ の運動量表示である．$\psi(p)$ と $\psi(x)$ は互いにフーリエ変換で結ばれていた（1.3 節）．一方

$$\psi(x) = \langle x|1|\psi\rangle = \int_{-\infty}^{\infty} \mathrm{d}p \langle x|p\rangle\langle p|\psi\rangle = \int_{-\infty}^{\infty} \mathrm{d}p \langle x|p\rangle \psi(p)$$

である．式 (1.39) と比較すると

$$\langle x|p\rangle = \frac{1}{\sqrt{2\pi\hbar}} e^{ipx/\hbar} \tag{10.22}$$

であることがわかる．

　運動量演算子 p を波動関数 $\psi(x)$ に演算すると $(\hbar/i)(\partial/\partial x)\psi(x)$ であった．これをディラック表示で表そう．$p|\psi\rangle = |p\psi\rangle$ の座標表示が $(\hbar/i)(\partial/\partial x)\psi(x)$ なのであるから

$$p|\psi\rangle = \int_{-\infty}^{\infty} \mathrm{d}x |x\rangle \frac{\hbar}{i}\frac{\partial}{\partial x} \psi(x) = \int_{-\infty}^{\infty} \mathrm{d}x |x\rangle \underbrace{\frac{\hbar}{i}\frac{\partial}{\partial x} \langle x|\psi\rangle}_{\langle x|p|\psi\rangle}$$

すなわち

$$\langle x|p|\psi\rangle = \frac{\hbar}{i}\frac{\partial}{\partial x}\langle x|\psi\rangle \tag{10.23}$$

が成り立つ．一方，x の関数 $V(x)$ を波動関数 $\psi(x)$ に演算した結果は $V(x)\psi(x)$ （普通の掛算）であった．したがって[*5]

$$\langle x|V|\psi\rangle = V(x)\langle x|\psi\rangle \tag{10.24}$$

ハミルトニアン $H = p^2/(2m) + V(x)$ の固有方程式 $H|\psi\rangle = E|\psi\rangle$ の両辺に $\langle x|$ を演算してみよう．式 (10.23) をくり返し使うと

$$\langle x|p^2|\psi\rangle = \langle x|p|p\psi\rangle = \frac{\hbar}{i}\frac{\partial}{\partial x}\langle x|p\psi\rangle = \frac{\hbar}{i}\frac{\partial}{\partial x}\langle x|p|\psi\rangle = \left(\frac{\hbar}{i}\right)^2 \frac{\partial^2}{\partial x^2}\langle x|\psi\rangle$$

したがって

$$\left[-\frac{\hbar^2}{2m}\frac{\partial^2}{\partial x^2} + V(x)\right]\psi(x) = E\psi(x)$$

これはシュレーディンガー方程式にほかならない（1 次元では $\partial/\partial x \to \mathrm{d}/\mathrm{d}x$ としてよい）．別の定式化を問題 10.4 に載せた．

シュレーディンガー方程式は微分方程式であり，前節での行列計算とは様相がだいぶ異なる．が，空間微分

$$\frac{\mathrm{d}^2}{\mathrm{d}x^2}\psi(x) = \lim_{\Delta x \to 0}\frac{\langle x+\Delta x|\psi\rangle + \langle x-\Delta x|\psi\rangle - 2\langle x|\psi\rangle}{(\Delta x)^2}$$

は $\langle x|\psi\rangle$ をその近傍の成分 $\langle x\pm\Delta x|\psi\rangle$ に変換する演算子である．H の行列表示

$$\langle x+\Delta x|H|x\rangle = \langle x-\Delta x|H|x\rangle = -\frac{\hbar^2}{2m(\Delta x)^2}$$

$$\langle x|H|x\rangle = \frac{\hbar^2}{m(\Delta x)^2} + V(x)$$

（他の行列要素は 0）

に対する固有方程式

[*5] 演算子 (quantum number; q 数) に ˆ をつけて普通の数 (classical number; c 数) と区別すると $\hat{V}|x\rangle = V(x)|x\rangle$，すなわち $|x\rangle$ は $\hat{V}$ の固有状態である．また $\langle x'|\hat{V}|x\rangle = V(x)\langle x'|x\rangle = V(x)\delta(x'-x)$ が成り立つ．

$$\sum_{x'} \langle x|H|x'\rangle\langle x'|\psi\rangle = E\langle x|\psi\rangle$$

の連続極限がシュレーディンガー方程式だと考えることができる（問題 10.3）.

波動関数とケットベクトルの関係は，2 次元，3 次元やスピン自由度がある場合に一般化される．3 次元空間中のスピン $s=1/2$ の粒子の場合，$|\bm{r},\sigma\rangle \equiv |\bm{r}\rangle \otimes |\sigma\rangle$ ($\sigma = \pm 1/2$) が正規完全直交系をなす.

$$\langle \bm{r}',\sigma'|\bm{r},\sigma\rangle = \delta(\bm{r}'-\bm{r})\delta_{\sigma',\sigma}, \qquad \sum_{\sigma=\pm 1/2}\int d\bm{r}|\bm{r},\sigma\rangle\langle \bm{r},\sigma| = 1$$

状態 $|\psi\rangle$ と波動関数 $\psi(\bm{r},\sigma)$（p.125 を参照）の関係は

$$|\psi\rangle = \sum_{\sigma=\pm 1/2}\int d\bm{r}\,\psi(\bm{r},\sigma)|\bm{r},\sigma\rangle, \qquad \psi(\bm{r},\sigma) = \langle \bm{r},\sigma|\psi\rangle \tag{10.25}$$

10.4 ハイゼンベルク表示

ケットベクトル $|\Psi(t)\rangle$ はハミルトニアン H に従って時間発展する.

$$i\hbar\frac{\partial}{\partial t}|\Psi(t)\rangle = H|\Psi(t)\rangle \tag{10.26}$$

この座標表示が時間に依存するシュレーディンガー方程式である；$\Psi(\bm{r},t) = \langle \bm{r}|\Psi(t)\rangle$. スピン自由度があってもよいが本節ではスピン座標 σ を明記しない. 7.5 節の時間発展演算子を用いると

$$|\Psi(t)\rangle = U(t)|\Psi(0)\rangle = e^{-iHt/\hbar}|\Psi(0)\rangle \tag{10.27}$$

物理量 A を測定するとき，その時刻 t での期待値は $\langle \Psi(t)|A|\Psi(t)\rangle$ で与えられる．このように，これまで考えてきた量子力学の記述は状態 $|\Psi(t)\rangle$ が時間とともに変化し，物理量 A は（それがあらわに t に依存しない限り）時間によって変化しない．この記述の仕方をシュレーディンガー表示とよぶ.

別の記述の仕方もある．ハイゼンベルク表示では状態 $|\Psi_\mathrm{H}\rangle$ は時間変化せず，物理量 $A(t)$ に時間変化を押しつける．シュレーディンガー表示との関係は，$|\Psi_\mathrm{H}\rangle = |\Psi(0)\rangle$,

$$A(t) = U(-t)AU(t) = e^{iHt/\hbar}Ae^{-iHt/\hbar} \tag{10.28}$$

である．物理量の期待値は

$$\langle A(t) \rangle = \langle \Psi_H | A(t) | \Psi_H \rangle = \langle \Psi(0) | e^{iHt/\hbar} A e^{-iHt/\hbar} | \Psi(0) \rangle$$
$$= \langle \Psi(t) | A | \Psi(t) \rangle$$

でシュレーディンガー表示と同じ結果を与える．このように二つの表示は数学的に等価なものである．

$A(t)$ の従う方程式を導出しよう．A があらわに t に依存しないとき，

$$\frac{d}{dt} A(t) = \frac{dU(-t)}{dt} A U(t) + U(-t) A \frac{dU(t)}{dt}$$
$$= \frac{i}{\hbar} \left(H e^{iHt/\hbar} A e^{-iHt/\hbar} - e^{iHt/\hbar} A H e^{-iHt/\hbar} \right)$$

$[H, e^{-iHt/\hbar}] = 0$ であるから（最右辺）$= i(HA(t) - A(t)H)/\hbar$，したがって

$$i\hbar \frac{d}{dt} A(t) = [A(t), H] \tag{10.29}$$

が得られ，ハイゼンベルクの運動方程式とよばれる．これがハイゼンベルク表示での基本方程式である．いくつか補足説明をすると

(i) ハイゼンベルク表示のハミルトニアンは $H(t) = e^{iHt/\hbar} H e^{-iHt/\hbar} = H$，すなわちシュレーディンガー表示のそれに一致する．

(ii) $x(t)$ と $p(t)$ の交換関係は

$$[x(t), p(t)] = [e^{iHt/\hbar} x e^{-iHt/\hbar}, e^{iHt/\hbar} p e^{-iHt/\hbar}]$$
$$= e^{iHt/\hbar} [x, p] e^{-iHt/\hbar} = i\hbar \tag{10.30}$$

これは同時刻の交換関係であって，異なる時刻の $x(t), p(t')$ の間には簡単な交換関係は成り立たない．

(iii) 時間 t をあらわに含まない物理量 A がハミルトニアンと交換するとき，

$$[A(t), H] = e^{iHt/\hbar} [A, H] e^{-iHt/\hbar} = 0$$

したがって運動方程式より $dA(t)/dt = 0$ で $A(t)$ は時間によらない保存量となる[*6]．これはシュレーディンガー表示（7.4節）での考察と一致する．

[*6] [別解] $A(t) = e^{iHt/\hbar} A e^{-iHt/\hbar} = A e^{iHt/\hbar} e^{-iHt/\hbar} = A$ より $A(t)$ は t に依存しない．

(iv) A があらわに時間 t を含むとき（例えば $A = -Ex\cos\omega t$），運動方程式 (10.29) は

$$\frac{\mathrm{d}}{\mathrm{d}t}A(t) = \frac{1}{i\hbar}[A(t), H] + \frac{\partial}{\partial t}A(t) \tag{10.31}$$

と一般化される[*7].

具体例として，1次元でのハミルトニアン

$$H = \frac{1}{2m}p^2 + V(x)$$

を考え，$x(t), p(t)$ の従う方程式を具体的に導こう．

$$H = H(t) = e^{iHt/\hbar}\left(\frac{1}{2m}p^2 + V\right)e^{-iHt/\hbar} = \frac{1}{2m}p(t)^2 + V(x(t))$$

に注意し[*8]，同時刻交換関係 (10.30) を用いると

$$i\hbar\frac{\mathrm{d}}{\mathrm{d}t}x(t) = \left[x(t), \frac{1}{2m}p(t)^2 + V(x(t))\right] = \frac{i\hbar}{m}p(t) \tag{10.32a}$$

$$i\hbar\frac{\mathrm{d}}{\mathrm{d}t}p(t) = \left[p(t), \frac{1}{2m}p(t)^2 + V(x(t))\right] = -i\hbar\frac{\mathrm{d}V}{\mathrm{d}x}(x(t)) \tag{10.32b}$$

(問題 10.5)，すなわち

$$\frac{\mathrm{d}x(t)}{\mathrm{d}t} = \frac{p(t)}{m}, \qquad \frac{\mathrm{d}p(t)}{\mathrm{d}t} = -\frac{\mathrm{d}V}{\mathrm{d}x}(x(t))$$

を得る．この期待値をとると，エーレンフェストの定理（7.4 節）に一致する．

問　題

10.1 6.6 節の水素分子のモデルとして図 10.2(a) を考える．サイト 1, 2 は水素原子を表し，その 1s 軌道を $|1\rangle, |2\rangle$ とする．エネルギー準位 E_{1s}（に他方の原子核からのポテンシャル $-\alpha$ を加えたもの）を ε_0，飛び移り積分 β を V_0 で表す．重なり積分 $S = \langle 1|2\rangle = 0$ とする（または互いに直交するように基底 $|1\rangle, |2\rangle$ をとり直す）と，ハミルトニアンは

$$H = \varepsilon_0\Big(|1\rangle\langle 1| + |2\rangle\langle 2|\Big) - V_0\Big(|2\rangle\langle 1| + |1\rangle\langle 2|\Big)$$

また $\langle 1|1\rangle = \langle 2|2\rangle = 1, \langle 1|2\rangle = 0$ である．

[*7] 類似の式を 7.4 節や問題 7.3 で導出したが，それらはシュレーディンガー表示での式であることに注意．

[*8] $e^{iHt/\hbar}p^2e^{-iHt/\hbar} = e^{iHt/\hbar}pe^{-iHt/\hbar}e^{iHt/\hbar}pe^{-iHt/\hbar} = [p(t)]^2$. $V(x) = \sum_n V^{(n)}(0) x^n/(n!)$ に対しても同様に $e^{iHt/\hbar}V(x)e^{-iHt/\hbar} = V(x(t))$.

(a) H のエネルギー固有値,および固有状態を求めなさい.
(b) 時刻 $t=0$ での電子状態が $|\Psi(0)\rangle = |1\rangle$ で与えられたとき,時刻 t での電子状態 $|\Psi(t)\rangle$ を求めなさい.電子が $|2\rangle$ にある確率 $P_2(t) = \left|\langle 2|\Psi(t)\rangle\right|^2$ を計算し,その時間依存性を図示しなさい.

10.2 問題 10.1 のモデルを 4 サイト,および N サイトの 1 次元格子系に拡張する [図 10.2(b)].各サイトには軌道が一つ存在し,隣のサイトと飛び移り積分で行き来する.いずれも周期的境界条件をつける.ハミルトニアンは

$$H = \varepsilon_0 \sum_{j=1}^{N} |j\rangle\langle j| - V_0 \sum_{j=1}^{N}\Big(|j+1\rangle\langle j| + |j\rangle\langle j+1|\Big)$$

ただし $|N+1\rangle = |1\rangle$ である.また $\langle i|j\rangle = \delta_{i,j}$ とする.
(a) 4 サイトモデル ($N=4$) のとき,すべてのエネルギー固有値と固有状態を求めなさい.
(b) N サイトモデル(N は偶数とする)に対して

$$|k\rangle = \frac{1}{\sqrt{N}}\sum_{j=1}^{N} e^{ikaj}|j\rangle, \quad k = \frac{2\pi n}{Na}\ \left(n = -\frac{N}{2}+1, -\frac{N}{2}+2, \cdots, \frac{N}{2}\right)$$

とする(a は格子定数).$H|k\rangle$ を計算し,$|k\rangle$ が H の固有状態になることを示しなさい.エネルギー固有値 E_k を求めなさい.また,$|k\rangle$ が規格化されていること,および $\langle k|k'\rangle = 0\ (k \neq k')$ を確かめなさい.$N \to \infty$ のとき,E_k を k の関数としてグラフにしなさい.

10.3 1 次元の自由粒子のシュレーディンガー方程式 $H|\psi\rangle = E|\psi\rangle$, $H = p^2/(2m)$ を座標表示すると微分方程式

$$-\frac{\hbar^2}{2m}\frac{d^2}{dx^2}\psi(x) = E\psi(x)$$

となる.系の長さを L とし,周期的境界条件をつける.この問題を空間を Δx の単位に離散化して解いてみよう.$N = L/\Delta x$ とすると,10.3 節より $\varepsilon_0 = \hbar^2/[m(\Delta x)^2]$, $V_0 = \hbar^2/[2m(\Delta x)^2]$ の N サイトモデル(格子定数 $a = \Delta x$)に帰着する.

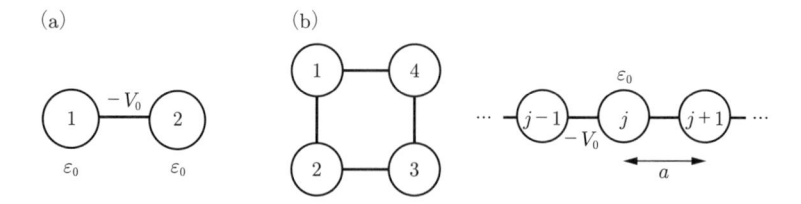

図 **10.2** (a) 水素分子の格子モデル,(b) 4 サイト,および N サイトの格子モデル

(a) 問題 10.2(a) で求めたエネルギー固有値 E_k に対して $\Delta x \to 0$ の極限をとると, $E_k = \hbar^2 k^2/(2m)$ になることを示しなさい.

(b) $\Delta x \to 0$ のとき $(1/\sqrt{\Delta x})|j\rangle \to |x\rangle$ $(x = ja)$, $\Delta x \sum_{j=1}^{N} \to \int_0^L dx$ より次の各式を示しなさい.

$$|k\rangle = \frac{1}{\sqrt{L}} \int_0^L dx |x\rangle e^{ikx} \qquad \left(k = \frac{2\pi n}{L}, \ n = 0, \pm 1, \pm 2, \cdots \right)$$

$$\langle x | x' \rangle = \delta(x - x')$$

したがって $\psi_k(x) = \langle x | k \rangle = e^{ikx}/\sqrt{L}$ となり, 微分方程式を解いて求めた式 (3.16) と一致する.

10.4 1 次元において, 式 (10.23) より運動量 p が

$$p = \int dx |x\rangle \frac{\hbar}{i} \frac{\partial}{\partial x} \langle x| \tag{10.33}$$

と表されることを示しなさい. 次に

$$H = \frac{p^2}{2m} + V = \int dx |x\rangle \left[-\frac{\hbar^2}{2m} \frac{\partial^2}{\partial x^2} + V(x) \right] \langle x| \tag{10.34}$$

を示しなさい. H の固有値方程式 $H|\psi\rangle = E|\psi\rangle$ にこの表式を代入し, $\langle x|\psi\rangle = \psi(x)$ がシュレーディンガー方程式に従うことを確かめなさい.

10.5 (ハイゼンベルク表示) 1 次元でハミルトニアンが $H = p^2/(2m) + V(x)$ で与えられたとき, ハイゼンベルク表示 $x(t), p(t)$ を考える.

(a) 式 (10.32a), (10.32b) を示しなさい. $|\Psi_\mathrm{H}\rangle$ で期待値を取り, エーレンフェストの定理を導きなさい.

(b) $V(x) = 0$ のとき (自由粒子), 式 (10.32a), (10.32b) より $x(t), p(t)$ の時間依存性を求めなさい ($x(0), p(0)$ を用いて表す).

(c) $V(x) = m\omega^2 x^2/2$ のとき (調和振動子), $x(t), p(t)$ の時間依存性を求めなさい.

(d) (b), (c) それぞれの場合に, 交換関係 $[x(t), p(0)]$, $[x(t), x(0)]$ を計算しなさい.

10.6 (ブロッホの定理) N サイトの格子モデルにおいて, 問題 10.2(b) の $|k\rangle$ は $|j\rangle$ のフーリエ展開と考えてもよいが次のように導くことができる.

(a) このモデルは格子定数 a の平行移動 $T_a = \sum_{j=1}^{N} |j+1\rangle\langle j|$ に対して不変である (周期的境界条件を課して $|N+1\rangle = |1\rangle$ とする). 実際 $[H, T_a] = 0$ であることを示しなさい.

(b) T_a の固有状態を $|\psi\rangle = \sum_{j=1}^{N} C_j |j\rangle$ とおく. $T_a |\psi\rangle = \lambda |\psi\rangle$ から C_j を求めなさい (問題 10.2(b) では H と T_a の同時固有状態として $|k\rangle$ を考えた).

次に, 1 次元連続空間において周期 a のポテンシャル $V(x+a) = V(x)$ を考える. $L = Na$ (N は偶数) で周期的境界条件を課す.

(c) a の平行移動は $T_a = \int_0^L dx |x+a\rangle\langle x|$ で表される ($|x+L\rangle = |x\rangle$ とする). T_a を $|\psi\rangle = \int_0^L dx |x\rangle \psi(x)$ に演算して $\psi(x)$ の変換則を示しなさい. また式 (10.34) の H (積分範囲は $[0, L]$) を用いて $[H, T_a] = 0$ を確かめなさい.

(d) T_a の固有値方程式を立て，固有値が $\lambda = e^{-ika}$ となること，対応する固有状態が

$$\psi(x) = u(x)e^{ikx}, \quad k = \frac{2\pi n}{Na} \left(n = -\frac{N}{2}+1, -\frac{N}{2}+2, \cdots, \frac{N}{2} \right)$$

と書けることを示しなさい．ここで $u(x)$ は周期 a の周期関数 $[u(x+a) = u(x)]$ である．これをブロッホ（Bloch）の定理という（物性物理学などで周期ポテンシャルの問題を解くとき，H と T_a との同時固有状態としてこの関数形が用いられる）．

10.7 （クラマース縮退） スピン $s = 1/2$ の粒子を考える．ハミルトニアン $H_0 = \boldsymbol{p}^2/(2m) + V(\boldsymbol{r})$ の固有値 E_n（縮退なし）は，スピン自由度も含めると 2 重縮退している．簡単のため E_1, E_2 だけを考えると

$$H_0 = \sum_{m=\pm 1/2} \Big[E_1 |1,m\rangle\langle 1,m| + E_2 |2,m\rangle\langle 2,m| \Big]$$

ここで $|n, \pm 1/2\rangle = |n\rangle \otimes |\pm 1/2\rangle$，スピン状態 $|\pm 1/2\rangle$ は S_z の固有状態である．この H_0 にスピン軌道相互作用 $H_{\mathrm{SO}} = C_{\mathrm{SO}}(\boldsymbol{p} \times \boldsymbol{\nabla} V) \cdot \boldsymbol{S}$ ［式 (9.10) の脚注］が加わったらどうなるか．$\langle n, m | H_{\mathrm{SO}} | n', m' \rangle = C_{\mathrm{SO}} \langle n |(\boldsymbol{p} \times \boldsymbol{\nabla} V)| n' \rangle \cdot \langle m | \boldsymbol{S} | m' \rangle$．磁場がないとき $\langle \boldsymbol{r} | n \rangle$ は実数，一方 $\boldsymbol{p} \times \boldsymbol{\nabla} V$ の座標表示は純虚数であるから，$\langle n |(\boldsymbol{p} \times \boldsymbol{\nabla} V)| n \rangle = 0$, $C_{\mathrm{SO}} \langle 1 |(\boldsymbol{p} \times \boldsymbol{\nabla} V)| 2 \rangle = 2i\boldsymbol{b}/\hbar$, $C_{\mathrm{SO}} \langle 2 |(\boldsymbol{p} \times \boldsymbol{\nabla} V)| 1 \rangle = -2i\boldsymbol{b}/\hbar$ （$\boldsymbol{b}$ は実数のベクトル）．よって

$$H_{\mathrm{SO}} = i \sum_{m,m'} \Big[|1,m\rangle\langle m|\boldsymbol{b}\cdot\boldsymbol{\sigma}|m'\rangle\langle 2,m'| - |2,m\rangle\langle m|\boldsymbol{b}\cdot\boldsymbol{\sigma}|m'\rangle\langle 1,m'| \Big]$$

$H = H_0 + H_{\mathrm{SO}}$ のエネルギー固有値を求め，二重縮退することを示しなさい．

* 7.6.4 項の時間反転操作 $\mathcal{T}$ は，スピンがあるときそれを反転させるように拡張される；$\mathcal{T}\boldsymbol{S}\mathcal{T}^{-1} = -\boldsymbol{S}$．一方 $\boldsymbol{p}$ や式 (9.10) の $\boldsymbol{L}$ に対しては[*9]，$\mathcal{T}\boldsymbol{p}\mathcal{T}^{-1} = -\boldsymbol{p}, \mathcal{T}\boldsymbol{L}\mathcal{T}^{-1} = -\boldsymbol{L}$．したがって H_{SO} は時間反転に対して不変である（$\mathcal{T}H_{\mathrm{SO}}\mathcal{T}^{-1} = H_{\mathrm{SO}}$）．この問題で得られた縮退は $H = H_0 + H_{\mathrm{SO}}$ の時間反転対称性に起因するもので，クラマース縮退（Kramers' degeneracy）とよばれる．9.4 節の例でもクラマース縮退が確認できる．詳細は文献[3]の 4 章を参照のこと．

[*9] $\mathcal{T}$ は波動関数の空間部分の複素共役をとるので $\mathcal{T}\boldsymbol{p}\mathcal{T}^{-1}\varphi(\boldsymbol{r}) = \mathcal{T}[(\hbar/i)\boldsymbol{\nabla}\varphi^*(\boldsymbol{r})] = -(\hbar/i)\boldsymbol{\nabla}\varphi(\boldsymbol{r}) = -\boldsymbol{p}\varphi(\boldsymbol{r})$.

古典論の方程式 (3)

金属中の伝導電子など，たくさんの粒子が空間に分布している状況を考えよう．気体分子運動論のように古典粒子の運動として扱う．時刻 t で座標 $\boldsymbol{r}$ の近傍の粒子数密度を $n(\boldsymbol{r}, t)$ で表す．$n(\boldsymbol{r}, t)$ が一様でないとき，密度の高いところから低いところに向かって粒子は拡散する．粒子の流れの密度 $\boldsymbol{j}$ は $n(\boldsymbol{r}, t)$ の勾配に比例し，$\boldsymbol{j} = -D\boldsymbol{\nabla} n(\boldsymbol{r}, t)$ で与えられる．連続の方程式 $\partial n/\partial t + \mathrm{div}\,\boldsymbol{j} = 0$ と合わせると

$$\frac{\partial}{\partial t} n(\boldsymbol{r}, t) = D \Delta n(\boldsymbol{r}, t) \tag{10.35}$$

を得る．これを拡散方程式，D を拡散係数という．時刻 $t = 0$ で N 個の粒子が原点にあったとする；$n(\boldsymbol{r}, t) = N\delta(\boldsymbol{r})$．この初期条件の下で式 (10.35) を解くと

$$n(\boldsymbol{r}, t) = \frac{N}{(4\pi Dt)^{3/2}} e^{-r^2/(4Dt)} \tag{10.36}$$

となる［$\boldsymbol{r} \to \boldsymbol{k}$ のフーリエ変換をした式から $n(\boldsymbol{k}, t) = N e^{-Dk^2 t}$ と求まり，これを逆フーリエ変換する］．粒子は幅 $\propto \sqrt{Dt}$ のガウス分布に従い，時間とともに広がっていく．

拡散方程式 (10.35) は，自由空間でのシュレーディンガー方程式と似ている．実際，問題 3.5 でガウス波束が時間とともに広がる解を得た．が，虚数単位 i の有無が両者に大きな違いを与える．拡散はエントロピーが増大する不可逆過程であり，式 (10.36) を時間反転した解はありえない．一方，シュレーディンガー方程式は (磁場がないとき) 時間反転対称性があるので，時間とともに収縮する波束の解も存在する．

温度が高い場所から低い場所へ熱が伝わる現象は，拡散方程式と同じ形の熱伝導方程式で記述される．温度を $T = T(\boldsymbol{r}, t)$ とすると，熱流 $\boldsymbol{j}_\mathrm{T} = -\kappa \boldsymbol{\nabla} T(\boldsymbol{r}, t)$ とその連続の方程式 $c_v \partial T/\partial t + \mathrm{div}\,\boldsymbol{j}_\mathrm{T} = 0$ より

$$\frac{\partial}{\partial t} T(\boldsymbol{r}, t) = \frac{\kappa}{c_v} \Delta n(\boldsymbol{r}, t) \tag{10.37}$$

ここで κ は熱伝導率，c_v は単位体積あたりの熱容量である．金属では伝導電子の拡散運動のために熱伝導率が非常に大きい．土鍋は格子振動による熱伝導はあるものの伝導電子がないので，金属鍋よりも熱伝導率が小さい．熱しにくいが冷めにくいので，寒い季節の鍋物に適している．

11　摂動論 I

　7 章までさまざまなシュレーディンガー方程式を解いたが，実際の問題では厳密な解が求められないことが多い．その場合に方程式を近似的に解く方法の一つが摂動論である．「摂動 (perturbation)」という言葉は日常ではあまり使われないが，物理学では重要な用語である．ハミルトニアン H_0 で記述される系があって，粒子は H_0 の固有状態 $|n\rangle$ にあったとする．それに外から小さなポテンシャル V が加えられたら粒子の状態は $|n\rangle$ から少しずれる．この V を加えることを系に摂動を与える，という．一般にハミルトニアン $H = H_0 + V$ に対するシュレーディンガー方程式を解くことができないとき，もし H_0 の固有状態がわかっていたら V を摂動と考えて H の固有状態を近似的に求めることができる．この摂動論は，量子電磁気学，場の理論，物性物理学など多くの分野で必要不可欠な計算手法になっている．本章では時間に依存しないシュレーディンガー方程式の摂動論を説明する．非摂動ハミルトニアン H_0 のエネルギー準位が離散的な場合を扱う（連続準位の問題は 13 章の散乱問題を参照）．最後の 11.5 節で，摂動論とは別の近似解法である変分法について説明を加える．

11.1　時間に依存しない摂動論 (1)

　系のハミルトニアンが $H = H_0 + V$ で与えられている．ハミルトニアン H_0 のエネルギー固有値と固有状態はわかっているとして，それぞれ ε_j, $|j\rangle$ $(j = 0, 1, 2, \cdots)$ で表す；$H_0|j\rangle = \varepsilon_j|j\rangle$．固有状態は規格化されているものとする；$\langle i|j\rangle = \delta_{i,j}$．あるエネルギー準位 ε_n と状態 $|n\rangle$ が小さな摂動 V によってどう変化するかを考えよう．本節では考えているエネルギー固有値 ε_n が縮退していない場合を扱う．縮退している場合は 11.3 節で説明する．

　便宜上 $H = H_0 + \lambda V$ と書く．λ は無次元量で，慣れてしまえば書かなくてもよい．H のエネルギー固有値 E の変化量を λ（すなわち V）の 1 次，2 次，$\cdots$

の効果に分けて書く; $E = E_0 + \lambda E_1 + \lambda^2 E_2 + \cdots$. ここで $E_0 = \varepsilon_n$ である. 同様に, H の固有状態も $|\psi\rangle = |\psi_0\rangle + \lambda|\psi_1\rangle + \lambda^2|\psi_2\rangle + \cdots$ と λ のべき乗で展開する ($|\psi_0\rangle = |n\rangle$). 両者をシュレーディンガー方程式 $(H_0 + \lambda V)|\psi\rangle = E|\psi\rangle$ に代入すると

$$(H_0 + \lambda V)(|\psi_0\rangle + \lambda|\psi_1\rangle + \lambda^2|\psi_2\rangle + \cdots)$$
$$= (E_0 + \lambda E_1 + \lambda^2 E_2 + \cdots)(|\psi_0\rangle + \lambda|\psi_1\rangle + \lambda^2|\psi_2\rangle + \cdots) \quad (11.1)$$

式 (11.1) の両辺を λ の 0 次, 1 次, 2 次, $\cdots$ について比較すると

$$H_0|\psi_0\rangle = E_0|\psi_0\rangle \quad (11.2\text{a})$$

$$H_0|\psi_1\rangle + V|\psi_0\rangle = E_0|\psi_1\rangle + E_1|\psi_0\rangle \quad (11.2\text{b})$$

$$H_0|\psi_2\rangle + V|\psi_1\rangle = E_0|\psi_2\rangle + E_1|\psi_1\rangle + E_2|\psi_0\rangle \quad (11.2\text{c})$$

$$\cdots$$

が得られる.

式 (11.2a) は V の 0 次の関係式で $E_0 = \varepsilon_n$, $|\psi_0\rangle = |n\rangle$ より自然に満たされる. $|\psi\rangle$ の残りの部分 $\lambda|\psi_1\rangle + \lambda^2|\psi_2\rangle + \cdots \equiv |\psi'\rangle$ が V による $|n\rangle$ からのずれであるが, 後で説明するように $|\psi'\rangle$ は $|n\rangle$ に直交する, すなわち

$$\langle n|\psi_1\rangle = \langle n|\psi_2\rangle = \cdots = 0 \quad (11.3)$$

としてよい. $|\psi\rangle$ は規格化されていないが $\langle n|\psi\rangle = 1$ が成り立つ.

式 (11.2b) は V の 1 次の関係式である. $E_0 = \varepsilon_n$, $|\psi_0\rangle = |n\rangle$ を代入すると $(\varepsilon_n - H_0)|\psi_1\rangle = (V - E_1)|n\rangle$. この両辺に $\langle n|$ を演算すると左辺が 0 となるから

$$E_1 = \langle n|V|n\rangle \quad (11.4)$$

両辺に $\langle j|$ $(j \neq n)$ を演算すると $(\varepsilon_n - \varepsilon_j)\langle j|\psi_1\rangle = \langle j|V|n\rangle$. $|\psi_1\rangle = \sum_j C_j|j\rangle$ と展開すると $C_j = \langle j|\psi_1\rangle$ であるから

$$|\psi_1\rangle = \sum_{j \neq n} |j\rangle \frac{\langle j|V|n\rangle}{\varepsilon_n - \varepsilon_j} \quad (11.5)$$

を得る．ここで式 (11.3) より $C_n = 0$ とした*1．

* 式 (11.3) について：式 (11.2b) より $(\varepsilon_n - H_0)|\psi_1\rangle = (V - E_1)|\psi_0\rangle$ であるから，式 (11.5) の $|\psi_1\rangle$ に $C|n\rangle$ （C は任意定数）を加えてもよい．しかし $|\psi_1\rangle$ は V の 1 次での波動関数の変化を表すのであるから $V \to 0$ のときに $|\psi_1\rangle \to 0$．これを満たすために $C = 0$ を選ぶ．$|\psi_i\rangle$ $(i \geq 2)$ でも同様で，V の 0 次に相当する $C|n\rangle$ は含めない．

同じ要領で，式 (11.2c) から $(\varepsilon_n - H_0)|\psi_2\rangle = (V - E_1)|\psi_1\rangle - E_2|n\rangle$．両辺に $\langle n|$ を演算し，式 (11.5) を用いれば

$$E_2 = \langle n|V|\psi_1\rangle = \sum_{j \neq n} \frac{\langle n|V|j\rangle\langle j|V|n\rangle}{\varepsilon_n - \varepsilon_j} = \sum_{j \neq n} \frac{|\langle j|V|n\rangle|^2}{\varepsilon_n - \varepsilon_j} \tag{11.6}$$

両辺に $\langle j|$ $(j \neq n)$ を演算すると $(\varepsilon_n - \varepsilon_j)\langle j|\psi_2\rangle = \langle j|(V - E_1)|\psi_1\rangle$．よって

$$|\psi_2\rangle = \sum_j |j\rangle\langle j|\psi_2\rangle = \sum_{j \neq n} |j\rangle \frac{\langle j|(V - E_1)|\psi_1\rangle}{\varepsilon_n - \varepsilon_j}$$

式 (11.4), (11.5) を代入すると

$$|\psi_2\rangle = \sum_{j,k \neq n} |j\rangle \frac{\langle j|V|k\rangle\langle k|V|n\rangle}{(\varepsilon_n - \varepsilon_j)(\varepsilon_n - \varepsilon_k)} - \sum_{j \neq n} |j\rangle \frac{\langle j|V|n\rangle\langle n|V|n\rangle}{(\varepsilon_n - \varepsilon_j)^2} \tag{11.7}$$

高次の項も同様で，E_n, $|\psi_n\rangle$ は $n-1$ 次までの結果を用いて求められる（一般に $E_n = \langle n|V|\psi_{n-1}\rangle$ が成り立つ）．通常はエネルギーは V の 2 次まで，波動関数は V の 1 次までの摂動で話を済ますことが多い．

ここで補足説明を三つほど．

(i) $|n\rangle$ が基底状態のときは $\varepsilon_n < \varepsilon_j$ $(j \neq n)$ であるから，式 (11.6) より常に $E_2 \leq 0$．すなわち，基底状態のエネルギーは 2 次摂動によって必ず下がる（摂動として加えたポテンシャルが引力でも斥力でも！）．

(ii) 摂動論は V の 1 次の寄与，2 次の寄与，$\cdots$ を順次求める方法である．V

---

*1 または完全系を挿入した式 $|\psi_1\rangle = \sum_j |j\rangle\langle j|\psi_1\rangle$ に $\langle j|\psi_1\rangle = \langle j|V|n\rangle/(\varepsilon_n - \varepsilon_j)$ $(j \neq n)$, $\langle n|\psi_1\rangle = 0$ を代入すれば式 (11.5) を得る．

の影響が小さいとき，低次までの摂動計算がよい近似となる[*2]．状態の 1 次摂動 [式 (11.5)] を見ると，そのためには

$$|\langle j|V|n\rangle| \ll |\varepsilon_j - \varepsilon_n|$$

がすべての $j\ (\neq n)$ に対して成り立てばよいことがわかる．$\varepsilon_j \approx \varepsilon_n$ のときには注意が必要で，特に縮退している場合を 10.3 節で説明する．

(iii) 2 次までの摂動で波動関数の規格化をしておこう．規格化されたケットベクトルを $|\Psi_n\rangle = C_n(|n\rangle + \lambda|\psi_1\rangle + \lambda^2|\psi_2\rangle \cdots)$ とおくと

$$1 = |C_n|^2 \left[1 + \lambda^2 \sum_{j \neq n} \frac{|\langle j|V|n\rangle|^2}{(\varepsilon_n - \varepsilon_j)^2} + O(\lambda^3) \right]$$

$O(\lambda^n)$ は λ^n の次数（order）か，それより高次の項を示す[*3]．よって

$$C_n = 1 - \frac{\lambda^2}{2} \sum_{j \neq n} \frac{|\langle j|V|n\rangle|^2}{(\varepsilon_n - \varepsilon_j)^2} + O(\lambda^3) \tag{11.8}$$

V の 1 次までの近似では $C_n = 1$ である．

具体例として，1 次元調和振動子に静電場 $\mathcal{E}$ がかかった場合を考える．振動子は原点から x だけ変位したとき電気双極子 qx をもつものとすると，電場によるポテンシャルは $V = -q\mathcal{E}x$．これを摂動と考える．以下 λ は省略する．非摂動ハミルトニアン $H_0 = p^2/(2m) + (m\omega^2/2)x^2$ の基底状態 $|0\rangle$，エネルギー固有値 $\varepsilon_0 = \hbar\omega/2$ の V による変化を計算しよう．式 (4.15) を用いると $\langle 0|x|0\rangle = \sqrt{\hbar/(2m\omega)}\langle 0|(a+a^\dagger)|0\rangle = 0$ であるから，式 (11.4) より

$$E_1 = -q\mathcal{E}\langle 0|x|0\rangle = 0$$

[*2] 摂動展開の式 (11.1) を無限次のオーダーまで求めたとしても $H = H_0 + \lambda V$ の厳密なエネルギー固有値，固有状態が求められるわけではない．複素関数論のローラン展開とは異なり，収束性は保証されない（漸近級数になることが知られている）．また次数を上げるほど厳密な解に近づくとも限らない（λ の次数を上げていくと途中から項が増大に転じる場合が多い）．物理的な考察から適切な H_0 と $|\psi_0\rangle = |n\rangle$ を見つけ，低次の摂動計算で現象を説明する工夫が必要である．

[*3] $f(x) = O(x^n)$ のとき $\lim_{x \to 0}[f(x)/x^n] < \infty$．次式では $(1+x)^\alpha = 1 + \alpha x + O(x^2)$ を用いる．

また $\langle j|x|0\rangle = \sqrt{\hbar/(2m\omega)}\delta_{j,1}$, $\varepsilon_1 - \varepsilon_0 = \hbar\omega$. したがって式 (11.6) より

$$E_2 = \frac{|\langle 1|V|0\rangle|^2}{\varepsilon_0 - \varepsilon_1} = -\frac{(q\mathcal{E})^2}{2m\omega^2}$$

ゆえに，2 次までの摂動計算で $E = \hbar\omega/2 - (q\mathcal{E})^2/(2m\omega^2)$ が得られる[*4]．状態を 1 次までの摂動で求めると，式 (11.5) を用いて

$$|\Psi_0\rangle = |0\rangle + \frac{q\mathcal{E}}{\sqrt{2m\hbar\omega^{3/2}}}|1\rangle$$

図 11.1 に，H_0 の固有状態の波動関数 $\psi_0(x) = \langle x|0\rangle$, $\psi_1(x) = \langle x|1\rangle$ を実線で示した．電場によって $|0\rangle$ に $|1\rangle$ の成分が混ざるため $\psi_0(x)$ の形が破線のようにゆがみ，$x > 0$ の領域で粒子の存在確率が増える．これは電場によって分極が発生したことを意味する．

11.2　水素原子の分極率（2 次のシュタルク効果）

水素原子に静電場をかけると，電子の分布は電場の向きと逆方向に偏り，原子核の正電荷と合わせて電気双極子が発生する．その分極率を摂動論を用いて計算しよう．

静電場 $\mathcal{E}$ を z 方向にかけたとき，電子（電荷 $-e$）の感じるポテンシャルは $V = e\mathcal{E}z = e\mathcal{E}r\cos\theta$ である．これを摂動として扱う[*5]．非摂動ハミルトニア

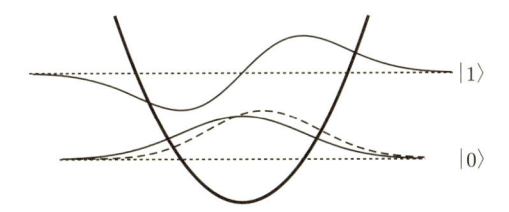

図 11.1　1 次元調和振動子の固有状態 $|0\rangle$ と $|1\rangle$ の波動関数（実線）．静電場 $\mathcal{E}\boldsymbol{e}_x$ を加えると $|0\rangle$ に $|1\rangle$ の成分が混ざり，波動関数は破線のように変化する．

[*4] この問題の場合，2 次までの摂動でエネルギーは厳密な結果（問題 4.6）と一致する．分極率については，一般に（それが有限な量として定義できるとき）波動関数の 1 次，またはエネルギーの 2 次の摂動計算によって正確に求めることができる（問題 11.2）．
[*5] スカラーポテンシャルは $\phi(\boldsymbol{r}) = -\mathcal{E}z$. 実際 $\boldsymbol{E} = -\boldsymbol{\nabla}\phi(\boldsymbol{r}) = (0,0,\mathcal{E})$. 電荷 q の粒子のポテンシャルは $V(\boldsymbol{r}) = q\phi(\boldsymbol{r}) = -q\mathcal{E}z$ で与えられる．

ンは

$$H_0 = \frac{1}{2m}\boldsymbol{p}^2 - \frac{e^2}{4\pi\varepsilon_0}\frac{1}{r} \tag{11.9}$$

このエネルギー固有値 ε_{nlm} と固有状態 $|nlm\rangle$ は 6 章で求めた．$\langle r|nlm\rangle = R_{nl}(r)Y_l^m(\theta,\phi) \equiv \varphi_{nlm}(\boldsymbol{r})$．基底状態である 1s 状態 $[(n,l,m)=(1,0,0)]$ の摂動 V による変化を計算する．

1 次の摂動エネルギーは

$$\begin{aligned}E_1 &= \langle 100|V|100\rangle = \int d\boldsymbol{r}\, \varphi_{100}^*(\boldsymbol{r})e\mathcal{E}z\varphi_{100}(\boldsymbol{r}) \\ &= \frac{e\mathcal{E}}{\pi a_B^3}\int z e^{-2r/a_B} d\boldsymbol{r} = 0 \end{aligned} \tag{11.10}$$

$\varphi_{100}(\boldsymbol{r})$ は球対称だから z の期待値は 0 である．

2 次摂動では励起状態との間の V の行列要素が必要となる．$z=r\cos\theta$ より

$$\begin{aligned}\langle nlm|V|100\rangle &= e\mathcal{E}\int_0^\infty R_{nl}(r)R_{10}(r)r^3 dr \\ &\quad \times \int_0^\pi\!\!\int_0^{2\pi} Y_l^{m*}(\theta,\phi)Y_0^0(\theta,\phi)\cos\theta\sin\theta d\theta d\phi \\ &= \frac{e\mathcal{E}}{\sqrt{3}}\delta_{l,1}\delta_{m,0}\int_0^\infty R_{nl}(r)R_{10}(r)r^3 dr.\end{aligned} \tag{11.11}$$

途中の式変形で $Y_0^0 = 1/\sqrt{4\pi}$, $\cos\theta = \sqrt{4\pi/3}Y_1^0$, および球面調和関数 Y_l^m の正規直交性［式 (5.21)］を用いた．電場を z 方向にかけているので z 軸のまわりの回転対称性は残り，L_z は保存する．したがって m はよい量子数（p.141 を参照）であり，異なる m の状態間の行列要素はゼロとなる．

$2p_z$ 状態，$3p_z$ 状態に対して式 (11.11) を計算すると（問題 11.3），

$$\langle 210|V|100\rangle = \frac{128\sqrt{2}}{243}e\mathcal{E}a_B, \qquad \langle 310|V|100\rangle = \frac{27\sqrt{2}}{128}e\mathcal{E}a_B$$

$\varepsilon_{nlm} = -\{e^2/[2(4\pi\varepsilon_0)a_B]\}(1/n^2)$ を用いると

$$\begin{aligned}E_2 &= \sum_{(nlm)\neq(100)}\frac{|\langle nlm|V|100\rangle|^2}{\varepsilon_{100}-\varepsilon_{nlm}} + \sum_k \frac{|\langle k|V|100\rangle|^2}{\varepsilon_{100}-\varepsilon_k} \\ &= -(4\pi\varepsilon_0)\mathcal{E}^2 a_B^3\left[\left(\frac{128\sqrt{2}}{243}\right)^2\frac{1}{3/8} + \left(\frac{27\sqrt{2}}{128}\right)^2\frac{1}{4/9} + \cdots\right]\end{aligned} \tag{11.12}$$

中間状態には正のエネルギーの散乱状態も含める必要があり，それを $|k\rangle$ で表した．[ ] の中は $1.48+0.20+\cdots$ で収束は遅いが，厳密な結果が知られていて $9/4$ となる．

波動関数は摂動の 1 次までの近似で

$$|100\rangle - \frac{(4\pi\varepsilon_0)\mathcal{E}a_\mathrm{B}^2}{e}\left[\frac{128\sqrt{2}}{243}\frac{1}{3/8}|210\rangle + \frac{27\sqrt{2}}{128}\frac{1}{4/9}|310\rangle + \cdots\right] \tag{11.13}$$

とたくさんの励起状態が入ってくる．図 11.2 に 1s と 2p$_z$ の波動関数（$\langle r|100\rangle$, $\langle r|210\rangle$）の概略を示した．式 (11.13) では $|210\rangle$ の前の係数が負であるので，波動関数の振幅は $z<0$ で増加し，$z>0$ で減少する．原点にある原子核の電荷 $+e$ と合わせると，z 方向に電気双極子が発生することになる．

分極率を α とすると $E_2 = -(1/2)\alpha\mathcal{E}^2$ である（問題 11.2）．厳密解の結果を用いると

$$\alpha = \frac{9}{2}(4\pi\varepsilon_0)a_\mathrm{B}^3$$

11.3 時間に依存しない摂動論 (2)

10.1 節では非摂動状態 $|n\rangle$ のエネルギー ε_n が縮退していないことを仮定した．本節では縮退がある場合の定式化を行う．同じエネルギー固有値 ε_n をもつ H_0 の固有状態を $|n,q\rangle$ $(q=1,2,\cdots)$ で表す．

$$H_0|n,q\rangle = \varepsilon_n|n,q\rangle$$

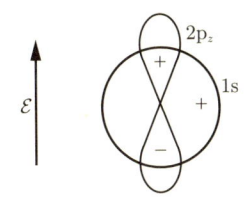

図 11.2 水素原子の 1s, 2p$_z$ 軌道の概略図．z 方向に電場 $\mathcal{E}$ をかけると，1s の波動関数に 2p$_z$ の成分が（負の係数がかかって）混ざる．その結果，電子の分布は $-z$ 側に偏り，原点にある原子核の電荷 $+e$ と合わせて z 方向に電気双極子が発生する．

量子数 q は，例えば水素原子の場合の l と m に相当し，同じエネルギーの状態を区別する．

$H = H_0 + \lambda V$ のエネルギー固有値を $E = E_0 + \lambda E_1 + \lambda^2 E_2 + \cdots$ $(E_0 = \varepsilon_n)$，固有状態を $|\psi\rangle = |\psi_0\rangle + \lambda|\psi_1\rangle + \lambda^2|\psi_2\rangle + \cdots$ と展開すると，11.1 節の式 (11.2a)〜(11.2c) が得られる．式 (11.2a) において $E_0 = \varepsilon_n$，

$$|\psi_0\rangle = C_1|n,1\rangle + C_2|n,2\rangle + \cdots = \sum_q C_q|n,q\rangle \tag{11.14}$$

（縮退した状態の任意の線形結合），式 (11.3) に対応する式は

$$\langle n,q|\psi_1\rangle = \langle n,q|\psi_2\rangle = \cdots = 0 \quad (q = 1, 2, \cdots) \tag{11.15}$$

である．

式 (11.14) の $\{C_q\}$ は λ の 1 次の式から決定する．それをまず二重縮退 ($q = 1, 2$) の場合に示そう．式 (11.2b) より

$$(\varepsilon_n - H_0)|\psi_1\rangle = (V - E_1)(C_1|n,1\rangle + C_2|n,2\rangle)$$

この両辺に $\langle n,1|, \langle n,2|$ を演算すると，左辺は 0 となるので

$$\langle n,1|V|n,1\rangle C_1 + \langle n,1|V|n,2\rangle C_2 = E_1 C_1, \tag{11.16a}$$

$$\langle n,2|V|n,1\rangle C_1 + \langle n,2|V|n,2\rangle C_2 = E_1 C_2 \tag{11.16b}$$

を得る．$C_1 = C_2 = 0$ 以外の解が存在する条件は

$$\begin{vmatrix} E_1 - \langle n,1|V|n,1\rangle & -\langle n,1|V|n,2\rangle \\ -\langle n,2|V|n,1\rangle & E_1 - \langle n,2|V|n,2\rangle \end{vmatrix} = 0$$

である．この永年方程式から E_1 が求まり，式 (11.16a), (11.16b) に戻って C_1, C_2 が決定する．例えば $\langle n,1|V|n,1\rangle = \langle n,2|V|n,2\rangle = 0$, $\langle n,1|V|n,2\rangle = v = |v|e^{i\alpha}$, $\langle n,2|V|n,1\rangle = v^*$ のとき ［問題 11.6(a)］

$$E_1 = \pm|v|; \quad C_1 = \frac{1}{\sqrt{2}}, \ C_2 = \pm\frac{1}{\sqrt{2}}e^{-i\alpha}$$

となる．$C_{1,2}$ の絶対値は規格化条件 $\langle\psi_0|\psi_0\rangle = 1$ から決定した．

一般に N 重縮退の場合は

$$\sum_{q=1}^{N} \langle n,p|V|n,q\rangle C_q = E_1 C_p \qquad (p=1,2,\cdots,N) \tag{11.17}$$

より，$N \times N$ 行列の永年方程式となる．

補足説明を加える．

(i) 1次摂動で縮退準位が分裂したとする．摂動の2次以上の計算は，その中の一つの状態を $|\psi_0\rangle$ として 11.1 節の計算を行う．

(ii) 式 (11.16a), (11.16b)，または式 (11.17) は $|n,q\rangle$ の間に働く V の効果を取り入れ，N 準位の問題を厳密に解くことに相当する（2準位について次節を参照）．次に残りの状態からの寄与を摂動で取り入れるのが本節の方法である．この考え方は N 個のエネルギー準位が「ほとんど縮退」している場合（H_0 の準位間隔が V の行列要素の大きさより小さいか同程度のとき）にも拡張できる（問題 11.9）．

1次のシュタルク効果： 具体例として，水素原子に電場をかけたときに第1励起状態（2s, 2p 状態）がどう変化するかを計算してみよう．状態は四重に縮退している；$(nlm) = (2,0,0), (2,1,0), (2,1,\pm 1)$. $|\psi_0\rangle$ はこれらの線形結合である．

$$|\psi_0\rangle = C_1|200\rangle + C_2|210\rangle + C_3|211\rangle + C_4|21-1\rangle$$

静電場 $\mathcal{E}$ を z 方向にかけたとき，ポテンシャルは $V = e\mathcal{E}z$. 前節で述べたように m はよい量子数であるから，$|200\rangle$ と $|210\rangle$ の間でだけ行列要素があって

$$\langle 210|V|200\rangle = -3e\mathcal{E}a_\text{B}$$

（問題 11.3）．また，$\langle 200|V|200\rangle = \langle 21m|V|21m\rangle = 0 \; (m=0,\pm 1)$ である．4×4 行列の永年方程式は

$$\begin{vmatrix} E_1 & 3e\mathcal{E}a_\text{B} & 0 & 0 \\ 3e\mathcal{E}a_\text{B} & E_1 & 0 & 0 \\ 0 & 0 & E_1 & 0 \\ 0 & 0 & 0 & E_1 \end{vmatrix} = 0$$

これより $E_1 = \pm 3e\mathcal{E}a_B$, 0（二重縮退）が得られる．対応する状態は

$$|\psi_0\rangle = \frac{1}{\sqrt{2}}(|200\rangle \mp |210\rangle), \quad |211\rangle, \quad |21-1\rangle.$$

図 11.3 に示したように，電場がないときの四重縮退が三つの準位（一つの準位は二重に縮退）に分裂する．これをシュタルク効果（Stark effect）とよぶ[*6]．前節では縮退がない 1s 準位のエネルギーが電場の 2 次で変化する様子を調べた．本節の縮退がある場合は電場の 1 次でエネルギーが変化する．$|200\rangle$ と $|210\rangle$ の重ね合わせによって励起エネルギーなしで電気双極子をつくることができるためである．

11.4　2 準位系

H_0 の固有状態のうち二つだけを考えればよい場合がある．例えば，残りの状態のエネルギー準位がその二つの準位から大きく離れている場合，まず 2 準位だけの問題を解く，必要があれば残りの準位からの寄与を摂動で取り入れる，という方法が有効である．2 準位に限れば問題を厳密に解くことができる．

興味のある 2 準位（非摂動ハミルトニアン H_0 のエネルギー固有値）を ε_1, ε_2, その固有状態を $|1\rangle$, $|2\rangle$ とする；$H_0|j\rangle = \varepsilon_j|j\rangle$ $(j=1,2)$．ハミルトニアン $H = H_0 + V$ の固有状態をそれらの線形結合で表すと

$$(H_0 + V)(C_1|1\rangle + C_2|2\rangle) = E(C_1|1\rangle + C_2|2\rangle) \tag{11.18}$$

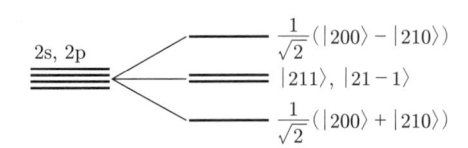

図 11.3　水素原子の（1 次の）シュタルク効果．電場 $\mathcal{E}$ がないときに縮退していた 2s, 2p 準位が，電場によって三つの準位に分裂する．$(|200\rangle \mp |210\rangle)/\sqrt{2}$ の状態では 2s 軌道と $2p_z$ 軌道が混ざって電子の分布が偏り，$(\mathcal{E} \to 0$ の極限でも）z 方向に電気双極子が生じる．

[*6] 電場の 1 次による効果を 1 次のシュタルク効果，前節で計算した電場の 2 次によって分極が発生する効果を 2 次のシュタルク効果とよぶ．

式 (11.18) の両辺に $\langle 1|$, $\langle 2|$ を演算すると $(\varepsilon_1 + \langle 1|V|1\rangle)C_1 + \langle 1|V|2\rangle C_2 = EC_1$, $\langle 2|V|1\rangle C_1 + (\varepsilon_2 + \langle 2|V|2\rangle)C_2 = EC_2$ より

$$\begin{pmatrix} \tilde{\varepsilon}_1 & v \\ v^* & \tilde{\varepsilon}_2 \end{pmatrix} \begin{pmatrix} C_1 \\ C_2 \end{pmatrix} = E \begin{pmatrix} C_1 \\ C_2 \end{pmatrix} \tag{11.19}$$

ここで $\tilde{\varepsilon}_j = \varepsilon_j + \langle j|V|j\rangle$, $v = \langle 1|V|2\rangle$, $v^* = \langle 2|V|1\rangle$ (v の複素共役)[*7]である. 永年方程式から H のエネルギー固有値 E を求めると

$$E_\pm = \frac{\tilde{\varepsilon}_1 + \tilde{\varepsilon}_2}{2} \pm \sqrt{\left(\frac{\tilde{\varepsilon}_1 - \tilde{\varepsilon}_2}{2}\right)^2 + |v|^2} \tag{11.20}$$

を得る (6.6 節とは E_+, E_- の大小が逆なので注意).

$\varepsilon_1 = \varepsilon_2$ のとき, この計算は前節の式 (11.16a), (11.16b) に一致する. $|\tilde{\varepsilon}_1 - \tilde{\varepsilon}_2| \gg |v|$ の場合, 式 (11.20) は

$$E_\pm = \frac{\tilde{\varepsilon}_1 + \tilde{\varepsilon}_2}{2} \pm \frac{|\tilde{\varepsilon}_1 - \tilde{\varepsilon}_2|}{2} \left[1 + \frac{2|v|^2}{(\tilde{\varepsilon}_1 - \tilde{\varepsilon}_2)^2} + \cdots\right]$$

この結果は 11.1 節の摂動計算に一致することを確かめてほしい.

2 準位系に関してコメントを二つ加える.

(i) 系に外場をかけるなどして準位間隔 $\Delta\varepsilon = \varepsilon_2 - \varepsilon_1$ を変えられる場合がある (例えば, p.115 のコラムの右図では磁場によって準位間隔が変わる). 有効準位間隔を $\Delta\tilde{\varepsilon} = \tilde{\varepsilon}_2 - \tilde{\varepsilon}_1 = \Delta\varepsilon + \langle 2|V|2\rangle - \langle 1|V|1\rangle$ で定義すると, エネルギー準位 $E_\pm$ は $\Delta\tilde{\varepsilon}$ の関数として図 11.4 のようになる. 準位交差の近傍 ($|\Delta\tilde{\varepsilon}| \ll |v|$) で二つのエネルギー準位は $v = \langle 1|V|2\rangle$ で互いに避けあう. これを準位反発とよぶ. $\Delta\tilde{\varepsilon} = 0$ のとき準位間隔は $E_+ - E_- = 2|v|$, このとき固有状態 $|\psi_\pm\rangle$ には $|1\rangle$ と $|2\rangle$ が 1 対 1 で混ざる (問題 11.7). $\Delta\tilde{\varepsilon} \gg |v|, |\langle 1|V|1\rangle|, |\langle 2|V|2\rangle|$ のとき, $E_\pm$ は ε_1 または ε_2 に漸近する.

(ii) 式 (11.19) の左辺にある行列は, $|1\rangle$, $|2\rangle$ を基底としたときの H の行列表示である. この行列は, $v = v_1 - iv_2$ とすると

[*7] 本節では v を複素数としているが正の実数としても一般性を失わない. 基底 $|1\rangle$, $|2\rangle$ に適当な位相因子をつけてそのようにできる.

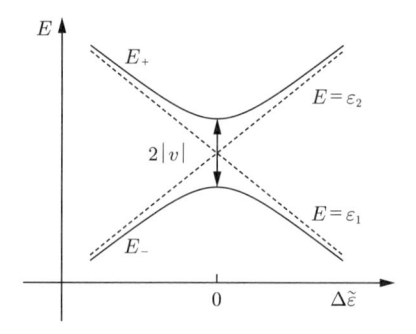

図 11.4 2 準位系において準位間隔 $\Delta\varepsilon = \varepsilon_2 - \varepsilon_1$ を変えたときのエネルギー固有値 $E_\pm$ のふるまい．横軸は有効準位間隔 $\Delta\tilde{\varepsilon} = \Delta\varepsilon + \langle 2|V|2\rangle - \langle 1|V|1\rangle$．準位交差 ($\Delta\tilde{\varepsilon}=0$) の近傍で準位反発が見られる．

$$\frac{\tilde{\varepsilon}_1+\tilde{\varepsilon}_2}{2}\mathbf{1} + \frac{\tilde{\varepsilon}_1-\tilde{\varepsilon}_2}{2}\sigma_z + v_1\sigma_x + v_2\sigma_y \tag{11.21}$$

ここで **1** は 2 行 2 列の単位行列，$\sigma_x, \sigma_y, \sigma_z$ はパウリ行列を表す．第 1 項はエネルギーの原点を変えるにすぎない．残りの部分と磁場中のスピン $s=1/2$ のハミルトニアンとの類似性に注意してほしい．式 (11.21) の「磁場」は $(v_1, v_2, (\tilde{\varepsilon}_1-\tilde{\varepsilon}_2)/2)$ である．

11.5 変分法

本節では摂動論から離れて，変分法という別の近似解法を紹介する．摂動論はハミルトニアンが $H = H_0 + V$ で与えられ，H_0 の固有値と固有状態がわかっていて，かつ V が小さい場合に有効である．しかし，実際にはそうでない場合も多い．変分法は基底状態のエネルギーを近似的に求めるときに一般的に使うことのできる方法である．

変分法は次の定理が基になっている．任意の波動関数 $\psi(\boldsymbol{r}) = \langle\boldsymbol{r}|\psi\rangle$ に対して，H の期待値の下限は基底状態のエネルギー E_0 である．

$$E[\psi] \equiv \frac{\langle\psi|H|\psi\rangle}{\langle\psi|\psi\rangle} \geq E_0 \tag{11.22}$$

$|\psi\rangle$ が規格化されていれば $E[\psi]$ の分母は 1 である．

証明は簡単．H の固有値を E_n，固有状態を $|n\rangle$ $(n=0,1,2,\cdots)$ と表記する．$|\psi\rangle$ を $|n\rangle$ で展開して $|\psi\rangle = \sum_n C_n |n\rangle$ とすると

$$\langle\psi|H|\psi\rangle = \sum_{n=0}^{\infty} E_n |C_n|^2 \geq E_0 \sum_{n=0}^{\infty} |C_n|^2$$

一方 $\langle\psi|\psi\rangle = \sum_n |C_n|^2$ であるから $E[\psi] \geq E_0$．等号は $|\psi\rangle = |0\rangle$ の場合に成り立つ．

「変分」とは何かの説明は後回しにして，まずは具体例を考えよう．手順は，(i) 問題に応じて適当な試行関数 $\psi(\boldsymbol{r})$ を準備する，(ii) $E[\psi]$ が最小になるよう $\psi(\boldsymbol{r})$ を決定する，である．そのときの $E[\psi]$ が E_0 に最も近いことが上述の定理から保証される．

例 1： 水素原子の基底状態に対して，二つの試行関数 (1) $\psi(\boldsymbol{r}) = (\alpha^{3/2}/\sqrt{\pi})e^{-\alpha r}$，(2) $\psi(\boldsymbol{r}) = (2\alpha/\pi)^{3/4} e^{-\alpha r^2}$（ガウス関数）を試してみよう．電子は原点にある陽子に引き寄せられ，球対称に分布すると予想してこの関数形を選んだ．どちらの場合も α は未知のパラメーターで $\psi(\boldsymbol{r})$ は規格化されている．$E[\psi]$ が最小になるように α を決定して，真のエネルギー E_0 を推測する．

ハミルトニアンは $H = \boldsymbol{p}^2/(2m) - e^2/(4\pi\varepsilon_0 r)$．(1) の場合

$$E[\psi] = \frac{\hbar^2}{2m}\alpha^2 - \frac{e^2}{4\pi\varepsilon_0}\alpha$$

[計算は問題 6.3(b) と同様]．$dE/d\alpha = 0$ より $\alpha = me^2/(4\pi\varepsilon_0 \hbar^2)$，このとき $E = -me^4/[2(4\pi\varepsilon_0)^2 \hbar^2]$．(2) の場合は

$$E[\psi] = \frac{3\hbar^2}{2m}\alpha - \frac{e^2}{4\pi\varepsilon_0} 2\sqrt{\frac{2\alpha}{\pi}} \tag{11.23}$$

[問題 11.8(a)]．$dE/d\alpha = 0$ より $\sqrt{\alpha} = 2\sqrt{2/\pi} me^2/(3\cdot 4\pi\varepsilon_0 \hbar^2)$，このとき $E = -4me^4/[3\pi(4\pi\varepsilon_0)^2 \hbar^2]$．

(1) と (2) を比較すると (1) の方が E の最小値は小さく，よりよい試行関数であったといえる．実際 (1) は厳密な結果に一致し，(2) のエネルギーは厳密解の 15% ほど大きい．パラメーターが 1 個だけであることを考えると (2) も悪くない近似といえる[8]．

---

[8] 分子の電子状態を数値的に求めるとき，波動関数を複数のガウス関数の線形結合で表す

例2: ヘリウム原子, 水素のマイナスイオン, およびリチウムのプラスイオンでは原子核 (電荷 $+Ze$; $Z = 2, 1$ または 3) に 2 個の電子が束縛されている. ハミルトニアンは

$$H = \sum_{i=1,2} \left[\frac{1}{2m} \boldsymbol{p}_i^2 - \frac{Ze^2}{4\pi\varepsilon_0} \frac{1}{r_i} \right] + \frac{e^2}{4\pi\varepsilon_0} \frac{1}{|\boldsymbol{r}_1 - \boldsymbol{r}_2|} \tag{11.24}$$

ここで $\boldsymbol{r}_i$, $\boldsymbol{p}_i$ は電子 i ($=1, 2$) の座標と運動量演算子, $r_i = |\boldsymbol{r}_i|$, 最後の項は電子間のクーロン相互作用である. このハミルトニアンの固有状態は解析的に求めることができない. 摂動論を使うのも難しい. 試行関数として $\psi(\boldsymbol{r}_1, \boldsymbol{r}_2) = (\alpha^3/\pi) e^{-\alpha(r_1 + r_2)}$ をとり, 変分法で α を決定してみよう. $E[\psi]$ を計算すると [問題 11.8(b)]

$$E[\psi] = 2\varepsilon_H \left[(\alpha a_B)^2 - 2Z(\alpha a_B) \right] + \frac{5}{4} \varepsilon_H (\alpha a_B) \tag{11.25}$$

ここで ε_H は水素原子の基底状態のエネルギー (1s 準位) の絶対値 (1 Ry $\approx$ 13.6 eV), a_B はボーア半径である. $dE/d\alpha = 0$ より $\alpha a_B = Z - 5/16$, E の最小値は $-\varepsilon_H [2Z^2 - 5Z/4 + 25/128]$ である. ヘリウム原子 ($Z = 2$) に対して $-77.5\,\text{eV}$ となるが, これは実験値 $-78.8\,\text{eV}$ にかなり近い.

式 (11.22) に戻って $E[\psi]$ を最小化することの意味を考えよう. $E[\psi]$ は関数 $\psi(\boldsymbol{r})$ が与えられると値が決まる. このような「関数の関数」は汎関数とよばれる[*9]. 汎関数が最小値をとるとき, $\psi(\boldsymbol{r})$ をわずかに $\delta\psi(\boldsymbol{r})$ ずらしたときの E の変化量 $\delta E = E[\psi + \delta\psi] - E[\psi]$ が ($\delta\psi(\boldsymbol{r})$ の 1 次のオーダーで) ゼロである. δE を変分とよび, $\delta E = 0$ のときを「$E[\psi]$ が停留値をとる」という[*10].

$$\delta E = \frac{\langle \psi + \delta\psi | H | \psi + \delta\psi \rangle}{\langle \psi + \delta\psi | \psi + \delta\psi \rangle} - E$$
$$= \frac{\langle \psi | H | \psi \rangle + \langle \delta\psi | H | \psi \rangle + \langle \psi | H | \delta\psi \rangle + O(\delta\psi)^2}{\langle \psi | \psi \rangle + \langle \delta\psi | \psi \rangle + \langle \psi | \delta\psi \rangle + O(\delta\psi)^2} - E$$

$E = \langle \psi | H | \psi \rangle / \langle \psi | \psi \rangle$ である. $\delta\psi(\boldsymbol{r})$ の 2 次以上を無視してまとめると[*11]

方法が実際に採用されている. ガウス関数を用いると, 電子間のクーロン相互作用の行列要素の計算が容易になるという利点がある.

[*9] 英語で関数は function, 汎関数は functional.

[*10] 関数 $f(x)$ が $x = x_0$ で最小値をとるとき $f'(x_0) = 0$. このとき $f(x_0 + \Delta x) = f(x_0) + O(\Delta x)^2$ であるから Δx の 1 次までで $\Delta f = f(x_0 + \Delta x) - f(x_0) = 0$. $E[\psi]$ が最小値をとる場合は微分 (differential) が変分 (variation) におき換わる.

[*11] 条件 $\langle \psi | \psi \rangle = 1$ をラグランジュ (Lagrange) の未定乗数で取り入れて $\tilde{E} = \langle \psi | H | \psi \rangle - \lambda(\langle \psi | \psi \rangle - 1)$ の停留条件を考えてもよい. $E = \lambda$ とすると式 (11.26) と同じ結果を得る.

$$\delta E\langle\psi|\psi\rangle = \langle\delta\psi|(H-E)|\psi\rangle + \langle\psi|(H-E)|\delta\psi\rangle$$
$$= \int \delta\psi^*(\boldsymbol{r})(H-E)\psi(\boldsymbol{r})\mathrm{d}\boldsymbol{r} + \int \psi^*(\boldsymbol{r})(H-E)\delta\psi(\boldsymbol{r})\mathrm{d}\boldsymbol{r}$$
(11.26)

各点 $\boldsymbol{r}$ での任意の $\delta\psi(\boldsymbol{r})$, $\delta\psi^*(\boldsymbol{r})$ に対して $\delta E = 0$ が成り立つための条件は[*12]，$(H-E)|\psi\rangle = 0$ かつ $\langle\psi|(H-E) = 0$（ただし H はエルミートなので二つの式は等価）．すなわち $\delta E = 0$ は $|\psi\rangle$ が H の固有状態であることと同値であることがわかる．

実際の計算には本節の例のように試行関数を用いる．このときの変分計算は，ヒルベルト空間の試行関数の張る部分空間で H を対角化することに相当する．例 1 の (1) ではその部分空間の中に厳密な基底状態が含まれていた．

問 題

11.1 （1 次元調和振動子の摂動計算） $H_0 = p^2/(2m) + m\omega^2 x^2/2$ のエネルギー固有値と固有状態をそれぞれ ε_j, $|j\rangle$ $(j = 0, 1, 2, \cdots)$ で表す．H_0 に次のポテンシャル V が加わったとき，ε_n の変化を V の 2 次まで，$|n\rangle$ の変化を V の 1 次までの摂動計算によって求めなさい．
(a) 静電場によるポテンシャル $V = -q\mathcal{E}x$．
(b) 非調和ポテンシャル $V = V_1(x/a_0)^3$．V_1 は定数，$a_0 = \sqrt{\hbar/(m\omega)}$ である．

11.2 3 次元で原点のまわりに束縛された電荷 q の粒子に，静電場 $\mathcal{E}$ を z 方向にかけた場合を考える．非摂動ハミルトニアン H_0 のエネルギー固有値を ε_j, 固有状態を $|j\rangle$ で表す $(j = 0, 1, 2, \cdots)$．縮退していないエネルギー準位 ε_n に対する摂動 $V = -q\mathcal{E}z$ を考える．$\langle n|z|n\rangle = 0$ を仮定する．
(a) 粒子が原点から $\boldsymbol{r}$ 変位したとき，電気双極子 $q\boldsymbol{r}$ をもつとする．分極率 $\alpha = \lim_{\mathcal{E}\to 0}(q\langle z\rangle/\mathcal{E})$ を計算しなさい．
(b) エネルギーの 2 次摂動を E_2 とするとき $E_2 = -(1/2)\alpha\mathcal{E}^2$ が成り立つことを示しなさい．

11.3 水素原子の固有状態を $|nlm\rangle$ で表す．$V = e\mathcal{E}z = e\mathcal{E}r\cos\theta$ が摂動として加わったとき，行列要素 $\langle 210|V|100\rangle$, $\langle 310|V|100\rangle$, $\langle 210|V|200\rangle$ をそれぞれ計算しなさい．

11.4 水素原子に摂動 $V = e\mathcal{E}z$ が加わったとき，基底状態（1s 状態 $|nlm\rangle = |100\rangle$）に対する 2 次摂動のエネルギーは

[*12] $\delta\psi(\boldsymbol{r})$ は実部 $[\delta\psi(\boldsymbol{r}) + \delta\psi^*(\boldsymbol{r})]/2$ も虚部 $[\delta\psi(\boldsymbol{r}) - \delta\psi^*(\boldsymbol{r})]/(2i)$ も任意に動かせる自由度があるので，$\delta\psi(\boldsymbol{r})$ と $\delta\psi^*(\boldsymbol{r})$ は独立だと考えてよい．

$$E_2 = \sum_{K \neq (100)} \frac{|\langle K|V|100\rangle|^2}{\varepsilon_{100} - \varepsilon_K} > \frac{1}{\varepsilon_{100} - \varepsilon_{210}} \sum_K |\langle K|V|100\rangle|^2$$

ここで K は H_0 のすべての固有状態［式 (11.12) の (nlm) および k］を表す．最右辺の行列要素の和が $(e\mathcal{E})^2\langle 100|z^2|100\rangle = (e\mathcal{E})^2\langle 100|r^2|100\rangle/3$ となることを示し，分極率 α の上限を求めなさい．

11.5 （ファン・デル・ワールス (van der Waals) 力）　電荷が中性の分子や原子間には距離の 6 乗に反比例する引力ポテンシャルが働く．右図のように，原子核が原点と $\boldsymbol{R} = (0,0,R)$ にある二つの水素原子を考えよう（$R \gg a_\mathrm{B}$）．非摂動ハミルトニアンは孤立した 2 個の水素原子を表す．

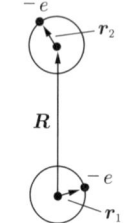

$$H_0 = \frac{\boldsymbol{p}_1^2}{2m} - \frac{e^2}{4\pi\varepsilon_0}\frac{1}{r_1} + \frac{\boldsymbol{p}_2^2}{2m} - \frac{e^2}{4\pi\varepsilon_0}\frac{1}{r_2}$$

水素原子間のクーロン相互作用

$$V = \frac{e^2}{4\pi\varepsilon_0}\left[\frac{1}{R} + \frac{1}{|\boldsymbol{R}+\boldsymbol{r}_2-\boldsymbol{r}_1|} - \frac{1}{|\boldsymbol{R}+\boldsymbol{r}_2|} - \frac{1}{|\boldsymbol{R}-\boldsymbol{r}_1|}\right]$$

を摂動で扱う．

(a) $\boldsymbol{r} = (x,y,z)$, $R > r$ のとき次式を示しなさい．

$$\frac{1}{|\boldsymbol{R}+\boldsymbol{r}|} = \frac{1}{R}\left[1 - \frac{z}{R} + \frac{2z^2-x^2-y^2}{2R^2} + O\left(\frac{r}{R}\right)^3\right]$$

これを用いて，$R \gg a_\mathrm{B}$ での次の近似式を導きなさい．

$$V \approx \frac{e^2}{4\pi\varepsilon_0}\frac{x_1x_2 + y_1y_2 - 2z_1z_2}{R^3}$$

(b) 二つの原子の基底状態 $|100\rangle|100\rangle$ に対して 2 次摂動のエネルギー E_2 を計算しなさい．ただし，(a) で求めた V の近似式を用い，また中間状態は 2p 状態（$|21m_1\rangle|21m_2\rangle$; $m_1, m_2 = 0, \pm 1$）のみを取り入れること．
ヒント：$z_1 z_2$ の行列要素の計算は問題 11.3 の結果が使える．$x_1 x_2$ や $y_1 y_2$ の寄与は，対称性から $z_1 z_2$ の寄与と同じである．

11.6 2 次元調和ポテンシャル中の電子（電荷 $-e$，質量 M）を考え，2 次元面に垂直に磁場をかける．磁束密度 B の 1 次までの近似でハミルトニアンは $H = H_0 + V$，$H_0 = (p_x^2 + p_y^2)/(2M) + M\omega^2(x^2+y^2)/2$, $V = eBL_z/(2M)$ である（7.2.1 項）．V を摂動と考え，H_0 の第 1 励起状態（エネルギー固有値 $2\hbar\omega$）の二重縮退の分裂を計算しよう．

(a) H_0 の固有状態を変数分離形 $X(x)Y(y)$ で求めたとき（問題 4.5），それを $|n_1, n_2\rangle$ で表す．n_1, n_2 はそれぞれ x 方向，y 方向の調和振動子の量子数（$n_1, n_2 = 0, 1, 2, \cdots$），エネルギー固有値は $\varepsilon_{n_1, n_2} = \hbar\omega(n_1 + n_2 + 1)$ である．$|1, 0\rangle$, $|0, 1\rangle$ に 11.3 節の摂動論を適用して E_1 と $|\psi_0\rangle$ を求めなさい．
ヒント：x 方向，y 方向の調和振動子の昇降演算子をそれぞれ $a^\dagger, a$; $b^\dagger, b$ とすると $L_z = -i\hbar(a^\dagger b - b^\dagger a)$．

(b) H_0 の固有状態を $\psi(r,\phi) = R(r)e^{im\phi}/\sqrt{2\pi}$ の形で求めたとき（問題 6.8），それを $|n,m\rangle$ で表す（$n = 0,1,2,\cdots$; $m = 0,\pm 1,\pm 2,\cdots$）．エネルギー固有値は $E_{nm} = \hbar\omega(2n + |m| + 1)$ である．$|0,\pm 1\rangle$ に 11.3 節の摂動論を適用して E_1 と $|\psi_0\rangle$ を求めなさい．

(c) (a), (b) の結果が一致することを確認しなさい．また厳密なエネルギー固有値 [問題 7.7 の式 (7.30)] と比較しなさい．

11.7 (2 準位系) $|1\rangle, |2\rangle$ の張る空間でのハミルトニアン $H = H_0 + V$ の行列表示は式 (11.19) の左辺の行列となる．

(a) この行列の固有値問題を解き，固有値が式 (11.20) の $E_\pm$ になることを示しなさい．対応する固有状態 $|\psi_\pm\rangle$ を求め，$\tilde{\varepsilon}_1 = \tilde{\varepsilon}_2$ のときに $|1\rangle$ と $|2\rangle$ が 1 対 1 で混ざることを確かめなさい．

(b) $\Delta\tilde{\varepsilon} = \tilde{\varepsilon}_2 - \tilde{\varepsilon}_1$ の関数として $E_\pm$ のグラフ（図 11.4）を描きなさい．

11.8 (水素原子，ヘリウム原子の変分計算)

(a) 水素原子のハミルトニアンは $H = \boldsymbol{p}^2/(2m) - e^2/(4\pi\varepsilon_0 r)$ である．試行関数 $\psi(\boldsymbol{r}) = (2\alpha/\pi)^{3/4}e^{-\alpha r^2}$ による H の期待値 $E[\psi] = \langle\psi|H|\psi\rangle$ を計算し，式 (11.23) を示しなさい．

(b) ヘリウム原子のハミルトニアンは式 (11.24) で与えられる．試行関数 $\psi(\boldsymbol{r}_1, \boldsymbol{r}_2) = (\alpha^3/\pi)e^{-\alpha(r_1+r_2)}$ による H の期待値を計算し，式 (11.25) を示しなさい．途中の積分計算は p.78 のコラムを参照のこと．

11.9 (ほとんど縮退した準位の摂動論) H_0 のエネルギー固有値と固有状態をそれぞれ $\varepsilon_j, |j\rangle$ とする（$j = 0,1,2,\cdots$）．ε_1 と ε_2 がほとんど縮退しているとき，まず 11.4 節の 2 準位問題を解いて式 (11.20) の $E_\pm$ と対応する状態 $|\psi_\pm\rangle$ が求められたとしよう．

(a) $|1\rangle, |2\rangle$ への射影演算子を $P = |1\rangle\langle 1| + |2\rangle\langle 2| = |\psi_+\rangle\langle\psi_+| + |\psi_-\rangle\langle\psi_-|$ とする．$\tilde{H}_0 = H_0 + PVP$ を非摂動ハミルトニアン，$\tilde{V} = V - PVP$ を摂動と考える．$\tilde{H}_0$ の固有状態 $|\psi_\pm\rangle$ に対する摂動論をつくり，エネルギーの 2 次まで，状態の 1 次までの公式をつくりなさい．

(b) $\varepsilon_1 = \varepsilon_2$ のとき，11.3 節の摂動論と (a) の結果を比較しなさい．

放射性原子の半減期

12.4 節で電子があるエネルギー準位から別のエネルギー準位へ，光子を吸収・放出して遷移する単位時間あたりの確率，遷移率（transition rate）を計算する．時間 t の間に実際に遷移が起こるかどうかは確率の問題である．不安定な原子核が放射性崩壊して別の原子核に変わる過程も，同様に崩壊率 $1/\tau$ で確率的に生じる．時間 t 経ったときに，原子核が崩壊せずに元のままでいる確率（probability）を $P(t)$ としよう．微小時間 Δt の間に崩壊する確率は $\Delta t/\tau$ であるから

$$P(t+\Delta t) = P(t)\left(1-\frac{\Delta t}{\tau}\right), \qquad \text{したがって} \quad \frac{dP}{dt} = -\frac{1}{\tau}P$$

これを初期条件 $P(0)=1$ で解くと $P(t)=e^{-t/\tau}$．半減期 T_2 は $P(t)=e^{-t/\tau}=(1/2)^{t/T_2}$ より $T_2=\tau\log 2$ である．

一定の発生率でランダムに生じる確率過程をポアソン過程（Poisson process）とよぶ．上の例では考えにくいが，ある事象が発生率 $1/\tau$ でランダムに何度も起きるとしよう．時間 t の間に事象が n 回起きる確率は

$$P_n(t) = \frac{(t/\tau)^n}{n!}e^{-t/\tau}$$

とポアソン分布で与えられる．興味があったら，微分方程式 $P_n(t+\Delta t) = P_n(t)(1-\Delta t/\tau)+(\Delta t/\tau)P_{n-1}(t)$ から導出してほしい．

12　摂動論 II

前章ではハミルトニアン H_0 に摂動 V が加わったとき，エネルギー固有値や固有状態がどう変化するかを定式化した．本章での興味は H_0 の固有状態 $|n\rangle$ があったとき，別の状態 $|j\rangle$ ($j \neq n$) へどのように移り変わるかである．これを状態の遷移 (transition) とよぶ．原子の 2p 準位から 1s 準位へ電子が遷移しながら光子を放出する現象，原子に光を与えたときに電子が飛び出す現象（光電効果）など，多くの実験状況がそれに対応する．状態の遷移を記述するため，状態の時間発展 $|\psi(t)\rangle$ に対する摂動論を考える (12.1 節)．単位時間あたりの遷移確率である遷移率 (transition rate) はフェルミの黄金律とよばれる公式で与えられる (12.2, 12.3 節)．その公式を使って原子と電磁場の相互作用を考えよう (12.4, 12.5 節)．前章と本章では同じ摂動論であっても定式化の仕方が異なる．その間の関係を 12.7 節で与える．なお遷移率 $w_{n \to j}$ と，時間 $0 \sim t$ の間の遷移確率 (transition probability) $P_{n \to j}(t)$ は日本語で混同しやすいので注意のこと．

12.1　時間に依存する摂動論

前節と同様，非摂動のハミルトニアン H_0 のエネルギー固有値と固有状態は既知であるとして，それを ε_j, $|j\rangle$ ($j = 0, 1, 2, \cdots$) で表す．時刻 $t = 0$ で粒子はそのうちの一つの状態にあったとする．$|\psi(0)\rangle = |n\rangle$. $t > 0$ で $|\psi(t)\rangle$ は摂動 $\lambda V(t)$ が加わったハミルトニアン $H = H_0 + \lambda V(t)$ によって時間発展する．$\lambda V(t) = 0$ であれば状態はいつまでも $|n\rangle$ のままであるが，$\lambda V(t) \neq 0$ ならばある確率で別の状態 $|j\rangle$ ($j \neq n$) に遷移する．その遷移確率 $P_{n \to j}(t)$ を計算しよう．

本章では時間に依存するシュレーディンガー方程式

$$i\hbar \frac{\partial}{\partial t}|\psi(t)\rangle = [H_0 + \lambda V(t)]|\psi(t)\rangle \tag{12.1}$$

から出発して，10.1 節の摂動論とは異なる定式化を行う．まず $|\psi(t)\rangle$ を H_0 の固有状態 $|j\rangle$ で展開すると

$$|\psi(t)\rangle = \sum_j C_j(t) e^{-i\varepsilon_j t/\hbar} |j\rangle \tag{12.2}$$

$$C_j(0) = \delta_{j,n} \tag{12.3}$$

ここで H_0 による時間依存性 $e^{-i\varepsilon_j t/\hbar}$ を入れておくのがポイントである[*1]．展開係数 $C_j(t)$ を求めることを考えよう．式 (12.2) を方程式 (12.1) に代入すると

$$i\hbar \sum_j \dot{C}_j(t) e^{-i\varepsilon_j t/\hbar} |j\rangle = \lambda \sum_j V(t) C_j(t) e^{-i\varepsilon_j t/\hbar} |j\rangle$$

両辺に $\langle j|$ を演算すると

$$i\hbar \dot{C}_j(t) = \lambda \sum_k \langle j|V(t)|k\rangle C_k(t) e^{i(\varepsilon_j - \varepsilon_k)t/\hbar} \tag{12.4}$$

この式の両辺を時刻 0 から t まで時間積分すると

$$C_j(t) = \underbrace{C_j(0)}_{\delta_{j,n}} + \frac{\lambda}{i\hbar} \sum_k \int_0^t \langle j|V(t')|k\rangle e^{i(\varepsilon_j - \varepsilon_k)t'/\hbar} C_k(t') \mathrm{d}t' \tag{12.5}$$

を得る．ここまでは厳密な式変形である．式 (12.5) は微分方程式 (12.4) を初期条件 (12.3) を取り入れて積分したものであるが，右辺に未知数 $C_k(t')$ が含まれているので解が得られたわけではない．このような方程式を積分方程式とよぶ．

われわれの興味は $V(t)$ が小さいときの近似的な解である．λ についての展開式を得るため，積分方程式 (12.5) の右辺の $C_k(t')$ に自分自身 ［式 (12.5) で $j \to k$, $t \to t'$ としたもの］ を代入すると

$$\begin{aligned} C_j(t) = \delta_{j,n} &+ \frac{\lambda}{i\hbar} \sum_k \int_0^t \mathrm{d}t' \langle j|V(t')|k\rangle e^{i(\varepsilon_j - \varepsilon_k)t'/\hbar} \\ &\times \left[\delta_{k,n} + \frac{\lambda}{i\hbar} \sum_l \int_0^{t'} \mathrm{d}t'' \langle k|V(t'')|l\rangle e^{i(\varepsilon_k - \varepsilon_l)t''/\hbar} C_l(t'') \right] \end{aligned} \tag{12.6}$$

[*1] H_0 に対する時間に依存するシュレーディンガー方程式の一般解を求め ［2.1 節の式 (2.5)］，それに定数変化法を適用したことに相当する．

右辺の最後の $C_l(t'')$ に再び式 (12.5) を代入し，… とくり返すことで，$\lambda V(t)$ についての 1 次，2 次，… の項が順次得られる（逐次代入法）．$C_j(t) = C_j^{(0)}(t) + \lambda C_j^{(1)}(t) + \lambda^2 C_j^{(2)}(t) + \cdots$ と書くとき，$C_j^{(0)}(t) = \delta_{j,n}$,

$$C_j^{(1)}(t) = \frac{1}{i\hbar} \int_0^t dt' \langle j|V(t')|n\rangle e^{i(\varepsilon_j - \varepsilon_n)t'/\hbar} \tag{12.7a}$$

$$C_j^{(2)}(t) = \frac{1}{(i\hbar)^2} \sum_k \int_0^t dt' \langle j|V(t')|k\rangle e^{i(\varepsilon_j - \varepsilon_k)t'/\hbar}$$
$$\times \int_0^{t'} dt'' \langle k|V(t'')|n\rangle e^{i(\varepsilon_k - \varepsilon_n)t''/\hbar} \tag{12.7b}$$

等となり，$C_j(t)$ を式 (12.2) に代入すると $|\psi(t)\rangle$ の摂動展開が求められる[*2]．なお $|\psi(t)\rangle$ は常に規格化されている．$|\psi(0)\rangle = |n\rangle$ ($\langle n|n\rangle = 1$) の時間発展は $e^{-iHt/\hbar}|\psi(0)\rangle$ で与えられ，これはユニタリー変換であるからである．

初期状態 $|n\rangle$ から $|j\rangle$ ($j \neq n$) への遷移確率 $P_{n \to j}(t)$ は，時刻 t で粒子が状態 $|j\rangle$ にいる確率 $|\langle j|\psi(t)\rangle|^2 = |C_j(t)|^2$ で定義される．$C_j^{(0)}(t) = 0$ であるから

$$P_{n \to j}(t) = \left| \lambda C_j^{(1)}(t) + \lambda^2 C_j^{(2)}(t) + \cdots \right|^2$$

図 12.1 にそれぞれの項をダイアグラムで示した．1 次の項［式 (12.7a)］は時刻 t' で状態 $|n\rangle$ から $|j\rangle$ に変化する過程である．2 次の項の式 (12.7b) では時刻

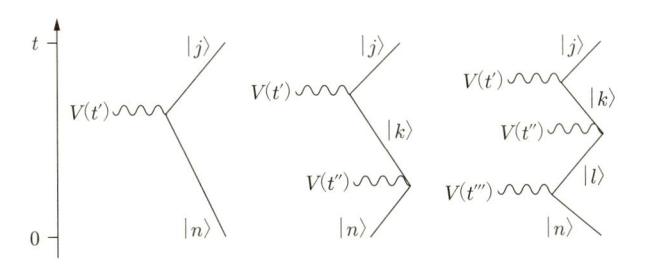

図 **12.1** 時間に依存する摂動のダイヤグラム表示．初期状態 $|n\rangle$ から終状態 $|j\rangle$ への遷移における 1 次，2 次，3 次の摂動．縦に時間軸をとり，摂動 $V(t)$ を波線で示した．

[*2] 別解として，逐次代入法を用いる代わりに $C_j(t) = C_j^{(0)}(t) + \lambda C_j^{(1)}(t) + \lambda^2 C_j^{(2)}(t) + \cdots$ を式 (12.5) の両辺に代入すると，$C_j^{(0)} = \delta_{j,n}$，および漸化式 $C_j^{(m+1)} = (1/i\hbar) \sum_k \int_0^t dt' \langle j|V(t')|k\rangle e^{i(\varepsilon_j - \varepsilon_k)t'/\hbar} C_k^{(m)}(t')$ が得られる．

t'' で $|n\rangle$ から $|k\rangle$ に変化し，その後の t' で $|k\rangle$ から $|j\rangle$ に変化する過程である．このような中間状態 $|k\rangle$ は，実際の始状態（initial state）$|n\rangle$，終状態（final state）$|j\rangle$ と区別して仮想状態（virtual state）とよばれる．n 次の項には $n-1$ 個の仮想状態が含まれる．

以節以降，パラメーター λ を省略する．

12.2 時間によらない V での遷移確率

まず $V(t)$ が時間に依存しない場合を考え，1次の遷移確率を計算する．式 (12.7a) より

$$C_j^{(1)}(t) = \frac{1}{i\hbar}\langle j|V|n\rangle \int_0^t dt' e^{i(\varepsilon_j-\varepsilon_n)t'/\hbar} = \frac{\langle j|V|n\rangle}{\varepsilon_j-\varepsilon_n}(1-e^{i\omega_{jn}t})$$

ここで $\hbar\omega_{jn} = \varepsilon_j - \varepsilon_n$ である．$V_{jn} = \langle j|V|n\rangle$ と表記すると遷移確率は

$$\begin{aligned}P_{n\to j}(t) &\approx \frac{|V_{jn}|^2}{(\varepsilon_j-\varepsilon_n)^2}(2-2\cos\omega_{jn}t) \\ &= \frac{4|V_{jn}|^2}{(\varepsilon_j-\varepsilon_n)^2}\sin^2\frac{(\varepsilon_j-\varepsilon_n)t}{2\hbar} = \frac{|V_{jn}|^2}{\hbar^2}f(\omega_{jn})\end{aligned} \quad (12.8)$$

最後に関数

$$f(\omega) = \frac{4\sin^2(\omega t/2)}{\omega^2} \quad (12.9)$$

を導入した．

時間 t を固定したときの関数 $f(\omega)$ のグラフを図 12.2 に示す．$\omega t \ll 1$ のとき $f(\omega) \approx t^2$．$f(\omega)$ は $|\omega|$ の増加とともに周期 $2\pi/t$ で振動しながら急激に減衰する．$\omega = 0$ のまわりのピークは，高さが t^2，幅が $\approx 2\pi/t$ で，t の増加とともに鋭くなる．$t \to \infty$ での漸近形は $f(\omega) \sim 2\pi t\delta(\omega)$ である[*3]．

始状態のエネルギー ε_n のまわりに終状態 j が密に分布する場合を考えよう．その状態密度を $\rho(E)$ で表す．このとき大きな遷移確率をもつのは $|\varepsilon_j - \varepsilon_n| < \pi\hbar/t$ の範囲にある終状態 $\{j\}$ に限られる．t が十分大きく，このエネルギー範囲で $\rho(E)$ と行列要素 $|V_{jn}|^2$ が一定と見なせる場合，$P_{n\to j}(t) = 2\pi t|V_{jn}|^2\delta(\omega_{jn})/\hbar^2$

[*3] 留数積分を使うと $\int_{-\infty}^{\infty}[(\sin^2\alpha x)/(\alpha x^2)]dx = \pi$，したがって $\lim_{\alpha\to\infty}(1/\pi)[(\sin^2\alpha x)/(\alpha x^2)] = \delta(x)$ である．

12.2 時間によらない V での遷移確率

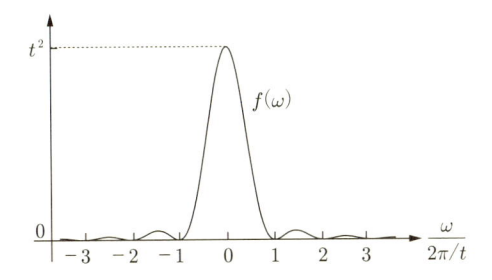

図 12.2 式 (12.9) で与えられる関数 $f(\omega)$ のグラフ．$\omega = 0$ のまわりのピークの高さは t^2，幅は $\approx 2\pi/t$．$t \to \infty$ で $2\pi t \delta(\omega)$ に漸近する．

のおき換えができる．$P_{n \to j}(t)$ は時間 t に比例するので，単位時間あたりの遷移確率（遷移率；transition rate）は

$$w_{n \to j} = \frac{\mathrm{d}}{\mathrm{d}t} P_{n \to j}(t) = \frac{2\pi}{\hbar} |V_{jn}|^2 \delta(\varepsilon_j - \varepsilon_n) \tag{12.10}$$

で一定となる（付録 A.3 のデルタ関数の公式 $\delta(ax) = \delta(x)/|a|$ を用いた）．終状態 $\{j\}$ のいずれかへの遷移率は

$$w_{n \to \{j\}} = \int \rho(E) \frac{2\pi}{\hbar} |V_{jn}|^2 \delta(E - \varepsilon_n) \mathrm{d}E = \frac{2\pi}{\hbar} |V_{jn}|^2 \rho(\varepsilon_n) \tag{12.11}$$

となる．式 (12.10) はフェルミの黄金律（Fermi's golden rule）とよばれる便利な公式であるが，適用条件に注意する必要がある．

(i) 式 (12.10) を適用できるのは $\varepsilon_j \approx \varepsilon_n$ の終状態 j が密に分布している場合である．このとき $\varepsilon_j = \varepsilon_n$ の状態 j への遷移が圧倒的に大きい確率で起こるため，見かけ上エネルギーが保存する[*4]．

(ii) $\varepsilon_j = \varepsilon_n$ からはずれた状態の観測を行えば，式 (12.8) の有限の確率で結果が得られる．$E_f \sim E_f + \Delta E$ にある状態への遷移確率は

$$P_{n \to \{j\}} = \int_{E_f}^{E_f + \Delta E} \rho(E) \frac{4|V_{jn}|^2}{(E - \varepsilon_n)^2} \sin^2 \frac{(E - \varepsilon_n)t}{2\hbar} \mathrm{d}E$$

[*4] 観測時間 t を Δt と書くと，図 12.2 のピーク幅 $\Delta E / \hbar = 2\pi/t$ との間に $\Delta E \Delta t \sim \hbar$ が成り立つ．これをエネルギーと時間の不確定性関係（p.64 のコラム参照）ということがあるが，以下に述べる (ii), (iii) の注意が必要である．

$$\approx \rho(E_f) \frac{4|V_{jn}|^2}{(E_f - \varepsilon_n)^2} \underbrace{\int_{E_f}^{E_f + \Delta E} \sin^2 \frac{(E - \varepsilon_n)t}{2\hbar} dE}_{\Delta E/2}$$

ここで ΔE は $\rho(E)$, $|V_{jn}|^2$ が一定と見なせるほど小さく，同時に $\Delta E \gg 2\pi\hbar/t$ であると仮定した．このときはエネルギーが保存しない遷移が観測されるので，デルタ関数へのおき換えは正しい答を与えない．

(iii) エネルギーが保存する，しない，と書いたが，それは非摂動ハミルトニアン H_0 のエネルギー固有値についてである．ハミルトニアンは $H = H_0 + V$ であるので H_0 のエネルギー固有値は保存する必要はない．次節に進むと，フェルミの黄金律の中の $\delta(\varepsilon_j - \varepsilon_n)$ はエネルギーの保存則というより，むしろ共鳴条件に対応することがわかる．

通常の実験では大きな信号が得られるように観測装置を設定するので，黄金律が適用できることが多い．

12.3　調和摂動での遷移確率

摂動 $V(t)$ が角振動数 ω で振動する場合を調和摂動とよぶ．

$$V(t) = A e^{i\omega t} + A^\dagger e^{-i\omega t} \tag{12.12}$$

A は時間によらない演算子で，例えば $V(t) = V_1 \cos\omega t$ ならば $A = A^\dagger = V_1$ であるが一般にはエルミートとは限らない．このときの 1 次の摂動項は式 (12.7a) より

$$\begin{aligned} C_j^{(1)}(t) &= \frac{1}{i\hbar} \int_0^t dt' [\langle j|A|n\rangle e^{i\omega t'} + \langle j|A^\dagger|n\rangle e^{-i\omega t'}] e^{i\omega_{jn} t'} \\ &= \frac{1}{\hbar} \left[A_{jn} \frac{1 - e^{i(\omega + \omega_{jn})t}}{\omega + \omega_{jn}} + (A^\dagger)_{jn} \frac{1 - e^{i(-\omega + \omega_{jn})t}}{-\omega + \omega_{jn}} \right] \end{aligned} \tag{12.13}$$

遷移確率 $P_{n \to j} = |C_j^{(1)}|^2$ に対して前節と同様の議論ができる．$t \to \infty$ で大きな遷移確率をもつのは，(i) $\omega + \omega_{jn} \approx 0$, すなわち $\varepsilon_j = \varepsilon_n - \hbar\omega$，または (ii) $\omega - \omega_{jn} \approx 0$, すなわち $\varepsilon_j = \varepsilon_n + \hbar\omega$ の場合である（図 12.3）．(i) はエネ

ルギー $\hbar\omega$ を放出する過程に対応し，始状態 $|n\rangle$ が励起状態の場合に可能である[*5]. (ii) は $\hbar\omega$ を吸収する遷移過程である．

$\varepsilon_j \approx \varepsilon_n \mp \hbar\omega$ の終状態 j が密に分布するとき，遷移率はフェルミの黄金律と類似の次式で与えられる．

$$w_{n\to j} = \frac{\mathrm{d}}{\mathrm{d}t}P_{n\to j} = \frac{2\pi}{\hbar} \times \begin{cases} |A_{jn}|^2 \delta(\varepsilon_j - \varepsilon_n + \hbar\omega) \\ |(A^\dagger)_{jn}|^2 \delta(\varepsilon_j - \varepsilon_n - \hbar\omega) \end{cases} \quad (12.14)$$

[式 (12.13) は A_{jn} の項と $(A^\dagger)_{jn}$ の項の和であるが，一方が大きいとき他方は非常に小さくなるので無視することができる．また $|(A^\dagger)_{jn}| = |A_{nj}|$ である．]

式 (12.14) は，終状態 j が離散的であっても摂動 $V(t)$ の振動数 ω がある幅をもって連続的に分布している場合には用いることができる．次節ではこの式を用いて原子と電磁場の相互作用を考えよう．

12.4 電磁場中の原子

電磁波として角振動数 ω で $\boldsymbol{n}$ 方向に伝播する単色平面波を考える．波数ベクトル $\boldsymbol{k} = (\omega/c)\boldsymbol{n}$ （c は光速）を用いると

$$\boldsymbol{E} = E_0 \boldsymbol{e} \sin(\boldsymbol{k}\cdot\boldsymbol{r} - \omega t), \quad \boldsymbol{B} = (E_0/c)\tilde{\boldsymbol{e}} \sin(\boldsymbol{k}\cdot\boldsymbol{r} - \omega t) \quad (12.15)$$

ここで $\boldsymbol{e}$ は電場 $\boldsymbol{E}$ の偏光方向で $\boldsymbol{e}\cdot\boldsymbol{k} = 0$ である．磁場 $\boldsymbol{B}$ の方向は $\tilde{\boldsymbol{e}} = \boldsymbol{n}\times\boldsymbol{e}$ で，電磁波の進行方向 $\boldsymbol{n}$ と電場 $\boldsymbol{E}$ に垂直である（図 12.4）．この電磁波は

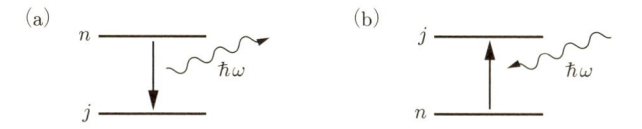

図 **12.3** 振動数 ω の調和摂動によるエネルギー $\hbar\omega$ の (a) 放出過程と (b) 吸収過程．状態 $|n\rangle$ から $|j\rangle$ への遷移確率は，(a) は $\varepsilon_j = \varepsilon_n - \hbar\omega$ のときに，(b) は $\varepsilon_j = \varepsilon_n + \hbar\omega$ のときに増大する．

[*5] 誘導放出とよばれ，摂動 $V(t)$ が ω で振動するときエネルギー $\hbar\omega$ が放出される確率が増大する．外部から摂動が与えられなくても，励起状態から $\hbar\omega$ を放出して基底状態に遷移する過程も存在し，自然放出とよばれる．自然放出を導くには電磁場の量子化が必要である[2,4]．本書では電子は量子力学で，電磁場は古典的に扱っている．

$$\phi(\boldsymbol{r},t)=0, \qquad \boldsymbol{A}(\boldsymbol{r},t)=2A_0\boldsymbol{e}\cos(\boldsymbol{k}\cdot\boldsymbol{r}-\omega t) \tag{12.16}$$

($E_0=-2\omega A_0$) で表すことができる (問題 12.1). 本節では, $\boldsymbol{n}$ を z 方向, $\boldsymbol{e}$ を x 方向, $\tilde{\boldsymbol{e}}$ を y 方向にとることにする.

この電磁波を原子に照射したとする. 電子 (電荷 $-e$) のハミルトニアンは

$$H=\frac{1}{2m}\boldsymbol{p}^2+V_{\mathrm{atom}}(\boldsymbol{r})+\frac{e}{m}\boldsymbol{A}(\boldsymbol{r},t)\cdot\boldsymbol{p} \tag{12.17}$$

$\boldsymbol{A}$ の 2 次の項を無視し, $\boldsymbol{\nabla}\cdot\boldsymbol{A}=0$ であることを用いた (7.2.1 項). $V_{\mathrm{atom}}(\boldsymbol{r})$ は原子のポテンシャルを表すが, 本節の議論は球対称性を仮定しないので分子に対しても成り立つ. $H_0=\boldsymbol{p}^2/(2m)+V_{\mathrm{atom}}(\boldsymbol{r})$ のエネルギー固有値 (エネルギー準位) を ε_j, 固有値を $|j\rangle$ で表す. $\boldsymbol{A}(\boldsymbol{r},t)$ の項

$$V(t)=\frac{eA_0}{m}e^{-i\boldsymbol{k}\cdot\boldsymbol{r}}(\boldsymbol{e}\cdot\boldsymbol{p})e^{i\omega t}+\frac{eA_0}{m}e^{i\boldsymbol{k}\cdot\boldsymbol{r}}(\boldsymbol{e}\cdot\boldsymbol{p})e^{-i\omega t}$$

を調和摂動と考え, $|j\rangle$ の間の遷移率を計算しよう. 前節の式 (12.14) を用いると, 電子が電磁波を放出して準位 n から j ($\varepsilon_j<\varepsilon_n$) に移る遷移率は

$$w_{n\to j}=\frac{2\pi}{\hbar}\left(\frac{eA_0}{m}\right)^2\left|\langle j|e^{-i\boldsymbol{k}\cdot\boldsymbol{r}}\boldsymbol{e}\cdot\boldsymbol{p}|n\rangle\right|^2\delta(\varepsilon_j-\varepsilon_n+\hbar\omega) \tag{12.18}$$

電磁場を吸収して準位 n から j ($\varepsilon_j>\varepsilon_n$) に移る遷移率は

$$w_{n\to j}=\frac{2\pi}{\hbar}\left(\frac{eA_0}{m}\right)^2\left|\langle j|e^{i\boldsymbol{k}\cdot\boldsymbol{r}}\boldsymbol{e}\cdot\boldsymbol{p}|n\rangle\right|^2\delta(\varepsilon_j-\varepsilon_n-\hbar\omega) \tag{12.19}$$

$\boldsymbol{e}=\boldsymbol{e}_x$ としたので $\boldsymbol{e}\cdot\boldsymbol{p}=p_x$ である.

以下では電磁波の吸収について議論する. 原子の準位間隔 $\varepsilon_j-\varepsilon_n$ は $1\,\mathrm{eV}$ 程度である. $\hbar\omega$ がそのエネルギーになる電磁波は可視光に相当し, その波長 $\lambda=2\pi/|\boldsymbol{k}|=$ 数千Å は原子の大きさ $\sim 1\,\text{Å}$ よりずっと大きい (p.35 のコラ

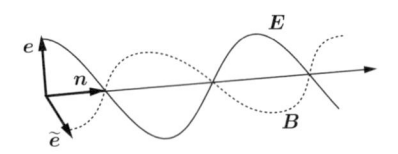

図 **12.4** 角振動数 ω で $\boldsymbol{n}$ 方向に伝播する単色の電磁波. 電場 $\boldsymbol{E}$ は $\boldsymbol{e}$ 方向に, 磁場 $\boldsymbol{B}$ は $\tilde{\boldsymbol{e}}=\boldsymbol{n}\times\boldsymbol{e}$ 方向に偏光している.

ムを参照). そこで式 (12.19) の行列要素 (原子の波動関数 $\langle r|n\rangle = \psi_n(r)$, $\langle j|r\rangle = \psi_j^*(r)$ を掛けて積分する) の中で $e^{i\bm{k}\cdot\bm{r}} = 1 + i(2\pi/\lambda)\bm{n}\cdot\bm{r} + \cdots \approx 1$ と近似してよい.

$$\langle j|e^{i(\bm{k}\cdot\bm{r}-\omega t)}p_x|n\rangle \approx \langle j|p_x|n\rangle \underset{\substack{\uparrow \\ \text{後述の「技巧」}}}{=} im\omega_{jn}\langle j|x|n\rangle \tag{12.20}$$

最後の形は電気双極子 $-ex$ (を $-e$ で割ったもの) の行列要素になっていることから, この近似を電気双極子近似とよぶ. 式 (12.20) を (12.19) に代入すると

$$w_{n\to j} = \frac{2\pi}{\hbar^2}(eA_0)^2(\omega_{jn})^2|\langle j|x|n\rangle|^2\delta(\omega-\omega_{jn}) \tag{12.21}$$

を得る. 電磁場の放出についても同様に計算できて, 式 (12.21) の $\delta(\omega-\omega_{jn})$ を $\delta(\omega+\omega_{jn})$ におき換えた式が得られる.

(i) 式 (12.20) では次の「技巧」を使った.

$$[x,H_0] = [x,p_x^2/(2m)] = \frac{1}{2m}\{[x,p_x]p_x + p_x[x,p_x]\} = \frac{i\hbar}{m}p_x$$

$H_0|n\rangle = \varepsilon_n|n\rangle$, $\langle j|H_0 = \varepsilon_j\langle j|$ を用いると

$$\langle j|p_x|n\rangle = \frac{m}{i\hbar}\langle j|[x,H_0]|n\rangle = \frac{im}{\hbar}(\varepsilon_j-\varepsilon_n)\langle j|x|n\rangle$$

(ii) $e^{i\bm{k}\cdot\bm{r}} = 1$ とする近似は式 (12.16) で $\bm{A}(\bm{r},t) = 2A_0\bm{e}\cos\omega t$ としたことに相当する. このとき $\bm{E} = 2\omega A_0\bm{e}\sin\omega t$, $\bm{B} = 0$ であるから, 電気双極子近似では電子は (空間的に一様な) 電場とのみ相互作用をする[*6]. この電磁場は $\bm{A}=0$, $\phi = -\bm{E}\cdot\bm{r} = -2\omega A_0\bm{e}\cdot\bm{r}\sin\omega t$ でも記述できる. このとき

$$H = \frac{1}{2m}\bm{p}^2 + V_{\text{atom}}(\bm{r}) + 2e\omega A_0\bm{e}\cdot\bm{r}\sin\omega t \tag{12.22}$$

この A_0 の項を摂動で扱うと (i) の技巧を使わずに式 (12.21) が得られる (問題 12.3).

[*6] $e^{i\bm{k}\cdot\bm{r}} = 1 + i\bm{k}\cdot\bm{r} + \cdots$ の $i\bm{k}\cdot\bm{r}$ の項を残すと磁気双極子, および電気四重極子相互作用が現れる.

(iii) 電磁波のエネルギーの吸収率を電磁波のエネルギー流束で割った量で吸収断面積 $\sigma_{\rm abs}(\omega)$ を定義すると

$$\sigma_{\rm abs}(\omega) = \sum_j \frac{4\pi^2}{m^2 \omega_{jn}} \alpha \left|\langle j|e^{i\boldsymbol{k}\cdot\boldsymbol{r}} \boldsymbol{e}\cdot\boldsymbol{p}|n\rangle\right|^2 \delta(\omega - \omega_{jn}) \quad (12.23)$$

(問題 12.1). ここで α は微細構造定数［式 (9.9)］，和記号はすべての終状態 j についての和を表す．電気双極子近似では

$$\sigma_{\rm abs}(\omega) = 4\pi^2 \alpha \sum_j \omega_{jn} \left|\langle j|x|n\rangle\right|^2 \delta(\omega - \omega_{jn}) \quad (12.24)$$

このとき $\int \sigma_{\rm abs}(\omega) d\omega$ の値は原子のポテンシャル $V_{\rm atom}(\boldsymbol{r})$ によらず一定の値となる（問題 12.2）．

前節で述べたように，式 (12.21) が使えるためには電磁波の振動数 ω がある幅をもって連続的に分布している必要がある．例えば，単色平面波の式 (12.16) の代わりにその重ね合わせ

$$\boldsymbol{A} = 2\boldsymbol{e} \int_0^\infty A_0(\omega) \cos(\boldsymbol{k}\cdot\boldsymbol{r} - \omega t + \delta_\omega) d\omega \quad (12.25)$$

が与えられたとしよう．$|\boldsymbol{k}| = \omega/c$ である．電磁波のパルスの場合，$A_0(\omega)$ は $\omega = \omega_0$ を中心とした分布を示す（図 12.5）．位相 δ_ω はランダムだと仮定すると異なる ω 成分間の干渉効果は利かず，遷移確率は

$$\begin{aligned}w_{n\to j} &= \frac{2\pi}{\hbar^2} \int_0^\infty [eA_0(\omega)]^2 (\omega_{jn})^2 |\langle j|x|n\rangle|^2 \delta(\omega - \omega_{jn}) d\omega \\ &= \frac{2\pi}{\hbar^2} [eA_0(\omega_{jn})]^2 (\omega_{jn})^2 |\langle j|x|n\rangle|^2 \end{aligned} \quad (12.26)$$

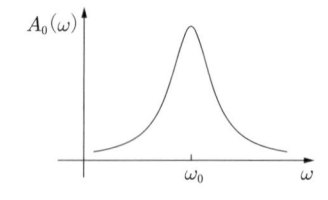

図 **12.5** 電磁波パルスの場合，ベクトルポテンシャルは式 (12.25) で与えられる．振幅 $A_0(\omega)$ は，例えばこの図のように $\omega = \omega_0$ を中心とした分布を示す．

となる[*7].

12.5 光学遷移の選択則

前節では電磁波中の原子を考え,電気双極子近似によって遷移率 [式 (12.21)] を求めた.以下では原子のポテンシャル $V_\mathrm{atom}(\boldsymbol{r})$ は球対称であると仮定する.このときエネルギー準位は n, l, m の三つの量子数で表される(スピン状態は遷移の前後で変化しないため無視する).始状態が $|nlm\rangle$,終状態が $|n'l'm'\rangle$ のときに電気双極子近似の範囲で遷移が可能かどうかを考えよう.可能であるときを許容遷移 (allowed transition),そうでないときを禁制遷移 (forbidden transition) という.以下では,電場の向きが x, y, z 方向のそれぞれの場合を考察する ($V_\mathrm{atom}(\boldsymbol{r})$ は球対称であるが L_z の量子数 m を用いるため).

まず電場が z 方向だとする.前節では電場を x 方向としたので式 (12.21) で x を z におき換えると $\langle n'l'm'|z|nlm\rangle \neq 0$ のときに許容遷移になることがわかる.表 5.1 より $z = r\cos\theta = r\sqrt{4\pi/3}Y_1^0(\theta,\phi)$ であるので,この行列要素は

$$\sqrt{\frac{4\pi}{3}}\int_0^\infty r^3 R_{n'l'}^*(r)R_{nl}(r)\mathrm{d}r \int Y_{l'}^{m'*}(\theta,\phi)Y_1^0(\theta,\phi)Y_l^m(\theta,\phi)\sin\theta\mathrm{d}\theta\mathrm{d}\phi$$

この θ と ϕ に関する積分が 0 になるかどうかを考える.0 にならないのは

$$l' = l \pm 1, \quad m' = m \tag{12.27}$$

の場合に限られる.

証明　まず式 (5.30) より $Y_l^m(\theta,\phi) = (\theta\text{ の関数}) \times e^{im\phi}$ であるから,ϕ の積分から条件 $m' = m$ が得られる.次に球面調和関数の積についての加法定理

$$Y_{l_1}^{m_1}(\theta,\phi)Y_{l_2}^{m_2}(\theta,\phi) = \sum_{l=|l_1-l_2|}^{l_1+l_2} C_l Y_l^{m_1+m_2}(\theta,\phi)$$

を用いる[*8].$l \geq 1$ のとき $Y_1^0 Y_l^m = C_{l-1}Y_{l-1}^m + C_l Y_l^m + C_{l+1}Y_{l+1}^m$ であるが,両辺のパリティを考えると $C_l = 0$ [式 (5.32) より $Y_1^0 Y_l^m$ のパリ

[*7] レーザーのように ω の分布が非常に鋭い場合,原子のエネルギー準位のぼやけが問題となる.$\varepsilon_j\ (\varepsilon_n)$ が電磁波の自然放出等で有限寿命 τ をもつとき,エネルギー準位は $\Gamma = \hbar/\tau$ の自然幅をもつ (p.64 のコラム参照).この場合,式 (12.21) の $\delta(\omega - \omega_{jn})$ がローレンツ型の関数 $(\Gamma/2\pi\hbar)[(\omega - \omega_{jn})^2 + (\Gamma/2\hbar)^2]^{-1}$ におき換わる.

[*8] 例えば文献[5]の 21 章.群論のウィグナー–エッカルトの定理を用いると,展開係数 C_l

ティは $(-1)^{l+1}$]．式 (5.21) の直交条件から $l' = l - 1$ または $l + 1$ を得る（$l = 0$ のときは $l' = l + 1 = 1$ のみ）．

電場が x, y 方向の場合は，それぞれ $\langle n'l'm'|x|nlm\rangle \neq 0$, $\langle n'l'm'|y|nlm\rangle \neq 0$ のときに遷移が可能となる．いずれの場合も許容遷移の条件は

$$l' = l \pm 1, \qquad m' = m \pm 1 \tag{12.28}$$

（問題 12.4）[*9]．

式 (12.27), (12.28) を選択則 (selection rule) とよぶ（電磁波の放出，吸収の両者に対して成り立つ）．例えば，1s 準位から電磁場を吸収するとき，2p, 3p 準位には遷移できるが，2s, 3s, 3d 準位への遷移は電気双極子近似の範囲では起こらない．

12.6　ラビ振動*

11.4 節では H_0 の二つの固有状態 $|1\rangle, |2\rangle$（エネルギー固有値 $\varepsilon_1, \varepsilon_2$）に着目し，2 準位系の問題を厳密に解いた．本節ではこの 2 準位系に式 (12.12) の調和摂動を加えてみよう．$\langle 1|A|1\rangle = \langle 2|A|2\rangle = 0, \langle 1|A|2\rangle = v, \langle 1|A^\dagger|2\rangle = 0$ を仮定する（または $\omega \approx \omega_{21}$ とし，共鳴に関係する項以外を無視する）．$\langle 2|A^\dagger|1\rangle = v^*$ であるが v は正の実数として一般性を失わない（11.4 節，p.175 の脚注）．

$|1\rangle, |2\rangle$ を基底としたときの $H = H_0 + V(t)$ の行列表示は

$$H = \begin{pmatrix} \varepsilon_1 & 0 \\ 0 & \varepsilon_2 \end{pmatrix} + \begin{pmatrix} 0 & ve^{i\omega t} \\ ve^{-i\omega t} & 0 \end{pmatrix}$$

はクレブシューゴルダン係数を用いて表される．加法定理を知らなくても，条件 $l' = l \pm 1$ は次のように導出できる．被積分関数 $Y_{l'}^{m*} Y_1^0 Y_l^m$ のパリティ $(-1)^{l+l'+1}$ が正であることから $l' \neq l$（パリティが負の関数の空間積分は 0）．まず $l' > l$ とする．球面調和関数の完全性から $Y_1^0 Y_l^m$（単位球上の $l+1$ 次の多項式）は Y_L^m ($L \leq l+1$) で展開できる．$Y_{l'}^m$ と Y_L^m の直交条件から $l' = l+1$ のみが許容遷移．$l' < l$ のときは $Y_{l'}^{m*} Y_1^0 = [Y_{l'}^m Y_1^0]^*$ の展開を考えれば $l' = l - 1$ を得る．

[*9] 電磁波が z 方向に伝播するとき，電場は x 方向か y 方向，電磁波の軌道角運動量は $L_z = 0$ である（13.5 節，p.213 の脚注）．電磁波を量子化するとエネルギー $\hbar\omega$ の光子 (photon) になる[2,4]．原子が光子を放出，吸収するときの全角運動量の保存則を考えると，式 (12.28) は光子の「スピン」が 1，その z 成分が ± 1 の成分のみをもつことを示している．なお，スピンの z 成分の固有状態は，左回りか右回りの円偏光の光子である（問題 12.4）．

$$= \frac{\varepsilon_1 + \varepsilon_2}{2}\mathbf{1} + \frac{\varepsilon_1 - \varepsilon_2}{2}\sigma_z + v(\cos\omega t\,\sigma_x - \sin\omega t\,\sigma_y) \tag{12.29}$$

以下ではエネルギーの原点をとり直して $(\varepsilon_1 + \varepsilon_2)/2 = 0$ とする．2 準位系は磁場中のスピン $s = 1/2$ と等価であるが，式 (12.29) のハミルトニアンでは「磁場」が z 軸のまわりを角速度 ω で時計回りに回転している．実際，最後の項は $ve^{i\omega t\sigma_z/2}\sigma_x e^{-i\omega t\sigma_z/2}$ である（問題 8.7）．そこで「磁場」とともに回転する座標系に移る（系を反対方向に回転させる）．式 (7.25) の P に式 (8.29) の $R_z(\phi = \omega t)$ を代入すると

$$|\tilde{\Psi}(t)\rangle = e^{-i\omega t\sigma_z/2}|\Psi(t)\rangle$$
$$\tilde{H} = e^{-i\omega t\sigma_z/2}He^{i\omega t\sigma_z/2} = -\frac{\hbar\omega_{21}}{2}\sigma_z + v\sigma_x$$

シュレーディンガー方程式 $i\hbar\partial|\Psi(t)\rangle/\partial t = H|\Psi(t)\rangle$ より

$$i\hbar\frac{\partial}{\partial t}|\tilde{\Psi}(t)\rangle = \frac{\hbar\omega}{2}\sigma_z e^{-i\omega t\sigma_z/2}|\Psi(t)\rangle + e^{-i\omega t\sigma_z/2}H|\Psi(t)\rangle$$
$$= \left(\frac{\hbar\omega}{2}\sigma_z + \tilde{H}\right)|\tilde{\Psi}(t)\rangle \tag{12.30}$$

したがって $|\tilde{\Psi}(t)\rangle$ は時間によらないハミルトニアン

$$\frac{\hbar\omega}{2}\sigma_z + \tilde{H} = \frac{\hbar(\omega - \omega_{21})}{2}\sigma_z + v\sigma_x \tag{12.31}$$

で時間発展することがわかる．

ハミルトニアン (12.31) のエネルギー固有値と固有状態を求めれば，$|\Psi(t)\rangle$ の時間発展が得られる（問題 12.5）．$t = 0$ で $|\Psi(0)\rangle = |1\rangle$ のとき，$|\Psi(t)\rangle = C_1(t)|1\rangle + C_2(t)|2\rangle$,

$$C_1(t) = e^{i\omega t/2}\left(\cos\Omega t - i\frac{\omega - \omega_{21}}{2\Omega}\sin\Omega t\right) \tag{12.32a}$$

$$C_2(t) = -\frac{iv}{\hbar\Omega}e^{-i\omega t/2}\sin\Omega t \tag{12.32b}$$

ここで $\Omega = \sqrt{[(\omega - \omega_{21})/2]^2 + (v/\hbar)^2}$ である．$|2\rangle$ へ遷移する確率は

$$|C_2(t)|^2 = \frac{(v/\hbar)^2}{[(\omega - \omega_{21})/2]^2 + (v/\hbar)^2}\frac{1}{2}(1 - \cos 2\Omega t) \tag{12.33}$$

(i) $\omega = \omega_{21}$ のとき,状態 $|\Psi(t)\rangle$ は $|1\rangle$ と $|2\rangle$ の間を振動数 $\Omega = v/\hbar$ で行き来する.これをラビ(Rabi)振動とよぶ.

(ii) 回転座標系でみると,$|\Psi(t)\rangle$ は「磁場」$(v, 0, \hbar(\omega - \omega_{21})/2)$ のまわりを歳差運動する.(i) の共鳴は,「磁場」が x 方向を向いているとき,$t = 0$ で「z 方向の上向きスピン」がそのまわりを 360 度回転することに対応する.

(iii) $\omega \neq \omega_{21}$ のとき,式 (12.32b) の $C_2(t)$ を $v = \langle 1|A|2\rangle$ の 1 次までで近似すると,12.3 節の結果 [式 (12.13) の第 2 項に $e^{-i\varepsilon_2 t/\hbar} = e^{-i\omega_{21}t/2}$ を掛けたもの] に一致する.

核磁気共鳴(NMR; Nuclear Magnetic Resonance)や電子スピン共鳴(ESR; Electron Spin Resonance)では z 方向に静磁場 $-B_0 \bm{e}_z$ をかけ,x 方向に振動磁場 $B_1 \cos\omega t \bm{e}_x$ をかける.例えば,電子スピンの場合のハミルトニアンは

$$H = \frac{g\mu_B}{2}\left[-B_0\sigma_z + B_1\frac{e^{i\omega t} + e^{-i\omega t}}{2}\sigma_x\right]$$
$$\to \frac{g\mu_B}{2}\left[-B_0\sigma_z + \frac{B_1}{2}\begin{pmatrix} 0 & e^{i\omega t} \\ e^{-i\omega t} & 0 \end{pmatrix}\right]$$

で式 (12.29) に帰着する.ここで $\omega \approx \omega_{21} = g\mu_B B_0/\hbar$ のときの共鳴成分のみを残した.これを回転波近似といい,$B_1 \cos\omega t \bm{e}_x$ を $B_1(\cos\omega t \bm{e}_x - \sin\omega t \bm{e}_y)/2$ と $B_1(\cos\omega t \bm{e}_x + \sin\omega t \bm{e}_y)/2$ の二つの回転波に分解して一方のみを残すことに対応する.$\omega = \omega_{21}$ のとき振動磁場の共鳴吸収が観測される[*10].

12.7 時間に依存する摂動論の補足*

12.7.1 時間に依存しない摂動論との関係

12.1 節の「時間に依存する摂動論」と 11.1 節の「時間に依存しない摂動論」の間の関係を考えよう.摂動 V は時間によらないとし,λ を復活させる.

[*10] NMR では原子核の種類によって核スピンの大きさや g 因子が異なるため,共鳴振動数が異なる.共鳴吸収の位置から原子核の種類が同定できる.医療用の MRI にも応用されている.電子スピンを量子ビットに用いる量子コンピューターでは (p.132 のコラム),ESR のラビ振動 [式 (12.32a), (12.32b)] で 1 量子ビットを操作する(通常の NMR や ESR の実験では,多数のスピンの統計平均を考慮する必要がある).

12.7 時間に依存する摂動論の補足*

$H = H_0 + \lambda V$ のエネルギー固有値を E_j, 固有状態を $|\psi_j\rangle$ と表記する. H_0 のエネルギー固有値と固有状態はいままで通り $\varepsilon_n, |n\rangle$ である. 12.1 節で考えた状況を近似をせずに表すと次のようになる. (i) 時刻 $t = 0$ での状態が

$$|\psi(0)\rangle = |n\rangle = \sum_j |\psi_j\rangle\langle\psi_j|n\rangle$$

(ii) $t > 0$ で $H = H_0 + \lambda V$ にしたがって時間発展する.

$$|\psi(t)\rangle = \sum_j |\psi_j\rangle\langle\psi_j|n\rangle e^{-iE_j t/\hbar} \tag{12.34}$$

この式に, 11.1 節の摂動論で求めた E_j と $|\psi_j\rangle$ を代入する. λ の 1 次までの近似で

$$E_j = \varepsilon_j + \lambda\langle j|V|j\rangle \tag{12.35}$$

$$|\psi_j\rangle = C_j\left[\delta_{j,n}|j\rangle + \lambda\sum_{k\neq j}|k\rangle\frac{\langle k|V|j\rangle}{\varepsilon_j - \varepsilon_k}\right] \tag{12.36}$$

規格化因子 $C_j = 1 + O(\lambda^2)$ はいまの近似で 1 である. 式 (12.36) より

$$\langle n|\psi_n\rangle = 1, \qquad \langle n|\psi_j\rangle = \lambda\frac{\langle n|V|j\rangle}{\varepsilon_j - \varepsilon_n} \qquad (j \neq n)$$

この複素共役を式 (12.34) に代入すると

$$|\psi(t)\rangle = |\psi_n\rangle e^{-iE_n t/\hbar} + \lambda\sum_{j\neq n}|\psi_j\rangle\frac{\langle j|V|n\rangle}{\varepsilon_j - \varepsilon_n}e^{-iE_j t/\hbar}$$

右辺の第 1 項は λ の 1 次までの近似で

$$|n\rangle e^{-i\varepsilon_n t/\hbar}\left(1 - \frac{i\lambda}{\hbar}V_{nn}t\right) + \lambda\sum_{k\neq n}|k\rangle\frac{\langle k|V|n\rangle}{\varepsilon_n - \varepsilon_k}e^{-i\varepsilon_n t/\hbar}$$

である ($e^{-iV_{nn}t/\hbar} \approx 1 - iV_{nn}t/\hbar$ を用いた). 同様に右辺第 2 項は

$$\lambda\sum_{j\neq n}|j\rangle\frac{\langle j|V|n\rangle}{\varepsilon_j - \varepsilon_n}e^{-i\varepsilon_j t/\hbar}$$

まとめると

$$|\psi(t)\rangle = |n\rangle e^{-i\varepsilon_n t/\hbar}\left(1 - \frac{i\lambda}{\hbar}V_{nn}t\right)$$
$$+ \lambda\sum_{j\neq n}|j\rangle e^{-i\varepsilon_j t/\hbar}\frac{\langle j|V|n\rangle}{\varepsilon_j - \varepsilon_n}(1 - e^{i\omega_{jn}t}) \tag{12.37}$$

これは 12.1 節の結果 [式 (12.7a)] に一致する．$|n\rangle$ の係数に着目すると，11.1 節の摂動論で求めたエネルギー準位のシフト（$\varepsilon_n \to \varepsilon_n + \lambda V_{nn}$）を得るには，時間に依存する摂動論で（ある種のダイアグラムに対して）無限次の計算が必要であることがわかる．

12.7.2 始状態の崩壊率とエネルギー幅

12.2 節では終状態 $|j\rangle$ に着目して λ の 1 次の近似で始状態 $|n\rangle$ からの遷移確率を求めた．ここでは $|n\rangle$ の崩壊を考えよう．摂動 λV は時間によらないとし，λ の 2 次までの計算を行う．

$C_n^{(0)}(t) = 1$，式 (12.7a) より $C_n^{(1)}(t) = -iV_{nn}t/\hbar$，また，式 (12.7b) より

$$C_n^{(2)}(t) = \frac{1}{(i\hbar)^2}\left[(V_{nn})^2\frac{t^2}{2} + \sum_{k\neq n}|V_{kn}|^2\left(\frac{1}{i\omega_{kn}}t - \frac{1 - e^{-i\omega_{kn}t}}{(i\omega_{kn})^2}\right)\right]$$

したがって（λ^3 以上の項を $\cdots$ で表すと）

$$\begin{aligned}C_n(t) =& 1 - \frac{i\lambda}{\hbar}V_{nn}t + \left(\frac{-i\lambda}{\hbar}\right)^2(V_{nn})^2\frac{t^2}{2} + \cdots \\&- \frac{i\lambda^2}{\hbar}\sum_{k\neq n}\frac{|V_{kn}|^2}{\varepsilon_n - \varepsilon_k}t + \cdots \\&- \lambda^2\sum_{k\neq n}|V_{kn}|^2\frac{1 - e^{-i\omega_{kn}t}}{(\varepsilon_k - \varepsilon_n)^2} + \cdots\end{aligned} \tag{12.38}$$

最後の項の実部は

$$-\lambda^2\sum_{k\neq n}|V_{kn}|^2\frac{1 - \cos(\omega_{kn}t)}{(\varepsilon_k - \varepsilon_n)^2} \sim -\lambda^2\sum_{k\neq n}|V_{kn}|^2\frac{\pi}{\hbar}\delta(\varepsilon_k - \varepsilon_n)t \equiv -\frac{t}{2\tau}$$

ここで $\sim$ は $t \to \infty$ のときの漸近形を表す．$1/\tau$ は遷移率 (12.10) をすべての終状態に対して足し合わせたもので（終状態は密に分布していると仮定），始状態

の崩壊率 (decay rate) に相当する．τ は始状態の寿命 (lifetime) である[*11]．

前節の議論との類推から，$t \to \infty$ での漸近形として

$$\langle n|\psi(t)\rangle = C_n(t)e^{-i\varepsilon_n t/\hbar} \sim e^{-i(\varepsilon_n+\Delta_n)t/\hbar} \tag{12.39}$$

ここで Δ_n の実部は

$$\text{Re}\Delta_n = \lambda V_{nn} - \lambda^2 \sum_{k\neq n} \frac{|V_{kn}|^2}{\varepsilon_n - \varepsilon_k} + \cdots$$

これはエネルギー準位の ε_n からのシフトを表す．一方 Δ_n の虚部は $\text{Im}\Delta_n = -\hbar/(2\tau)$．この虚部のために $|C_n(t)|^2$ は時間とともに指数関数的に減少する．

状態 (12.39) でエネルギーを測定したらどうなるであろうか．

$$e^{-i(\varepsilon_n+\Delta_n)t/\hbar} = \frac{1}{2\pi}\int_{-\infty}^{\infty} dE f(E) e^{-iEt/\hbar}$$

と振動数 $E/\hbar$ の成分に分解すると

$$f(E) = \int^{\infty} dt e^{-i(\varepsilon_n+\Delta_n)t/\hbar} e^{iEt/\hbar} \propto \frac{i}{(E-\varepsilon_n-\text{Re}\Delta_n)+i\hbar/(2\tau)}$$

(エネルギーの下限は適当な時刻)．エネルギー E の成分は

$$|f(E)|^2 \propto \frac{1}{(E-\varepsilon_n-\text{Re}\Delta_n)^2 + [\hbar/(2\tau)]^2}$$

で，中心が $\varepsilon_n + \text{Re}\Delta_n$ ($H = H_0 + \lambda V$ のエネルギー準位)，半値幅が $\Gamma = \hbar/\tau$ のローレンツ型の分布を示す (図 12.6)．エネルギー準位の不確定性 $\Delta E = \Gamma$ とその準位の寿命 $\Delta t = \tau$ との間には

$$\Delta E \Delta t \approx \hbar \tag{12.40}$$

の関係が成り立つ (p.64 のコラム参照)．

Δ_n は自己エネルギー (self-energy) とよばれる量である．グリーン関数に対するダイアグラム展開を勉強すると，系統的に計算することができる．

[*11] 最後の項の虚部は，物理量 $|C_n(t)|^2$ の中で高次の項と打ち消しあうか，または波動関数 (12.39) の位相因子となると予想される (筆者は確かめていない)．以下では無視する．

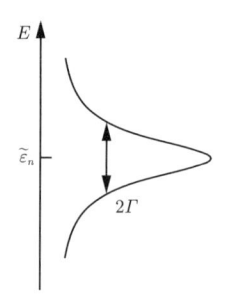

図 12.6　エネルギー準位 ε_n が摂動によって有限の寿命 τ をもつとき，エネルギースペクトルは半値幅 $\Gamma = \hbar/\tau$ のローレンツ型に広がる．$\tilde{\varepsilon}_n = \varepsilon_n + \mathrm{Re}\Delta_n$ は摂動 λV をくり込んだエネルギー準位である．

問　題

12.1　12.4 節の問題について，次の設問に答えなさい．
(a) 式 (12.15) の電磁場 $\boldsymbol{E}$, $\boldsymbol{B}$ が式 (12.16) の ϕ と $\boldsymbol{A}$ で表されることを確かめなさい．また $\mathrm{div}\,\boldsymbol{A} = 0$（クーロン・ゲージ）を示しなさい．
(b) ポインティング・ベクトル $\boldsymbol{S} = (\boldsymbol{E}\times\boldsymbol{B})/\mu_0$，およびその時間平均 $\bar{\boldsymbol{S}}$ を計算しなさい．
(c) 振動数 ω の電磁波のエネルギーの吸収率は，式 (12.19) の $w_{n\to j}$ を用いて $I_\mathrm{abs} = \sum_j \hbar\omega w_{n\to j}$ で与えられる．吸収断面積 $\sigma_\mathrm{abs}(\omega) = I_\mathrm{abs}/|\bar{\boldsymbol{S}}|$ を計算し，式 (12.23) を導出しなさい（断面積という用語は 13.1 節を参照）．

12.2　（振動子強度の総和則）　12.4 節の式 (12.24) を用いると

$$\int \sigma_\mathrm{abs}(\omega)\,\mathrm{d}\omega = 4\pi^2\alpha \sum_j \omega_{jn}|\langle j|x|n\rangle|^2 = \frac{2\pi^2\hbar\alpha}{m}\sum_j f_{jn}$$

ここで振動子強度（oscillator strength）

$$f_{jn} = \frac{2m\omega_{jn}}{\hbar}|\langle j|x|n\rangle|^2$$

を導入した．$\langle n|[x,[x,H_0]]|n\rangle$ を計算することで $\sum_j f_{jn} = 1$ を示しなさい．これを振動子強度の総和則，またはトーマス–ライヒェ–クーン（Thomas–Reiche–Kuhn）の総和則とよぶ．

12.3　12.4 節の問題で，式 (12.17) の代わりに式 (12.22) のハミルトニアンを考える．A_0 の項を摂動で扱い，式 (12.21) の遷移率を導きなさい．

12.4　12.5 節で電磁場中の原子における許容遷移，禁制遷移について議論した．そのとき考えた，電場が $\boldsymbol{E} = E_0\boldsymbol{e}\sin(\boldsymbol{k}\cdot\boldsymbol{r} - \omega t)$ のように決まった方向に振動しながら伝わる電磁波を直線偏光とよぶ．

(a) 電場が z 方向の直線偏光のとき, 許容遷移の条件は式 (12.27) であった. 電場が x 方向, y 方向の直線偏光のときの条件式をそれぞれ求めなさい.

(b) z 方向に伝播する円偏光は, x 方向と y 方向の直線偏光を位相を $\pi/2$ ずらして重ね合わせることでつくられる. 電場は次式で与えられる.

$$\boldsymbol{E} = \frac{E_0}{\sqrt{2}}[\boldsymbol{e}_x \cos(\boldsymbol{k}\cdot\boldsymbol{r} - \omega t) \pm \boldsymbol{e}_y \sin(\boldsymbol{k}\cdot\boldsymbol{r} - \omega t)]$$

± はそれぞれ右回り, 左回りの円偏光に対応する ($\boldsymbol{k} = k\boldsymbol{e}_z$ で進行方向から見て時計回り, 反時計回り). このときの許容遷移の条件を, 電磁波の放出, 吸収それぞれの場合について導きなさい.

* (b) より右回り円偏光の光子が $s_z = -1$, 左回り円偏光の光子が $s_z = 1$ と考えるとつじつまが合う. 前者はヘリシティー (helicity; 粒子の進行方向のスピン成分) が -1, 後者は $+1$ である. なお分野によって右回り, 左回りの定義が異なるので注意のこと.

12.5 (ラビ振動) 12.6 節の調和摂動が加わった 2 準位系を考える.

(a) 回転座標系においてハミルトニアンは式 (12.31) で与えられる. エネルギー固有値と固有状態を求めなさい. 初期条件 $|\tilde{\Psi}(0)\rangle = |1\rangle$ のとき, $|\tilde{\Psi}(t)\rangle$ の時間発展を求めなさい.

(b) 静止座標系に戻し, $|\Psi(t)\rangle$ を求めて式 (12.32a), (12.32b) を導きなさい.

12.6 (ラビ振動の別解) 12.6 節と問題 12.5 では回転座標系に変換してラビ振動を求めた. 式 (12.32a), (12.32b) は座標系を変換しなくても求めることができる.

(a) ハミルトニアンが式 (12.29) のとき, シュレーディンガー方程式 (12.1) に

$$|\Psi(t)\rangle = C_1(t)e^{-i\varepsilon_1 t/\hbar}|1\rangle + C_2(t)e^{-i\varepsilon_2 t/\hbar}|2\rangle$$

を代入し, $C_1(t), C_2(t)$ の満たす方程式を求めなさい.

(b) (a) の方程式を初期条件 $C_1(0) = 1, C_2(0) = 0$ の下で解き, 式 (12.32a), (12.32b) を導きなさい.
ヒント: $\ddot{C}_1 - i(\omega - \omega_{21})\dot{C}_1 + (v/\hbar)^2 C_1 = 0$ を導く. これより $C_1(t)$ の一般解が求められる.

断熱近似と瞬間近似

12章では摂動項 V が小さいと仮定し，摂動展開によって遷移確率などを求めた．ここでは時間に依存する問題に対して，別の近似方法を紹介する．断熱近似 (adiabatic approximation) は，$V(t)$ が時間とともに十分ゆっくり変化する場合に適用できる[8]．$t=0$ で状態 $|\Psi(0)\rangle$ が $H = H_0 + V(0)$ の固有状態 $|n\rangle$ にあったとする．ハミルトニアン $H = H_0 + V(t)$ は時間とともに変化するので，そのエネルギー固有値 $E_n(t)$ と固有状態 $|n(t)\rangle$ も変化する（左下図）．その変化が十分にゆっくりであるならば，状態 $|\Psi(t)\rangle$ は不連続に $|j(t)\rangle$ $(j \neq n)$ に遷移することなく，常に $|n(t)\rangle$ のままであるだろう．

$$|\Psi(t)\rangle = e^{i[\alpha(t)+\gamma(t)]}|n(t)\rangle, \qquad \alpha(t) = -\frac{1}{\hbar}\int_0^t E_n(t')\mathrm{d}t'$$

これが断熱近似である（$\dot{\gamma} = i\langle n(t)|(\partial/\partial t)|n(t)\rangle$ はベリーの位相（p.104）を与える）．6.6節の水素分子の問題では，原子核の位置 $\boldsymbol{R}_\mathrm{A}$, $\boldsymbol{R}_\mathrm{B}$ を止めて電子状態を計算した．分子が振動して $\boldsymbol{R}_\mathrm{A}$, $\boldsymbol{R}_\mathrm{B}$ が変化しているときでも，原子核の運動は電子のそれに比べてゆっくりなので，電子はその動きに追随できる．最初，電子が基底状態（結合軌道）にいたならば，常に基底状態にいる（固有状態 $|\psi_\pm\rangle$ とエネルギー固有値は $E_\pm$ は $R = |\boldsymbol{R}_\mathrm{A} - \boldsymbol{R}_\mathrm{B}|$ の関数として時間とともに変化する）．この断熱近似をボルン–オッペンハイマー（Born–Oppenheimer）近似とよぶ．

断熱性が危うくなるのは，二つのエネルギー準位 $(\varepsilon_1, \varepsilon_2)$ が接近するときである（右下図）．11.4節で準位交差の近傍で摂動 $v = \langle 1|V|2\rangle$ で準位反発が生じることを見た．$\Delta\varepsilon = \varepsilon_2 - \varepsilon_1$ が時間とともに（外場によって）増加し，$\Delta\varepsilon \ll -|v|$ から $\Delta\varepsilon \gg |v|$ になったとしよう．その変化が十分ゆっくりであれば，状態が最初 $|\psi_-\rangle$ だったら常に $|\psi_-\rangle$ である．$|\psi_-\rangle \approx |2\rangle$ から $|\psi_-\rangle \approx |1\rangle$ へゆっくりと移り変わる．$\Delta\varepsilon$ の時間変化が急ならば，v が利く暇もなく $|2\rangle$ は $|2\rangle$ のままである．断熱変化（$|2\rangle \to |1\rangle$）の確率はランダウ–ジーナー（Landau–Zener）の公式 $P_{2\to1} = 1 - e^{-\lambda}$, $\lambda = 2\pi|v|^2/(\hbar|\mathrm{d}\Delta\varepsilon/\mathrm{d}t|)$ で与えられる．

瞬間近似（sudden approximation）は断熱近似の反対の極限に適用できる[8]．$t<0$ でのハミルトニアン $H = H_0$ が，$t>0$ で一瞬にして $H = H_0 + V$ に変わったとする．最初の状態が H_0 の固有状態 $|n\rangle$ であったら，状態は V の変化に対応できず $|n\rangle$ のままである．$t>0$ では $H = H_0 + V$ の固有状態 $|\psi_k\rangle$，エネルギー固有値 E_k で時間発展する；$|\Psi(t)\rangle = \sum_k |\psi_k\rangle\langle\psi_k|n\rangle e^{-iE_k t/\hbar}$.

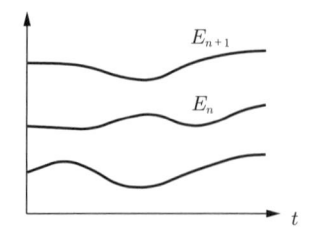

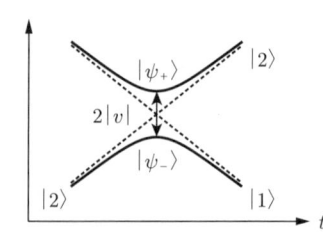

13 散乱理論

 本書の最後となるこの章では3次元での粒子の散乱問題を扱う．素粒子物理学では，高エネルギーで加速した粒子の散乱実験が有力な手法である．物性物理学では，電子の不純物散乱が低温での電気抵抗の主な原因となる．このように散乱問題は物理学のさまざまな分野で重要である．散乱問題を特徴づける物理量は 13.1 節で導入する断面積（cross section）である．その計算方法としてボルン近似（13.4 節）と部分波展開の方法（13.5, 13.6 節）を解説する．この二つの方法が本章の柱である．

13.1 散乱断面積

 粒子の入射ビームを標的（target）に当て，散乱された粒子を検出器（detector）で観測する状況を考えよう（図 13.1）．入射ビームには単位時間，単位面積あたり N 個の粒子が含まれるとする．検出器までの距離 r は，標的の1辺のサイズ a よりも十分大きい（$r \gg a$）．散乱された粒子は3次元空間の四方八方に広がっていくから，単位時間に検出器で検出される粒子数 dN は

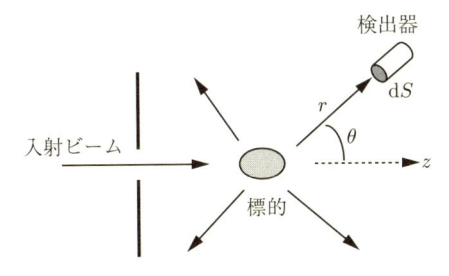

図 13.1 粒子の散乱実験の概念図．一定のエネルギーをもつ入射ビームを標的に当て，検出器（面積 dS）で検出する．距離 r は標的のサイズ a よりも十分大きい（$r \gg a$）．θ は散乱角．

$\mathrm{d}N \propto N \mathrm{d}S/r^2 = N\mathrm{d}\Omega$, ここで $\mathrm{d}S$ は検出器の表面積, Ω は立体角である. この比例定数を $\sigma(\Omega)$ で表すと

$$\mathrm{d}N = N\sigma(\Omega)\mathrm{d}\Omega \tag{13.1}$$

* 立体角について：2 次元で角度の大きさを表すのに単位円上の弧の長さ θ を用いる（ラジアン；図 13.2）. 360 度の角度は $\int \mathrm{d}\theta = 2\pi$ に相当する. 3 次元での「方向の広がり」は単位球上の表面積で表される. それが立体角である. 半径 r の球では $\mathrm{d}\Omega = \mathrm{d}S/r^2$, 3 次元極座標 (r, θ, ϕ) を使うと $\mathrm{d}S = r^2 \sin\theta \mathrm{d}\theta \mathrm{d}\phi$ だから $\mathrm{d}\Omega = \sin\theta \mathrm{d}\theta \mathrm{d}\phi$. 全方向の角度は $\int \mathrm{d}\Omega = $ (球の表面積)$/r^2 = 4\pi$. [式 (13.1) のように, Ω は (θ, ϕ) の意味で方向を表すときにも用いる.]

図 13.1 のように, 入射粒子の進行方向を z 軸にとる. 標的が z 軸について軸対称なとき（例えば球対称なポテンシャル）, 散乱は角度 θ だけに依存する；$\sigma(\Omega) = \sigma(\theta)$. この θ を散乱角とよぶ. 定義式 (13.1) から $\sigma(\theta)$ の次元を考えよう. $[\mathrm{d}N] = 1/\mathrm{s}$, $[N] = 1/(\mathrm{s}\cdot\mathrm{m}^2)$, $[\mathrm{d}\Omega]$ は無次元量であるから $[\sigma(\theta)] = \mathrm{m}^2$ となり面積の次元をもつ. そこで $\sigma(\theta)$ を微分断面積（differential cross section）とよぶ. 全方向への散乱量は

$$\sigma^{\mathrm{tot}} = \int \sigma(\theta) \underbrace{\mathrm{d}\Omega}_{\sin\theta \mathrm{d}\theta \mathrm{d}\phi} = 2\pi \int_0^\pi \sigma(\theta) \sin\theta \mathrm{d}\theta \tag{13.2}$$

σ^{tot} を全断面積（total cross section）とよぶ[*1].

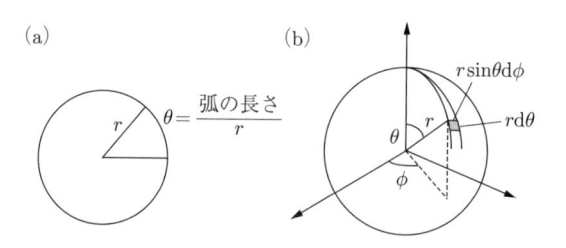

図 **13.2** (a) 2 次元での角度 θ（ラジアン）は単位円の弧の長さで表され, (b) 3 次元での立体角は単位球上の面積で表される. 微小立体角は $\mathrm{d}\Omega = \mathrm{d}S/r^2 = \sin\theta \mathrm{d}\theta \mathrm{d}\phi$.

[*1] 本によっては全断面積 σ^{tot} を単に σ, 微分断面積を $\mathrm{d}\sigma/\mathrm{d}\Omega$ と表記している.

なぜ散乱の大きさを表す物理量が面積なのであろうか．図 13.3(a) のように古典粒子が半径 a の円板で散乱されるとき，円板の面積 πa^2 が全断面積 σ^{tot} となる．一般のポテンシャル（散乱体）の場合は，どの程度の面積内の入射粒子が散乱されるか，という量が散乱の度合を特徴づける[*2]．

13.2 古典力学での散乱問題

量子力学で散乱問題を扱う前に，まず古典力学の問題から始めよう．質量 m の粒子が一定の速さ v（したがって一定のエネルギー $E = mv^2/2$）で入射する場合を考える．原点に置かれた標的は球対称ポテンシャル $V(r)$ で表されている［図 13.3(b)］．

粒子の軌道は z 軸からの距離 b で決定する．b は衝突パラメーターとよばれる．散乱角は b の関数であり $[\theta = \theta(b)]$，逆に解けば $b = b(\theta)$ である．図の斜線の領域には単位時間あたり $NdS = Nb|db|d\phi$ 個の粒子が入射する．その粒子が $d\Omega$ $(\theta \sim \theta + d\theta, \phi \sim \phi + d\phi)$ の領域に散乱されるとき $dN = N\sigma(\theta)d\Omega = Nb|db|d\phi$，したがって[*3]

$$\sigma(\theta) = \frac{b|db|d\phi}{d\Omega} = \frac{1}{\sin\theta} b(\theta) \left|\frac{db}{d\theta}\right| \tag{13.3}$$

例として，半径 a の剛体球による微小球（質点）の散乱を取り上げる．ポテンシャルは

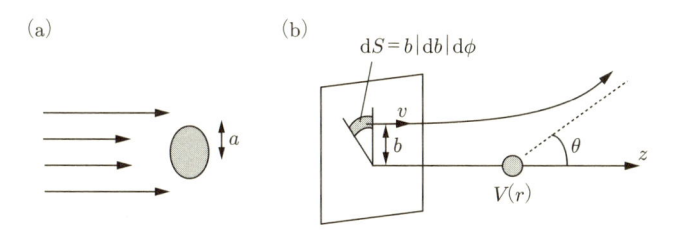

図 13.3 古典粒子の散乱．(a) 半径 a の円板に入射ビームが垂直に当たるとき，全断面積は $\sigma^{\text{tot}} = \pi a^2$．(b) 球対称なポテンシャル $V(r)$ による散乱．一定の速さ v で入射した粒子の軌道は衝突パラメーター b で決まる．

[*2] 原子による散乱の場合 $\sigma^{\text{tot}} \sim \pi(a_{\text{B}})^2 = 2.8 \times 10^{-21}$ m^2 程度，原子核の場合 $\sigma^{\text{tot}} \sim 10^{-28}$ m^2 程度．後者を 1 barn とよぶ．

[*3] $V(r)$ が斥力（引力）のとき θ とともに b は減少（増加）するので db に絶対値をつけた．

$$V(x) = \begin{cases} \infty & (r < a) \\ 0 & (a < r) \end{cases} \tag{13.4}$$

である．図 13.4(a) の ϕ と散乱角 θ には $2\phi + \theta = \pi$ の関係が成り立つ（ϕ は 3 次元極座標の ϕ とは異なる）．一方 $b = a\sin\phi$ であるから $b = a\cos(\theta/2)$．この b を式 (13.3) に代入すると $\sigma(\theta) = a^2/4$ を得る．$\sigma(\theta)$ は角度 θ によらないことから，剛体球によって粒子は等方的に散乱されることがわかる[*4]．全断面積は $\sigma^{\text{tot}} = \int \sigma(\theta)\mathrm{d}\Omega = (a^2/4) \times 4\pi = \pi a^2$．これは剛体球の断面積であり，この面積内に入射した粒子が散乱を受けるという自然な結果である．

もう一つの例としてラザフォード散乱を取り上げる．α 粒子（He の 2 プラスイオン；電荷 $+2e$）をアルミ箔に当てた散乱実験では，原子核（電荷 $+13e$）による大きな散乱が観測される．ラザフォード（Rutherford）はこの実験結果の解析から原子核の存在を導き，原子の構造を予言した（1911 年）[*5]．

電荷 $Z'e$，質量 m の質点が入射し，原点に置かれた電荷 Ze によって散乱される場合を考えよう．両者の間にはクーロン相互作用が働く；$V(r) = ZZ'e^2/(4\pi\varepsilon_0 r)$．中心力の問題では角運動量が保存し，それに垂直な 2 次元平面内での運動を考えればよい（問題 5.1）．図 13.4(b) のように角度 ϕ をとると，質点の位置ベクトルは $\boldsymbol{r} = r\boldsymbol{e}_r$，その時間微分は $\dot{\boldsymbol{r}} = \dot{r}\boldsymbol{e}_r + r\dot{\phi}\boldsymbol{e}_\phi$ である．エネルギー E と角運動量（の紙面に垂直な成分）の保存則から

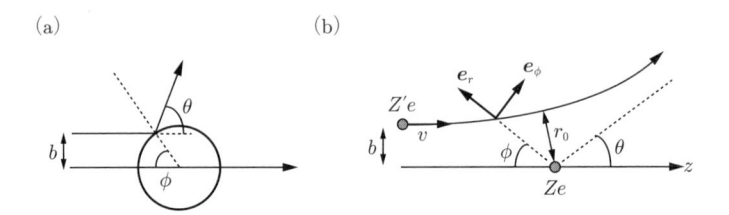

図 13.4 古典粒子の散乱問題の例．(a) 半径 a の剛体球による微小球の散乱．(b) 電荷 $Z'e$ の質点の，原点に置かれた電荷 Ze による散乱．電荷間にはクーロン相互作用が働く（ラザフォード散乱）．(a), (b) のいずれでも b は衝突パラメーターである．

[*4] 粒子が半径 a' の剛体球の場合は a を $a+a'$ におき換えればよい（作図をして確かめてほしい）．パチンコ玉はくぎで等方的に散乱される !?

[*5] 実験はガイガー（Geiger）とマースデン（Marsden）による（1909 年）．本当は量子力学を使った計算が必要なのであるが，クーロン・ポテンシャルの場合はたまたま古典論での計算が正しい答を与える．

$$E = \frac{m}{2}(\dot{r}^2 + r^2\dot{\phi}^2) + \frac{1}{4\pi\varepsilon_0}\frac{ZZ'e^2}{r} = \frac{m}{2}v^2 \tag{13.5}$$

$$m|\boldsymbol{r}\times\dot{\boldsymbol{r}}| = mr^2\dot{\phi} = mbv \tag{13.6}$$

どちらも最右辺は $z \to -\infty$ での値である．これから微分断面積を求めると

$$\sigma(\theta) = \left(\frac{1}{2mv^2}\frac{ZZ'e^2}{4\pi\varepsilon_0}\right)^2 \frac{1}{\sin^4(\theta/2)} \tag{13.7}$$

が得られる（問題 13.1）．

13.3　量子力学での散乱問題

　量子力学での散乱問題を，時間に依存しないシュレーディンガー方程式を使って定式化する．3.4 節で解いた 1 次元のポテンシャル問題を思い出そう．$x \to -\infty$ から入射する粒子が一部透過し，一部反射する定常状態を求めた．入射波，透過波，反射波の確率の流れの密度をそれぞれ計算すると，その比が透過率と反射率を与える．これに相当する計算を 3 次元でのポテンシャル散乱に対して行う．

　原点を中心とする球対称ポテンシャル $V(r)$ があり，$r \to \infty$ で十分早く $V(r) \to 0$ となることを仮定する[*6]．$z \to -\infty$ から入射する平面波

$$\frac{1}{(2\pi)^{3/2}}e^{i\boldsymbol{k}\cdot\boldsymbol{r}} = \frac{1}{(2\pi)^{3/2}}e^{ikz} \tag{13.8}$$

$[\boldsymbol{k} = k\boldsymbol{e}_z,\ E = \hbar^2 k^2/(2m)]$[*7] が $V(r)$ によって四方八方に散乱される解を求める．

　時間に依存しないシュレーディンガー方程式は，角運動量を $\boldsymbol{L}$ として

$$\left[-\frac{\hbar^2}{2m}\Delta + V(r)\right]\psi(\boldsymbol{r}) = \left[-\frac{\hbar^2}{2m}\left(\frac{1}{r}\frac{\partial^2}{\partial r^2}r - \frac{\boldsymbol{L}^2}{\hbar^2 r^2}\right) + V(r)\right]\psi(\boldsymbol{r})$$
$$= E\psi(\boldsymbol{r}) \tag{13.9}$$

この遠方 $(r \to \infty)$ での解に球面波 $\psi = C(\theta,\phi)e^{\pm ikr}/r$ がある[*8]．散乱波にふさわしいのは外向きの球面波であり，また対称性より $C(\theta,\phi)$ の ϕ 依存性は

[*6] $r \to \infty$ で $V(r) = O(r^{-2})$，すなわち $V \sim r^{-2}$ かそれより小さいとする．ここでの $f(x) = O(x^{-n})$ は $\lim_{x\to\infty} f(x)x^n < \infty$ の意味である．

[*7] $V(r)$ が球対称であるので $\boldsymbol{k}$ の方向に z 軸を選んでも一般性を失わない．

[*8] $O(r^{-2})$ の項を無視すると $-(1/r)(\partial^2/\partial r^2)(r\psi) = k^2\psi$ でこの解は 6.7.2 項で求めた．r についての偏微分だから係数 C は θ,ϕ の任意関数となる．

ない．$r \to \infty$ での波動関数の漸近形は，入射波と散乱波を合わせて

$$\psi(\boldsymbol{r}) \sim \frac{1}{(2\pi)^{3/2}} \left[e^{ikz} + \frac{f(\theta)}{r} e^{ikr} \right] \tag{13.10}$$

と表される．$f(\theta)$ は散乱振幅（scattering amplitude）とよばれる．入射波と散乱波の確率の流れの密度の比を計算すると微分断面積は

$$\sigma(\theta) = |f(\theta)|^2 \tag{13.11}$$

となることがわかる（問題 13.2）．

今後の議論のために，方程式 (13.9) に形式的な変形を行う［式 (13.18) を得るまで式変形が続くが我慢してほしい］．まず

$$(\Delta + k^2)\psi(\boldsymbol{r}) = \frac{2m}{\hbar^2} V(r)\psi(\boldsymbol{r}) \tag{13.12}$$

であるが，この右辺を（$\psi(\boldsymbol{r})$ が含まれているが形式的に）非同次項と見なす．方程式 (13.12) の一般解は，（左辺 = 0 の一般解）+（式 (13.12) の特解）で与えられる．式 (13.12) の特解は，グリーン関数

$$(\Delta + k^2)G_0(\boldsymbol{r}) = \delta(\boldsymbol{r}) \tag{13.13}$$

（右辺は 3 次元のデルタ関数）を用いると

$$\psi(\boldsymbol{r}) = \int d\boldsymbol{r}' G_0(\boldsymbol{r} - \boldsymbol{r}') \frac{2m}{\hbar^2} V(r')\psi(\boldsymbol{r}') \tag{13.14}$$

と書くことができる[*9]．

* 式 (13.13) のグリーン関数の計算： 3 次元のフーリエ変換

$$G_0(\boldsymbol{r}) = \frac{1}{(2\pi)^3} \int G_0(\boldsymbol{k}') e^{i\boldsymbol{k}' \cdot \boldsymbol{r}} d\boldsymbol{k}' \tag{13.15a}$$

[*9] なぜならば

$$(\Delta + k^2)\psi(\boldsymbol{r}) = \int d\boldsymbol{r}' \underbrace{(\Delta + k^2)G_0(\boldsymbol{r} - \boldsymbol{r}')}_{\delta(\boldsymbol{r}-\boldsymbol{r}')} \frac{2m}{\hbar^2} V(r')\psi(\boldsymbol{r}') = \frac{2m}{\hbar^2} V(r)\psi(\boldsymbol{r}).$$

式 (13.13) において変数変換 $\boldsymbol{r} \to \boldsymbol{r} - \boldsymbol{r}'$ を行うと $(\Delta + k^2)G_0(\boldsymbol{r} - \boldsymbol{r}') = \delta(\boldsymbol{r} - \boldsymbol{r}')$ となることを用いた．

$$G_0(\boldsymbol{k}') = \int G_0(\boldsymbol{r}) e^{-i\boldsymbol{k}'\cdot\boldsymbol{r}} \mathrm{d}\boldsymbol{r} \tag{13.15b}$$

を用いる（式 (13.13) の中の k と区別するため $\boldsymbol{k}'$ を用いた）．式 (13.13) より $(-k'^2 + k^2)G_0(\boldsymbol{k}') = 1$ であるから

$$G_0(\boldsymbol{r}) = \frac{1}{(2\pi)^3} \int \frac{-1}{k'^2 - k^2 \mp i\varepsilon} e^{i\boldsymbol{k}'\cdot\boldsymbol{r}} \mathrm{d}\boldsymbol{k}' \tag{13.16}$$

ここで発散を回避する収束因子（ε は正の微小量）をつけた．式 (13.16) の積分を実行すると（問題 13.3），

$$G_0(\boldsymbol{r}) = -\frac{1}{4\pi r} e^{\pm ikr} \tag{13.17}$$

を得る．なお $(\Delta + k^2) F(\boldsymbol{r}) = 0$ はヘルムホルツ（Helmholtz）方程式とよばれる．$G_0(\boldsymbol{r})$ はそのグリーン関数である．

グリーン関数はプロパゲーター（propagator）ともいう．式 (13.13) は原点の波源（右辺の $\delta(\boldsymbol{r})$）がまわりに伝播（propagate）することを表すためである．因果律を満たす外向きの球面波 $G_0(\boldsymbol{r}) = -e^{ikr}/(4\pi r)$ を採用すると[*10]，方程式 (13.12) の解は

$$\psi(\boldsymbol{r}) = \frac{1}{(2\pi)^{3/2}} e^{ikz} - \frac{1}{4\pi} \int \frac{e^{ik|\boldsymbol{r}-\boldsymbol{r}'|}}{|\boldsymbol{r}-\boldsymbol{r}'|} \frac{2m}{\hbar^2} V(\boldsymbol{r}') \psi(\boldsymbol{r}') \mathrm{d}\boldsymbol{r}' \tag{13.18}$$

ここで（左辺 $= 0$ の一般解）として入射する平面波［式 (13.8)］を選んだ．

式 (13.18) はシュレーディンガー方程式 (13.9) を解いたわけではない．右辺の積分の中に求めるべき $\psi(\boldsymbol{r})$ が含まれる積分方程式である．シュレーディンガー方程式を積分方程式に書き換える際に境界条件（$z \to -\infty$ から平面波が入射し，散乱波が外向き球面波で広がる）を取り入れた．

最後に式 (13.18) より散乱振幅 $f(\theta)$ を導いておく．ポテンシャル $V(r)$ の到達距離を a 程度とすると，$\boldsymbol{r}'$ の積分は $r' < a$ で大きな値をとる．$r \gg a$ に対して $|\boldsymbol{r}-\boldsymbol{r}'| = \sqrt{r^2 + r'^2 - 2\boldsymbol{r}\cdot\boldsymbol{r}'} = r[1 - 2\boldsymbol{n}\cdot\boldsymbol{r}'/r + (r'/r)^2]^{1/2} \approx r(1 - \boldsymbol{n}\cdot\boldsymbol{r}'/r)$, $1/|\boldsymbol{r}-\boldsymbol{r}'| \approx (1 + \boldsymbol{n}\cdot\boldsymbol{r}'/r)/r \approx 1/r$. ここで $\boldsymbol{n}$ は $\boldsymbol{r}$ 方向の単位ベクトル（$\boldsymbol{n} = \boldsymbol{r}/r$）である．したがって $r \to \infty$ で

[*10] $G_0(\boldsymbol{r}) = -e^{\pm ikr}/(4\pi r)$ は同次方程式 $(\Delta + k^2) G_0(\boldsymbol{r}) = 0$ の解をつけ加えることで互いに移りあう（問題 13.3）．

$$\psi(\boldsymbol{r}) \to \frac{1}{(2\pi)^{3/2}} e^{ikz} - \frac{1}{4\pi} \frac{e^{ikr}}{r} \int e^{-ik\boldsymbol{n}\cdot\boldsymbol{r}'} \frac{2m}{\hbar^2} V(r')\psi(\boldsymbol{r}') \mathrm{d}\boldsymbol{r}'$$

式 (13.10) との比較から

$$f(\theta) = -\frac{(2\pi)^{3/2}}{4\pi} \int e^{-i\boldsymbol{k}'\cdot\boldsymbol{r}'} \frac{2m}{\hbar^2} V(r')\psi(\boldsymbol{r}') \mathrm{d}\boldsymbol{r}' \tag{13.19}$$

を得る．$\boldsymbol{k}' = k\boldsymbol{n}$ は散乱方向の波数ベクトルで $|\boldsymbol{k}'| = |\boldsymbol{k}|$ である．

量子力学での散乱問題を整理する．$r \to \infty$ での境界条件 [式 (13.10)] の下でシュレーディンガー方程式 (13.9) を解きたい．そのためには積分方程式 (13.18) を解いて $\psi(\boldsymbol{r})$ を求めればよい．$\psi(\boldsymbol{r})$ が得られたら式 (13.19) が散乱振幅を与え，式 (13.11) より微分断面積が求められる．

13.4 ボルン近似

積分方程式 (13.18) が厳密に解ける場合は限られる．本節ではポテンシャル $V(r)$ の効果が小さい場合に有効な摂動論を定式化する．

まず式 (13.18) を G_0 を使って書き直すと

$$\psi(\boldsymbol{r}) = \frac{1}{(2\pi)^{3/2}} e^{ikz} + \frac{2m}{\hbar^2} \int G_0(\boldsymbol{r}-\boldsymbol{r}')V(r')\psi(\boldsymbol{r}') \mathrm{d}\boldsymbol{r}' \tag{13.20}$$

この右辺にある $\psi(\boldsymbol{r}')$ に自分自身を代入すると

$$\psi(\boldsymbol{r}) = \frac{1}{(2\pi)^{3/2}} e^{ikz} + \frac{2m}{\hbar^2} \int G_0(\boldsymbol{r}-\boldsymbol{r}')V(r') \\ \times \left[\frac{1}{(2\pi)^{3/2}} e^{ikz'} + \frac{2m}{\hbar^2} \int G_0(\boldsymbol{r}'-\boldsymbol{r}'')V(r'')\psi(\boldsymbol{r}'') \mathrm{d}\boldsymbol{r}'' \right] \mathrm{d}\boldsymbol{r}'$$

この操作をつぎつぎにくり返すと次式を得る（12.1 節でも用いた逐次代入法）．

$$\begin{aligned}\psi(\boldsymbol{r}) = \frac{1}{(2\pi)^{3/2}} \Big[& e^{ikz} + \frac{2m}{\hbar^2} \int G_0(\boldsymbol{r}-\boldsymbol{r}')V(r')e^{ikz'} d\boldsymbol{r}' \\ & + \left(\frac{2m}{\hbar^2}\right)^2 \iint G_0(\boldsymbol{r}-\boldsymbol{r}')V(r')G_0(\boldsymbol{r}'-\boldsymbol{r}'')V(r'')e^{ikz''} d\boldsymbol{r}' d\boldsymbol{r}'' \\ & + \cdots \Big] \end{aligned} \tag{13.21}$$

$V(r)$ についての 0 次の項, 1 次の項, 2 次の項, … と無限次まで続く摂動展開が得られた. この $V(r)$ についての展開を図 13.5(a) に示す. 1 次の項は入射した平面波が r' で散乱されて r まで伝播する球面波 $[G_0(r-r')]$ である. 2 次の項は r'' で散乱されて r' まで伝播し, そこで再び散乱された後に r まで伝わる波を表す.

波動関数 $\psi(r)$ が摂動展開の形で得られたので, これを式 (13.19) に代入して $f(\theta)$ を求めよう. $V(r)$ の 1 次の寄与は, 式 (13.21) の 0 次の項を代入すると得られる.

$$f^{(1)}(\theta) = -\frac{1}{4\pi}\frac{2m}{\hbar^2}\int e^{-i(k'-k)\cdot r}V(r)\mathrm{d}r \tag{13.22}$$

ここで $k = ke_z$ (入射波の波数ベクトル) である. これを第 1 ボルン (1st Born), または単にボルン近似という. 式 (13.21) の 1 次の項を代入すると $V(r)$ の 2 次の寄与 (2nd Born) が, 2 次の項を代入すると $V(r)$ の 3 次の寄与 (3rd Born) が, とつぎつぎに得られる. 普通は $V(r)$ の 1 次までの計算を行う.

式 (13.22) を見ると, $f^{(1)}(\theta)$ は $V(r)$ のフーリエ変換 (に比例する形) であることがわかる. ベクトル $q = k' - k$ は入射波の波数ベクトル k から散乱波の波数ベクトル k' への運動量移行で, 図 13.5(b) より $|q| = 2k\sin(\theta/2)$ である.

例として湯川ポテンシャル

$$V(r) = V_0\frac{e^{-\mu r}}{\mu r} \qquad (\mu \text{は定数}) \tag{13.23}$$

による散乱を取り上げる. このポテンシャルは $r = 0$ の近傍で $\propto 1/r$, 原点から距離 $r = 1/\mu$ 程度以上離れると指数関数で小さくなる. すなわち $1/\mu$ がポテ

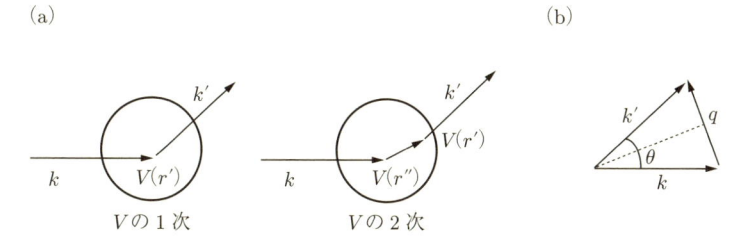

図 **13.5** (a) 量子力学での散乱問題のポテンシャル V についての摂動展開. V の 1 次の項, および 2 次の項の概念図. (b) 入射波と散乱波の波数ベクトル k, k' ($|k| = |k'| = k$), および両者の差 q (運動量移行). $|q| = 2k\sin(\theta/2)$.

ンシャルの到達距離である[*11]．式 (13.22) に代入すると（問題 13.4）

$$f^{(1)}(\theta) = -\frac{2m}{\hbar^2}\frac{V_0}{\mu}\frac{1}{\mu^2+q^2} \tag{13.24}$$

微分断面積 $\sigma^{(1)}(\theta) = |f^{(1)}(\theta)|^2$ は $q = 2k\sin(\theta/2)$ より

$$\sigma^{(1)}(\theta) = \left(\frac{2m}{\hbar^2}\frac{V_0}{\mu}\right)^2 \frac{1}{[4k^2\sin^2(\theta/2)+\mu^2]^2} \tag{13.25}$$

式 (13.23) の湯川ポテンシャルで，$\mu \to 0$，$V_0/\mu \to ZZ'e^2/(4\pi\varepsilon_0)$ とすると，電荷 Ze, $Z'e$ 間のクーロン相互作用のポテンシャルとなる．このとき式 (13.25) は（$v = \hbar k/m$ とおくと）ラザフォード散乱の古典解［式 (13.7)］と一致することがわかる[*12]．

13.5 部分波展開の方法

本節ではボルン近似と並んでよく用いられる部分波展開の方法を解説する．ポテンシャル V が球対称なとき角運動量 $\boldsymbol{L}$ が保存する．$\boldsymbol{L}^2$, L_z の量子数をそれぞれ $l\,(=0,1,2,\cdots)$，$m\,(=0,\pm1,\cdots,\pm l)$ とするとき，シュレーディンガー方程式 (13.9) の解は $R_l(r)Y_l^m(\theta,\phi)$ と書かれる．$R_l(r)$ は

$$\left[\frac{d^2}{dr^2}+\frac{2}{r}\frac{d}{dr}+k^2-\frac{l(l+1)}{r^2}-\frac{2m}{\hbar^2}V(r)\right]R_l(\boldsymbol{r})=0 \tag{13.26}$$

を満たす $[E = \hbar^2 k^2/(2m)]$．このように (l,m) ごとの「部分波」に分解すれば 1 次元の方程式 $(0 \le r < \infty)$ に帰着する．$R_l(r)$ の $r \to \infty$ での漸近形は

$$R_l(\boldsymbol{r}) \sim A_l\frac{e^{ikr}}{r}+B_l\frac{e^{-ikr}}{r} \propto \frac{1}{r}[e^{2i\delta_l}e^{ikr}-(-1)^l e^{-ikr}] \tag{13.27}$$

遠方からの入射した内向き球面波 $(B_l e^{-ikr}/r)$ は外向き球面波 $(A_l e^{ikr}/r)$ に全反射されるので $|A_l| = |B_l|$ である[*13]．両者の位相の関係から位相差（phase

---

[*11] 湯川秀樹は原子核を構成する核子（陽子や中性子）の間に働く到達距離の短い力（核力）の起源として，核子間の中間子の交換（仮想的に中間子を放出，吸収する過程）を考えた．中間子の質量を m とすると $\mu = mc/\hbar$ である．なおクーロン相互作用は質量 0 の光子の交換によって生じるため，到達距離が $1/\mu \to \infty$ になる．

[*12] ただしクーロン相互作用の場合 $V(r) \propto 1/r$ であるため，前節で散乱振幅を求めた議論の前提 [$r \to \infty$ で $V(r) = O(r^{-2})$] が破綻する．

[*13] $\boldsymbol{j}_\text{in} = -\hbar k|B_l|^2 \boldsymbol{e}_r/(mr^2)$, $\boldsymbol{j}_\text{out} = \hbar k|A_l|^2 \boldsymbol{e}_r/(mr^2)$. 定常状態では $\text{div}\boldsymbol{j} = 0$. 十分大きい半径 r の球で積分すると $0 = \int \text{div}\boldsymbol{j} d\boldsymbol{r} = \int (\boldsymbol{j}_\text{out}+\boldsymbol{j}_\text{in})\cdot d\boldsymbol{S} = 4\pi\hbar k(|A_l|^2-|B_l|^2)/m$.

shift) δ_l を定義した [図 13.6(a); 因子 $(-1)^l$ の理由は後出]. $e^{2i\delta_l}$ は S 行列の固有値に相当する[*14]. この δ_l を用いて式 (13.10) 中の散乱振幅 $f(\theta)$ を表すことを考える. 以下, 式変形が続くのでステップ (I)〜(IV) に分けて話を進める.

(I) まず準備として, $V(r) = 0$ のときのシュレーディンガー方程式の一般解を求める. 部分波 (l,m) に対する式 (13.26) で $V(r) = 0$ とすると, その独立な 2 根は, 球ベッセル関数 $j_l(kr)$ と球ノイマン関数 $n_l(kr)$ である. 問題 6.7 より, (i) $l = 0$ (s 波) のとき $j_0(kr) = \sin kr/(kr)$, $n_0(kr) = -\cos kr/(kr)$. (ii) 一般の l に対して $j_l(kr)$ は原点 $r = 0$ で正則, $n_l(kr)$ は発散する. (iii) 式 (6.33) より $kr \to \infty$ での漸近形は

$$j_l(kr) \sim \frac{1}{kr}\sin\left(kr - \frac{l\pi}{2}\right), \qquad n_l(kr) \sim -\frac{1}{kr}\cos\left(kr - \frac{l\pi}{2}\right)$$

$V = 0$ での一般解はすべての部分波の和 (任意の線形結合) として

$$\psi(r,\theta,\phi) = \sum_{l=0}^{\infty}\sum_{m=-l}^{l}[A_{l,m}j_l(kr) + B_{l,m}n_l(kr)]Y_l^m(\theta,\phi) \qquad (13.28)$$

で与えられる.

(II) 平面波の部分波展開: 次に入射波である z 方向に伝播する平面波

$$\psi = \frac{1}{(2\pi)^{3/2}}e^{ikz} = \frac{1}{(2\pi)^{3/2}}e^{ikr\cos\theta} \qquad (13.29)$$

を (l,m) 成分に分けて表す. 平面波も $V(r) = 0$ のときの解であるから

$$e^{ikr\cos\theta} = \sum_{l=0}^{\infty}\sum_{m=-l}^{l}[A_{l,m}j_l(kr) + B_{l,m}n_l(kr)]Y_l^m(\theta,\phi)$$

左辺は $r = 0$ で正則なので $B_{l,m} = 0$, また ϕ を含まないことから $A_{l,m} = 0$ $(m \neq 0)$ である[*15]. $Y_l^0 \propto P_l(\cos\theta)$ (ルジャンドル多項式) であるから

[*14] S 行列は原点に向かう波と遠ざかる波の関係を表すユニタリー行列である (3.7 節). 3 次元中心力場では基底 $R_l(r)Y_l^m(\theta,\phi)$ で S 行列は対角化され, 固有値が $e^{2i\delta_l}$ となる.
[*15] $Y_l^m \propto P_l^{|m|}(\cos\theta)e^{im\phi}$ で $m \neq 0$ のとき ϕ を含む. 物理的には $\boldsymbol{p} = \hbar k\boldsymbol{e}_z$ と $\boldsymbol{L} = \boldsymbol{r}\times\boldsymbol{p}$ は直交するから $L_z = 0$. なお, 平面波 (13.29) にはすべての l の成分が含まれている. 平面波では運動量 $\boldsymbol{p}$ が確定しているので, 不確定性原理より $\boldsymbol{L} = \boldsymbol{r}\times\boldsymbol{p}$ の値が (L_z 以外) 定まらない. 古典論で衝突パラメーター b で角運動量の値が決まる (13.2 節) のと対照的である.

$$e^{ikr\cos\theta} = \sum_{l=0}^{\infty} C_l j_l(kr) P_l(\cos\theta) \tag{13.30}$$

レイリー (Rayleigh) の公式より $C_l = (2l+1)i^l$ である (問題 13.6).

式 (13.30) の $r \to \infty$ ($kr \gg 1$) での漸近形を求めておく. $j_l(kr) \sim [e^{i(kr-l\pi/2)} - e^{-i(kr-l\pi/2)}]/(2ikr) = [e^{ikr}(-i)^l - e^{-ikr}i^l]/(2ikr)$ であるから

$$e^{ikr\cos\theta} \sim \sum_{l=0}^{\infty} \frac{2l+1}{2ikr}[e^{ikr} - (-1)^l e^{-ikr}]P_l(\cos\theta) \tag{13.31}$$

式 (13.27) と比較すると $V(r) = 0$ のとき $\delta_l = 0$ であることがわかる.

(III) $V(r) \neq 0$ の解: 平面波 (13.29) が入射し球対称ポテンシャル $V(r)$ で散乱される解も, ϕ を含まないから $L_z = 0$ の成分のみをもつ. その波動関数を

$$\psi(r,\theta) = \frac{1}{(2\pi)^{3/2}} \sum_{l=0}^{\infty} (2l+1)i^l R_l(r) P_l(\cos\theta) \tag{13.32}$$

と書く. ここで $V(r) = 0$ のときに $R_l(r) = j_l(kr)$ となるように係数をつけた.

一方 $\psi(r,\theta)$ の $r \to \infty$ での漸近形は式 (13.10) であった. 散乱振幅 $f(\theta)$ を $P_l(\cos\theta)$ ($l = 0, 1, 2, \cdots$ で完全系を成す) で展開すると

$$f(\theta) = \sum_{l=0}^{\infty} (2l+1) f_l P_l(\cos\theta) \tag{13.33}$$

便宜上, 展開係数を $(2l+1)f_l$ とした. 式 (13.10) の入射波の部分に式 (13.31) を代入すると

$$\psi(\boldsymbol{r}) \sim \frac{1}{(2\pi)^{3/2}} \sum_{l=0}^{\infty} \frac{2l+1}{2ikr} \left[(1+2ikf_l)e^{ikr} - (-1)^l e^{-ikr}\right] P_l(\cos\theta) \tag{13.34}$$

式 (13.27) と比較すると $1 + 2ikf_l = e^{2i\delta_l}$. l 波が散乱されなければ $f_l = 0$ であるから $\delta_l = 0$, 散乱されればその影響は位相差 δ_l として現れる. 式 (13.34) を書き直すと[*16]

$$\psi(\boldsymbol{r}) \sim \frac{1}{(2\pi)^{3/2}} \sum_{l=0}^{\infty} (2l+1)i^l \frac{e^{i\delta_l}}{kr} \sin\left(kr - \frac{l\pi}{2} + \delta_l\right) P_l(\cos\theta) \tag{13.35}$$

式 (13.32) に戻る. 式 (13.35) と比較すると $r \to \infty$ での $R_l(r)$ の漸近形

$$R_l(r) \sim \frac{e^{i\delta_l}}{kr} \sin\left(kr - \frac{l\pi}{2} + \delta_l\right) \tag{13.36}$$

が得られる. $V(r)$ が引力のときは $R_l(r)$ は $V(r)$ に引き込まれるので $\delta_l > 0$, 斥力のときは $R_l(r)$ は $V(r)$ に押し出されるので $\delta_l < 0$ となる [図 13.6 (b)][*17].

(IV) 微分断面積: 最後に散乱振幅 $f(\theta)$ と微分断面積 $\sigma(\theta)$ を位相差で表す. 式 (13.33) に $f_l = (e^{2i\delta_l} - 1)/(2ik) = e^{i\delta_l}\sin\delta_l/k$ を代入すると

$$f(\theta) = \sum_{l=0}^{\infty} \frac{2l+1}{k} e^{i\delta_l} \sin\delta_l P_l(\cos\theta) \tag{13.37}$$

微分断面積は $\sigma(\theta) = |f(\theta)|^2$ であるので部分波が互いに干渉する項が現れる. 一方全断面積は

$$\sigma^{\text{tot}} = \int \sigma(\theta) d\Omega = \frac{4\pi}{k^2} \sum_{l=0}^{\infty} (2l+1)\sin^2\delta_l \equiv \sum_{l=0}^{\infty} \sigma_l^{\text{tot}} \tag{13.38}$$

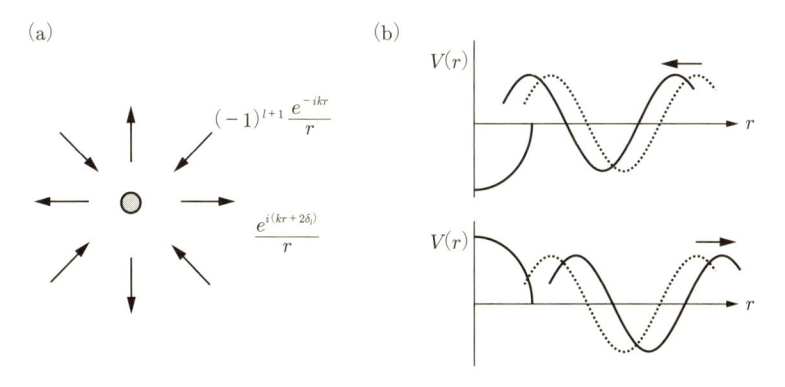

図 **13.6** (a) 角運動量 l の部分波の散乱. 内向き球面波が入射し, 外向き球面波として出て行く. 散乱の影響は位相差 δ_l にのみ現れる. (b) 引力ポテンシャルのとき波は引き込まれて $\delta_l > 0$, 斥力ポテンシャルでは波は押し出されて $\delta_l < 0$ となる. 破線は $V(r) = 0$ のときの $R_l(r)$ の漸近形を示す.

[*16] 式 (13.34) の [ ] の中 $= e^{2i\delta_l}e^{ikr} - e^{-i(kr-l\pi)} = 2ie^{i\delta_l+il\pi/2}\sin(kr - l\pi/2 + \delta_l)$.
[*17] この議論は $V(r)$ の影響が小さく $|\delta| < \pi$ の場合に限られる.

(問題 13.7). 全断面積では部分波間の干渉項は消えて, l ごとの全断面積 σ_l^{tot} の和で書くことができる.

σ_l^{tot} には上限があって, $\delta_l = \pm\pi/2$ のとき最大値 $4\pi(2l+1)/k^2$ をとる. この場合をユニタリー極限という (問題 13.8).

13.6 部分波展開の方法の応用

前節の部分波展開の理論を用いて問題を解くには次の手順に従う. (i) シュレーディンガー方程式を部分波ごとに解く, すなわち方程式 (13.26) から $R_l(r)$ を求める. (ii) $R_l(r)$ の $r \to \infty$ での漸近形を計算し, 式 (13.36) から位相差 δ_l を求める. (iii) 式 (13.37), (13.38) から微分断面積, 全断面積を計算する.

例として, 半径 a の剛体球 [式 (13.4)] による散乱を量子力学で考えよう. まず $R_l(r)$ を求める. $r > a$ で $V(r) = 0$ であるから $R_l(r) = A_l j_l(kr) + B_l n_l(kr)$. $r = a$ での境界条件

$$R_l(a) = A_l j_l(ka) + B_l n_l(ka) = 0 \tag{13.39}$$

より A_l, B_l の比が決定する.

次に R_l の $r \to \infty$ での漸近形は, $R_l(r) \sim A_l \sin(kr - l\pi/2)/(kr) - B_l \cos(kr - l\pi/2)/(kr)$. これが式 (13.36) と一致することから

$$A_l = e^{i\delta_l} \cos\delta_l, \qquad B_l = -e^{i\delta_l} \sin\delta_l \tag{13.40}$$

式 (13.39), (13.40) より

$$\tan\delta_l = \frac{j_l(ka)}{n_l(ka)} \tag{13.41}$$

これで位相差 δ_l が求められた. 特に $l = 0$ のとき $j_0(ka)/n_0(ka) = -\tan ka$ より $\delta_0 = -ka$ である.

微分断面積を低エネルギー極限 ($ka \ll 1$) で評価しよう. 入射粒子のド・ブロイ波長 $2\pi/k$ が剛体球の半径 a よりも十分大きい場合に相当する. このとき問題 6.7(d) より $j_l(ka) \approx (ka)^l/(2l+1)!!$, $n_l(ka) \approx -(2l-1)!!/(ka)^{l+1}$ であるから, 式 (13.41) より $\tan\delta_l \approx \delta_l \approx -(ka)^{2l+1}/\{(2l+1)[(2l-1)!!]^2\}$. したがって $|\delta_l| \ll |\delta_0|$ ($l \geq 1$) である. よって

$$f(\theta) \approx \frac{1}{k} e^{i\delta_0} \sin\delta_0, \qquad \sigma(\theta) = |f(\theta)|^2 \approx \frac{\sin^2\delta_0}{k^2} = \frac{\sin^2 ka}{k^2} \approx a^2$$

となり，θ によらない等方的な散乱が生じる．$\sigma^{\text{tot}} \approx 4\pi a^2$ は古典力学での値 $\sigma^{\text{tot}} = \pi a^2$（13.2 節）の 4 倍である．物理的には長波長の入射波が回折して剛体球を包み込むため，球の表面積になると解釈される［図 13.7(a)］．

一般にポテンシャルの到達距離が a のとき，運動量 $p = \hbar k$ の粒子が入射する状況を半古典的に考えよう［図 13.7(b)］．散乱を受けるのは衝突パラメーター b が $b < a$ の場合である．このときの角運動量は $L = pb = \hbar kb$，一方 $\boldsymbol{L}^2 = \hbar^2 l(l+1)$ であるので $l \approx ka$ かそれ以下の部分波が散乱を受けることがわかる．特に $ka \ll 1$ のとき，散乱されるのはほとんど $l = 0$（s 波）のみである．

前節の部分波展開の理論では近似をいっさい用いていないが，実際の計算では有限の l で打ち切る必要がある．したがって部分波展開の方法は $ka \ll 1$ の場合に有効である（ポテンシャル V の絶対値は大きくてもよい）．ボルン近似は $ka \ll 1$ でも $|V| \ll \hbar^2/(2ma^2)$ が必要となるが，高エネルギー（$ka \gg 1$）で $|V| \ll \hbar^2 k/(2ma)$ のときにも適用できる（問題 13.5）．両者は適用範囲が異なるため，状況に適した計算手法を採用するのがよい．

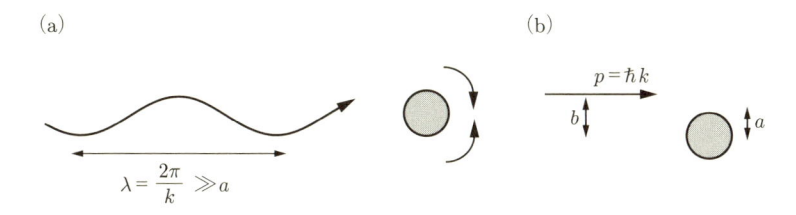

図 13.7 (a) $ka \ll 1$ のときの散乱の概念図．長波長の入射波が回折して剛体球を包み込む結果，σ^{tot} は球の表面積となる．(b) ポテンシャルの到達距離が a のとき，運動量 $p = \hbar k$ の粒子が入射したときの半古典的な描像．散乱が生じる条件 $b < a$ は，$\hbar l \approx pb = \hbar kb$ より $l < ka$ に相当する．

13.7　リップマン–シュウィンガー方程式*

本節では 13.3 節の散乱理論，および 13.4 節のボルン近似を演算子とディラックの表記を使って再導出する．ディラック表記を使いこなすよい練習になると

思う．

ハミルトニアン $H = H_0 + V$, $H_0 = \boldsymbol{p}^2/(2m)$ を用いてシュレーディンガー方程式 (13.9) を書き直すと

$$(H_0 + V)|\psi\rangle = E|\psi\rangle, \quad \text{すなわち} \quad (E - H_0)|\psi\rangle = V|\psi\rangle \quad (13.42)$$

入射する平面波を $|\boldsymbol{k}\rangle$ ($\boldsymbol{k} = k\boldsymbol{e}_z$) と表記すると，$H_0|\boldsymbol{k}\rangle = E|\boldsymbol{k}\rangle$ より

$$(E - H_0)|\boldsymbol{k}\rangle = 0 \tag{13.43}$$

$E = \hbar^2 k^2/(2m)$ であり，式 (13.42), (13.43) で E は共通であることに注意しよう．

式 (13.42) の形式的な解は

$$|\psi\rangle = |\boldsymbol{k}\rangle + \frac{1}{E - H_0 \pm i\varepsilon} V|\psi\rangle \tag{13.44}$$

で与えられる（両辺に $E - H_0$ を演算すれば確かめられる）．ここで $1/(E - H_0)$ は $E - H_0$ の逆演算子で，発散を回避するために正の微小量 ε をつけた．式 (13.44) はリップマン–シュウィンガー（Lippmann–Schwinger）方程式とよばれる．

波動関数は $\psi(\boldsymbol{r}) = \langle \boldsymbol{r}|\psi\rangle$ であるから

$$\begin{aligned}\psi(\boldsymbol{r}) &= \langle \boldsymbol{r}|\boldsymbol{k}\rangle + \langle \boldsymbol{r}|\frac{1}{E - H_0 \pm i\varepsilon} V|\psi\rangle \\ &= \frac{1}{(2\pi)^{3/2}} e^{i\boldsymbol{k}\cdot\boldsymbol{r}} + \int d\boldsymbol{r}' \langle \boldsymbol{r}|\frac{1}{E - H_0 \pm i\varepsilon}|\boldsymbol{r}'\rangle \langle \boldsymbol{r}'|V|\psi\rangle \end{aligned} \tag{13.45}$$

2 行目に移るところで完全系の式 $\int d\boldsymbol{r}'|\boldsymbol{r}'\rangle\langle\boldsymbol{r}'| = 1$ を挿入した．最後の因子は $\langle\boldsymbol{r}'|V|\psi\rangle = V(\boldsymbol{r}')\langle\boldsymbol{r}'|\psi\rangle = V(\boldsymbol{r}')\psi(\boldsymbol{r}')$ である．

ここで（非摂動の）グリーン演算子を

$$\hat{G}_0 = \frac{1}{E - H_0 \pm i\varepsilon} \tag{13.46}$$

で定義する．$G_0(\boldsymbol{r}, \boldsymbol{r}') \equiv \langle\boldsymbol{r}|\hat{G}_0|\boldsymbol{r}'\rangle$ に完全系の式 $\int d\boldsymbol{k}'|\boldsymbol{k}'\rangle\langle\boldsymbol{k}'| = 1$ を挿入すると[*18]

[*18] $H_0|\boldsymbol{k}'\rangle = (\hbar^2\boldsymbol{k}'^2/2m)|\boldsymbol{k}'\rangle$ より $\langle\boldsymbol{k}'|[1/(E - H_0 \pm i\varepsilon)] = \{1/[E - \hbar^2\boldsymbol{k}'^2/(2m) \pm i\varepsilon]\}\langle\boldsymbol{k}'|$.

$$G_0(\boldsymbol{r},\boldsymbol{r}') = \int \mathrm{d}\boldsymbol{k}' \langle \boldsymbol{r}|\boldsymbol{k}'\rangle \langle \boldsymbol{k}'|\frac{1}{E-H_0 \pm i\varepsilon}|\boldsymbol{r}'\rangle$$
$$= \frac{1}{(2\pi)^3} \int \frac{1}{E-\hbar^2 \boldsymbol{k}'^2/(2m) \pm i\varepsilon} e^{i\boldsymbol{k}'\cdot(\boldsymbol{r}-\boldsymbol{r}')}\mathrm{d}\boldsymbol{k}'$$

したがって $G_0(\boldsymbol{r},\boldsymbol{r}') = G_0(\boldsymbol{r}-\boldsymbol{r}')$ はヘルムホルツ方程式のグリーン関数 [式 (13.16)] に ($2m/\hbar^2$ 倍を除いて) 一致することがわかる．式 (13.45) において散乱波の遠方での境界条件を満たす $+i\varepsilon$ の方を採用すると，積分方程式 (13.18) が得られる．

リップマン–シュウィンガー方程式 (13.44) が 13.3 節の定式化と等価なことがわかったところで，それに逐次代入法を適用する．以下 $+i\varepsilon$ のみをとる．右辺の $|\psi\rangle$ に自分自身の代入をくり返すと

$$|\psi\rangle = |\boldsymbol{k}\rangle + \frac{1}{E-H_0+i\varepsilon}V\left(|\boldsymbol{k}\rangle + \frac{1}{E-H_0+i\varepsilon}V|\psi\rangle\right)$$
$$= |\boldsymbol{k}\rangle + \frac{1}{E-H_0+i\varepsilon}V|\boldsymbol{k}\rangle$$
$$+ \frac{1}{E-H_0+i\varepsilon}V\frac{1}{E-H_0+i\varepsilon}V|\boldsymbol{k}\rangle + \cdots \quad (13.47)$$

ここで 11.1 節での離散準位の摂動論と比較をする．いまの問題では，無限に大きい空間（摂動 V の影響は有限な領域に限られる）でエネルギー準位 E は連続的である．与えられた E に対する波動関数は，V の次数ごとに式 (13.47) に従って変化を受ける．一方 11.1 節の離散準位の場合は，まずエネルギー準位 ε_n が摂動 V によって変化する．H_0 の固有状態 $|\psi_n\rangle$ の変化を見ると，V の 1 次の項 [式 (11.5)] は式 (13.47) の第 2 項に対応している．V の 2 次の項 [式 (11.7)] は式 (13.47) の第 3 項に対応する部分とエネルギー準位の変化から来る部分より成る．

進んだ教科書には遷移演算子 (T 行列) が登場する[3]．それは無限級数

$$T = V + V\hat{G}_0 V + V\hat{G}_0 V\hat{G}_0 V + \cdots \quad (13.48)$$

で与えられる．式 (13.47) より関係式 $V|\psi\rangle = T|\boldsymbol{k}\rangle$ が得られる．散乱振幅の式 (13.19) を変形すると

$$f(\theta) = -\frac{(2\pi)^3}{4\pi}\int \langle \boldsymbol{k}'|\boldsymbol{r}'\rangle \frac{2m}{\hbar^2}\langle \boldsymbol{r}'|V|\psi\rangle \mathrm{d}\boldsymbol{r}' = -\frac{(2\pi)^3}{4\pi}\frac{2m}{\hbar^2}\langle \boldsymbol{k}'|V|\psi\rangle$$

$$= -\frac{(2\pi)^3}{4\pi}\frac{2m}{\hbar^2}\langle \bm{k}'|T|\bm{k}\rangle \tag{13.49}$$

最後の表式に式 (13.48) を代入すると，ボルン近似の展開式が得られる．

最後に補足として，$H = H_0 + V$ に対するグリーン演算子を

$$\hat{G} = \frac{1}{E - H + i\varepsilon} \tag{13.50}$$

で定義すると，$(E - H_0 + i\varepsilon)\hat{G} = 1 + V\hat{G}$．両辺に $\hat{G}_0$ を演算すると $\hat{G} = \hat{G}_0 + \hat{G}_0 V \hat{G}$ を得る（ダイソン方程式）．右辺の $\hat{G}$ に自分自身を代入する逐次代入法を用いると，$\hat{G} = \hat{G}_0 + \hat{G}_0 T \hat{G}_0$，および $T = V + V\hat{G}V$ が確かめられる．

13.8 光学定理*

本章の最後に，式 (13.10) の散乱振幅 $f(\theta)$ が満たす一般的な性質を紹介する．

$$\sigma^{\text{tot}} = \frac{4\pi}{k}\text{Im}f(\theta = 0) \tag{13.51}$$

が成り立ち，光学定理とよばれる．この定理は，全断面積が前方散乱 ($\theta = 0$) の微分断面積だけで決定することを示している．

式 (13.10) は定常状態（時間によらないシュレーディンガー方程式の解）であるので，連続の方程式より $\text{div}\bm{j} = 0$．この式を V の到達距離 a よりも十分大きい半径 r の球で積分する（図 13.8）．ガウスの定理を用いると

$$0 = \int \text{div}\bm{j}d\bm{r} = \int_{|\bm{r}|=r} \bm{j} \cdot \bm{e}_r dS = \int_{|\bm{r}|=r} j_r r^2 d\Omega$$

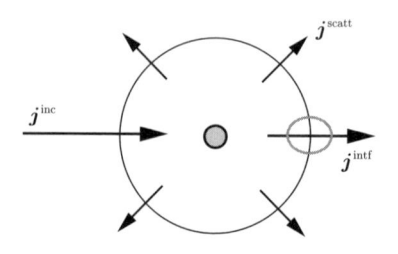

図 **13.8** 遠方での入射波と散乱波の確率の流れの密度 $\bm{j}$．両者の干渉から生じる $\bm{j}^{\text{intf}}$ は，大きな球面上の積分で前方 ($\theta \approx 0$) でのみ重要となる．

ここで j_r は $\boldsymbol{j}$ の動径方向成分であり，入射波 (incident wave) の確率の流れの密度 j_r^{inc}，散乱波 (scattered wave) のそれ j_r^{scatt}，両者の干渉項 (interference) j_r^{intf} から成る; $j_r = j_r^{\mathrm{inc}} + j_r^{\mathrm{scatt}} + j_r^{\mathrm{intf}}$. 問題 13.2 より

$$j_r^{\mathrm{inc}} = \frac{v}{(2\pi)^3}\cos\theta, \qquad \text{ゆえに} \quad r^2\int j_r^{\mathrm{inc}}\mathrm{d}\Omega = 0$$

$$j_r^{\mathrm{scatt}} = \frac{v}{(2\pi)^3}\frac{|f(\theta)|^2}{r^2}, \qquad \text{ゆえに} \quad r^2\int j_r^{\mathrm{scatt}}\mathrm{d}\Omega = \frac{v}{(2\pi)^3}\sigma^{\mathrm{tot}}$$

ここで $v = \hbar k/m$ である．干渉項を計算すると（問題 13.9）

$$\begin{aligned}j_r^{\mathrm{intf}} &= \frac{1}{(2\pi)^3}\frac{v}{2r}\left[f(\theta)e^{ikr(1-\cos\theta)} + f^*(\theta)e^{-ikr(1-\cos\theta)}\right](1+\cos\theta) \\ &\quad - \frac{1}{(2\pi)^3}\frac{\hbar}{2imr^2}\left[f(\theta)e^{ikr(1-\cos\theta)} - f^*(\theta)e^{-ikr(1-\cos\theta)}\right]\end{aligned}$$
(13.52)

$kr \gg 1$ のとき，$e^{\pm ikr(1-\cos\theta)}$ は $\cos\theta \neq 1$ で激しく振動するため，j_r^{intf} を微小区間 $\theta \sim \theta + d\theta$ で積分するとゼロになる．結局 $r^2\int j_r^{\mathrm{intf}}\mathrm{d}\Omega$ の積分には $\theta = 0$ の近傍のみが寄与し，結果は

$$r^2\int j_r^{\mathrm{intf}}\mathrm{d}\Omega = -\frac{1}{(2\pi)^3}4\pi\frac{\hbar}{m}\mathrm{Im}f(0) \qquad \text{（証明は後出）} \tag{13.53}$$

以上より式 (13.51) が証明される．

光学定理は 13.5 節の部分波展開を用いても導くことができる．式 (13.37) より $\mathrm{Im}f(0) = [f(0) - f^*(0)]/(2i)$ を計算する．$P_l(1) = 1$ であるから

$$\mathrm{Im}f(0) = \sum_{l=0}^{\infty}\frac{2l+1}{2ik}(e^{i\delta_l} - e^{-i\delta_l})\sin\delta_l = \frac{1}{k}\sum_{l=0}^{\infty}(2l+1)\sin^2\delta_l$$

σ^{tot} の表式 (13.38) と合わせると式 (13.51) が得られる．

ボルン近似の計算では光学定理が成り立つとは限らない．例えば，湯川ポテンシャルに対する計算では $f(\theta)$ の虚部はゼロである［式 (13.24)］．

* 式 (13.53) の証明： $\cos\theta$ の関数 $g(\cos\theta)$ に対して

$$\int e^{\pm ikr(1-\cos\theta)}g(\cos\theta)\mathrm{d}\Omega = 2\pi\int_{-1}^{1}e^{\pm ikr(1-x)}g(x)\mathrm{d}x$$

$$= 2\pi \left[\mp \frac{e^{\pm ikr(1-x)}}{ikr} g(x) \right]_{-1}^{1} \pm \frac{2\pi}{ikr} \int_{-1}^{1} e^{\pm ikr(1-x)} g'(x) \mathrm{d}x$$

$$= \mp \frac{2\pi}{ikr} \left[g(1) - e^{\pm 2ikr} g(-1) \right] + O\left(\frac{1}{r^2}\right)$$

1行目で $x = \cos\theta$ に変数変換をした．2行目以下，部分積分を1回行うごとに $1/(ikr)$ が出る．この結果を用いると

$$r^2 \int j_r^{\mathrm{intf}} \mathrm{d}\Omega = \frac{1}{(2\pi)^2} \frac{v}{ik} [-f(\theta=0) + f^*(\theta=0)] + O\left(\frac{1}{r}\right)$$

が示され，$r \to \infty$ で式 (13.53) を得る．

問　題

13.1　（古典力学でのラザフォード散乱）　式 (13.5), (13.6) を用いて次の設問に答えなさい．
(a) r の最小値を r_0，そのときの ϕ を ϕ_0 とするとき

$$\phi_0 = \int_{\infty}^{r_0} \frac{bv}{r^2} \frac{-1}{\sqrt{v^2 - (bv)^2/r^2 - 2\alpha/r}} dr \qquad \left(\alpha = \frac{ZZ'e^2}{4\pi\varepsilon_0 m} \right)$$

を示しなさい．ただし $r = r_0$ で $\dot{r} = -\sqrt{v^2 - (bv)^2/r^2 - 2\alpha/r} = 0$．
(b) $u = 1/r$ と変数変換をして (a) の積分を実行しなさい．
ヒント：$\int \mathrm{d}x/\sqrt{A^2 - (x+B)^2} = \sin^{-1}[(x+B)/A]$．
解：$\phi_0 = \pi/2 - \sin^{-1}(1/\sqrt{1 + b^2 v^4/\alpha^2})$．
(c) 散乱角 $\theta = \pi - 2\phi_0$ と b について次の関係式を示しなさい．

$$b = \frac{\alpha}{v^2} \cot\frac{\theta}{2}, \qquad \frac{db}{d\theta} = \frac{1}{2} \frac{\alpha}{v^2} \frac{-1}{\sin^2(\theta/2)}$$

(d) 微分散乱断面積の表式 (13.7) を導きなさい．
(e) 全断面積 σ^{tot} が発散することを示しなさい．

13.2　（散乱振幅と微分断面積）　式 (13.10) に対して次の設問に答えなさい．
(a) 入射波 $\psi_{\mathrm{inc}} = e^{ikz}/(2\pi)^{3/2}$ に対して確率の流れの密度を計算すると，$\boldsymbol{j} = j_z \boldsymbol{e}_z$，

$$j_z = \frac{1}{m} \mathrm{Re}\left[\psi_{\mathrm{inc}}^* \frac{\hbar}{i} \frac{\partial}{\partial z} \psi_{\mathrm{inc}} \right] = \frac{v}{(2\pi)^3}, \qquad v = \frac{\hbar k}{m}$$

となることを示しなさい．したがって $N = v/(2\pi)^3$ である．

(b) 散乱波 $\psi_{\text{scatt}} = f(\theta)e^{ikr}/[(2\pi)^{3/2}r]$ に対して $\boldsymbol{j}$ の動径方向成分 j_r は

$$j_r = \frac{1}{m}\text{Re}\left[\psi_{\text{scatt}}^* \frac{\hbar}{i}\frac{\partial}{\partial r}\psi_{\text{scatt}}\right] = \frac{v}{(2\pi)^3}\frac{|f(\theta)|^2}{r^2}$$

となることを示しなさい．この結果より

$$dN = j_r dS = \frac{v}{(2\pi)^3}\frac{|f(\theta)|^2}{r^2}\cdot r^2 d\Omega = N|f(\theta)|^2 d\Omega$$

したがって $\sigma(\theta) = |f(\theta)|^2$ が得られる．

13.3 (ヘルムホルツ方程式のグリーン関数)
(a) 式 (13.16) の $\boldsymbol{k}'$ を極座標 (k', θ, ϕ) で表し ($\boldsymbol{r}$ 方向に k_z' 軸をとる)，θ, ϕ の積分を実行して次式を導きなさい．

$$G_0(\boldsymbol{r}) = \frac{-1}{2\pi^2 r}\int_0^\infty \frac{k'\sin k'r}{k'^2 - k^2 \mp i\varepsilon}dk' = \frac{-1}{4i\pi^2 r}\int_{-\infty}^\infty \frac{k' e^{ik'r}}{k'^2 - k^2 \mp i\varepsilon}dk'$$

(b) k' の積分を留数積分を用いて評価し，式 (13.17) を導出しなさい．
(c) $G_0^{(\pm)} = -e^{\pm ikr}/(4\pi r)$ が方程式 (13.13) を満たすことを確かめなさい．
ヒント：(i) $\boldsymbol{r} \neq 0$ で $(\Delta + k^2)G_0^{(\pm)} = 0$ を示す．(ii) $\boldsymbol{r} = 0$ は特異点である．$\boldsymbol{r} = 0$ を中心とする半径 a の球で $(\Delta + k^2)G_0^{(\pm)}$ を積分する．積分値が $a \to 0$ の極限で 1 になることをいう．
* $G_0^{(+)}, G_0^{(-)}$ はともに方程式 (13.13) の特解であるから，同次方程式の解を加えることで互いに移りあう．実際，$G_0^{(+)} - G_0^{(-)}$ は同次方程式 $(\Delta + k^2)y(\boldsymbol{r}) = 0$ の解になっている．(i) $\boldsymbol{r} \neq 0$ で $(\Delta + k^2)G_0^{(\pm)} = 0$，(ii) $\boldsymbol{r} = 0$ は $G_0^+ - G_0^-$ の除去可能な特異点．

13.4 (ボルン近似)
(a) 式 (13.22) で $\boldsymbol{r}$ を極座標で表示し，角度部分の積分を実行して次式を示しなさい．

$$f^{(1)}(\theta) = -\frac{1}{4\pi}\frac{2m}{\hbar^2}\int e^{-i\boldsymbol{q}\cdot\boldsymbol{r}}V(r)d\boldsymbol{r} = -\frac{2m}{\hbar^2}\frac{1}{q}\int_0^\infty rV(r)\sin qr\, dr$$

(b) 式 (13.23) の湯川ポテンシャルに対して式 (13.24) を示しなさい．
(c) 3次元井戸型ポテンシャル $V(r) = V_0\theta(a - r)$ (θ は階段関数) に対してボルン近似で $f^{(1)}(\theta)$ を計算し，微分断面積を求めなさい．
解：$\sigma^{(1)}(\theta) = [(2m/\hbar^2)V_0 a^3]^2 [(\sin qa - qa\cos qa)/(qa)^3]^2$, $q = 2k\sin(\theta/2)$. $ka \gg 1$ の場合，$\theta \gg 1/(ka)$ での $\sigma^{(1)}$ の値は $\theta < 1/(ka)$ での値に比べて非常に小さくなることを示し，$\sigma^{(1)}(\theta)$ の概略をグラフにしなさい．

13.5 (ボルン近似の適用条件) 式 (13.22) は，式 (13.19) の右辺の $\psi(\boldsymbol{r})$ を $(2\pi)^{-3/2}e^{i\boldsymbol{k}\cdot\boldsymbol{r}}$ ($\boldsymbol{k} = k\boldsymbol{e}_z$) でおき換えて得られた．したがって

$$\psi(\boldsymbol{r}) = \frac{1}{(2\pi)^{3/2}}\left[e^{i\boldsymbol{k}\cdot\boldsymbol{r}} + \frac{2m}{\hbar^2}\int G_0(\boldsymbol{r} - \boldsymbol{r}')V(\boldsymbol{r}')e^{i\boldsymbol{k}\cdot\boldsymbol{r}'}d\boldsymbol{r}' + \cdots\right]$$

の第2項以下が $V(r)$ の利く領域 $(r \sim 0)$ で小さければ正当化される．すなわち

$$\left| \frac{2m}{\hbar^2} \int \frac{e^{ikr'}}{4\pi r'} V(r') e^{i\boldsymbol{k}\cdot\boldsymbol{r}'} \mathrm{d}\boldsymbol{r}' \right| \ll 1 \tag{13.54}$$

$V(r) = V_0 \theta(a-r)$ と近似して，式 (13.54) より次式を導出しなさい．

$$\frac{1}{4k^2} \frac{2m|V_0|}{\hbar^2} |e^{2ika} - 1 - 2ika| \ll 1$$

この条件式から (i) $ka \ll 1$ の場合，$m|V_0|a^2/\hbar^2 \ll 1$．(ii) $ka \gg 1$ の場合，$m|V_0|a/(\hbar^2 k) \ll 1$，すなわち $|V_0|a/(\hbar v) \ll 1$ となる．

13.6 （レイリーの公式）　平面波 $e^{ikz} = e^{ikr\cos\theta}$ の展開式 (13.30) に対して
(a) $P_l(\cos\theta)$ の直交関係 [[式 (5.25)] を用いて次式を示しなさい．

$$\int_{-1}^{1} e^{ikr\cos\theta} P_l(\cos\theta) \mathrm{d}\cos\theta = C_l j_l(kr) \frac{2}{2l+1}$$

ここで $\int_{-1}^{1} \mathrm{d}\cos\theta = \int_{0}^{\pi} \sin\theta \mathrm{d}\theta$（変数変換 $x = \cos\theta$ を略記）．
(b) 球ベッセル（Bessel）関数 $j_l(kr)$ の kr の最低次の項は $(kr)^l/(2l+1)!!$ である［問題 6.7(d)］．両辺の $(kr)^l$ の係数を比較して次式を導きなさい．

$$C_l \frac{1}{(2l+1)!!} \frac{2}{2l+1} = \int_{-1}^{1} \frac{i^l}{l!} \cos^l \theta P_l(\cos\theta) \mathrm{d}\cos\theta$$

(c) P_l の定義式 (5.24) を利用して

$$\text{上式の右辺} = \frac{i^l}{l!} \frac{(-1)^l}{2^l} \int_{-1}^{1} (x^2-1)^l \mathrm{d}x = i^l \frac{2}{(2l+1)!!}$$

を示しなさい（部分積分をくり返す）．以上より $C_l = (2l+1)i^l$ を得る．

13.7 （部分波展開による全散乱断面積）　式 (13.37) の散乱振幅から σ^{tot} を計算し，式 (13.38) を示しなさい．

13.8 3次元井戸型ポテンシャル $V(r) = V_0 \theta(a-r)$ $(V_0 < 0)$ による散乱問題を部分波展開によって解く．
(a) 式 (13.32) の波動関数の l 波成分に着目する．$r > a, r < a$ のそれぞれの領域で $R_l(r)$ が

$$R_l^{(\mathrm{out})}(r) = A_l j_l(kr) + B_l n_l(kr), \qquad R_l^{(\mathrm{in})}(r) = C_l j_l(k'r) + D_l n_l(k'r)$$

となることを示しなさい．ただし $E = \hbar^2 k^2/(2m)$, $E+|V_0| = \hbar^2 k'^2/(2m)$．
(b) $D_l = 0$ および $A_l = e^{i\delta_l}\cos\delta_l$, $B_l = -e^{i\delta_l}\sin\delta_l$ を示しなさい．

(c) s 波散乱 ($l=0$) のみを考える．j_0, n_0 の具体形を用いて $R_0^{(\text{out})}$ を次のように書き直しなさい．

$$R_0^{(\text{out})}(r) = \frac{e^{i\delta_0}}{kr}\sin(kr+\delta_0)$$

次に $r=a$ での $R_0^{(\text{in})}$ と $R_0^{(\text{out})}$ の接続条件より次式を導きなさい．

$$ka\cot(ka+\delta_0) = \sqrt{(ka)^2+U_0a^2}\cot\sqrt{(ka)^2+U_0a^2} \tag{13.55}$$

ここで $|V_0|=\hbar^2 U_0/(2m)$ である．

* 式 (13.55) より，$U_0=0$ のときに $\delta_0=0$，U_0 とともに δ_0 が増加し，$\delta_0=\pi/2$ のときに全散乱断面積は最大値 $\sigma_0^{\text{tot}}=4\pi/k^2$ となる（ユニタリー極限）．さらに U_0 を増やし $\delta_0=\pi$ となったとする．このとき $\sigma_0^{\text{tot}}=0$ で散乱の効果が消失する．この現象は希ガス原子に遅い電子を当てる実験で観測され，ラムサウアー–タウンセント（Ramsauer–Townsend）効果とよばれる．

(d) 井戸型ポテンシャルが斥力（$V_0>0$，ただし $0<E<V_0$ とする）の場合も同様に考え，式 (13.55) に相当する式を導出しなさい．

13.9 式 (13.10) の波動関数に対して確率の流れの密度を計算し，$j_r = \boldsymbol{j}\cdot\boldsymbol{e}_r = j_r^{\text{inc}} + j_r^{\text{scatt}} + j_r^{\text{intf}}$ の j_r^{intf} が式 (13.52) となることを示しなさい．

地球温暖化ガスと電子レンジ

分子の振動，回転を考えるため，6.6 節の水素分子を例にとる．p.202 のコラムで述べたように，まず原子核の位置 $\boldsymbol{R}_\mathrm{A}, \boldsymbol{R}_\mathrm{B}$ を止めて電子状態を求める（ボルン–オッペンハイマー近似）．基底状態のエネルギーが $R = |\boldsymbol{R}_\mathrm{A} - \boldsymbol{R}_\mathrm{B}|$ の関数として $E_\mathrm{e}(R)$ になったとする．$E_\mathrm{e}(R)$ に原子核間のクーロン相互作用 $e^2/(4\pi\varepsilon_0 R)$ も含めると，平衡位置 $R = R_0$ で $E_\mathrm{e}(R)$ は最小になる．次に原子核の運動を考えよう．ハミルトニアンは

$$H = \frac{1}{2M}(\boldsymbol{P}_\mathrm{A}^2 + \boldsymbol{P}_\mathrm{B}^2) + E_\mathrm{e}(R), \qquad E_\mathrm{e}(R) \approx E_\mathrm{e}(R_0) + \frac{1}{2}\frac{M}{2}\omega^2(R-R_0)^2$$

図のように $E_\mathrm{e}(R)$ を $R = R_0$ のまわりで展開した．$\boldsymbol{R}_\mathrm{A}, \boldsymbol{R}_\mathrm{B}$ を重心座標と相対座標に変換する．$r = R - R_0$ とし，$|r| \ll R_0$ を仮定すると

$$H \approx \frac{\boldsymbol{P}_\mathrm{G}^2}{2(2M)} + \left[\frac{1}{2(M/2)}P_r^2 + \frac{1}{2}\frac{M}{2}\omega^2 r^2\right] + \frac{\hbar^2 l(l+1)}{2(M/2)R_0^2} + E_\mathrm{e}(R_0)$$

$P_r = (\hbar/i)\partial/\partial r$, l は角運動量の量子数である．初項は重心の運動エネルギー，$[\cdots]$ は振動 (vibration) のエネルギー，その次の項が回転 (rotation) のエネルギーである．他の分子でも類似の計算ができるので，以下では一般の分子（m を電子の質量として $M/m \sim 10^4$）について議論する．

(i) 電子状態の励起エネルギー： エネルギー準位の間隔は $\Delta E_\mathrm{e} \sim \hbar^2/(mR_0^2)$，ここで $R_0 = $ 数Å である（p.35 のコラム）．

(ii) 振動の励起エネルギー： $|r| \sim R_0$ のときに電子状態が大きく変化することから $M\omega^2 R_0^2/4 \sim \hbar^2/(mR_0^2)$，ゆえに $\omega \sim \hbar/(\sqrt{mM}R_0^2)$ と見積もられる．振動モードは調和振動子で記述され，$\Delta E_\mathrm{v} = \hbar\omega \sim \hbar^2/(\sqrt{mM}R_0^2)$．

(iii) 回転の励起エネルギー： $\Delta E_\mathrm{r} \sim \hbar^2/(MR_0^2)$．

以上より，$\Delta E_\mathrm{e} : \Delta E_\mathrm{v} : \Delta E_\mathrm{r} = 1/m : 1/\sqrt{mM} : 1/M = 10000 : 100 : 1$．$\Delta E_\mathrm{e}$ が 1 eV 程度（熱エネルギーにすると 10000 K，光子のエネルギーにすると可視・紫外光に相当）であったから，他の大きさの見当がつく．振動，回転のエネルギーはそれぞれ赤外光，マイクロ波に相当する．

CO_2 は直線状の分子で，C と O で電荷分布に偏りがある（C が 2δ，O が $-\delta$ に帯電）．図のような振動モードの励起で電気双極子が発生するため赤外線を吸収する．大気中の過度の CO_2 分子は，地表からの熱の放射を吸収して放射冷却を妨げるため，地球温暖化の原因になると考えられている．一方，H_2O 分子は折れ曲がった構造をもつため，振動モードが励起されなくても電気双極子が存在する（H が $+\delta'$，O が $-2\delta'$ に帯電）．分子の回転モードの励起でマイクロ波を吸収する．電子レンジでは，金属の箱の中に波長 12 cm の電磁波の定在波がつくられる．それが水分子に吸収されるため，食品が加熱される．

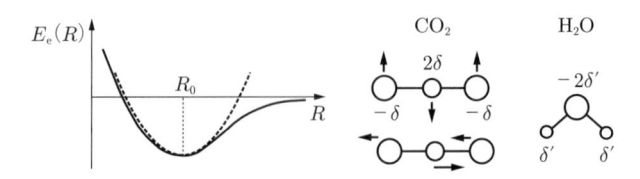

付録A　ガウス積分，Γ関数，デルタ関数

A.1　ガウス積分

ガウス関数 $e^{-\alpha x^2}$ $(\alpha > 0)$ の区間 $(-\infty, \infty)$ の積分は

$$\int_{-\infty}^{\infty} e^{-\alpha x^2} \mathrm{d}x = \sqrt{\frac{\pi}{\alpha}} \tag{A.1}$$

である．証明は次の通り：左辺の積分を I とおくと

$$I^2 = \int_{-\infty}^{\infty}\int_{-\infty}^{\infty} e^{-\alpha(x^2+y^2)} \mathrm{d}x\mathrm{d}y = \int_0^{\infty}\int_0^{2\pi} e^{-\alpha r^2} r \mathrm{d}r\mathrm{d}\phi$$

$$= 2\pi \left[\frac{-1}{2\alpha}e^{-\alpha r^2}\right]_0^{\infty} = \frac{\pi}{\alpha}.$$

途中 $x = r\cos\phi, y = r\sin\phi$ に変数変換し，2次元平面（$-\infty < x, y < \infty$）の積分を極座標に直した．複素関数論を用いると次のことが証明できる．

(i) 式 (A.1) は α が複素数（$\mathrm{Re}\alpha \geq 0$）の場合にも成り立つ[*1]．

(ii) x の原点を複素平面でずらしてもよい：$\displaystyle\int_{-\infty}^{\infty} e^{-\alpha[x-(x_0+iy_0)]^2} \mathrm{d}x = \sqrt{\frac{\pi}{\alpha}}$.

式 (A.1) の両辺を α に関して1回，2回と微分すると

$$\int_{-\infty}^{\infty} x^2 e^{-\alpha x^2} \mathrm{d}x = \frac{1}{2}\sqrt{\pi}\alpha^{-3/2} = \frac{1}{2\alpha}\sqrt{\frac{\pi}{\alpha}} \tag{A.2}$$

$$\int_{-\infty}^{\infty} x^4 e^{-\alpha x^2} \mathrm{d}x = \frac{1}{2}\frac{3}{2}\sqrt{\pi}\alpha^{-5/2} = \frac{3}{4\alpha^2}\sqrt{\frac{\pi}{\alpha}} \tag{A.3}$$

と $x^{2n}e^{-\alpha x^2}$ の積分がつぎつぎと得られる（ガウス積分は絶対収束のため，微分と積分の順番を替えてよい）．

[*1] $\alpha = |\alpha|e^{i\theta}$ $(-\pi/2 \leq \theta \leq \pi/2)$ のとき $\sqrt{\pi/\alpha} \to \sqrt{\pi/|\alpha|}e^{-i\theta/2}$. 特に $\mathrm{Re}\alpha = 0$ $(\theta = \pm\pi/2)$ のとき，$\cos^2 x, \sin^2 x$ の $[0, \infty)$ の積分（フレネル積分）を与える．

A.2 Γ関数

Γ関数の定義は

$$\Gamma(x) = \int_0^\infty t^{x-1} e^{-t} dt \quad (\text{Re}\, x > 0) \tag{A.4}$$

である．ベッセル関数の定義などいろいろな場面で登場する．部分積分によって

$$\Gamma(x+1) = x\Gamma(x) \tag{A.5}$$

が証明できる．$\Gamma(1) = 1$ であるので，正の整数 n に対して

$$\Gamma(n+1) = n\Gamma(n) = n(n-1)\cdots = n! \tag{A.6}$$

また $\Gamma(1/2) = \sqrt{\pi}$（変数変換 $\sqrt{t} = u$ を行うとガウス積分に帰着する）より

$$\Gamma(n+1/2) = \frac{2n-1}{2}\frac{2n-3}{2}\cdots\frac{1}{2}\sqrt{\pi}. \tag{A.7}$$

式 (A.2), (A.3) は，変数変換 $\alpha x^2 = t$ と式 (A.7) から導くこともできる．

A.3 デルタ関数

1次元（$-\infty < x < \infty$）でのデルタ関数 $\delta(x)$ の定義は，関数 $f(x)$ に対して

$$\int_{-\infty}^{\infty} f(x)\delta(x) dx = f(0) \tag{A.8}$$

を満たすものである．積分区間は $x = 0$ を含めば $(-\infty, \infty)$ でなくてもよい．以下では，この意味で積分範囲を省略する．

$\delta(x)$ は面積が1で $x = 0$ でのみ値をもつ非常に鋭いピーク関数である．例えば，矩形関数やガウス関数

$$f(x) = \begin{cases} 1/D & (-D/2 < x < D/2) \\ 0 & (D/2 < |x|) \end{cases}, \qquad g(x) = \sqrt{\frac{\alpha}{\pi}} e^{-\alpha x^2}$$

において，それぞれ $D \to 0$, $\alpha \to \infty$ の極限をとるとデルタ関数が得られる．また，階段関数（step function）$\theta(x)$ を用いて

$$\delta(x) = \frac{d}{dx}\theta(x), \qquad \theta(x) = \begin{cases} 0 & (x < 0) \\ 1 & (0 < x) \end{cases}$$

と表すこともできる．

以下の性質は定義式 (A.8) から得られるので，自分で導いてほしい．

$$\delta(x) = \delta(-x), \quad \text{すなわち } \delta(x) \text{ は偶関数} \tag{A.9a}$$
$$x\delta(x) = 0 \tag{A.9b}$$

$$\int \delta'(x)f(x)\mathrm{d}x = -f'(0) \quad (ここで \delta'(x) は \delta(x) の微分) \tag{A.9c}$$

$$\delta(ax) = \frac{1}{|a|}\delta(x) \tag{A.9d}$$

$$\delta(f(x)) = \sum_i \frac{1}{|f'(a_i)|}\delta(x - a_i) \quad (a_i は f(x) のゼロ点) \tag{A.9e}$$

$$\int \delta(x-a)\delta(x-b)\mathrm{d}x = \delta(a-b) \tag{A.9f}$$

式 (A.9e) では $f(x)$ のすべてのゼロ点 a_i について和をとる [$f(a_i) = 0$ であるから $x = a_i$ の近傍で $f(x) \approx f'(a_i)(x - a_i)$, 式 (A.9d) を用いて証明される].

付録B　微分方程式の級数解法

線形の2階の常微分方程式は一般に

$$y'' + p(x)y' + q(x)y = 0 \tag{B.1}$$

の形をしている．係数 $p(x), q(x)$ がともに正則な点を通常点，そうでないときを特異点とよぶ．特異点を a とすると，$x \to a$ のとき $p(x), q(x)$ の少なくと一方は発散する．このとき

$$p(x)(x-a), \qquad q(x)(x-a)^2$$

がともに有限になる点 a を確定特異点，それ以外を不確定特異点とよぶ．

通常点 a のまわりでは正則な解が存在し，

$$y = \sum_{n=0}^{\infty} c_n (x-a)^n \tag{B.2}$$

と級数の形で書くことができる．確定特異点 a のまわりでは

$$y = x^\lambda \sum_{n=0}^{\infty} c_n (x-a)^n \tag{B.3}$$

の級数解が存在することが知られている．式 (B.3) では $c_0 \neq 0$ としてよい（そうでなければ λ を取り直してそのようにできる）．

エルミート多項式，ラゲール陪多項式はそれぞれ4章，6章で級数解を求めた．ここではベッセル関数とルジャンドル多項式を取り上げる．

B.1　ベッセル関数

次の微分方程式を考える．

$$x^2 y'' + xy' + (x^2 - \nu^2)y = 0 \qquad (\mathrm{Re}\,\nu > 0) \tag{B.4}$$

式 (B.1) と比較すると $p(x) = 1/x, q(x) = (x^2 - \nu^2)/x^2$ であるから，$x = 0$ は確定特異点である．$x = 0$ のまわりの解として

$$y = x^\lambda \sum_{n=0}^{\infty} c_n x^n \qquad (c_0 \neq 0) \tag{B.5}$$

とおく. $y' = \sum c_n(\lambda+n)x^{\lambda+n-1}$, $y'' = \sum c_n(\lambda+n)(\lambda+n-1)x^{\lambda+n-2}$ を式 (B.4) に代入すると

$$\sum_{n=0}^{\infty} c_n(\lambda+n)(\lambda+n-1)x^{\lambda+n} + \sum_{n=0}^{\infty} c_n(\lambda+n)x^{\lambda+n} + \sum_{n=0}^{\infty} c_n x^{\lambda+n+2}$$
$$-\nu^2 \sum_{n=0}^{\infty} c_n x^{\lambda+n} = 0.$$

x^λ, $x^{\lambda+1}$, $x^{\lambda+n}$ ($n \geq 2$) の係数をまとめると

$$c_0[\lambda(\lambda-1) + \lambda - \nu^2] = 0 \tag{B.6}$$
$$c_1[(\lambda+1)\lambda + \lambda + 1 - \nu^2] = 0 \tag{B.7}$$
$$c_n[(\lambda+n)(\lambda+n-1) + \lambda+n - \nu^2] + c_{n-2} = 0 \tag{B.8}$$

式 (B.6) より $\lambda = \pm\nu$. 以下では $\lambda = \nu$ として $x = 0$ で正則な解を求めよう. 式 (B.7), (B.8) に $\lambda = \nu$ を代入すると $c_1 = 0$, および漸化式

$$c_n = -\frac{1}{n(2\nu+n)} c_{n-2} \quad (n \geq 2)$$

を得る. したがって

$$c_2 = -\frac{1}{2(2\nu+2)} c_0$$
$$c_4 = -\frac{1}{4(2\nu+4)} c_2 = (-1)^2 \frac{1}{4 \cdot 2(2\nu+4)(2\nu+2)} c_0$$
$$\cdots$$
$$c_{2n} = (-1)^n \frac{1}{2^n n!} \underbrace{\frac{1}{(2\nu+2n)(2\nu+2n-2)\cdots(2\nu+2)}}_{2^n \Gamma(\nu+n+1)/\Gamma(\nu+1)} c_0$$

また $c_{2n+1} = 0$ である. 求められた c_n を式 (B.5) に代入すれば解が得られる. 慣習に合わせて $c_0 = [2^\nu \Gamma(\nu+1)]^{-1}$ とすると

$$y = \sum_{n=0}^{\infty} \frac{(-1)^n}{n! \Gamma(\nu+n+1)} \left(\frac{x}{2}\right)^{\nu+2n} \equiv J_\nu(x) \tag{B.9}$$

これがベッセル関数の定義である.

B.2 ルジャンドル方程式

ルジャンドル方程式は, $-1 \leq x \leq 1$ の範囲において

$$(1-x^2)y'' - 2xy' + \lambda y = 0. \tag{B.10}$$

$p(x) = -2x/(1-x^2)$, $q(x) = \lambda/(1-x^2)$ であるから $x = \pm 1$ が確定特異点である．ここでは通常点 $x = 0$ のまわりの級数解を求めよう．

$$y = \sum_{n=0}^{\infty} c_n x^n \tag{B.11}$$

($c_0 \neq 0$ とは限らない) とおくと，$y' = \sum c_n n x^{n-1}$, $y'' = \sum c_n n(n-1) x^{n-2}$. x^{-1}, x^{-2} の項が現れるが，前の係数が 0 となるので気にする必要はない．方程式 (B.10) に代入し，x^n ($n \geq 0$) の係数を整理すると

$$c_{n+2} = \frac{n^2 + n - \lambda}{(n+2)(n+1)} c_n \tag{B.12}$$

を得る．

(i) 漸化式 (B.12) より c_{2n} は c_0 の定数倍に，c_{2n+1} は c_1 の定数倍になる．すなわち，偶数べきの解 [$y(x) = y(-x)$ の偶関数] と奇数べきの解 [$y(x) = -y(-x)$ の奇関数] が互いに独立な解として存在する．

(ii) 級数が無限に続くとしよう．正項級数 $\sum_{n=0}^{\infty} a_n$ に対して

$$\frac{a_n}{a_{n-1}} = 1 - \frac{\rho}{n} + O\left(\frac{1}{n^2}\right) \qquad (n \to \infty)$$

のとき，$\rho > 1$ のとき級数は収束，$\rho \leq 1$ のとき発散する（ガウスの判定法）．今の問題では $x = 1$ において $a_n = c_{2n}$ または $a_n = c_{2n+1}$ とするといずれも $\rho = 1$. したがって無限の級数解は $x = \pm 1$ で発散する．

級数解が x の n 次までで終わる条件は，式 (B.12) より $\lambda = n(n+1)$. このときの級数解は (1) $n = 0$: $y = c_0$. (2) $n = 1$: $y = c_1 x$. (3) $n = 2$: $c_2 = -3c_0$ より $y = c_0(-3x^2 + 1)$. (4) $n = 3$: $c_3 = -(5/3)c_1$ より $y = c_1[-(5/3)x^3 + x]$, $\cdots$. $y(1) = 1$ になるように c_0, c_1 を決めると式 (C.4) のルジャンドル多項式 $P_n(x)$ に一致する．

付録C 特殊関数

付録Bで2階常微分方程式の級数解法を説明した．いくつかの微分方程式の解は特殊関数としてよく調べられている．本書では，エルミート多項式，ルジャンドル多項式と陪関数，ラゲール陪多項式，ベッセル関数，球ベッセル関数が登場する．ここでは最初の三つについて定義式（ロドリグの公式とよばれる）を与え，それが微分方程式を満たすことと直交関係を証明する．

特殊関数には漸化式や母関数を使った表現もある（問題 4.1, p.78 のコラム，問題 6.7）．問題 4.1 以外は証明を省いた．またベッセル関数の漸近形 [式 (6.24) と問題 6.7(e)] も証明せずに使っている．必要に応じて物理数学のテキスト[9]で勉強していただきたい．

C.1 エルミート多項式

エルミート多項式 $H_n(x)$ $(n = 0, 1, 2, \cdots)$ の定義は

$$H_n(x) = (-1)^n e^{x^2} \frac{d^n}{dx^n} e^{-x^2} \qquad (-\infty < x < \infty) \tag{C.1}$$

である．$H_n(x)$ は n 次の多項式で，n が偶数のとき偶関数 $[H_n(x) = H_n(-x)]$，奇数のときに奇関数 $[H_n(x) = -H_n(-x)]$ となる．$y = H_n(x)$ は微分方程式

$$y'' - 2xy' + 2ny = 0 \tag{C.2}$$

を満たす．

[証明] 問題 4.1 とは別の証明を紹介する．続く付録 C.2, C.3 でも類似の証明が可能である．

$u = e^{-x^2}$ とおくと $y = H_n(x) = (-1)^n e^{x^2} u^{(n)}$, $y' = (-1)^n e^{x^2} [u^{(n+1)} + 2x u^{(n)}]$, $y'' = (-1)^n e^{x^2} [u^{(n+2)} + 4x u^{(n+1)} + (4x^2 + 2) u^{(n)}]$．一方，$u$ を1回微分すると $u' = -2xu$，その両辺を $(n+1)$ 回微分すると[*1]，$u^{(n+2)} = -2x u^{(n+1)} - 2(n+1) u^{(n)}$．以上の関係式から方程式 (C.2) が得られる．

直交関係は

$$\int_{-\infty}^{\infty} H_m(x) H_n(x) e^{-x^2} dx = 2^n n! \sqrt{\pi} \delta_{m,n} \tag{C.3}$$

[*1] $\dfrac{d^n}{dx^n}(fg) = \sum_{r=0}^{n} {}_nC_r f^{(r)} g^{(n-r)}$ （ライプニッツの公式）を用いる．${}_nC_r = n!/[(n-r)!r!]$ で $\binom{n}{r}$ とも表記される．

[証明] $m \leq n$ とする．与式の左辺は

$$\int_{-\infty}^{\infty} H_m(x)(-1)^n \frac{\mathrm{d}^n}{\mathrm{d}x^n} e^{-x^2} \mathrm{d}x = (-1)^{n-1} \int_{-\infty}^{\infty} \frac{\mathrm{d}H_m}{\mathrm{d}x} \frac{\mathrm{d}^{n-1}}{\mathrm{d}x^{n-1}} e^{-x^2} \mathrm{d}x$$
$$= \cdots$$

と部分積分を n 回くり返す．$H_m(x)$ は m 次の多項式だから $m < n$ のとき 0．$m = n$ のとき

$$\int_{-\infty}^{\infty} \frac{\mathrm{d}^n H_n}{\mathrm{d}x^n} e^{-x^2} \mathrm{d}x = 2^n n! \int_{-\infty}^{\infty} e^{-x^2} \mathrm{d}x = 2^n n! \sqrt{\pi}.$$

式 (C.1) より H_n の x^n 次の係数が 2^n になることを用いた．

C.2 ルジャンドル多項式と陪関数

ルジャンドル多項式 $P_n(x)$ $(n = 0, 1, 2, \cdots)$ の定義は

$$P_n(x) = \frac{1}{2^n n!} \frac{\mathrm{d}^n}{\mathrm{d}x^n} (x^2 - 1)^n \qquad (-1 \leq x \leq 1) \tag{C.4}$$

である．$P_n(x)$ は n 次の多項式で，n が偶数のとき偶関数 $[P_n(x) = P_n(-x)]$，奇数のときに奇関数 $[P_n(x) = -P_n(-x)]$，また $P_n(1) = 1$, $P_n(-1) = (-1)^n$ である．$y = P_n(x)$ は微分方程式

$$(1-x^2)y'' - 2xy' + n(n+1)y = 0. \tag{C.5}$$

を満たす．直交関係は

$$\int_{-1}^{1} P_m(x) P_n(x) \mathrm{d}x = \frac{2}{2n+1} \delta_{m,n}. \tag{C.6}$$

いずれも前節と同じ要領で証明できる（問題 5.4）．

ルジャンドル陪関数は，正の整数 k に対して

$$P_n^k(x) = (1-x^2)^{k/2} \frac{\mathrm{d}^k P_n(x)}{\mathrm{d}x^k} \qquad (n = k, k+1, k+2, \cdots) \tag{C.7}$$

で与えられる．k が偶数のとき $P_n^k(x)$ は n 次の多項式であるが，k が奇数のときは $\sqrt{1-x^2} \times [(n-1)$ 次の多項式$]$ である．$y = P_n^k(x)$ の満たす微分方程式は

$$(1-x^2)y'' - 2xy' + \left[n(n+1) - \frac{k^2}{1-x^2}\right] y = 0 \tag{C.8}$$

である（問題 5.5）．直交関係は

$$\int_{-1}^{1} P_m^k(x) P_n^k(x) \mathrm{d}x = \frac{2}{2n+1} \frac{(n+k)!}{(n-k)!} \delta_{m,n}. \tag{C.9}$$

[証明] $m \leq n$ とする．与式の左辺は

$$\int_{-1}^{1} \underbrace{(1-x^2)^k \frac{d^k P_m}{dx^k}}_{(m+k) \text{ 次の多項式}} \frac{1}{2^n n!} \frac{d^{n+k}}{dx^{n+k}} (x^2-1)^n dx.$$

部分積分を $n+k$ 回くり返すと $m < n$ のとき 0．$m = n$ のとき

$$\frac{(-1)^{n+k}}{2^n n!} \int_{-1}^{1} \frac{d^{n+k}}{dx^{n+k}} \left[(1-x^2)^k \frac{d^k P_n}{dx^k} \right] \cdot (x^2-1)^n dx.$$

$(n+k)$ 階微分の部分は次の定数となる．

$$\frac{d^{n+k}}{dx^{n+k}} \left[(-x^2)^k \frac{1}{2^n n!} \frac{(2n)!}{(n-k)!} x^{n-k} + \cdots \right] = \frac{(-1)^k (2n)!}{2^n n!} \frac{(n+k)!}{(n-k)!}$$

残りの $(x^2-1)^n$ の積分は問題 5.4 で評価済み．

C.3 ラゲール陪多項式

まずラゲール多項式 $L_n(x)$ $(n = 0, 1, 2, \cdots)$ から始めよう．定義は

$$L_n(x) = e^x \frac{d^n}{dx^n} (x^n e^{-x}) \qquad (0 \leq x < \infty) \tag{C.10}$$

$L_n(x)$ は n 次の多項式で

$$L_n(x) = \sum_{r=0}^{n} {}_nC_r \frac{d^{n-r} x^n}{dx^{n-r}} (-1)^r = \sum_{r=0}^{n} (-1)^r {}_nC_r \frac{n!}{r!} x^r. \tag{C.11}$$

$y = L_n(x)$ は微分方程式

$$xy'' + (1-x)y' + ny = 0 \tag{C.12}$$

を満たす．

[証明] $u = x^n e^{-x}$ とおくと $y = L_n(x) = e^x u^{(n)}$, $y' = e^x(u^{(n+1)} + u^{(n)})$, $y'' = e^x(u^{(n+2)} + 2u^{(n+1)} + u^{(n)})$．一方，$u$ を 1 回微分すると $xu' = (n-x)u$, その両辺を $(n+1)$ 回微分すると $xu^{(n+2)} + (x+1)u^{(n+1)} + (n+1)u^{(n)} = 0$. 以上の関係式から方程式 (C.12) が得られる．

直交関係

$$\int_0^{\infty} L_m(x) L_n(x) e^{-x} dx = (n!)^2 \delta_{m,n}$$

の証明はこれまでと同じ要領．$m \leq n$ のとき，$L_n(x)$ に式 (C.10) を代入して部分積分をくり返せばよい．

ラゲール陪多項式は

$$L_n^k(x) = \frac{d^k}{dx^k} L_n(x) \qquad (n = k, k+1, k+2, \cdots) \tag{C.13}$$

で与えられる*2．$L_n^k(x)$ は $(n-k)$ 次の多項式である．式 (C.12) の両辺を k 回微分することで，$y = L_n^k(x)$ に関する微分方程式

$$xy'' + (k+1-x)y' + (n-k)y = 0 \tag{C.14}$$

が得られる．6 章の $R_{nl}(r)$ の規格化（問題 6.4）では，次の積分が必要である*3．

$$\int_0^\infty [L_n^k(x)]^2 x^{k+1} e^{-x} dx = (2n+1-k)\frac{(n!)^3}{(n-k)!} \tag{C.15}$$

[証明]　まず式 (C.11), (C.13) から

$$L_n^k = \sum_{r=k}^n (-1)^r {}_nC_r \frac{n!}{(r-k)!} x^{r-k} = \frac{n!}{(n-k)!} e^x \frac{d^n}{dx^n}(x^{n-k} e^{-x})$$

が成り立つことがわかる．式 (C.15) の左辺は

$$\frac{n!}{(n-k)!} \int_0^\infty \frac{d^n}{dx^n}(x^{n-k} e^{-x}) \cdot x^{k+1} L_n^k dx.$$

部分積分を n 回くり返したあと，

$$L_n^k = \frac{n!}{(n-k)!} (-1)^n [x^{n-k} - n(n-k)x^{n-k-1} + \cdots]$$

を用いると

$$\frac{n!}{(n-k)!} (-1)^n \int_0^\infty x^{n-k} e^{-x} \frac{d^n}{dx^n}(x^{k+1} L_n^k) dx$$
$$= \frac{(n!)^2}{[(n-k)!]^2} \int_0^\infty x^{n-k} e^{-x} [(n+1)! x - n(n-k) \cdot n!] dx.$$

残りの積分はガンマ関数となり，整理すると右辺を得る．

2 次元調和振動子の問題 6.8 では次の直交関係を用いる．

$$\int_0^\infty L_m^k(x) L_n^k(x) x^k e^{-x} dx = \frac{(n!)^3}{(n-k)!} \delta_{m,n}. \tag{C.16}$$

[証明]　式 (C.15) の証明とほぼ同様でこちらの方が少しやさしい．$m \leq n$ のとき，左辺は

$$\frac{n!}{(n-k)!} \int_0^\infty \underbrace{x^k L_m^k}_{m \text{ 次の多項式}} \frac{d^n}{dx^n}(x^{n-k} e^{-x}) dx.$$

部分積分を n 回くり返す．

---

*2 「数学公式 III」（岩波書店, 1960）のラゲールの多項式 $L_n^{(k)}(x)$ とは次の関係がある．$L_n^k(x) = (-1)^k n! L_{n-k}^{(k)}(x)$.
*3 $R_{nl}(r)$, $R_{ml}(r)$ の直交性は，指数関数の肩が異なるので同様の証明は難しい．

付録D　曲線直交座標でのラプラシアン

図 D.1 に 2 次元での直交座標（デカルト座標；x, y）と極座標 (r, ϕ) を示した．前者のグラフ用紙は正方の升目であるが（$x = $ 一定の垂直線と $y = $ 一定の水平線），後者のそれは $r = $ 一定の同心円と $\phi = $ 一定の O から放射状に伸びる半直線からなる．r が増える方向の単位ベクトル $\bm{e}_r$，ϕ が増える方向の単位ベクトル $\bm{e}_\phi$ は場所によって異なるが，各点で両者は互いに直交する．このような座標系を曲線直交座標とよぶ．3次元の円筒座標 (r, ϕ, z) や極座標 (r, θ, ϕ) も曲線直交座標である．

3 次元円筒座標（2 次元極座標に z を加えたもの）を例にとり，微小なベクトル $d\bm{r}$ を考えよう．

$$d\bm{r} = dr\,\bm{e}_r + r d\phi\,\bm{e}_\phi + dz\,\bm{e}_z \equiv g_1 dr\,\bm{e}_r + g_2 d\phi\,\bm{e}_\phi + g_3 dz\,\bm{e}_z$$

で (g_1, g_2, g_3) を定義すると $g_1 = 1$, $g_2 = r$, $g_3 = 1$．同様に 3 次元極座標では $g_1 = 1$, $g_2 = r$, $g_3 = r\sin\theta$．一般に曲線直交座標 (q_1, q_2, q_3) に対して $d\bm{r} = g_1 dq_1 \bm{e}_1 + g_2 dq_2 \bm{e}_2 + g_3 dq_3 \bm{e}_3$ であるとき[*1]，スカラー量 $f = f(\bm{r})$，ベクトル量 $\bm{A} = \bm{A}(\bm{r})$ に対して次の関係式が成り立つ．

$$\mathrm{grad} f = \bm{\nabla} f = \frac{1}{g_1}\frac{\partial f}{\partial q_1}\bm{e}_1 + \frac{1}{g_2}\frac{\partial f}{\partial q_2}\bm{e}_2 + \frac{1}{g_3}\frac{\partial f}{\partial q_3}\bm{e}_3 \tag{D.1}$$

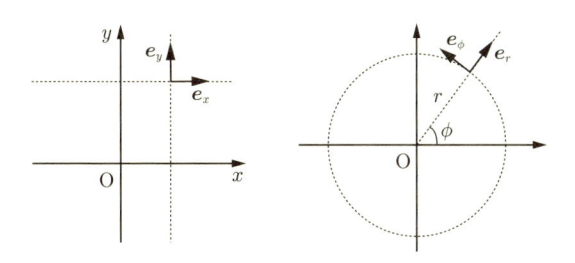

図 **D.1**　2 次元直交座標と極座標．単位ベクトル $\bm{e}_x$ と $\bm{e}_y$ はどの場所でも等しい．$\bm{e}_r$ と $\bm{e}_\phi$ は場所によって向きが異なるが，常に互いに直交する（$\bm{e}_r \cdot \bm{e}_\phi = 0$）．

[*1] g_i は計量テンソルの対角成分（非対角成分は 0）：$d\bm{r}$ の長さである線素を ds とすると $(ds)^2 = (g_1 dq_1)^2 + (g_2 dq_2)^2 + (g_3 dq_3)^2$．また体積積分で $(x, y, z) \to (q_1, q_2, q_3)$ に変数変換するとき $dxdydz = |J|dq_1 dq_2 dq_3$，ヤコビアンの絶対値は $|J| = g_1 g_2 g_3$ になる．

$$\text{div}\boldsymbol{A} = \boldsymbol{\nabla} \cdot \boldsymbol{A}$$
$$= \frac{1}{g_1 g_2 g_3} \left[\frac{\partial}{\partial q_1}(A_1 g_2 g_3) + \frac{\partial}{\partial q_2}(A_2 g_3 g_1) + \frac{\partial}{\partial q_3}(A_3 g_1 g_2) \right] \tag{D.2}$$

grad の $\boldsymbol{e}_i$ 成分はその方向の傾きを表すから，線素 $g_i \mathrm{d}q_i$ が分母となる．div は湧き出しを表すので表面積が分子に，体積が分母に現れる．この 2 式から

$$\Delta f = \text{div} \cdot \text{grad}\, f$$
$$= \frac{1}{g_1 g_2 g_3} \left[\frac{\partial}{\partial q_1}\left(\frac{g_2 g_3}{g_1}\frac{\partial f}{\partial q_1}\right) + \frac{\partial}{\partial q_2}\left(\frac{g_3 g_1}{g_2}\frac{\partial f}{\partial q_2}\right) + \frac{\partial}{\partial q_3}\left(\frac{g_1 g_2}{g_3}\frac{\partial f}{\partial q_3}\right) \right] \tag{D.3}$$

例えば，3 次元円筒座標では

$$\Delta = \frac{1}{r}\left[\frac{\partial}{\partial r}\left(r\frac{\partial}{\partial r}\right) + \frac{\partial}{\partial \phi}\left(\frac{1}{r}\frac{\partial}{\partial \phi}\right) + \frac{\partial}{\partial z}\left(r\frac{\partial}{\partial z}\right)\right]$$
$$= \frac{1}{r}\frac{\partial}{\partial r}\left(r\frac{\partial}{\partial r}\right) + \frac{1}{r^2}\frac{\partial^2}{\partial \phi^2} + \frac{\partial^2}{\partial z^2}$$

z 方向を無視すると 2 次元極座標の Δ となる．3 次元極座標では

$$\Delta = \frac{1}{r^2 \sin\theta}\left[\frac{\partial}{\partial r}\left(r^2 \sin\theta\frac{\partial}{\partial r}\right) + \frac{\partial}{\partial \theta}\left(\sin\theta\frac{\partial}{\partial \theta}\right) + \frac{\partial}{\partial \phi}\left(\frac{1}{\sin\theta}\frac{\partial}{\partial \phi}\right)\right]$$
$$= \frac{1}{r^2}\frac{\partial}{\partial r}\left(r^2\frac{\partial}{\partial r}\right) + \frac{1}{r^2 \sin\theta}\frac{\partial}{\partial \theta}\left(\sin\theta\frac{\partial}{\partial \theta}\right) + \frac{1}{r^2 \sin^2\theta}\frac{\partial^2}{\partial \phi^2}$$

ついでに，回転（rotation）は次式で与えられる．

$$\text{rot}\boldsymbol{A} = \boldsymbol{\nabla} \times \boldsymbol{A} = \frac{1}{g_1 g_2 g_3} \begin{vmatrix} g_1 \boldsymbol{e}_1 & g_2 \boldsymbol{e}_2 & g_3 \boldsymbol{e}_3 \\ \dfrac{\partial}{\partial q_1} & \dfrac{\partial}{\partial q_2} & \dfrac{\partial}{\partial q_3} \\ g_1 A_1 & g_2 A_2 & g_3 A_3 \end{vmatrix} \tag{D.4}$$

章末問題解答

第 1 章

1.1 (a) $H = (p_x^2+p_y^2+p_z^2)/(2m)+V(x,y,z)$ のとき $dx/dt = \partial H/\partial p_x = (1/m)p_x$, $dp_x/dt = -\partial H/\partial x = -\partial V/\partial x$. よって $md^2x/dt^2 = -\partial V/\partial x$. 他の成分も同様.

1.2 (a) エルミート共役の定義式 (1.10) より $(cA)^\dagger = c^*A^\dagger$. $\langle f, ABg\rangle = \langle A^\dagger f, Bg\rangle = \langle B^\dagger A^\dagger f, g\rangle$ より $(AB)^\dagger = B^\dagger A^\dagger$. $\langle f, Ag\rangle = \langle A^\dagger f, g\rangle = \langle g, A^\dagger f\rangle^* = \langle (A^\dagger)^\dagger g, f\rangle^*$ $= \langle f, (A^\dagger)^\dagger g\rangle$. (b) (a) の結果より $(F^2)^\dagger = (F^\dagger)^2 = F^2$. $X^\dagger = [G^\dagger, F^\dagger] = -X$.

1.3 任意の波動関数 $\psi(\boldsymbol{r})$ に対して $[p_x, f(\boldsymbol{r})]\psi(\boldsymbol{r}) = (\hbar/i)(\partial/\partial x)\{f(\boldsymbol{r})\psi(\boldsymbol{r})\} - f(\boldsymbol{r})(\hbar/i)(\partial/\partial x)\psi(\boldsymbol{r}) = (\hbar/i)[\partial f(\boldsymbol{r})/\partial x]\psi(\boldsymbol{r})$.

1.4 (a) $AB\psi_{n,j} = BA\psi_{n,j} = a_n B\psi_{n,j}$ より $B\psi_{n,j}$ は固有値 a_n の A の固有状態. ゆえに $B\psi_{n,j} = C_{1,j}\psi_{n,1} + C_{2,j}\psi_{n,2}$. (b) $C_{11} = \langle \psi_{n,1}, B\psi_{n,1}\rangle = \langle B\psi_{n,1}, \psi_{n,1}\rangle = C_{11}^*$. 同様に $C_{22}=C_{22}^*$. $C_{12} = \langle \psi_{n,1}, B\psi_{n,2}\rangle = \langle B\psi_{n,1}, \psi_{n,2}\rangle = C_{21}^*$. (c) $(\psi_{n,1}'\ \psi_{n,2}') = (\psi_{n,1}\ \psi_{n,2})U = (u_{11}\psi_{n,1} + u_{21}\psi_{n,2}\ u_{12}\psi_{n,1} + u_{22}\psi_{n,2})$ とすれば $B\psi_{n,j}' = b_j\psi_{n,j}'$, かつ $A\psi_{n,j}' = a_n\psi_{n,j}'$.

1.5 (a) $I(\lambda) = \langle \tilde{A}^2\rangle\lambda^2 - \langle C\rangle\lambda + \langle \tilde{B}^2\rangle = \langle \tilde{A}^2\rangle[\lambda - \langle C\rangle/(2\langle \tilde{A}^2\rangle)]^2 + \langle \tilde{B}^2\rangle - \langle C\rangle^2/(4\langle \tilde{A}^2\rangle) \geq 0$ より与式を得る. (b) ヒントの微分方程式を解くと $\int d\psi/\psi = \int [-(\lambda/\hbar)(x-\langle x\rangle)+(i/\hbar)\langle p\rangle]dx$ より $\log|\psi| = -(\lambda/2\hbar)(x-\langle x\rangle)^2 + (i/\hbar)\langle p\rangle x + C$. したがって $\psi = \pm e^C \exp\{-(1/[4(\Delta x)^2])(x-\langle x\rangle)^2 + i\langle p\rangle x/\hbar\}$ で $\pm e^C = A$ とおく.

1.6 式 (1.26) より $n \neq 0$ のとき $C_n = (1/LD)\int_{x_0-D/2}^{x_0+D/2} e^{-i2\pi nx/L}dx = (1/\pi nD)\sin(\pi nD/L)\,e^{-i2\pi nx_0/L}$, $C_0 = 1/L$. $D \to 0$ のとき $(1/\pi nD)\sin(\pi nD/L) \to 1/L$ より式 (1.29) を得る.

1.7 (a) $1 = A\int_{-\infty}^\infty e^{-x^2/(2\sigma^2)}dx = A\sqrt{2\pi\sigma^2}$ より $A = 1/(\sqrt{2\pi}\sigma)$. (b) $\langle x\rangle = 0$ (奇関数 $xe^{-x^2/(2\sigma^2)}$ の積分). $\langle x^2\rangle = A\int_{-\infty}^\infty x^2 e^{-x^2/(2\sigma^2)}dx = \sigma^2$. (c) 式 (1.30) より $f(k) = A\int_{-\infty}^\infty e^{-x^2/(2\sigma^2)}e^{-ikx}dx = A\int_{-\infty}^\infty \exp[-(1/2\sigma^2)(x+ik\sigma^2)^2 - \sigma^2 k^2/2]dx = e^{-\sigma^2 k^2/2}$. ピーク幅は $\Delta k = 1/\sigma$. (d) (c) の結果より $f(x) =$

$(1/2\pi)\int_{-\infty}^{\infty}e^{-\sigma^2k^2/2}e^{ikx}\mathrm{d}k \to (1/2\pi)\int_{-\infty}^{\infty}e^{ikx}\mathrm{d}k.$

1.8 (a) $|C|^2\int e^{-x^2/(2\sigma^2)}\mathrm{d}x = 1$ より $C = 1/[(2\pi)^{1/4}\sqrt{\sigma}]$. C の位相因子は任意であるので普通 1 に選ぶ. (b) $\langle x \rangle = 0$, $\langle x^2 \rangle = \sigma^2$ より $\Delta x = \sigma$. グラフは図 1.3(a). (c) $\psi(p) = (C/\sqrt{2\pi\hbar})\int_{-\infty}^{\infty}e^{-x^2/(4\sigma^2)-i(p-p_0)x/\hbar}\mathrm{d}x$. 指数関数の肩は $-(1/4\sigma^2)[x + 2i\sigma^2(p-p_0)/\hbar]^2 - (\sigma^2/\hbar^2)(p-p_0)^2$. ガウス積分の結果 $\psi(p) = [1/(2\pi)^{1/4}]\sqrt{2\sigma/\hbar}e^{-\sigma^2(p-p_0)^2/\hbar^2}$. (d) $\langle p \rangle = p_0$. $(\Delta p)^2 = \langle(p-p_0)^2\rangle = \hbar^2/(4\sigma^2)$ より $\Delta p = \hbar/(2\sigma)$. したがって $\Delta x \Delta p = \hbar/2$ が成り立つ.

第 2 章

2.1 (a) $\psi(0) = A + B = 0$, $\psi(L) = 2iA\sin kL = 0$ より $k = \pi n/L \equiv k_n$ ($n = 1, 2, 3, \cdots$). $\psi_n(x) = C\sin k_n x$ とおくと $\int_0^L |C|^2\sin^2 k_n x\mathrm{d}x = |C|^2\int_0^L (1-\cos 2k_n x)/2\,\mathrm{d}x = |C|^2 L/2 = 1$. よって $C = \sqrt{2/L}$. (b) $\langle\psi_m,\psi_n\rangle = (2/L)\int_0^L \sin k_m x \sin k_n x \mathrm{d}x = (1/L)\int_0^L[-\cos(k_m+k_n)x + \cos(k_m-k_n)x]\mathrm{d}x = 0$ ($m \neq n$).

2.2 $\Psi(x,t) = e^{-iE_1 t/\hbar}[\cos(\pi x/2L) + \sin(\pi x/L)e^{-i\omega_{21}t}]/\sqrt{2L}$ より $P_+ = (1/2L)\int_0^L [\cos(\pi x/2L) + \sin(\pi x/L)e^{i\omega_{21}t}][\cos(\pi x/2L) + \sin(\pi x/L)e^{-i\omega_{21}t}]\mathrm{d}x = (1/2L)\int_0^L[\cos^2(\pi x/2L) + \sin^2(\pi x/L) + 4\cos^2(\pi x/2L)\sin(\pi x/2L)\cos\omega_{21}t]\mathrm{d}x = (1/2) + (4/3\pi)\cos\omega_{21}t$. P_- も同様.

2.3 (a) $\psi(-x) = \psi(x)$ より $A_1 = B_1$, $C_2 = C_3$. $\psi_1(x) = 2A_1\cos kx$, $\psi_2(x) = C_2 e^{-\kappa x}$ の $x = L$ での接続条件より $2A_1\cos kL = C_2 e^{-\kappa L}$, $-2A_1 k\sin kL = -C_2\kappa e^{-\kappa L}$. 辺々割ると式 (2.11) を得る. (b) 同様に $\psi_1(x) = 2iA_1\sin kx$. 接続条件から式 (2.12).

2.4 (a) $V_0 L^2 \to 0$ であるから式 (2.13) より $n = 1$, すなわち解は 1 つのみでそれは偶関数. $k\tan kL = \kappa$ で $kL \propto \sqrt{(V_0 - |E|)L^2} \to 0$ より $k\tan kL \approx k^2 L$. $\kappa = k^2 L = (2m/\hbar^2)(V_0 - |E|)L \to mg/\hbar^2$ より $|E| = mg^2/(2\hbar^2)$. (b) $\psi_1(0) = \psi_2(0)$ から $C_1 = C_2$. 式 (2.16) より $-(\hbar^2/2m)C_1[-\kappa - \kappa] - gC_1 = 0$. これより $\kappa = mg/\hbar^2$ と求まり $|E| = \hbar^2\kappa^2/(2m) = mg^2/(2\hbar^2)$ を得る.

2.5 (a) $\psi_1(x) = C_1 e^{ikx} + C_2 e^{-ikx}$. (b) $\psi_1(L) = 0$ より $C_2 = -C_1 e^{2ikL}$. $\psi_1(x) = C_1 e^{ikx} - C_1 e^{2ikL}e^{-ikx} = A\sin k(x-L)$. (c) $\psi_1(x) = A\sin k(x-L)$, $\psi_2(x) = -A\sin k(x+L)$ を式 (2.16) に代入すると $\tan kL = \hbar^2 k/(mg)$. (d) $\psi_1(x) = A\sin k(x-L)$, $\psi_2(x) = A\sin k(x+L)$ を式 (2.16) に代入すると $\psi_1(0) = -A\sin kL = 0$. $k = \pi n/L$, および $E_n = [\hbar^2/(2m)](\pi n/L)^2$ ($n = 1, 2, 3, \cdots$) を得る. 奇関数では $\psi(0) = 0$ となるので $g\delta(x)$ は利かない.

第 3 章

3.1 (a) $A+B=C$, $ik(A-B)=-\kappa C$ より式 (3.10) が得られる．(b) (i) $\psi_1(x) = Ae^{ikx}+Be^{-ikx}$, $\psi_2(x) = Ce^{ik'x}$ の接続条件 $A+B=C$, $ik(A-B)=ik'C$ より式 (3.12) を得る．$j_\mathrm{I} = (\hbar k/m)|A|^2$, $j_\mathrm{R} = -(\hbar k/m)|B|^2$, $j_\mathrm{T} = (\hbar k'/m)|C|^2$ より R, T が求められる．(ii) $\psi_1(x) = Be^{-ikx}$, $\psi_2(x) = Ce^{ik'x}+De^{-ik'x}$ の接続条件より $B=C+D$, $-ikB=ik'(C-D)$．これから $B/D=2k'/(k'+k)$, $C/D = (k'-k)/(k'+k)$．$j_\mathrm{I} = -(\hbar k'/m)|D|^2$, $j_\mathrm{R} = (\hbar k'/m)|C|^2$, $j_\mathrm{T} = -(\hbar k/m)|B|^2$ から R, T を計算すると (i) と同じ値が得られる．

3.2 $j = (1/m)\mathrm{Re}\,[\psi_1^*(\hbar/i)(\partial/\partial x)\psi_1] = (\hbar k/m)\mathrm{Re}[(A^*e^{-ikx}+B^*e^{ikx})(Ae^{ikx}-Be^{-ikx})] = (\hbar k/m)(|A|^2-|B|^2)$．なぜならば $\mathrm{Re}[-A^*Be^{-2ikx}+AB^*e^{2ikx}] = 0$．

3.3 (a) $1+B=D+E$, $ik(1-B)=\kappa(D-E)$, $De^{\kappa L}+Ee^{-\kappa L}=C$, $\kappa(De^{\kappa L}-Ee^{-\kappa L}) = ikC$．これより $B = -2[\kappa^2+k^2]\sinh\kappa L/X$, $C = -4i\kappa k/X$, ここで $X = 2(\kappa^2-k^2)\sinh\kappa L - 4i\kappa k\cosh\kappa L$．(b) $R = |B|^2 = (k^2+\kappa^2)^2\sinh^2\kappa L/[(k^2+\kappa^2)^2\sinh^2\kappa L + 4k^2\kappa^2] = V_0^2\sinh^2\kappa L/[V_0^2\sinh^2\kappa L + 4E(V_0-E)]$, $T = |C|^2 = 4k^2\kappa^2/[(k^2+\kappa^2)^2\sinh^2\kappa L + 4k^2\kappa^2] = 4E(V_0-E)/[V_0^2\sinh^2\kappa L+4E(V_0-E)]$．(c) (b) の結果で $\kappa \to ik'$ $[E-V_0=\hbar^2k'^2/(2m)]$ とする ($\sinh\kappa L \to i\sin k'L$ に注意)．$T = 4k^2k'^2/[(k^2-k'^2)^2\sin^2 k'L + 4k^2k'^2] = 4E(E-V_0)/[V_0^2\sin^2 k'L + 4E(E-V_0)]$．$R = 1-T$．$\sin^2 k'L = 0$ のとき $T=1$．

3.4 (a) $\kappa\sinh\kappa L \approx \kappa^2 L = (2m/\hbar^2)(V_0-E)L \to (2m/\hbar^2)g$, $k/\kappa \to 0$ より $T \to E/[mg^2/(2\hbar^2)+E]$．(b) $\psi_1(x) = e^{ikx}+Be^{-ikx}$, $\psi_2(x) = Ce^{ikx}$ を $x=0$ で接続すると $1+B=C$, $ik(C-1+B)=2mgC/\hbar^2$．$C = [1+img/(\hbar^2 k)]^{-1}$ と求められ $T = |C|^2 = [1+(mg)^2/(\hbar^2 k)^2]^{-1} = E/[mg^2/(2\hbar^2)+E]$．

3.5 以下，ガウス積分の公式は付録 A.1 を参照．(a) $\int_{-\infty}^{\infty}|A(k)|^2\mathrm{d}k = \sqrt{2\sigma^2/\pi}\int_{-\infty}^{\infty}e^{-2\sigma^2(k-k_0)^2}\mathrm{d}k = 1$．$\int_{-\infty}^{\infty}|\varphi(x)|^2\mathrm{d}x = \int_{-\infty}^{\infty}A^*(k)A(k)\delta(k-k')\mathrm{d}k\mathrm{d}k' = 1$．(b) $\Phi(x,t) = (1/\sqrt{2\pi})(2\sigma^2/\pi)^{1/4}\int_{-\infty}^{\infty}\exp[-\sigma^2(k-k_0)^2+ikx-i\hbar k^2 t/(2m)]\mathrm{d}k$．指数関数の肩を平方完成すると $-(\sigma^2+i\hbar t/2m)\{k-[k_0+ix/(2\sigma^2)]/(1+i\xi t)\}^2 + [-x^2/(4\sigma^2)+i(k_0 x-\omega_0 t)]/(1+i\xi t)$．(c) $|\Phi(x,t)|^2 = (1/\sqrt{2\pi}\sigma)[1/\sqrt{1+(\xi t)^2}]\exp\{-(x-\hbar k_0 t/m)^2/2\sigma^2[1+(\xi t)^2]\}$．波束の中心は $x = \hbar k_0 t/m$．幅は $\sigma\sqrt{1+(\xi t)^2}$ で t とともに広がる．(d) 波束の中心の速度は $\hbar k_0/m$, これは $\omega(k) = E(k)/\hbar$ から求めた v_g に等しい．

3.6 (a) $|A|^2+|D|^2 = |C|^2+|B|^2 = |tA+r'D|^2+|rA+t'D|^2 = (|t|^2+|r|^2)|A|^2+(|r'|^2+|t'|^2)|D|^2+2\mathrm{Re}[(t^*r'+r^*t')A^*D]$．$A, D$ は任意より．(b) $t^*r'+r^*t' = 0$ より $|r'| = |r||t'|/|t|$．$1 = |t'|^2+|r'|^2 = |t'|^2(1+|r|^2/|t|^2) = |t'|^2/|t|^2$．(c) パリ

ティが正のとき $B = (t+r')A = (r+t')A$, 負のとき $B = -(t-r')A = (r-t')A$. よって $t + r' = t' + r$, $t - r' = t' - r$. (d) $\begin{pmatrix} C_j \\ B_j \end{pmatrix} = \begin{pmatrix} t & r \\ r & t \end{pmatrix} \begin{pmatrix} A_j \\ D_j \end{pmatrix}$ と $A_2 = C_1 e^{ikD}$, $B_2 = D_1 e^{-ikD}$. これより $A_1 = 1$, $D_2 = 0$ のとき $C_2 = t^2/[e^{-ikD} - r^2 e^{ikD}]$, $T^{\text{tot}} = |C_2|^2$.

3.7 ψ_{in}, ψ_{out} の基底を $\varphi_{\text{in/out}}^{(L)}(x) = e^{\pm ikx}\theta(-x - L/2)$, $\varphi_{\text{in/out}}^{(R)}(x) = e^{\mp ikx}\theta(x - L/2)$ とおくと $\psi_{\text{in}} = (\varphi_{\text{in}}^{(L)}, \varphi_{\text{in}}^{(R)})\begin{pmatrix} A \\ D \end{pmatrix}$, $\psi_{\text{out}} = (\varphi_{\text{out}}^{(R)}, \varphi_{\text{out}}^{(L)})S\begin{pmatrix} A \\ D \end{pmatrix}$. 一方 $(\varphi_{\text{in}}^{(+)}, \varphi_{\text{in}}^{(-)}) = (\varphi_{\text{in}}^{(L)}, \varphi_{\text{in}}^{(R)})U$, $(\varphi_{\text{out}}^{(+)}, \varphi_{\text{out}}^{(-)}) = (\varphi_{\text{out}}^{(R)}, \varphi_{\text{out}}^{(L)})U$ とすると $\psi_{\text{in}} = (\varphi_{\text{in}}^{(+)}, \varphi_{\text{in}}^{(-)})\begin{pmatrix} A_1 \\ A_2 \end{pmatrix}$ のとき $\psi_{\text{out}} = (\varphi_{\text{out}}^{(+)}, \varphi_{\text{out}}^{(-)})\begin{pmatrix} e^{2i\delta_+} & 0 \\ 0 & e^{2i\delta_-} \end{pmatrix}\begin{pmatrix} A_1 \\ A_2 \end{pmatrix}$. 関係式 $\begin{pmatrix} A_1 \\ A_2 \end{pmatrix} = U^\dagger \begin{pmatrix} A \\ D \end{pmatrix}$ より.

第 4 章

4.1 (a) (i) $H'_n = (-1)^n (\mathrm{d}/\mathrm{d}\xi)[e^{\xi^2}(\mathrm{d}^n/\mathrm{d}\xi^n)e^{-\xi^2}] = (-1)^n [2\xi e^{\xi^2}(\mathrm{d}^n/\mathrm{d}\xi^n)e^{-\xi^2} + e^{\xi^2}(\mathrm{d}^{n+1}/\mathrm{d}\xi^{n+1})e^{-\xi^2}] = 2\xi H_n - H_{n+1}$. (ii) $H_{n+1} = (-1)^{n+1} e^{\xi^2}(\mathrm{d}^{n+1}/\mathrm{d}\xi^{n+1})e^{-\xi^2}$ において $(\mathrm{d}^{n+1}/\mathrm{d}\xi^{n+1})e^{-\xi^2} = (\mathrm{d}^n/\mathrm{d}\xi^n)(-2\xi e^{-\xi^2}) = -2\xi(\mathrm{d}^n/\mathrm{d}\xi^n)e^{-\xi^2} - 2n(\mathrm{d}^{n-1}/\mathrm{d}\xi^{n-1})e^{-\xi^2}$. ライプニッツの公式 (付録 C, p.233 の脚注) を用いた. (iii) 式 (4.18a), (4.18b) を合わせると式 (4.18c) を得る. (b) 式 (4.18a) より $H''_n = 2H_n + 2\xi H'_n - H'_{n+1}$, 右辺に式 (4.18c) を代入する. (c) 部分積分を n 回繰り返すと (左辺)$= \int_{-\infty}^{\infty} [(\mathrm{d}^n/\mathrm{d}\xi^n)H_m]e^{-\xi^2}\mathrm{d}\xi$. H_m は m 次の多項式であるから $m < n$ のとき 0. $m = n$ のとき $H_n = (2\xi)^n + \cdots$ より $(\mathrm{d}^n/\mathrm{d}\xi^n)H_n = 2^n n!$. 最後はガウス積分. (d) $1 = \int |\psi_n(x)|^2 \mathrm{d}x = |C_n|^2 a_0 \int [H_n(\xi)]^2 e^{-\xi^2} \mathrm{d}\xi$.

4.2 $\psi_n = C_n H_n(\xi) e^{-\xi^2/2}$ より $(\mathrm{d}/\mathrm{d}\xi + \xi)\psi_n = C_n(H'_n - \xi H_n + \xi H_n)e^{-\xi^2/2} = 2nC_n H_{n-1} e^{-\xi^2/2} = \sqrt{2n}\psi_{n-1}$. 途中式 (4.18c), $C_n = C_{n-1}/\sqrt{2n}$ を用いた. $(\mathrm{d}/\mathrm{d}\xi - \xi)\psi_n = C_n(H'_n - 2\xi H_n)e^{-\xi^2/2}$. 式 (4.18a) と $C_{n+1} = C_n/\sqrt{2(n+1)}$ より第 2 式.

4.3 式 (4.20) のみ示す. $[AB, C] = ABC - CAB = A(BC - CB) + (AC - CA)B = A[B, C] + [A, C]B$.

4.4 (a) $\langle K \rangle = (\sqrt{\pi}a_0)^{-1} \int e^{-(x/a_0)^2/2}[-\hbar^2/(2m)](\mathrm{d}^2/\mathrm{d}x^2)e^{-(x/a_0)^2/2}\mathrm{d}x = (\sqrt{\pi}a_0)^{-1}(\hbar^2/2m)\int[(1/a_0^2) - x^2/a_0^4]e^{-(x/a_0)^2}\mathrm{d}x$. $\langle V \rangle = (\sqrt{\pi}a_0)^{-1}(m\omega^2/2)\int x^2 e^{-(x/a_0)^2}\mathrm{d}x$. 付録 A.1 の積分公式からいずれも $\hbar\omega/4$. (b) 式 (4.15) より $K = p^2/(2m) = -(\hbar\omega/4)(a - a^\dagger)^2$, $V = (\hbar\omega/4)(a + a^\dagger)^2$. $(a \pm a^\dagger)^2 \psi_n = \sqrt{n(n-1)}\psi_{n-2} \pm (2n+1)\psi_n + \sqrt{(n+1)(n+2)}\psi_{n+2}$. よって $\langle K \rangle = \langle V \rangle = \hbar\omega(2n+1)/4$.

4.5 (a) $(1/X)[-(\hbar^2/2m)X'' + (1/2)m\omega^2 x^2 X] + (1/Y)[-(\hbar^2/2m)Y'' + (1/2)m\omega^2 x^2 Y] = E$. 左辺 $= E_x + E_y$ とすると, 式 (4.9) の $\psi_n(x)$ を用いて $X =$

章末問題解答　243

$\psi_{n_1}(x)$, $E_x = \hbar\omega(n_1 + 1/2)$, および $Y = \psi_{n_2}(y)$, $E_y = \hbar\omega(n_2 + 1/2)$. したがって固有状態は $\varphi_{n_1,n_2}(x,y) = \psi_{n_1}(x)\psi_{n_2}(y)$, エネルギー固有値は $E_{n_1,n_2} = \hbar\omega(n_1 + n_2 + 1)$ $(n_1, n_2 = 0, 1, 2, \cdots)$. (b) 同様に $\varphi_{n_1,n_2,n_3}(x,y,z) = \psi_{n_1}(x)\psi_{n_2}(y)\psi_{n_3}(z)$, $E_{n_1,n_2,n_3} = \hbar\omega(n_1 + n_2 + n_3 + 3/2)$ $(n_1, n_2, n_3 = 0, 1, 2, \cdots)$. 縮退度：2D では $(n_1, n_2) = (0, 0)$ のとき $E = \hbar\omega$, $(1, 0), (0, 1)$ のとき $E = 2\hbar\omega$, $(2, 0), (1, 1), (0, 2)$ のとき $E = 3\hbar\omega$, etc. $N = n_1 + n_2$ $(= 0, 1, 2, \cdots)$ とするとエネルギー準位 $E = \hbar\omega(N + 1)$ は $(N + 1)$ 重に縮退. 3D では $(n_1, n_2, n_3) = (0, 0, 0)$ のとき $E = 3\hbar\omega/2$, $(1, 0, 0), (0, 1, 0), (0, 0, 1)$ のとき $E = 5\hbar\omega/2$, $(2, 0, 0), (1, 1, 0), \cdots$ のとき $E = 7\hbar\omega/2$, etc. $N = n_1 + n_2 + n_3$ $(= 0, 1, 2, \cdots)$ とするとエネルギー準位 $E = \hbar\omega(N + 3/2)$ は $(N+1)(N+2)/2$ 重に縮退 $[j = n_1 + n_2, N = j + n_3$ として 2D の結果を用いると縮退度は $\sum_{j=0}^{N}(j+1)]$.

4.6 $V = (m\omega^2/2)[x^2 + y^2 + (z - q\mathcal{E}/m\omega^2)^2] - (q\mathcal{E})^2/(2m\omega^2)$. z 方向は原点が $q\mathcal{E}/(m\omega^2)$ の調和振動子. $E_{n_1,n_2,n_3} = \hbar\omega(n_1+n_2+n_3+3/2) - (q\mathcal{E})^2/(2m\omega^2)$. $\langle z \rangle = q\mathcal{E}/(m\omega^2)$ より分極率 $\alpha = q^2/(m\omega^2)$.

4.7 (a) $\begin{pmatrix} 2 & 1 \\ 1 & 2 \end{pmatrix}$ を対角化すると，固有値 1, 3, 固有ベクトルはそれぞれ $(1/\sqrt{2})(1\ -1)^T$, $(1/\sqrt{2})(1\ 1)^T$. U は固有ベクトルを並べて $U = (1/\sqrt{2})\begin{pmatrix} 1 & 1 \\ -1 & 1 \end{pmatrix}$. (b) $[x_i, p_j] = [u_{i1}x + u_{i2}y, u_{j1}p_x + u_{j2}p_y] = (u_{i1}u_{j1} + u_{i2}u_{j2})i\hbar = i\hbar\delta_{i,j}$ (U は直交行列より). (c) $H = (p_1^2 + p_2^2)/(2m) + m\omega^2(x_1^2 + 3x_2^2)/2$. エネルギー固有値は $E_{n_1,n_2} = \hbar\omega(n_1 + 1/2) + \sqrt{3}\hbar\omega(n_2 + 1/2)$ $(n_1, n_2 = 0, 1, 2, \cdots)$.

第 5 章

5.1 (a) $(d/dt)\boldsymbol{L} = \dot{\boldsymbol{r}} \times \boldsymbol{p} + \boldsymbol{r} \times \dot{\boldsymbol{p}} = m(\dot{\boldsymbol{r}} \times \dot{\boldsymbol{r}}) - V'(r)(\boldsymbol{r} \times \boldsymbol{e}_r) = 0$. (b) $\boldsymbol{r} \cdot \boldsymbol{L} = \boldsymbol{r} \cdot (\boldsymbol{r} \times \boldsymbol{p}) = \boldsymbol{p} \cdot (\boldsymbol{r} \times \boldsymbol{r}) = 0$. (c) $\boldsymbol{r} = r\boldsymbol{e}_r$, $\dot{\boldsymbol{e}}_r = \dot{\theta}\boldsymbol{e}_\theta$ を用いると $\dot{\boldsymbol{r}} = \dot{r}\boldsymbol{e}_r + r\dot{\theta}\boldsymbol{e}_\theta$. $\boldsymbol{L} = m\boldsymbol{r} \times \dot{\boldsymbol{r}} = mr\boldsymbol{e}_r \times (\dot{r}\boldsymbol{e}_r + r\dot{\theta}\boldsymbol{e}_\theta) = mr^2\dot{\theta}\boldsymbol{e}_z$ $(\boldsymbol{e}_r \times \boldsymbol{e}_\theta = \boldsymbol{e}_z)$. $K = (m/2)\dot{\boldsymbol{r}}^2 = (m/2)[\dot{r}^2 + (r\dot{\theta})^2] = (m/2)\dot{r}^2 + \boldsymbol{L}^2/(2mr^2)$.

5.2 (a) $[\boldsymbol{L}^2, L_z] = [L_x^2 + L_y^2 + L_z^2, L_z] = L_x[L_x, L_z] + [L_x, L_z]L_x + L_y[L_y, L_z] + [L_y, L_z]L_y = -i\hbar(L_xL_y + L_yL_x) + i\hbar(L_yL_x + L_xL_y) = 0$. (b) L_z について示す. $[\boldsymbol{p}^2, L_z] = [p_x^2, xp_y] - [p_y^2, yp_x] = p_x[p_x, x]p_y + [p_x, x]p_xp_y - p_y[p_y, y]p_x - [p_y, y]p_yp_x = 0$. $[V(r), L_z] = 0$ は 5.1 節中にあるように $[V(r), p_y] = i\hbar(\partial/\partial y)V(r) = i\hbar V'(r)y/r$ [途中式 (1.38) を使用] などより証明される.

5.3 (a) $(\partial/\partial x)$ は y を止めて x で微分することを示すが，右辺では ϕ を止めている. 正しくは $1 = (\partial r/\partial x)\cos\phi - r\sin\phi(\partial\phi/\partial x)$. 同様に $y = r\sin\phi$ から $0 = (\partial r/\partial x)\sin\phi + r\cos\phi(\partial\phi/\partial x)$. この 2 つの式から $\partial r/\partial x, \partial\phi/\partial x$ を導くこ

とも可能. (b) $\Delta = [\cos\phi\partial/\partial r - (\sin\phi/r)\partial/\partial\phi][\cos\phi\partial/\partial r - (\sin\phi/r)\partial/\partial\phi] + [\sin\phi\partial/\partial r + (\cos\phi/r)\partial/\partial\phi][\sin\phi\partial/\partial r + (\cos\phi/r)\partial/\partial\phi]$ をまとめると式 (5.5). $L_z = r\cos\phi(\hbar/i)[\sin\phi\partial/\partial r + (\cos\phi/r)\partial/\partial\phi] - r\sin\phi(\hbar/i)[\cos\phi\partial/\partial r - (\sin\phi/r)\partial/\partial\phi]$ より式 (5.6).

5.4 (a) $P_l(\xi) = (1/2^l l!)(d^l/d\xi^l)(\xi^{2l} + \cdots) = (2l)!/[2^l(l!)^2]\xi^l + \cdots$. (b) $u' = 2l\xi(\xi^2 - 1)^{l-1} = 2l\xi u/(\xi^2 - 1)$ より与式. $(\xi^2 - 1)u' = 2l\xi u$ の両辺を $(l+1)$ 回微分すると $(\xi^2 - 1)u^{(l+2)} + {}_{l+1}C_1(2\xi)u^{(l+1)} + {}_{l+1}C_2 2u^{(l)} = 2l[\xi u^{(l+1)} + {}_{l+1}C_1 u^{(l)}]$, ゆえに $(1-\xi^2)u^{(l+2)} - 2\xi u^{(l+1)} + l(l+1)u^{(l)} = 0$. (c) $I = \int_{-1}^{1} P_l(\xi)(d^n/d\xi^n)(\xi^2-1)^n d\xi = [P_l(\xi)(d^{n-1}/d\xi^{n-1})(\xi^2-1)^n]_{-1}^{1} - \int_{-1}^{1} P_l'(d^{n-1}/d\xi^{n-1})(\xi^2-1)^n d\xi = \cdots = (-1)^n \int_{-1}^{1} P_l^{(n)}(\xi^2-1)^n d\xi$. P_l は l 次の多項式だから $l < n$ のとき 0, $l = n$ のとき (a) より $P_l^{(n)} = (2l)!/(2^l l!)$.

5.5 前半略. $m > 0$ のとき $Y_l^m = CP_l^m(\xi)e^{im\phi}/\sqrt{2\pi}$ とすると $1 = |C|^2 \int_0^{\pi} |P_l^m(\xi)|^2 \sin\theta d\theta = |C|^2 \int_{-1}^{1} |P_l^m(\xi)|^2 d\xi = |C|^2 [2/(2l+1)][(l+m)!/(l-m)!]$.

第 6 章

6.1 $\nabla_1 = \partial/\partial \boldsymbol{r}_1$ などと表記する. 式 (6.3) より $\partial/\partial \boldsymbol{r}_1 = [m/(m+M)]\partial/\partial\boldsymbol{R} + \partial/\partial\boldsymbol{r}$, $\partial/\partial\boldsymbol{r}_2 = [M/(m+M)]\partial/\partial\boldsymbol{R} - \partial/\partial\boldsymbol{r}$. $(1/m)\Delta_1 + (1/M)\Delta_2 = (1/m)\{[m/(m+M)]\partial/\partial\boldsymbol{R} + \partial/\partial\boldsymbol{r}\}^2 + (1/M)\{[M/(m+M)]\partial/\partial\boldsymbol{R} - \partial/\partial\boldsymbol{r}\}^2 = [1/(m+M)]\Delta_R + [(1/m)+(1/M)]\Delta_r$. 式 (6.4) より $(1/\psi_G)[-(\hbar^2/2M_G)\Delta_R\psi_G] + (1/\psi)[-(\hbar^2/2\mu)\Delta_r\psi - (e^2/4\pi\varepsilon_0)(1/r)\psi] = E$. (左辺)$= E_G + E_r$ とおく.

6.2 (a) 式 (6.3) から $\boldsymbol{r}_1 = \boldsymbol{R} + [M/(m+M)]\boldsymbol{r}$, $\boldsymbol{r}_2 = \boldsymbol{R} - [m/(m+M)]\boldsymbol{r}$. これより $m\dot{\boldsymbol{r}}_1^2 + M\dot{\boldsymbol{r}}_2^2 = (m+M)\dot{\boldsymbol{R}}^2 + [mM/(m+M)]\dot{\boldsymbol{r}}^2$. (b) $\boldsymbol{P} = M_G\dot{\boldsymbol{R}}$, $\boldsymbol{p} = \mu\dot{\boldsymbol{r}}$. (c) $[\boldsymbol{r}, \boldsymbol{p}] = [\boldsymbol{r}_1 - \boldsymbol{r}_2, (M\boldsymbol{p}_1 - m\boldsymbol{p}_2)/(m+M)] = i\hbar$, など.

6.3 (a) $\psi_{100}(\boldsymbol{r}) = c_0 e^{-\xi}/\sqrt{4\pi}$. $1 = \int |\psi_{100}|^2 d\boldsymbol{r} = |c_0|^2 \int_0^{\infty} e^{-2\xi} r^2 dr = |c_0|^2 (a_B)^3 \int_0^{\infty} e^{-2\xi}\xi^2 d\xi$. 最後の積分は $\Gamma(3)/8 = 1/4$ (付録 A.2). (b) $\langle K \rangle = (-\hbar^2/2m)\int \psi_{100}^* \Delta\psi_{100} d\boldsymbol{r}$. $\Delta\psi_{100} = (\pi a_B^3)^{-1/2}(1/r^2)(d/dr)[r^2(d/dr)e^{-r/a_B}]$ より $\langle K \rangle = (-\hbar^2/2ma_B^2)(\pi a_B^3)^{-1}\int_0^{\infty}(1 - 2a_B/r)e^{-2r/a_B} 4\pi r^2 dr = (-\hbar^2/2ma_B^2)[\Gamma(3) - 4\Gamma(2)]/2 = \hbar^2/(2ma_B^2)$. $\langle V \rangle = -(\pi a_B^3)^{-1}(e^2/4\pi\varepsilon_0)\int_0^{\infty}(1/r)e^{-2r/a_B} 4\pi r^2 dr = -(e^2/4\pi\varepsilon_0)(1/a_B)$.

6.4 $R(r) = fe^{-\xi/n} = C\zeta^l L_{n+l}^{2l+1}(\zeta)e^{-\zeta/2}$ のとき $1 = \int_0^{\infty} |R(r)|^2 r^2 dr = |C|^2 (na_B/2)^3 \int_0^{\infty} \zeta^{2l} [L_{n+l}^{2l+1}(\zeta)]^2 e^{-\zeta}\zeta^2 d\zeta$.

6.5 (a) $\boldsymbol{R}_A = 0$, $\boldsymbol{R}_B = (0,0,R)$ とする. $\xi = r/a_B$, $\tilde{R} = R/a_B$ とおくと $S = (1/\pi)\int \exp[-\sqrt{\xi^2 + \tilde{R}^2 - 2\xi\tilde{R}\cos\theta} - \xi]2\pi\xi^2 d\cos\theta d\xi$. $\cos\theta$ から $X =$

$\sqrt{\xi^2+\tilde{R}^2-2\xi\tilde{R}\cos\theta}$ に変数変換すると $dX = -\xi\tilde{R}d\cos\theta/X$. $X = \xi + \tilde{R} \to |\xi - \tilde{R}|$ $(\cos\theta = -1 \to 1)$ の積分を行うと $S = (2/R)\int_0^\infty [-(1+X)e^{-X}]_{|\xi-\tilde{R}|}^{\xi+\tilde{R}}\xi e^{-\xi}d\xi$. ξ の積分を $0 \to \tilde{R}$, $\tilde{R} \to \infty$ に場合分けして計算. $\alpha = (e^2/4\pi\varepsilon_0)(\pi a_B^3)^{-1}\int(1/r)\exp[-2|\boldsymbol{r}-\boldsymbol{R}_B|/a_B]d\boldsymbol{r}$, β も同様. (b) 式 (6.21) より $\varepsilon = E - E_{1s}$ とおくと $\begin{pmatrix}\varepsilon+\alpha & \varepsilon S+\beta \\ \varepsilon S+\beta & \varepsilon+\alpha\end{pmatrix}\begin{pmatrix}C_1 \\ C_2\end{pmatrix} = 0$. $\begin{pmatrix}C_1 \\ C_2\end{pmatrix} \neq 0$ の解が存在する条件 (永年方程式) より $\varepsilon = -(\alpha\pm\beta)/(1\pm S)$, $(C_1, C_2) = (1,\pm 1)$ を得る. 規格化すると 6.6 節の $\psi_\pm(\boldsymbol{r})$.

6.6 (a) $(1/\xi^2)(d/d\xi)(\xi^2 dR/d\xi) = (1/\xi^2)(\xi^2 R'' + 2\xi R') = (1/\xi)(d^2/d\xi^2)(\xi R)$. (b) $r \neq 0$ のとき $\Delta(1/r) = (1/r)(d^2/dr^2)[r(1/r)] = 0$. $\int \Delta(1/r)d\boldsymbol{r} = \int_{r=a}\boldsymbol{\nabla}(1/r)\cdot d\boldsymbol{S}$. $\boldsymbol{\nabla}(1/r) = -(1/r^2)(\boldsymbol{r}/r)$, $d\boldsymbol{S}=(\boldsymbol{r}/r)dS$ より $\int \Delta(1/r)d\boldsymbol{r} = -(1/a^2)\int_{r=a}dS = -4\pi$.

6.7 (a) $j_0 = \sqrt{\pi/(2x)}J_{1/2}$. 式 (A.7) より $\Gamma(n+3/2) = (2n+1)!!\sqrt{\pi}/2^{n+1}$, これを $J_{1/2}$ の表式に代入すると $j_0 = \sum_{n=0}^\infty (-1)^n x^{2n}/(2n+1)! = \sin x/x$. 同様に $j_{-1} = \sqrt{\pi/(2x)}J_{-1/2} = \sum_{n=0}^\infty (-1)^n x^{2n-1}/[2n\cdot(2n-1)!] = \cos x/x$. (b) 略. (c) $y_1 = J_{\pm(l+1/2)}(x)$, $y = y_1/\sqrt{x}$ とおくと $y' = [-y_1/(2x) + y_1']/\sqrt{x}$, $y'' = [3y_1/(4x^2) - y_1'/x + y_1'']/\sqrt{x}$. (与式の左辺) $\times\sqrt{x} = x^2 y_1'' + xy_1' + [x^2 - (l+1/2)^2]y_1 = 0$. (d) $j_l \sim \sqrt{\pi/(2x)}(x/2)^{l+1/2}/\Gamma(l+3/2)$. $\Gamma(l+3/2) = (2l+1)!!\sqrt{\pi}/2^{l+1}$ より. $n_l \sim (-1)^{l+1}\sqrt{\pi/(2x)}(x/2)^{-l-1/2}/\Gamma(-l+1/2)$. $\Gamma(-l+1/2) = \Gamma(-l+3/2)/(-l+1/2) = \cdots = (-2)^l\sqrt{\pi}/(2l-1)!!$ より. (e) $j_l \sim \cos(x - l\pi/2 - \pi/2)/x$. $n_l \sim (-1)^{l+1}\cos(x - l\pi/2 + l\pi)/x$.

6.8 (b) 級数解の満たす方程式は $\sum[c_n(n+\lambda)(n+\lambda-1)\xi^{n+\lambda} + (-2\xi^2+1)c_n(n+\lambda)\xi^{n+\lambda} + [(\varepsilon-2)\xi^2 - m^2]c_n\xi^{n+\lambda} = 0$. ξ^λ, $\xi^{\lambda+1}$, $\xi^{\lambda+n}$ $(n \geq 2)$ の係数から関係式 $c_0[\lambda(\lambda-1)+\lambda-m^2] = 0$, $c_1[(\lambda+1)\lambda+\lambda+1-m^2] = 0$, $c_n[(n+\lambda)^2 - m^2] + c_{n-2}[-2(n+\lambda) + \varepsilon - 2] = 0$ が得られる. $\xi = 0$ で正則なのは $\lambda = |m|$ (以下 $m \geq 0$ とする). このとき $c_1 = 0$. 級数が無限に続くとき $R \sim c_0\xi^m e^{\xi^2/2}$ と規格化不可能な解となる. $c_{2N} = 0$ $(N = 1, 2, 3, \cdots)$ のとき $\varepsilon = 2(2N+m-1)$. これより $E_{N,m} = \hbar\omega(2N+|m|-1)$. (c) $m \geq 0$ のとき $u(\xi)$ の満たす方程式は $\xi^2 u'' + \xi(2m+1-2\xi^2)u' + \xi^2(\varepsilon-2m-2)u = 0$. $u' = 2\xi du/d\zeta = 2\sqrt{\zeta}du/d\zeta$ 等で変数変換. (d) $R(r) = C\zeta^{|m|/2}L_{n+|m|}^{|m|}(\zeta)e^{-\zeta/2}$. 規格化条件は $r \to \zeta$ に変数変換すると $1 = \int_0^\infty |R(r)|rdr = |C|^2(a_0^2/2)\int_0^\infty \zeta^{|m|}|L_{n+|m|}^{|m|}(\zeta)|^2 e^{-\zeta}d\zeta$.

第 7 章

7.1 (a) $\dot{p}_x = q(\dot{x}\partial A_x/\partial x + \dot{y}\partial A_y/\partial x + \dot{z}\partial A_z/\partial x) - \partial V/\partial x - q\partial\phi/\partial x$ をヒントの式に代入すると $m\ddot{x} = q[\dot{y}(\partial A_y/\partial x - \partial A_x/\partial y) - \dot{z}(\partial A_x/\partial z - \partial A_z/\partial x) - \partial\phi/\partial x -

$\partial A_x/\partial t] - \partial V/\partial x = q[\dot{\boldsymbol{r}} \times \boldsymbol{B} + \boldsymbol{E}]_x - \partial V/\partial x$. (b) $\boldsymbol{A} = B(-y,x,0)/2$. (d) $\boldsymbol{A}^{(c)} = \boldsymbol{A}^{(b)} + \boldsymbol{\nabla} f$ とすると $\partial f/\partial x = -By/2,\ \partial f/\partial y = -Bx/2,\ \partial f/\partial z = 0$. 第 1 式より $f = -Bxy/2 + C(y,z)$, これを第 2 式, 第 3 式に代入すると $C(x,y)=$(定数). (ϕ は共通として, f の t 依存性はないとした.)

7.2 $(\boldsymbol{p}\cdot\boldsymbol{A} - \boldsymbol{A}\cdot\boldsymbol{p})\psi(\boldsymbol{r}) = (\hbar/i)[(\partial/\partial x)(A_x\psi) - A_x\partial\psi/\partial x + \cdots] = (\hbar/i)[\partial A_x/\partial x + \partial A_y/\partial y + \partial A_z/\partial z]\psi = 0$.

7.3 (a) $v_x = [x,H]/(i\hbar) = [x,(p_x+eA_x)^2/2m]/(i\hbar) = (p_x+eA_x)/m$. (b) $[v_x,v_y] = [p_x+eA_x, p_y+eA_y]/m^2 = (e/m^2)\{[p_x,A_y] - [p_y,A_x]\} = (e/m^2)(\hbar/i)(\partial A_y/\partial x - \partial A_x/\partial y)$. 途中式 (1.38) を用いた.

7.4 式 (7.6) の両辺を複素共役をとる. $\boldsymbol{A},V,\phi$ は実数であるから $-i\hbar(\partial/\partial t)\Psi^* = [(1/2m)(i\hbar\boldsymbol{\nabla}+e\boldsymbol{A})^2 + V - e\phi]\Psi^*$. この式と式 (7.6) を用いると $(\partial/\partial t)|\Psi|^2 = [\Psi^*(-i\hbar\boldsymbol{\nabla}+e\boldsymbol{A})^2\Psi - \Psi(-i\hbar\boldsymbol{\nabla}-e\boldsymbol{A})^2\Psi^*]/(i2m\hbar) = -\boldsymbol{\nabla}[\Psi^*(-i\hbar\boldsymbol{\nabla}+e\boldsymbol{A})\Psi - \Psi(-i\hbar\boldsymbol{\nabla}-e\boldsymbol{A})\Psi^*]/(2m)$.

7.5 $(d/dt)\langle x\rangle = (1/i\hbar)\langle[x,H]\rangle = (1/i\hbar)\langle[x,p_x^2/2m]\rangle = (1/m)\langle p_x\rangle$. $(d/dt)\langle p_x\rangle = (1/i\hbar)\langle[p_x,H]\rangle = (1/i\hbar)\langle[p_x,V(\boldsymbol{r})]\rangle = -\langle\partial V/\partial x\rangle$ [式 (1.38) より].

7.6 (b) $-(\hbar^2/2m)\chi'' + (1/2)m\omega_c^2(y-\hbar k/eB)^2\chi = E\chi$. (c) 中心がずれた調和振動子であるから $E_n = \hbar\omega_c(n+1/2),\ \psi_{n,k}(x,y) = \psi_n(y-\hbar k/eB)e^{ikx}/\sqrt{L}$. ここで式 (4.9) の ψ_n を使い (ただし $a_0 = \sqrt{\hbar/(m\omega_c)}$), また x 方向は長さ L の周期的境界条件で規格化した. (d) $H = [(p_x-eBy)^2 + p_y^2]/(2m) + m\omega^2 y^2/2$ は p_x と交換する. (a) の $\chi(y)$ が満たす方程式は $-(\hbar^2/2m)\chi'' + (1/2)m(\omega^2+\omega_c^2)\{y-[\omega_c^2/(\omega^2+\omega_c^2)](\hbar k/eB)\}^2\chi = \{E-(m/2)[\omega^2\omega_c^2/(\omega^2+\omega_c^2)](\hbar k/eB)^2\}\chi$. エネルギー固有値は $E_n(k) = \hbar\sqrt{\omega^2+\omega_c^2}(n+1/2) + (\hbar^2 k^2/2m)[\omega^2/(\omega^2+\omega_c^2)]$. 磁場がないときは $E_n(k) = \hbar\omega(n+1/2) + \hbar^2 k^2/(2m)$ であるから, x 方向の運動の有効質量は $m(\omega^2+\omega_c^2)/\omega^2$ と磁場によって増加する.

7.7 (a) $\boldsymbol{A} = (-By/2, Bx/2, 0),\ \boldsymbol{A}^2 = B^2(x^2+y^2)/4$. (b) $H = (1/2M)[\boldsymbol{p}^2 + eBL_z + (eBr/2)^2] + (1/2)M\omega^2 r^2$. シュレーディンガー方程式は $\{-(\hbar^2/2M)[(1/r)(\partial/\partial r)(r\partial/\partial r) + (1/r^2)(\partial^2/\partial\phi^2)] + (eB/2M)(\hbar/i)(\partial/\partial\phi) + (e^2/2M)(Br/2)^2 + (1/2)M\omega^2 r^2\}\psi(r,\phi) = E\psi(r,\phi)$.

第 8 章

8.1 (a) $J_x^2 + J_y^2 = [(J_x+iJ_y)(J_x-iJ_y) + (J_x-iJ_y)(J_x+iJ_y)]/2$. (b) $[\boldsymbol{J}^2,J_x] = [J_y^2+J_z^2, J_x] = J_y[J_y,J_x] + [J_y,J_x]J_y + J_z[J_z,J_x] + [J_z,J_x]J_z = -i\hbar(J_yJ_z + J_zJ_y) + i\hbar(J_zJ_y + J_yJ_z) = 0$. (c) $[J_z, J_x\pm iJ_y] = i\hbar(J_y \mp iJ_x) = \pm\hbar J_\pm$. $[J_x+iJ_y, J_x-iJ_y] = -i[J_x,J_y] + i[J_y,J_x] = 2\hbar J_z$. (d) $(J_x\mp iJ_y)(J_x\pm iJ_y) =$

$J_x^2 + J_y^2 \pm i(J_x J_y - J_y J_x) = \boldsymbol{J}^2 - J_z^2 \mp \hbar J_z$.

8.2 $\det(\lambda \mathbf{1} - M) = 0$ より $\lambda = \hbar, 0, -\hbar$. 固有状態はそれぞれ $(1/2)(1, \sqrt{2}, 1)^T$, $(1/\sqrt{2})(1, 0, -1)^T$, $(1/2)(1, -\sqrt{2}, 1)^T$. それを各列に並べると U を得る. $J_y = (J_+ - J_-)/(2i)$ の行列は $(\hbar/\sqrt{2}) \begin{pmatrix} 0 & -i & 0 \\ i & 0 & -i \\ 0 & i & 0 \end{pmatrix}$. 固有値は $\hbar, 0, -\hbar$, 固有状態はそれぞれ $(1/2)(1, i\sqrt{2}, -1)^T$, $(1/\sqrt{2})(1, 0, 1)^T$, $(1/2)(1, -i\sqrt{2}, -1)^T$. それを並べて $U = \begin{pmatrix} 1/2 & 1/\sqrt{2} & 1/2 \\ i/\sqrt{2} & 0 & -i/\sqrt{2} \\ -1/2 & 1/\sqrt{2} & -1/2 \end{pmatrix}$.

8.3 (a) S_z, S_+, S_- の行列はそれぞれ $(\hbar/2)\begin{pmatrix} 1 & 0 \\ 0 & -1 \end{pmatrix}$, $\hbar\begin{pmatrix} 0 & 1 \\ 0 & 0 \end{pmatrix}$, $\hbar\begin{pmatrix} 0 & 0 \\ 1 & 0 \end{pmatrix}$. $S_x = (S_+ + S_-)/2$, $S_y = (S_+ - S_-)/(2i)$ からその行列表示が得られる. (b) $\lambda = \pm\hbar/2$, $(1/\sqrt{2})(1, \pm 1)^T$. $U = (1/\sqrt{2})\begin{pmatrix} 1 & 1 \\ 1 & -1 \end{pmatrix}$. (c) $\lambda = \pm\hbar/2$, $(1/\sqrt{2})(1, i)^T$ と $(1/\sqrt{2})(i, 1)^T$. $U = (1/\sqrt{2})\begin{pmatrix} 1 & i \\ i & 1 \end{pmatrix}$.

8.4 (b) $[(a+d)/2]\mathbf{1} + [(a-d)/2]\sigma_z + b\sigma_x + c\sigma_y$. (c) $e^{i\alpha\sigma_x} = 1 + i\alpha\sigma_x + (1/2!)(i\alpha\sigma_x)^2 + \cdots = [1 - (1/2!)\alpha^2 + (1/4!)\alpha^4 - \cdots] + i[\alpha - (1/3!)\alpha^3 + \cdots]\sigma_x$.

8.5 (a) H の行列表示は $g\mu_B \boldsymbol{B} \cdot \boldsymbol{\sigma}/2 = \Delta_0(\sin\theta\cos\phi\,\sigma_x + \sin\theta\sin\phi\,\sigma_y + \cos\theta\,\sigma_z)$. (b) $|\psi_+\rangle$ のとき, 式 (8.24) より $\langle S_x \rangle = (\hbar/2)(\cos(\theta/2), \sin(\theta/2)e^{-i\phi})\sigma_x \begin{pmatrix} \cos(\theta/2) \\ \sin(\theta/2)e^{i\phi} \end{pmatrix} = (\hbar/2)\sin(\theta/2)\cos(\theta/2)(e^{i\phi} + e^{-i\phi}) = (\hbar/2)\sin\theta\cos\phi$, 他の成分も同様. $|\psi_-\rangle$ のときは $\langle S_x \rangle = -(\hbar/2)\sin\theta\cos\phi$ などより $\langle \psi_- | \boldsymbol{S} | \psi_- \rangle = -(\hbar/2)\boldsymbol{n}$. (c) (b) と同様 ($\phi \to \phi + 2\Delta_0 t/\hbar$ の置き換えに対応する). (d) $(|\psi_+\rangle, |\psi_-\rangle) = (|\alpha\rangle, |\beta\rangle)U$, $U = \begin{pmatrix} \cos(\theta/2) & -\sin(\theta/2)e^{-i\phi} \\ \sin(\theta/2)e^{i\phi} & \cos(\theta/2) \end{pmatrix}$ より $(|\alpha\rangle, |\beta\rangle) = (|\psi_+\rangle, |\psi_-\rangle)U^\dagger$. $|\alpha\rangle = \cos(\theta/2)|\psi_+\rangle - \sin(\theta/2)e^{i\phi}|\psi_-\rangle$ であるから状態が $|\alpha\rangle$ のとき $\boldsymbol{n}$ 方向に磁場をかけた測定で $\hbar/2$ が得られる確率は $\cos^2(\theta/2)$. 次に $|\psi_+\rangle = \cos(\theta/2)|\alpha\rangle + \sin(\theta/2)e^{i\phi}|\beta\rangle$ のときに S_z を観測すると確率 $\cos^2(\theta/2)$ で $\hbar/2$, 確率 $\sin^2(\theta/2)$ で $-\hbar/2$.

8.6 (a) $e^A B e^{-A} = (1 + A + (1/2!)A^2 + \cdots)B(1 - A + (1/2!)A^2 - \cdots) = B + (AB - BA) + (1/2)(A^2 B - 2ABA + BA^2) + \cdots = B + [A, B] + (1/2!)[A, [A, B]] + \cdots$. 数学的に証明するには, $f(\lambda) = e^{\lambda A} B e^{-\lambda A} = \sum_{n=0}^{\infty} \lambda^n F_n$ とおくと $f'(\lambda) = [A, f(\lambda)]$ より $F_n = [A, F_{n-1}]/n$. $F_0 = B$ と合わせて帰納法を用いる. 後半は $[-i\boldsymbol{a} \cdot \boldsymbol{p}/\hbar, x] = -a_x$, $[-i\boldsymbol{a} \cdot \boldsymbol{p}/\hbar, [-i\boldsymbol{a} \cdot \boldsymbol{p}/\hbar, x]] = 0$ より $e^{-i\boldsymbol{a} \cdot \boldsymbol{p}/\hbar} x e^{i\boldsymbol{a} \cdot \boldsymbol{p}/\hbar} = x - a_x$ など. (b) $f'(\lambda) = Af(\lambda) + e^{\lambda A}Be^{\lambda B} = (A + e^{\lambda A}Be^{-\lambda A})f(\lambda) = (A + B + \lambda C)f(\lambda)$ [(a) の結果より]. $(d/d\lambda)\log f = A + B + \lambda C$ を積分すると, $(A+B)$ と C が可換であることから $f(\lambda) = e^{(A+B)\lambda + C\lambda^2/2}f(0)$. $f(0) = 1$ より $f(1)$ が与式を示す.

8.7 $A = i\phi J_z/\hbar$ とおくと $[A, J_x] = -\phi J_y$, $[A, [A, J_x]] = -\phi^2 J_x, \cdots$. 式 (8.37) の左辺 $= J_x - \phi J_y - (1/2!)\phi^2 J_x + (1/3!)\phi^3 J_y + \cdots = \cos\phi J_x - \sin\phi J_y$. 式 (8.38) も同じ要領.

8.8 $e^{\pm i\phi S_z/\hbar}$ のスピノール空間での行列表示は $e^{\pm i\phi \sigma_z/2} = \cos(\phi/2) \pm i\sin(\phi/2)\sigma_z$.

第1式の行列表示は $(\hbar/2)e^{i\phi\sigma_z/2}\sigma_x e^{-i\phi\sigma_z/2} = (\hbar/2)(\cos(\phi/2)+i\sin(\phi/2)\sigma_z)$
$\sigma_x(\cos(\phi/2)-i\sin(\phi/2)\sigma_z) = (\hbar/2)(\cos^2(\phi/2)\sigma_x + i\sin(\phi/2)\cos(\phi/2)[\sigma_z,\sigma_x]$
$+\sin^2(\phi/2)\sigma_z\sigma_x\sigma_z)$. 式 (8.33b) より $[\sigma_z,\sigma_x]=2i\sigma_y$, 式 (8.33a), (8.33c) より
$\sigma_z\sigma_x\sigma_z = -\sigma_x$. 第2式も同様.

第9章

9.1 $m_i\ddot{\bm{r}}_i = -\sum_{j\neq i}(Gm_im_j/|\bm{r}_i-\bm{r}_j|^3)(\bm{r}_i-\bm{r}_j)$. $(d/dt)\bm{P} = \sum_{i=1}^N m_i\ddot{\bm{r}}_i = -\sum_{i=1}^N\sum_{j\neq i}(Gm_im_j/|\bm{r}_i-\bm{r}_j|^3)(\bm{r}_i-\bm{r}_j) = 0$. $(d/dt)\bm{L} = \sum_{i=1}^N m_i\bm{r}_i\times\ddot{\bm{r}}_i = -\sum_{i=1}^N\sum_{j\neq i}(Gm_im_j/|\bm{r}_i-\bm{r}_j|^3)\bm{r}_i\times(\bm{r}_i-\bm{r}_j) = 0$. なぜならば $\bm{r}_i-\bm{r}_j$, $\bm{r}_i\times(\bm{r}_i-\bm{r}_j) = -\bm{r}_i\times\bm{r}_j$ ともに i,j の入れ替えで逆符号になるため.

9.2 (a) $[J_z, \bm{J}_1^2] = [J_{1z}+J_{2z}, \bm{J}_1^2] = [J_{1z}, \bm{J}_1^2] = 0$ (8.1節の (b)). J_x, J_y も同様. $\bm{J}^2 = J_x^2+J_y^2+J_z^2$ も $\bm{J}_1^2$ と交換可能. (b) $[J_z, J_{1z}] = [J_{1z}+J_{2z}, J_{1z}] = 0$. $[\bm{J}^2, J_{1z}] = 2[\bm{J}_1\cdot\bm{J}_2, J_{1z}] = 2\{[J_{1x}, J_{1z}]J_{2x}+[J_{1y}, J_{1z}]J_{2y}\} = 2i\hbar(-J_{1y}J_{2x}+J_{1x}J_{2y}) = 2i\hbar(\bm{J}_1\times\bm{J}_2)_z \neq 0$.

9.3 (a) $S_{1+}S_{2-}|\psi\rangle = \hbar^2 C_3|1/2\rangle|-1/2\rangle$, $S_{1z}S_{2z}|\psi\rangle = (\hbar^2/4)[C_1|1/2\rangle|1/2\rangle - C_2|1/2\rangle|-1/2\rangle - C_3|-1/2\rangle|1/2\rangle + C_4|-1/2\rangle|-1/2\rangle]$ などより

$$(\bm{J}^2/4)\begin{pmatrix} 1 & 0 & 0 & 0 \\ 0 & -1 & 2 & 0 \\ 0 & 2 & -1 & 0 \\ 0 & 0 & 0 & 1 \end{pmatrix}\begin{pmatrix} C_1 \\ C_2 \\ C_3 \\ C_4 \end{pmatrix} = E\begin{pmatrix} C_1 \\ C_2 \\ C_3 \\ C_4 \end{pmatrix}.$$

(b) 固有値 $\bm{J}^2/4$ の固有状態は $|1/2\rangle|1/2\rangle$, $|-1/2\rangle|-1/2\rangle$, $(|1/2\rangle|-1/2\rangle+|-1/2\rangle|1/2\rangle)/\sqrt{2}$. 固有値 $-3\bm{J}^2/4$ の固有状態は $(|1/2\rangle|-1/2\rangle-|-1/2\rangle|1/2\rangle)/\sqrt{2}$. それぞれ 9.2 節で求めた $|1, M\rangle$ ($M=\pm 1, 0$) と $|0, 0\rangle$ に一致する.

9.4 $[J_z, \bm{L}\cdot\bm{S}] = [L_z+S_z, L_xS_x+L_yS_y] = [L_z, L_x]S_x+[L_z, L_y]S_y+L_x[S_z, S_x]+L_y[S_z, S_y] = i\hbar(L_yS_x - L_xS_y + L_xS_y - L_yS_x) = 0$.

9.5 (a) $H = a(L_+S_- + L_-S_+ + 2L_zS_z)/\hbar^2 + b(L_z+2S_z)/\hbar$ の基底 $|1,1\rangle|1/2\rangle$, $|1,1\rangle|-1/2\rangle$, $|1,0\rangle|1/2\rangle$, $|1,0\rangle|-1/2\rangle$, $|1,-1\rangle|1/2\rangle$, $|1,-1\rangle|-1/2\rangle$ での行列表示は

$$a\begin{pmatrix} 1 & 0 & 0 & 0 & 0 & 0 \\ 0 & -1 & \sqrt{2} & 0 & 0 & 0 \\ 0 & \sqrt{2} & 0 & 0 & 0 & 0 \\ 0 & 0 & 0 & 0 & \sqrt{2} & 0 \\ 0 & 0 & 0 & \sqrt{2} & -1 & 0 \\ 0 & 0 & 0 & 0 & 0 & 1 \end{pmatrix} + b\begin{pmatrix} 2 & 0 & 0 & 0 & 0 & 0 \\ 0 & 0 & 0 & 0 & 0 & 0 \\ 0 & 0 & 1 & 0 & 0 & 0 \\ 0 & 0 & 0 & -1 & 0 & 0 \\ 0 & 0 & 0 & 0 & 0 & 0 \\ 0 & 0 & 0 & 0 & 0 & -2 \end{pmatrix}$$

章末問題解答　249

(c) エネルギー固有値は $a \pm 2b$, $[-a+b \pm \sqrt{9a^2+2ab+b^2}]/2$, $[-(a+b) \pm \sqrt{9a^2-2ab+b^2}]/2$.

9.6 (a) $J=2$ の状態：$|2,2\rangle = |3/2\rangle|1/2\rangle$. $J_-|2,2\rangle = 2\hbar|2,1\rangle = \hbar\sqrt{3}|1/2\rangle|1/2\rangle + \hbar|3/2\rangle|-1/2\rangle$, よって $|2,1\rangle = (\sqrt{3}|1/2\rangle|1/2\rangle + |3/2\rangle|-1/2\rangle)/2$. 同様にして $|2,0\rangle = (|-1/2\rangle|1/2\rangle + |1/2\rangle|-1/2\rangle)/\sqrt{2}$, $|2,-1\rangle = (|-3/2\rangle|1/2\rangle + \sqrt{3}|-1/2\rangle|-1/2\rangle)/2$, $|2,-2\rangle = |-3/2\rangle|-1/2\rangle$. $J=1$ の状態：$|1,1\rangle = C_1|1/2\rangle|1/2\rangle + C_2|3/2\rangle|-1/2\rangle$. $|2,1\rangle$ との直交性から $|1,1\rangle = (-|1/2\rangle|1/2\rangle + \sqrt{3}|3/2\rangle|-1/2\rangle)/2$. 両辺に J_- を演算して $|1,0\rangle = (-|-1/2\rangle|1/2\rangle + |1/2\rangle|-1/2\rangle)/\sqrt{2}$, $|1,-1\rangle = (-\sqrt{3}|-3/2\rangle|1/2\rangle + |-1/2\rangle|-1/2\rangle)/2$. (b) $H = [A/(2\hbar^2)][(\boldsymbol{I}+\boldsymbol{S})^2 - \boldsymbol{I}^2 - \boldsymbol{S}^2] = A[\boldsymbol{J}^2/(2\hbar^2) - 9/4]$. 固有状態は (a) で求めた $|J,M\rangle$. エネルギー固有値は $3A/4$ $(J=2)$, $-5A/4$ $(J=1)$.

9.7 (a) $U \begin{pmatrix} e^{-i\theta} & 0 & 0 \\ 0 & 1 & 0 \\ 0 & 0 & e^{i\theta} \end{pmatrix} U^\dagger = \begin{pmatrix} \cos^2(\theta/2) & -\sin\theta/\sqrt{2} & \sin^2(\theta/2) \\ \sin\theta/\sqrt{2} & \cos\theta & -\sin\theta/\sqrt{2} \\ \sin^2(\theta/2) & \sin\theta/\sqrt{2} & \cos^2(\theta/2) \end{pmatrix}$ より与式を得る. (b-1) 問題8.4(c) より $e^{-i\sigma_y\theta/2} = \cos(\theta/2) - i\sin(\theta/2)\sigma_y$. この式を使うと $e^{-iS_{1y}\theta/\hbar}|\uparrow\rangle \otimes e^{-iS_{2y}\theta/\hbar}|\uparrow\rangle = (\cos(\theta/2)|\uparrow\rangle + \sin(\theta/2)|\downarrow\rangle) \otimes (\cos(\theta/2)|\uparrow\rangle + \sin(\theta/2)|\downarrow\rangle) = \cos^2(\theta/2)|\uparrow\rangle|\uparrow\rangle + (\sin\theta/\sqrt{2})(|\uparrow\rangle|\downarrow\rangle + |\downarrow\rangle|\uparrow\rangle)/\sqrt{2} + \sin^2(\theta/2)|\downarrow\rangle|\downarrow\rangle$. (b-2) $(1/\sqrt{2})[(\cos(\theta/2)|\uparrow\rangle + \sin(\theta/2)|\downarrow\rangle)(-\sin(\theta/2)|\uparrow\rangle + \cos(\theta/2)|\downarrow\rangle) - (-\sin(\theta/2)|\uparrow\rangle + \cos(\theta/2)|\downarrow\rangle)(\cos(\theta/2)|\uparrow\rangle + \sin(\theta/2)|\downarrow\rangle)] = (|\uparrow\rangle|\downarrow\rangle - |\downarrow\rangle|\uparrow\rangle)/\sqrt{2}$.

第10章

10.1 (a) $|\psi\rangle = C_1|1\rangle + C_2|2\rangle$ とすると $H|\psi\rangle = E|\psi\rangle$ より

$$\begin{pmatrix} \langle 1|H|1\rangle & \langle 1|H|2\rangle \\ \langle 2|H|1\rangle & \langle 2|H|2\rangle \end{pmatrix} \begin{pmatrix} C_1 \\ C_2 \end{pmatrix} = \begin{pmatrix} \varepsilon_0 & -V_0 \\ -V_0 & \varepsilon_0 \end{pmatrix} \begin{pmatrix} C_1 \\ C_2 \end{pmatrix} = E \begin{pmatrix} C_1 \\ C_2 \end{pmatrix}.$$

エネルギー固有値は $E_\pm = \varepsilon_0 \mp V_0$, 固有状態は $|\psi_\pm\rangle = (|1\rangle \pm |2\rangle)/\sqrt{2}$. (b) $|\Psi(t)\rangle = Ae^{-iE_+t/\hbar}|\psi_+\rangle + Be^{-iE_-t/\hbar}|\psi_-\rangle = [(Ae^{-iE_+t/\hbar} + Be^{-iE_-t/\hbar})|1\rangle + (Ae^{-iE_+t/\hbar} - Be^{-iE_-t/\hbar})|2\rangle]/\sqrt{2}$ とおくと $|\Psi(0)\rangle = |1\rangle$ より $A = B = 1/\sqrt{2}$. したがって $|\Psi(t)\rangle = e^{-i\varepsilon_0 t/\hbar}[\cos(V_0 t/\hbar)|1\rangle + i\sin(V_0 t/\hbar)|2\rangle]$. $P_2(t) = \sin^2(V_0 t/\hbar)$.

10.2 (a) H の行列表示は

$$\begin{pmatrix} \varepsilon_0 & -V_0 & 0 & -V_0 \\ -V_0 & \varepsilon_0 & -V_0 & 0 \\ 0 & -V_0 & \varepsilon_0 & -V_0 \\ -V_0 & 0 & -V_0 & \varepsilon_0 \end{pmatrix}.$$

この固有値と固有状態を求めると $E = \varepsilon_0 - 2V_0$, $\varepsilon_0 + 2V_0$, ε_0 （二重縮退）; $(|1\rangle+|2\rangle+|3\rangle+|4\rangle)/2$, $(|1\rangle-|2\rangle+|3\rangle-|4\rangle)/2$, $(|1\rangle-|3\rangle)/\sqrt{2}$, $(|2\rangle-|4\rangle)/\sqrt{2}$. (b) $H|k\rangle = (1/\sqrt{N})\sum e^{ikaj}(\varepsilon_0|j\rangle - V_0|j+1\rangle - V_0|j-1\rangle) = [\varepsilon_0 - V_0(e^{-ika} + e^{ika})]|k\rangle$, ゆえに $E_k = \varepsilon_0 - 2V_0\cos ka$. $\langle k|k'\rangle = (1/N)\sum e^{i(-k+k')aj} = \delta_{k,k'}$.

10.3 (a) $E_k = \hbar^2/[m(\Delta x)^2] - 2\hbar^2/[2m(\Delta x)^2]\cos k\Delta x$, $\cos k\Delta x \approx 1 - k^2(\Delta x)^2/2$ より. (b) $\langle x|x'\rangle = (1/\Delta x)\delta_{j,j'} \to \delta(x-x')$.

10.4 式 (10.23) の 1 つ前の式が任意の $|\psi\rangle$ について成り立つことから式 (10.33). $p^2 = \iint \mathrm{d}x\mathrm{d}x'|x\rangle(\hbar/i)(\partial/\partial x)\langle x|x'\rangle(\hbar/i)(\partial/\partial x')\langle x'| = \int \mathrm{d}x|x\rangle(-\hbar^2\partial^2/\partial x^2)\langle x|$. 途中 $(\partial/\partial x)\langle x|x'\rangle = \partial/\partial x\delta(x-x') = -\partial/\partial x'\delta(x-x')$ を使い，部分積分を行った．$H|\psi\rangle = \int \mathrm{d}x|x\rangle[-(\hbar^2/2m)\partial^2/\partial x^2 + V(x)]\psi(x) = E\int \mathrm{d}x|x\rangle\psi(x)$.

10.5 (a) $[x(t), (1/2m)p(t)^2 + V(x(t))] = (1/2m)[x(t), p(t)^2] = i\hbar p(t)/m$. また式 (1.38) より $[p(t),(1/2m)p(t)^2+V(x(t))] = [p(t), V(x(t))] = -i\hbar(\mathrm{d}V(x(t))/\mathrm{d}x)$. $|\Psi_\mathrm{H}\rangle$ は時間によらないから $(\mathrm{d}/\mathrm{d}t)\langle x(t)\rangle = (\mathrm{d}/\mathrm{d}t)\langle\Psi_\mathrm{H}|x(t)|\Psi_\mathrm{H}\rangle = \langle\Psi_\mathrm{H}|(\mathrm{d}/\mathrm{d}t)x(t)|\Psi_\mathrm{H}\rangle = \langle p(t)\rangle/m$. 同様に $(\mathrm{d}/\mathrm{d}t)\langle p(t)\rangle = -\langle\mathrm{d}V(x(t))/\mathrm{d}t\rangle$. (b) $\mathrm{d}p(t)/\mathrm{d}t = 0$ より $p(t) = p(0)$. $\mathrm{d}x(t)/\mathrm{d}t = p(t)/m = p(0)/m$ より $x(t) = p(0)t/m + x(0)$. (c) $\mathrm{d}^2x(t)/\mathrm{d}t^2 = (1/m)\mathrm{d}p(t)/\mathrm{d}t = -\omega^2 x(t)$. したがって $x(t) = A\cos\omega t + B\sin\omega t$ (A, B は時間によらない演算子). $p(t) = m\mathrm{d}x(t)/\mathrm{d}t = m\omega(-A\sin\omega t + B\cos\omega t)$. $x(0) = A$, $p(0) = m\omega B$ であるから $x(t) = x(0)\cos\omega t + (p(0)/m\omega)\sin\omega t$, $p(t) = -m\omega x(0)\sin\omega t + p(0)\cos\omega t$. (d) (b) のとき $[x(t), p(0)] = [x(0), p(0)] = i\hbar$, $[x(t), x(0)] = [p(0)t/m, x(0)] = -i\hbar t/m$. (c) のとき $[x(t), p(0)] = i\hbar\cos\omega t$, $[x(t), x(0)] = -i\hbar\sin\omega t/(m\omega)$.

10.6 (a) $HT_a = \sum[\varepsilon_0|j+1\rangle - V_0(|j+2\rangle + |j\rangle)]\langle j|$, $T_aH = \varepsilon_0\sum|j+1\rangle\langle j| - V_0\sum(|j+2\rangle\langle j| + |j+1\rangle\langle j+1|)$ より $HT_a = T_aH$. (b) $T_a|\psi\rangle = \sum C_j|j+1\rangle = \lambda\sum C_j|j\rangle$ より $C_{j-1} = \lambda C_j$, $C_N = \lambda C_1$. $C_j = C_{j-1}/\lambda = C_{j-2}/\lambda^2 = \cdots = C_1/\lambda^{j-1}$. $C_N = C_1/\lambda^{N-1} = \lambda C_1$ より $\lambda^N = 1$, よって $\lambda = e^{-ika}$. $\lambda C_1 = 1/\sqrt{N}$ とすれば $|\psi\rangle = |k\rangle$. (c) $T_a|\psi\rangle = \int_0^L \mathrm{d}x|x+a\rangle\psi(x) = \int_0^L \mathrm{d}x|x\rangle\psi(x-a)$ より $\psi(x) \to \psi(x-a)$. $HT_a = \int_0^L \mathrm{d}x|x+a\rangle[-(\hbar^2/2m)(\partial^2/\partial x^2)+V(x+a)]\langle x|$, $T_aH = \int_0^L \mathrm{d}x|x+a\rangle[-(\hbar^2/2m)(\partial^2/\partial x^2)+V(x)]\langle x|$, よって $V(x+a) = V(x)$ のとき $HT_a = T_aH$. (d) $T_a|\psi\rangle = \int_0^L \mathrm{d}x|x+a\rangle\psi(x) = \lambda\int_0^L \mathrm{d}x|x\rangle\psi(x)$ より $\psi(x-a) = \lambda\psi(x)$. $\psi(x+Na) = \psi(x)/\lambda^N = \psi(x)$ より $\lambda = e^{-ika}$. $\psi(x) = f(x)e^{ikx}$ とおくと $\psi(x-a) = f(x-a)e^{ik(x-a)} = e^{-ika}f(x)e^{ikx}$, よって $f(x-a) = f(x)$.

10.7 H の行列表示

$$\begin{pmatrix} E_1 & 0 & ib_z & ib_x + b_y \\ 0 & E_1 & ib_x - b_y & -ib_z \\ -ib_z & -ib_x - b_y & E_2 & 0 \\ -ib_x + b_y & ib_z & 0 & E_2 \end{pmatrix}$$

から固有値を求めると $[E_1 + E_2 \pm \sqrt{(E_1 - E_2)^2 + 4b^2}]/2$, それぞれ 2 重縮退する. より簡単には, $\boldsymbol{b}$ の向きにスピン量子化軸を選ぶと $\boldsymbol{b}\cdot\boldsymbol{\sigma} = b\sigma_z$, よって $[H, S_z] = 0$. スピン状態 $m = \pm 1/2$ のいずれに対しても, 同じエネルギー固有値 $[E_1 + E_2 \pm \sqrt{(E_1 - E_2)^2 + 4b^2}]/2$ が得られる.

第 11 章

11.1 (a) $V = -q\mathcal{E}\sqrt{\hbar/(2m\omega)}(a+a^\dagger)$, $\langle j|(a+a^\dagger)|n\rangle = (\sqrt{n}\delta_{j,n-1} + \sqrt{n+1}\delta_{j,n+1})$. よって $E_1 = \langle n|V|n\rangle = 0$. $|\psi_1\rangle = -q\mathcal{E}\sqrt{\hbar/(2m\omega)}[\sqrt{n}|n-1\rangle/(\hbar\omega) + \sqrt{n+1}|n+1\rangle/(-\hbar\omega)] = [q\mathcal{E}/(\sqrt{2m\hbar\omega^{3/2}})](-\sqrt{n}|n-1\rangle + \sqrt{n+1}|n+1\rangle)$. [$n = 0$ のとき $|-1\rangle$ の係数が 0 になるので問題はない. (b) でも同様.] $E_2 = -(q\mathcal{E})^2/(2m\omega^2)$ で n によらない. (b) $V = V_1(a+a^\dagger)^3/(2\sqrt{2})$. $(a+a^\dagger)|n\rangle = \sqrt{n}|n-1\rangle + \sqrt{n+1}|n+1\rangle$, $(a+a^\dagger)^2|n\rangle = \sqrt{n(n-1)}|n-2\rangle + (2n+1)|n\rangle + \sqrt{(n+1)(n+2)}|n+2\rangle$, $(a+a^\dagger)^3|n\rangle = \sqrt{n(n-1)(n-2)}|n-3\rangle + 3n^{3/2}|n-1\rangle + 3(n+1)^{3/2}|n+1\rangle + \sqrt{(n+1)(n+2)(n+3)}|n+3\rangle$. これより $E_1 = \langle n|V|n\rangle = 0$. $|\psi_1\rangle = [V_1/(2\sqrt{2}\hbar\omega)][\sqrt{n(n-1)(n-2)}|n-3\rangle/3 + 3n^{3/2}|n-1\rangle - 3(n+1)^{3/2}|n+1\rangle - \sqrt{(n+1)(n+2)(n+3)}|n+3\rangle/3]$. $E_2 = -V_1^2(30n^2 + 30n + 11)/(8\hbar\omega)$.

11.2 (a) $|\psi\rangle = |n\rangle - q\mathcal{E}\sum_{j\neq n}|j\rangle\langle j|z|n\rangle/(\varepsilon_n - \varepsilon_j) + O(\mathcal{E}^2)$. 規格化因子は $1 + O(\mathcal{E}^2)$ より $\langle\psi|z|\psi\rangle = -2q\mathcal{E}\sum_{j\neq n}|\langle j|z|n\rangle|^2/(\varepsilon_n - \varepsilon_j) + O(\mathcal{E}^2)$. よって $\alpha = -2q^2\sum_{j\neq n}|\langle j|z|n\rangle|^2/(\varepsilon_n - \varepsilon_j)$. (b) $E_2 = (q\mathcal{E})^2\sum_{j\neq n}|\langle j|z|n\rangle|^2/(\varepsilon_n - \varepsilon_j) = -\alpha\mathcal{E}^2/2$.

11.3 $\psi_{nlm} = R_{nl}(r)Y_l^m(\theta,\phi)$, $Y_l^m(\theta,\phi)$ は表 5.1, R_{nl} は表 6.1. $z = r\cos\theta$, $\xi = r/a_B$ として角度部分の積分を行うと $\langle 210|z|100\rangle = (a_B/3\sqrt{2})\int_0^\infty \xi^4 e^{-3\xi/2}d\xi = 128\sqrt{2}a_B/243$ (Γ 関数にして計算). $\langle 310|V|100\rangle = (16a_B/81\sqrt{2})\int_0^\infty \xi^4(1-\xi/6)e^{-4\xi/3}d\xi = 27\sqrt{2}a_B/128$. $\langle 210|V|200\rangle = (a_B/12)\int_0^\infty \xi^4(1-\xi/2)e^{-\xi}d\xi = -3a_B$.

11.4 $\sum_{K\neq(100)}|\langle K|V|100\rangle|^2 = \sum_K\langle 100|V|K\rangle\langle K|V|100\rangle = \langle 100|V^2|100\rangle$ ($\langle 100|V|100\rangle = 0$ より $K = (100)$ を和に加えた). $\langle 100|r^2|100\rangle = 4a_B^2\int_0^\infty \xi^4 e^{-2\xi}d\xi = 3a_B^2$. $\varepsilon_{100} - \varepsilon_{210}$ を代入すると $E_2 > -8(4\pi\varepsilon_0)\mathcal{E}^2 a_B^3/3$, よって $\alpha < (16/3)(4\pi\varepsilon_0)a_B^3$.

11.5 (a) $1/|\bm{R}+\bm{r}| = (R^2+2\bm{R}\cdot\bm{r}+r^2)^{-1/2} = [1+2z/R+(r/R)^2]^{-1/2}/R$. 分子をテイラー展開すると $1-(1/2)[2z/R+(r/R)^2]+(3/8)(2z/R)^2+O(r/R)^3$. または p.78 のコラムの式 (5.34) を用いる. (b) $|n\rangle = |100\rangle|100\rangle$ のとき $\langle n|z_1z_2|n\rangle = \langle 100|z_1|100\rangle\langle 100|z_2|100\rangle = 0$ などより $E_1 = \langle n|V|n\rangle = 0$. $E_2 = \sum_{j\neq n}|\langle j|V|n\rangle|^2/(\varepsilon_n-\varepsilon_j)$ で $\langle j|z_1z_2|n\rangle \neq 0$ となるのは $|j\rangle = |210\rangle|210\rangle$ のときで, このとき $\langle j|z_1z_2|n\rangle = (128\sqrt{2}a_B/243)^2$, $\varepsilon_n-\varepsilon_j = 2(\varepsilon_{100}-\varepsilon_{210})$. x_1x_2, y_1y_2 の行列要素も同じ. $E_2 = -8(128\sqrt{2}/243)^4(e^2/4\pi\varepsilon_0)(a_B^5/R^6) \approx -2.46[e^2/(4\pi\varepsilon_0)a_B](a_B/R)^6 = -4.93(a_B/R)^6$ Ry.

11.6 (a) $L_z = xp_y - yp_x = -i\sqrt{\hbar/(2M\omega)}\sqrt{M\hbar\omega/2}[(a+a^\dagger)(b-b^\dagger)-(b+b^\dagger)(a-a^\dagger)] = -i\hbar(a^\dagger b - b^\dagger a)$. $L_z|1,0\rangle = i\hbar|0,1\rangle$, $L_z|0,1\rangle = -i\hbar|1,0\rangle$ より $\langle 1,0|L_z|1,0\rangle = \langle 0,1|L_z|0,1\rangle = 0$, $\langle 1,0|L_z|0,1\rangle = -\langle 0,1|L_z|1,0\rangle = -i\hbar$. 行列の対角化から $E_1 = \pm e\hbar B/(2M)$, $|\psi_0\rangle = (|1,0\rangle \pm i|0,1\rangle)/\sqrt{2}$. (b) $L_z|0,\pm 1\rangle = \pm\hbar|0,\pm 1\rangle$ より $\langle 0,\pm 1|L_z|0,\pm 1\rangle = \pm\hbar$, $\langle 0,\pm 1|L_z|0,\mp 1\rangle = 0$. すでに行列は対角的で $E_1 = \pm e\hbar B/(2M)$, $|\psi_0\rangle = |0,\pm 1\rangle$. (c) (a) の $|\psi_0\rangle$ の波動関数は, 表 4.1 より $(1/\sqrt{\pi}a_0^2)(x \pm iy)e^{-(x^2+y^2)/(2a_0^2)}$. (b) の方は, 式 (6.36) で $L_1^1 = -1$ より $-(1/\sqrt{\pi}a_0^2)re^{\pm i\phi-r^2/(2a_0^2)}$ で位相因子を除いて一致する. 式 (7.30) より $E_{0,\pm 1} = 2\hbar\sqrt{\omega^2+(\omega_c/2)^2} \pm \hbar\omega_c/2 = 2\hbar\omega \pm \hbar\omega_c/2 + O(\omega_c^2)$.

11.7 (a) 規格化因子を除いて $|\psi_\pm\rangle = (-\Delta\tilde{\varepsilon}/2 \pm \sqrt{(\Delta\tilde{\varepsilon}/2)^2+|v|^2})|1\rangle + v^*|2\rangle$. $\Delta\tilde{\varepsilon} = 0$ のとき $|\psi_\pm\rangle = \pm|v||1\rangle + v^*|2\rangle$.

11.8 (a) $\Delta e^{-\alpha r^2} = -2\alpha(3-2\alpha r^2)e^{-\alpha r^2}$ より $\langle K\rangle = (2\alpha/\pi)^{3/2}[\hbar^2/(2m)]\int_0^\infty 2\alpha(3-2\alpha r^2)e^{-2\alpha r^2}4\pi r^2 dr = 3\hbar^2\alpha/(2m)$ (途中ガウス積分). $\langle 1/r\rangle = 2\sqrt{2\alpha/\pi}$. (b) $E[\psi] = 2[\hbar^2\alpha^2/(2m) - Ze^2\alpha/(4\pi\varepsilon_0)] + E' = 2\varepsilon_H\left[(\alpha a_B)^2 - 2Z(\alpha a_B)\right] + E'$. 電子間相互作用の期待値は $E' = 2\varepsilon_H a_B(\alpha^3/\pi)^2 \iint (1/|\bm{r}_1-\bm{r}_2|)e^{-2\alpha(r_1+r_2)}d\bm{r}_1 d\bm{r}_2$. p. 78 のコラムの計算より $E' = (5/4)\varepsilon_H(\alpha a_B)$.

11.9 (a) $H = \tilde{H}_0 + \tilde{V}$ に 11.1 節の摂動論を適用する. $|\psi_0\rangle = |\psi_\pm\rangle$, $E_0 = E_\pm$, $E_1 = \langle\psi_\pm|\tilde{V}|\psi_\pm\rangle = 0$, $|\psi_1\rangle$ には $|\psi_\mp\rangle$ が含まれず, また $\langle j|\tilde{V}|\psi_\pm\rangle = \langle j|V|\psi_\pm\rangle$ ($j \neq 1,2$) であるから $|\psi_1\rangle = \sum_{j\neq 1,2}|j\rangle\langle j|V|\psi_\pm\rangle/(E_\pm-\varepsilon_j)$. $E_2 = \sum_{j\neq 1,2}|\langle j|V|\psi_\pm\rangle|^2/(E_\pm-\varepsilon_j)$. (b) 11.3 節の摂動論では $E_0 = \varepsilon_1$, E_0+E_1 が (a) の $E_0 = E_\pm$ に一致する. $E_2 = \sum_{j\neq 1,2}|\langle j|V|\psi_\pm\rangle|^2/(\varepsilon_1-\varepsilon_j)$ は (a) の結果と異なるが V の 2 次までは等しい.

第 12 章

12.1 (a) $\bm{E} = -\partial\bm{A}/\partial t = -2\omega A_0 \bm{e}\sin(\bm{k}\cdot\bm{r}-\omega t)$. $\bm{B} = \mathrm{rot}\bm{A} = -2A_0\bm{k}\times\bm{e}\sin(\bm{k}\cdot\bm{r}-\omega t)$. $\mathrm{div}\bm{A} = -2A_0\bm{k}\cdot\bm{e}\sin(\bm{k}\cdot\bm{r}-\omega t) = 0$. (b) $\bm{S} = [(2\omega A_0)^2/(\mu_0 c)]\bm{n}$

$\sin^2(\boldsymbol{k}\cdot\boldsymbol{r}-\omega t)$. $\bar{\boldsymbol{S}} = 2(\omega A_0)^2 \boldsymbol{n}/(\mu_0 c)$. (c) $\delta(\hbar\omega_{jn} - \hbar\omega) = \delta(\omega_{jn}-\omega)/\hbar$, $\varepsilon_0\mu_0 = 1/c^2$ を用いる. $\delta(\omega_{jn}-\omega)$ の前の ω は ω_{jn} におき換える.

12.2 $\langle n|x[x,H_0]|n\rangle = \sum_j \langle n|x|j\rangle\langle j|[x,H_0]|n\rangle = \sum_j (\varepsilon_n - \varepsilon_j)|\langle j|x|n\rangle|^2$ などより $\langle n|[x,[x,H_0]]|n\rangle = -2\hbar \sum_j \omega_{jn}|\langle j|x|n\rangle|^2$. 一方 $[x,[x,H_0]] = [x,[x,p_x^2/(2m)]] = [x,i\hbar p_x/m] = -\hbar^2/m$.

12.3 $H = H_0 + e\omega A_0 x(-ie^{i\omega t} + ie^{-i\omega t})$ に 12.3 節の結果を用いると $w_{n\to j} = (2\pi/\hbar)(e\omega A_0)^2|\langle j|x|n\rangle|^2 \delta(\hbar\omega_{jn}-\hbar\omega)$. $\delta(\hbar\omega_{jn}-\hbar\omega) = \delta(\omega_{jn}-\omega)/\hbar$, $\omega \to \omega_{jn}$.

12.4 (a) $x = r\sqrt{2\pi/3}(-Y_1^1 + Y_1^{-1})$, $y = ir\sqrt{2\pi/3}(Y_1^1 + Y_1^{-1})$ より, いずれの場合も $m' = m \pm 1$, $l' = l \pm 1$. (b) 電気双極子近似では $\boldsymbol{E} = (E_0/\sqrt{2})[\boldsymbol{e}_x\cos\omega t \mp \boldsymbol{e}_y\sin\omega t]$. 式 (12.22) のハミルトニアンで $\phi = -\boldsymbol{E}\cdot\boldsymbol{r} = -E_0[(x\pm iy)e^{i\omega t} + (x\mp iy)e^{-i\omega t}]/(2\sqrt{2})$. 電磁場の放出では $\langle n'l'm'|(x\pm iy)/\sqrt{2}|nlm\rangle \neq 0$ のときに許容遷移. $(x\pm iy)/\sqrt{2} = \mp r\sqrt{4\pi/3}Y_1^{\pm 1}$ であるから右回り円偏光のとき $m' = m+1$, $l' = l\pm 1$, 左回り円偏光のとき $m' = m-1$, $l' = l\pm 1$. 電磁場の吸収では右回りと左回り円偏光の条件が逆になる.

12.5 (a) $\hbar(\omega-\omega_{21})/2 = \varepsilon$ とおくと, 式 (12.31) のハミルトニアンの行列表示は $\begin{pmatrix}\varepsilon & v \\ v & -\varepsilon\end{pmatrix}$, エネルギー固有値は $E_\pm = \pm\sqrt{\varepsilon^2+v^2} = \pm\hbar\Omega$, 固有状態は $|\psi_+\rangle = (|1\rangle\ |2\rangle)\begin{pmatrix}v \\ \hbar\Omega-\varepsilon\end{pmatrix}$, $|\psi_-\rangle = (|1\rangle\ |2\rangle)\begin{pmatrix}-v \\ \hbar\Omega+\varepsilon\end{pmatrix}$ (規格化はしていない). $|\tilde\Psi(t)\rangle = C_+|\psi_+\rangle e^{-i\Omega t} + C_-|\psi_-\rangle e^{i\Omega t}$. 初期条件より $C_\pm = [\pm 1 + \varepsilon/(\hbar\Omega)]/(2v)$. これより $|\tilde\Psi(t)\rangle = [\cos\Omega t - i\varepsilon/(\hbar\Omega)\sin\Omega t]|1\rangle - iv/(\hbar\Omega)\sin\Omega t|2\rangle$. (b) $|\Psi(t)\rangle = e^{i\omega t\sigma_z/2}|\tilde\Psi(t)\rangle$ より $|\tilde\Psi(t)\rangle$ の $|1\rangle$ の成分に $e^{i\omega t/2}$, $|2\rangle$ の成分に $e^{-i\omega t/2}$ をかける.

12.6 (a) $i\hbar\dot C_1 = ve^{i(\omega-\omega_{21})t}C_2$, $i\hbar\dot C_2 = ve^{-i(\omega-\omega_{21})t}C_1$. (b) ヒントの式に $C_1 = e^{\lambda t}$ を代入すると $\lambda = i[(\omega-\omega_{21})/2 \pm \Omega]$. 一般解は $C_1 = Ae^{i[(\omega-\omega_{21})/2+\Omega]t} + Be^{i[(\omega-\omega_{21})/2-\Omega]t}$, $C_2 = (i\hbar/v)\dot C_1 e^{-i(\omega-\omega_{21})t}$. $C_1(0) = 1$, $C_2(0) = 0$ より A, B を決定する.

第 13 章

13.1 (a) $\dot\phi$ を消去すると $\dot r = \pm\sqrt{v^2-(bv)^2/r^2-2\alpha/r}$. $\phi = \int\dot\phi dt = \int(bv/r^2)(dr/\dot r)$. $r = \infty$ ($\phi = 0$) から $r = r_0$ ($\phi = \phi_0$) まで積分, その間 $\dot r < 0$. (e) $\int_0^\pi 1/[\sin^4(\theta/2)]\sin\theta d\theta = -2[1/\sin^2(\theta/2)]_0^\pi$ は発散. または $\theta \sim 0$ で $\sin\theta/[\sin^4(\theta/2)] \sim 16/\theta^3$, $\int(1/\theta^3)d\theta \to \infty$.

13.3 (a) $G_0(r) = [1/(2\pi)^3]\int[-1/(k'^2-k^2\mp i\varepsilon)]e^{ik'r\cos\theta}k'^2\sin\theta dk'd\theta d\phi$ で θ と ϕ の積分を行う. $e^{ik'r} = \cos k'r + i\sin k'r$ の $\cos k'r$ のかかった項は奇関数となるので $(-\infty,\infty)$ の積分で 0. (b) 複素平面で $k' = -R \to R$ に上

半面を回る半径 R の半円を加えた経路を C とすると $I = \int_C [k'e^{ik'r}/(k'^2 - k^2 \mp i\varepsilon)]\mathrm{d}k' = 2\pi i \mathrm{Res}[\pm\sqrt{k^2 \pm i\varepsilon}] = \pi i e^{\pm ikr}$. (c) $r \neq 0$ で $(\Delta + k^2)G_0^{(\pm)} = [(1/r)(\partial^2/\partial r^2)r + k^2]G_0^{(\pm)} = 0$. ガウスの定理より $\int (\Delta + k^2)G_0^{(\pm)}\mathrm{d}\boldsymbol{r} = \int (\partial/\partial r)G_0^{(\pm)}\mathrm{d}S + k^2 \int G_0^{(\pm)}\mathrm{d}\boldsymbol{r};$ (第1項)$= (1 \mp ika)e^{\pm ika} \to 1$, $|(第2項)| \to 0$ $(a \to 0)$.

13.4 (a) $\int e^{-iqr\cos\theta}V(r)r^2\sin\theta \mathrm{d}r\mathrm{d}\theta\mathrm{d}\phi = 2\pi \int_0^\infty V(r)[e^{-iqr\cos\theta}/(iqr)]_0^\pi r^2\mathrm{d}r = (4\pi/q)\int_0^\infty rV(r)\sin qr\mathrm{d}r$. (c) $ka \gg 1$ とし, $(2mV_0a^3/\hbar^2)^2 = C$ とおく. $\theta < 1/(ka)$ のとき $qa \approx ka\theta$. $\sigma^{(1)}(\theta) \approx CF^2(ka\theta)$, $F(x) = (\sin x - x\cos x)/x^3$. $\theta \gg 1/(ka)$ のとき $qa \gg 1$. $\sigma^{(1)}(\theta) \sim C/(qa)^4 \sim C/(ka\theta)^4$ or $C/(2ka)^4$.

13.5 問題 13.3 と同様に角度積分を行うと $\int (e^{ikr'}/4\pi r')V(r')e^{i\boldsymbol{k}\cdot\boldsymbol{r}'}\mathrm{d}\boldsymbol{r}' = (V_0/k)\int_0^a e^{ikr'}\sin kr'\mathrm{d}r' = -V_0/(4k^2)(e^{2ika} - 1 - 2ika)$. $ka \ll 1$ のとき $e^{2ika} - 1 - 2ika \approx (2ika)^2/2$. $ka \gg 1$ のとき $|e^{2ika} - 1 - 2ika| \approx 2ka$.

13.6 (b) $e^{ikr\cos\theta}$ を展開して両辺の $(kr)^l$ の係数を比較する. (c) $\int_{-1}^1 x^l P_l(x)\mathrm{d}x = [1/(2^l l!)]\int_{-1}^1 x^l(\mathrm{d}^l/\mathrm{d}x^l)(x^2-1)^l\mathrm{d}x = [(-1)^l/2^l]\int_{-1}^1 (x^2-1)^l\mathrm{d}x$. 問題 5.4 より $\int_{-1}^1 (1-x^2)^l \mathrm{d}x = 2 \cdot (2l)!!/(2l+1)!! = 2^{l+1}l!/(2l+1)!!$.

13.7 $\sigma^{\mathrm{tot}} = \int |f(\theta)|^2 \mathrm{d}\cos\theta\mathrm{d}\phi = 2\pi \sum_{l,l'}[(2l+1)(2l'+1)/k^2]e^{-i\delta_l + i\delta_{l'}}\sin\delta_l \sin\delta_{l'} \int_{-1}^1 P_l(x)P_{l'}(x)\mathrm{d}x$. $P_l(x)$ の直交関係 [式 (5.25)] を用いる.

13.8 (c) $R_0^{(\mathrm{out})} = e^{i\delta_0}\cos\delta_0 \sin kr/(kr) + e^{i\delta_0}\sin\delta_0 \cos kr/(kr)$. $R_0^{(\mathrm{in})}(a) = R_0^{(\mathrm{out})}(a)$, $(\mathrm{d}R_0^{(\mathrm{in})}/\mathrm{d}r)(a) = (\mathrm{d}R_0^{(\mathrm{out})}/\mathrm{d}r)(a)$ より $ka\cot(ka+\delta_0) = k'a\cot k'a$. (d) $R_0^{(\mathrm{in})}$ の満たすシュレーディンガー方程式は $[-(\hbar^2/2m)(1/r)[(\mathrm{d}^2/\mathrm{d}r^2)r] + V_0]R_0^{(\mathrm{in})} = ER_0^{(\mathrm{in})}$. $R_0^{(\mathrm{in})} = f(r)/r$ とおくと $-(\hbar^2/2m)f'' + (V_0 - E)f = 0$ より $f = e^{\pm\kappa r}$, $\kappa^2 = U_0 - k^2$. $R_0^{(\mathrm{in})}$ は $e^{\pm\kappa r}/r$ の線形結合で $r = 0$ で正則より $R_0^{(\mathrm{in})} = C_0 \sinh\kappa r/(\kappa r)$. $R_0^{(\mathrm{out})}$ との接続条件から $ka\cot(ka+\delta_0) = \kappa a\coth\kappa a = \sqrt{U_0 a^2 - (ka)^2}\coth\sqrt{U_0 a^2 - (ka)^2}$.

13.9 $j_r = [1/(2\pi)^3 m]\mathrm{Re}\{[e^{-ikr\cos\theta} + (f^*/r)e^{-ikr}](\hbar/i)(\partial/\partial r)[e^{ikr\cos\theta} + (f/r)e^{ikr}]\} = j_r^{\mathrm{inc}} + j_r^{\mathrm{scatt}} + j_r^{\mathrm{intf}}$ より $j_r^{\mathrm{intf}} = [v/(2\pi)^3]\mathrm{Re}[(f^*/r)e^{-ikr(1-\cos\theta)}\cos\theta + (f/r)e^{ikr(1-\cos\theta)}] + [1/(2\pi)^3 m]\mathrm{Re}[-(\hbar/i)(f/r^2)e^{ikr(1-\cos\theta)}]$.

参　考　書

[1] 前野昌弘：「量子力学入門」（丸善出版，パリティ物理教科書シリーズ，2012）．

[2] 岡真：「量子力学 II」（丸善出版，パリティ物理教科書シリーズ，2013）．

[3] J. J. Sakurai:「現代の量子力学 (上), (下)」（桜井明夫 訳；吉岡書店，1989）．

[4] 小出昭一郎：「量子力学 (I), (II)」（裳華房，1969）．

[5] ガシオロウィッツ：「量子力学 I, II」（林武美，北門新作 訳；丸善，1998）．

[6] L. D. Landau and E. M. Lifshitz: "Quantum Mechanics (Non-Relativistic Theory)," Course of Theoretical Physics, Vol. 3, Third Edition (英訳, Pergamon Press, 1977). ［邦訳］ランダウ・リフシッツ：「量子力学—非相対論的理論—1, 2」（好村滋洋，佐々木健，井上健男 訳；東京図書，1983）絶版．

[7] Leonard I. Schiff: "Quantum Mechanics," Third Edition (McGraw-Hill, 1968). ［邦訳］シッフ：「量子力学」（井上健 訳；吉岡書店，1970）絶版．

[8] Albert Messiah: "Quantum Mechanics" (英訳, Dover, 1999). ［邦訳］メシア：「量子力学 1, 2, 3」（小出昭一郎，田村二郎 訳；東京図書，1971）絶版．

[9] 物理数学のテキストは多数あるが，例えば，
小野寺嘉孝：「物理のための応用数学」（裳華房，1988）．

[10] ランダウ・リフシッツ：「力学」（広重徹，水戸巌 訳；東京図書，1974）．

[11] ファインマン，レイトン，サンズ：「ファインマン物理学 I 力学」（坪井忠二 訳；岩波書店，1967）．

[12] 小野嘉之：「物理で『群』とはこんなもの」（共立出版，1995）．

[13] 朝永振一郎：「新版 スピンはめぐる」（みすず書房，2008）．

索　引

あ　行

アハラノフ–キャッシャー効果　　104
アハラノフ–ボーム効果　　102
アーベル群　　111
異常ゼーマン効果　　144
位相因子　　3
位相差　　48, 212
位相速度　　38
井戸型ポテンシャル　　21, 25, 89
運動量表示　　16, 155
永年方程式　　172, 173, 175
エーレンフェストの定理　　105, 113, 159
S 行列　　48, 213
エネルギー固有値　　2
エネルギー準位　　23
LCAO 法　　87
エルミート演算子　　5
エルミート共役　　5, 151
エルミート多項式　　56, 95, 233
円偏光　　194, 201

か　行

階段関数　　228
回転対称性　　109
回転波近似　　196
回転ベクトル　　108, 128
ガウス関数　　15, 64, 227
ガウス波束　　17, 49
角運動量　　65, 117
殻構造　　82
拡散方程式　　163
核磁気共鳴　　145, 196
核スピン　　124
確定特異点　　72, 81, 90, 95, 230
確率の流れの密度　　4, 39, 113
確率密度　　3
重なり積分　　88
重ね合わせの原理　　5
可視光　　35, 190
仮想状態　　186
完全系　　7, 13, 149
完全性　　155
完全反対称テンソル　　66
観測可能量　　7
Γ 関数　　228
期待値　　8
基底状態　　23
軌道　　82
q 数　　156
級数解　　55, 230
球ノイマン関数　　93, 213
球ベッセル関数　　92, 93, 213
球面調和関数　　71, 74
球面波　　92, 207
共鳴トンネル　　51
共有結合　　89
許容遷移　　193
禁制遷移　　193
空間反転　　111
偶然縮退　　86, 109
クーロン・ゲージ　　98, 113
クラマース縮退　　112, 162
グリーン関数　　208
クレプシュ–ゴルダン係数　　136, 194
群　　110
群速度　　50
ゲージ変換　　98, 101
結合エネルギー　　89
結合軌道　　88
ケットベクトル　　120, 149
光学定理　　220
交換子　　9

258　索　引

光子	35, 124, 194
光電効果	183
コヒーレント振動	25

さ　行

サイクロトロン振動数	101
歳差運動	127, 196
最小波束	17
座標表示	16, 154
散乱角	204
散乱振幅	208
c 数	156
g 因子	123
時間発展演算子	105
時間反転	111, 163
磁気モーメント	100, 123
磁気量子数	82
自己エネルギー	199
自然放出	189
磁束量子	104
射影演算子	148
周期的境界条件	43
重心座標	80
自由粒子	37
縮退	6
シュタルク効果	174
シュテルン–ゲルラッハの実験	123
シュバルツの不等式	18
寿命	199
主量子数	82
シュレーディンガー表示	157
シュレーディンガー方程式	1, 2, 156
準位交差	175
準位反発	175
昇降演算子	59, 118
状態密度	38, 52, 186
衝突パラメーター	205
人工原子	115
振動子強度	200
——の総和則	200
水素原子	79
水素分子	87, 159
スピノル	125, 143
スピン	86, 122
スピン一重項	138

スピン軌道相互作用	138
スピン座標	125
スピン三重項	138
正規完全系	14
生成演算子	107
ゼーマン効果	100
ゼーマン分裂	100, 124
積分方程式	184, 209
摂動	165, 183
摂動論	210
零点振動	60
遷移	183
遷移確率	185
遷移率	187
全角運動量	141
漸近級数	168
選択則	194
全断面積	204
相対座標	80
束縛状態	27, 29

た　行

対称演算子	110
対称性	107
対称操作群	111
ダイソン方程式	220
断熱近似	202
逐次代入法	185, 210
中心力場	65
超微細構造	145
超微細相互作用	144, 145
調和振動子	53
調和摂動	188
通常点	55
ディラックの表記	120
停留値	178
デルタ関数	14, 15, 228
電気双極子	63, 168, 169, 179
電気双極子近似	191
電子スピン共鳴	132, 196
透過振幅	47
透過率	40
同時固有状態	8, 10, 67, 70, 105
飛び移り積分	88
ド・ブロイ波長	22

トンネル効果	37, 42

な行

内積	5
ナイト・シフト	145
2次形式	63, 127, 152
熱伝導方程式	163

は行

ハイゼンベルクの運動方程式	158
ハイゼンベルクの不確定性原理	10
ハイゼンベルク表示	157
パウリ行列	126, 130
パウリの排他律	86
波数ベクトル	11
波束	17, 45
波束の収縮	4, 122, 152
パッシェン-バック効果	144
波動関数	1
ハミルトニアン	1
パリティ	30
汎関数	178
反結合軌道	88
半減期	182
反射振幅	47
反射率	40
微細構造	142
微細構造定数	140, 192
微分断面積	204
表現行列	151
ビリアル定理	35, 60, 93
ヒルベルト空間	150
フーリエ変換	14
フェルミの黄金律	187
不確定性原理(関係)	10, 64, 187
複素共役	5, 11, 20
部分波展開	212
ブラベクトル	120, 149
プランク定数	2
ブロッホ球	127, 132
ブロッホの定理	162
プロパゲーター	209
分極率	63, 169, 179
分散関係	100
フント則	87, 115, 138
平均場近似	85
並進対称性	107
平面波	11
ベッセル関数	90, 230
ベリーの位相	104
ヘルマン-ファインマンの定理	61
ヘルムホルツ方程式	209
変数分離形	7, 31, 38
変分	178
変分法	176
ポアソン過程	182
方位量子数	82
崩壊率	199
ボーア磁子	99, 123
ボーア半径	35, 83
保存量	104
ボルン-オッペンハイマー近似	202, 226
ボルン近似	211

ま行

もつれ合い	132

や行

誘導放出	189
湯川ポテンシャル	211
ユニタリー極限	216
よい量子数	141, 170

ら行

ラゲール多項式	235
ラゲール陪多項式	83, 93, 95, 235
ラザフォード散乱	206
ラビ振動	196
ラムサウアー-タウンセント効果	225
ランダウ-ジーナーの公式	202
ランダウ準位	101
立体角	71, 204
リップマン-シュウィンガー方程式	218
リュードベルグ	82
量子化軸	126
量子コンピューター	132

量子細線　　　　　　　　114, 115
量子数　　　　　　　　　　　6
量子ドット　　　　　　　　　115
ルジャンドル多項式　71, 72, 78, 232, 234
ルジャンドル陪関数　　71, 74, 234

励起状態　　　　　　　　　　23
レイリーの公式　　　　　214, 224
ローレンツ関数　　　　　　　64
ロドリグの公式　　　　56, 72, 233
ロンスキアン　　　　　　　　29

著者の略歴

1990年東京大学大学院理学系研究科物理学専攻博士課程修了．日本学術振興会特別研究員，慶應義塾大学理工学部助手，講師，助教授，准教授を経て，2009年より同大学理工学部教授．この間，1998〜1999年北海道大学量子界面エレクトロニクス研究センター客員助教授，1999〜2000年オランダ・デルフト工科大学訪問研究員，2005〜2006年東京大学物性研究所客員助教授を兼任．理学博士．研究分野は物性理論．

パリティ物理教科書シリーズ
量子力学 I

平成 25 年 10 月 30 日　発　行

著作者　　江　藤　幹　雄

発行者　　池　田　和　博

発行所　　丸善出版株式会社
〒101-0051　東京都千代田区神田神保町二丁目17番
編　集：電話 (03)3512-3267／FAX (03)3512-3272
営　業：電話 (03)3512-3256／FAX (03)3512-3270
http://pub.maruzen.co.jp/

Ⓒ Mikio Eto, 2013

組版印刷・製本／三美印刷株式会社

ISBN 978-4-621-08673-5 C 3342　　　　Printed in Japan

JCOPY 〈(社)出版者著作権管理機構　委託出版物〉
本書の無断複写は著作権法上での例外を除き禁じられています．複写される場合は，そのつど事前に，(社)出版者著作権管理機構（電話 03-3513-6969, FAX 03-3513-6979, e-mail：info@jcopy.or.jp）の許諾を得てください．